国家出版基金资助项目

中外数学史研究丛书

中国古代数学家刘徽数学思想研究

ZHONGGUO GUDAI SHUXUEJIA LIUHUI SHUXUE SIXIANG YANJIU

● 吴文俊 主编

哈爾濱工業大學出版社
HARBIN INSTITUTE OF TECHNOLOGY PRESS

内 容 简 介

本书共三十三章，包括：《九章算术》研究，《九章算术》研究史纲，刘徽传琐考，刘徽数学思想，刘徽生平、数学思想渊源及其对后世的影响试析等内容.

本书适合研究中国数学史及相关爱好者参考使用.

图书在版编目(CIP)数据

中国古代数学家刘徽数学思想研究/吴文俊主编.—哈尔滨：哈尔滨工业大学出版社，2020.11
ISBN 978-7-5603-9190-8

Ⅰ.①中… Ⅱ.①吴… Ⅲ.①刘徽-数学-学术思想-研究 Ⅳ.①O1-0

中国版本图书馆 CIP 数据核字(2020)第 228464 号

策划编辑 刘培杰 张永芹
责任编辑 王勇钢
封面设计 孙茵艾
出版发行 哈尔滨工业大学出版社
社 址 哈尔滨市南岗区复华四道街 10 号 邮编 150006
传 真 0451-86414749
网 址 http://hitpress.hit.edu.cn
印 刷 辽宁新华印务有限公司
开 本 720 mm×1 020 mm 1/16 印张 25.75 字数 453 千字
版 次 2020 年 11 月第 1 版 2020 年 11 月第 1 次印刷
书 号 ISBN 978-7-5603-9190-8
定 价 58.00 元

目录

第一章

《九章算术》研究[①]

《九章算术》是中国现存一部较古老的数学经典专著. 它采用问题集的形式,全书共收集了二百四十六道与生产实践有密切关系的应用问题,并按问题的性质及其解法分别隶属于方田、粟米、衰分、少广、商功、均输、盈不足、方程、勾股九章. 在论述上,多处反映了秦、汉时代的一些制度及社会状况;还总结了秦、汉时代的数学成就;并为中国传统数学提供了开拓的因素,在世界数学发展中也起到了不可忽视的作用.

《九章算术》的具体成书年代,因为史料匮乏,很难准确判断.《后汉书·马援列传》称:马续"善《九章算术》".《太平御览》称:"郑玄……,兼通《九章算术》."马续、郑玄都是东汉人,依此可证,《九章算术》形成定本当在东汉初期.

《九章算术》的编纂,可能是经过多人之手修改、充实、删补、编辑逐渐形成的. 如刘徽说:"往者暴秦焚书,经术散坏,自时厥后,汉北平侯张苍,大司农中丞耿寿昌皆以善算命世. 苍等因旧文之遗残,各称删补,故校其目则与古或异,而所论者多近语也."

1983 年在湖北出土一部西汉初期的《算数书》,全书约七千字,共有六十多个标题,如增乘、分乘、合分、里田、税田、程禾、钱息、少广等. 在少广章下有一问为:"广一步,半步. 以一为二,半为一,同之三,以为法. 即直二百卌步,亦以一为二,除如法得从步. 为从百六十步."而《九章算术》少广章第一问为:"今有田广一步半. 求田一亩,问从几何. 答曰:一百六十步. 术曰:

① 本文作者为自然科学基金"刘徽及其《九章算术注》研究"课题组,曾于 1991 年在北京《九章算术》暨刘徽学术思想国际研讨会上宣读,这里略做修改.

下有半，是二分之一，以一为二，半为一，并之得三，为法. 置田二百四十步，亦以一为二乘之，为实. 实如法得从步.”又如《算数书·钱息》下一问为:“贷钱百，月息三. 今贷六十钱，月未盈，十六日归，请息几何. 得曰:二十五分钱二十四. 术曰:计百钱一月，积钱数为法. 直贷钱以一月百钱息乘之，有(又)以日乘之为实. 如法得一钱.”而《九章算术》衰分章第20问为:“今有贷人千钱，月息三十. 今有贷人七百五十钱，九日归之，问息几何. 答曰:六钱四分钱之三. 术曰:以月三十日乘千钱为法. 以息三十乘今所贷钱数，又以九日乘之，为实. 实如法得一钱.”

由上述两对问题中，既可看出《九章算术》是在《算数书》的基础上修改而成的，又可看出《算数书》对《九章算术》的成书有所影响. 可以说，《算数书》可能是《九章算术》的母本之一.

《前汉书》称:“《许商算术》二十六卷.”又称:“《杜忠算术》一十六卷.”《广韵》称:“九章术，汉、许商、杜忠，吴、陈炽、王粲并善之.”西汉数学家许商、杜忠的数学著作早经散失，而《九章算术》必然参考过他们的数学著作，虽不便认为许商、杜忠《算术》即是《九章算术》. 但是，以为《九章算术》是由《算数书》《许商算术》《杜忠算术》演变而成的，并非毫无依据.

《九章算术》的内容非常丰富，与秦、汉时期的社会制度有着密切的联系，而且反映出当时的政治、经济、军事的一些情况. 显示出了中国传统数学的理论联系实际的特色，从而形成中国传统数学的理论体系.

第一节　早期的注释与研究

《九章算术》成书后，引起社会上的普遍关注，对《九章算术》学习、探讨、注疏、研究者日渐增多.《玉海》称:“刘洪好学，以天文数术，探赜钩深，遂专心锐思.”曾研究《九章算术》，并撰有《乾象历》.《后汉书·马援列传》称:马续“七岁通《论语》，十三明《尚书》，十六治《诗》，博观群籍，善《九章算术》”.《高士传》称:“郑玄字康成，北海高密人也. 学《孝经》《论语》，兼通京氏《易》《公羊》《春秋》《三正历》《九章算术》《周官礼记》《左氏春秋》.”此外，东汉徐岳、三国阚泽、北周甄鸾等人对《九章算术》都做过研讨、注解工作，他们的著作早已亡佚. 流传至今的《九章算术》，只有刘徽、李淳风的注解文字.

《隋书·律历志》称:“魏陈留王景元四年(263)，刘徽注《九章》.”不拘是开始注《九章算术》，或是注毕《九章算术》，两年后咸熙二年魏亡，司马炎建立西晋，刘徽或不致去世. 又由《九章算术》刘注“晋武库中有汉时王莽所作铜斛，……，后有赞文，与今《律历志》同. 亦魏、晋所常用.”可以断定，刘徽是魏、晋间人，刘徽在魏注《九章算术》，入晋以后，仍在注《九章算术》.

刘徽在精心研究《九章算术》的基础上，潜心为《九章算术》撰写注解文字. 如他说："幼习《九章》，长再详览. 观阴阳之割裂，总算术之根源，探赜之暇，遂悟其意. 是以敢竭顽鲁，采其所见，为之作注." 刘徽采用高理论、精计算进行注解，正如他说："析理以辞，解体用图. 庶亦约而能周，通而不黩，览之者思过半矣." 在理论上，他创造了许多数学原理，严加证明，应用于各种算法中，从而形成了中国传统数学的理论体系. 在计算上，他创造了十进分数，小单位数，依据数学原理，精心计算各种有关数据，从而得到了精密而正确的结果. 在态度上，他以严肃、认真而客观的精神，判别粗糙、错误的论述，创造了精细、正确的观点，以理服人，从而为后人树立了良好的榜样与学风. 在例证上，他另辟蹊径，用模型、图形、例题以论证或推广有关算法，加强说服力，从而形成了中国传统数学的特色. 在言辞上，他引经据典，深入浅出，既论及治学之道，也谈及学习途径，其铮铮之词铿锵有声，从而成为了古代数学的典范著作.

刘宋数学家祖冲之曾注《九章算术》，并撰《缀术》一书. 可惜的是，祖冲之《九章算术注》未见流传，其《缀术》也早已散失.《隋书・律历志》称："宋末南徐州从事史祖冲之……，所著之书，名为《缀术》，学官莫能究其深奥，是故废而不理." 流传下来的只有他所求得的圆周率

$$3.141\,592\,6<\pi<3.141\,592\,7$$

$$\pi=\frac{22}{7},\pi=\frac{355}{113}$$

祖冲之之子祖暅，也是著名的数学家，曾研究《九章算术》，继刘徽之后，巧妙地求得球体积的正确计算公式为

$$V=\frac{4}{3}\pi r^3$$

唐代初期，天算学家王孝通撰《缉古算经》一书，其"上辑古算术表"称："昔周公制礼，有九数之名. 窃寻九数即《九章》是也. ……，魏朝刘徽笃好斯言，博综纤隐，更为之注. 徽思极毫芒，触类增长，乃造重差之法，列于终篇. 虽即未为司南，然亦一时独步." 可见王孝通对《九章算术》及刘徽注文做了精心的研究，高度的评价. 虽未对刘徽的学说做深入探讨，但他却补充了《九章算术》的不足.

唐代，天算学家李淳风为了当时国子监明算科的需要，奉敕选定十部算经作为教科书，并为之注解.《九章算术》即是被选定的教科书之一. 在《九章算术》少广章注文中，李淳风引述了祖冲之父子推证球积算法及"刘、祖原理"，才能使得这项著称于世的精巧算法传于后世.

现传本《九章算术》，除经文外，具有刘徽、李淳风的注解文字，是一部举世闻名的中国古代数学经典著作.

第二节　宋、元、明、清对《九章算术》的研究

《宋史》称："李籍《九章算术音义》一卷."宋人李籍，其传略不详，他对《九章算术》重要词、字的读音、意义都做了确切的解释，共写出193条文字.其《九章算术音义》流传至今，成为重要的参考文献之一.

北宋天算家楚衍，通《历法》，善《九章算术》，其著名弟子有贾宪、朱吉二人.贾宪著有《算法勃古集》二卷，《黄帝九章算法细草》九卷.此二书早已失传.

南宋末年，数学家杨辉在钻研《九章算术》的基础上，编写了《详解九章算法》，并附有《详解九章算法纂类》.他精选了《九章算术》80题作为典范，还附加一些相同解法类比的题.给出各题具体而详细的算法，有的题则配以"题意图"或"算法图"，按问题的繁简、难易编排了次序.如他说："靖康以来，古本浸失，后人补续不得其真，致有题重法阙，使学者难入其门，好者，不得其旨.辉虽慕此书，未能贯理，妄以浅也，聊为编述.择八十题以为矜式，自余一百六十六问，无出前意.……，凡题法解白不明者，别图而验之.编乘除诸术，以便入门."尤其在商功术各问之后所编的"比类"题，是依据沈括隙积术所提出的高阶等差级数求和问题，从而弥补了《九章算术》的不足.在"纂类"中，是以算法为纲，每种算法之下，列举了《九章算术》的一些问题作为例证.在开方术下，引述了贾宪的立成释锁平方法、立方法、增乘开平方法、立方法以及开方作法本源.使得濒于失传的宝贵文化遗产传于后世.

明代，《九章算术》一类的古籍，几乎失传.虽然《永乐大典》内载有《九章算术》，但一般学人很难参阅.如吴敬《九章算法比类大全》，程大位《直指算法统宗》等书，都是以《九章算术》的名目分类的.这些书既间接参考了《九章算术》，又为《九章算术》的传播起到媒介作用.

清代中期，戴震任四库馆纂修官，他从《永乐大典》中辑录出《九章算术》，并做了一番校勘工作，他的校订，确有许多精妙之处，但也有一些误校处.

此外，孔继涵、焦循、李锐、汪莱、顾观光等人，对《九章算术》也进行了研究.

嘉庆年间，李潢著有《九章算术细草图说》一书.李潢对《九章算术》也做了校勘工作，通过他的校勘，一般文从字顺，便于阅读，但也有一些漏校、误校和避而不校之处.李潢对《九章算术》各问都做了具体计算和详细演草.他对《九章算术》以及刘、李注文一般都给予解说，使人一目了然，但是对于一些疑难之处，却未能彻底予以解说，也有一些误释之处.即使如此，对于学习、研究《九章算术》者来说，仍不失为一部导读之作.

《九章算术》自成书迄今，前后经历了约两千年. 这期间，学习、研究《九章算术》者颇不乏人，然而系统、全面、深入地研究并有著述问世者，似不多见. 近几十年来，科学史成为一门新兴的学科，在国际学术界普遍受到关注，尤其中国数学史更是受到重视. 例如美国数学史家史密斯、卡约黎，日本三上义夫、薮内清，英国李约瑟，德国福格尔，苏联尤什凯维奇，中国李俨、钱宝琮等人的有关论著发表以来，使得中国数学史的研究、中国经典数学著作研究、《九章算术》研究逐渐走向高潮. 研究的队伍日趋壮大，研究的问题也日益深化，研究的范围日臻完备，研究的成果日渐丰硕，在国际逐渐形成了欣欣向荣的局面.

第三节 近期对《九章算术》的探讨

李俨用毕生的精力为中国数学史打下了坚实的基础，他虽然没有一部关于《九章算术》研究的专门著作，但在他数百万字的著作中，有数十万字对《九章算术》及刘、李注文进行考证、补佚、校注与研讨. 对后世学者启迪了研讨的思维，开辟了研讨的道路. 从而使中国数学史的研究逐步发展起来.

钱宝琮早年即发表过多篇关于《九章算术》的考证、研究文章，对于研讨《九章算术》都起到指导性的作用. 尤其在他晚年所出版的《算经十书》校点本，对于研读中国古算书具有不可磨灭的功绩. 其中所校点的《九章算术》，更具特色. 几百年来，钱校本当是最佳校点本，也是后世研讨《九章算术》所依据的蓝本.

最近，据不完全统计，在国内、外先后发表了有关《九章算术》及刘、李注文的学术论文四百余篇；出版有关《九章算术》及刘、李注文学术专著计有：吴文俊主编《中国数学史研究丛书之一·〈九章算术〉与刘徽》，川原秀城《刘徽注〈九章算术〉》，白尚恕《〈九章算术〉注释》，李继闵《〈九章算术〉及其刘徽注研究》，白尚恕《〈九章算术〉今译》等. 在这些论著中，探讨了不少问题，计有：

1.《九章算术》的成书年代

根据考证，大多数学者都认为《九章算术》是经过多人之手进行删补、修改，逐渐形成了定本. 至于《九章算术》的成书年代，众说纷纭，莫衷一是. 有人以为成书于西汉中期，有人以为成书于西汉宣帝时代，有人以为成书于西汉末年，也有人以为成书于东汉初期，等等. 即使本课题组成员对《九章算术》成书年代的看法也不一致，现今为了求大同、存小异，不拘对“成书”的概念如何理解，顾及大多数学者的意见，可以说《九章算术》成书于公元前 1 世纪至公元 1 世纪.

2. 刘徽的籍贯

刘徽的籍贯身世、生平事迹，不见诸史籍. 现今只能根据一些不多的史料，探测刘徽的一些情况. 宋徽宗为了提倡天算教育，于大观三年(1109) 追封历代畴人，根据《宋史》的记载，追封刘徽为“魏刘徽淄乡男”. 宋徽宗所追封的六七十名畴人中，其追封的词句，多符合其籍贯或活动的地区，因此，可以认为刘徽是现今山东淄川或临淄一带人. 而刘徽在《海岛算经》中所撰测望海岛一问，可以作为刘徽是山东人的旁证. 因为淄川或临淄临近渤海，故有测望海岛之设. 虽然有人认为证据似嫌不足，但是在新的、确凿的证据发现之前，无妨先承认其为山东淄川或临淄一带人.

3. 刘徽的齐、同、通思想

刘徽在前人的基础上，于通分运算中，对齐、同给予明确的定义，然后，由两个分数的通分运算，推广到若干个分数的通分运算. 并拓广了齐、同的定义，使之适用于整数乘法运算，成为整数乘法运算中的一条特性. 还把这一特性应用于合分术、减分术、课分术、平分术、环田术、少广术、盈不足术、方程术、方程新术、其一术等. 刘徽把齐、同、通思想几乎应用于《九章算术》全书中，成为《九章算术》基本算法之一. 刘徽还用齐、同、通的概念，提出“不失本数”的性质，并推广为“不失本率”原理.

4. 互乘与维乘

《九章算术》中，虽然刘徽对于一些名词、术语给出了定义，但大部分名词、术语多不揭示其概念. 研读《九章算术》时，必须仔细推敲、深刻体会其含义，否则便无法进行钻研. 如乘、相乘、相命、互相乘、互乘、维乘、交互相生都是《九章算术》的术语. 乘、相乘、相命是指两数相乘或多数连乘；互相乘、互乘是指四、六、八、十等多数交叉相乘，而交互相生是互乘的另一提法；维乘是指四数交叉相乘. 可见，相乘、互乘、维乘是三个不同的概念，对这三个不同概念必须严格区分，切不可混为一谈.

5. 率以及相与率

刘徽在经分术下注称：“凡数相与者谓之率”；又称“等除法实，相与率也.”这就是他给率、相与率下的确切定义. 此外，还明确了率的性质. 刘徽以率的概念及其性质应用于注文中，使之成为《九章算术》各种算法的主线，他不但把各种算法在理论上归结为率的学说，而且在运算技巧上，也结合着率的性质，使得率成为刘徽《九章算术注》的核心思想之一.

6. 出入相补

刘徽为了论证直线型平面图形的面积及某些直线型立体图形的体积，在前人的基础上，总结、提炼，使之理论化，并应用于各种有关问题中，形成了所谓“出入相补原理”，成为中国古代几何学的基础理论之一. 也是中国古代几何学所具有的特色之一. 在《九章算术》中，虽没有明确记载“出入相补原理”的文字，但是，由圭田术、邪田术、箕田术、圆田术、环田术、开方术、城垣术、勾股术等刘徽注文中可以看出,刘徽不但具有高度的概括能力,而且善于由实际问题提高到理论上来,使之成为中国古代数学的特色.

7. 刘徽的割圆术

为了推证圆面积的计算公式及圆周率的确值,刘徽创造了割圆术.割圆术就是由圆内接正六边形起算,使边数倍增,不是用三角形而是用筝形面积算法,逐次求得正 12,24,48,96,192,… 边形面积.并利用极限观念论证了圆面积的算法及圆周率的较精密近似值.刘徽创造的这一科学方法,后人称之为割圆术.

8. 以十二觚之幂为率消息

在刘徽割圆术中,有“以十二觚之幂为率消息”一语,其中“消息”固然可理解为加加减减的意思,但是各家的具体理解,极不相同.例如,有人以“调日法”的算法解释,有人以“等比级数”的算法解释,有人以“自然数的平方差”解释,也有人以“差幂之比”解释.看来,究竟如何具体理解“消息”的意义,很有进一步探讨的必要.

9. 徽虽出斯二法

南宋本割圆术之后李淳风注文中有“徽虽出斯二法”一语,而大典本则为“徽虽出斯一法”.由此注前后文来看,不难发现和判断此“法”应理解为圆周率之值.由于有人怀疑“晋武库”以下一段为祖冲之所注,并依据大典本所载,认为刘徽只创一法,即是 $\pi=\frac{157}{50}$,而 $\pi=\frac{3\,927}{1\,250}$ 为祖冲之所创.但是,大多数学者认为南宋本所载是正确无误的,“晋武库”以下一段是刘徽所注,所以认为刘徽所创之法,一为 $\pi=\frac{157}{50}$,另一为 $\pi=\frac{3\,927}{1\,250}$.

10. 宛田

近年来,学者们对宛田的形状提出了各种不同的看法,有人以为是优扇形,但无法解释《九章算术》中的“下周”一词;有人以为是凸月形,但无法解释凸月形上面圆弧的依据.经过考证,宛田的形状,似非平面圆形.因此,若依“中央隆高”而论,如理解宛田为馒头形,则没有一定的算法可以遵循;如理解为旋转抛物面形,则超越了那个古老的时代;如理解为球冠形,则未必符合当时的生产实际.所以,宛田的具体形状,还有待进一步的探讨.

11. 圆锥与其外切方锥侧面之比

在宛田术注文中,刘徽提出截割原理的第一部分,即圆锥侧面积与其外切正四棱锥侧面积之比,等于圆面积与其外切正方形面积之比.在注文中,刘徽还用算法给予了证明.

12. 弧田

在弧田术的注文中,刘徽一方面分析了弧田旧术的不精密;另一方面提出了新算法.他逐次取用弓形的内接等腰三角形面积的算法.再求这些等腰三角形面积之和,并利用极限观念,推导出弧田面积的算法.

13. 环田

在环田术的注文中,刘徽说:“此田截齐中外之周为长,并而半之者,亦以盈补虚也.此可令中外周各自为圆田,以中圆减外圆,余则环实也.”又于曲池术注称:“此池环而不通匝,形如盘蛇而曲之.亦云周者,谓如委谷依垣之周耳.引而伸之,周为袤,求袤之意,环田也.”由这两段注文可以看出,刘徽是把环田、环缺的中外周和曲池两底面之中外周直观地引申为直线段,使环田、环缺、曲池两底变形为直线型图形,再利用以盈补虚即出入相补原理论证其面积算法.此外,在《九章算术》勾股章第5问“葛之缠木”术之注文称:“据围广、木长求葛之长,其形葛卷裹袤.以笔管青线宛转有似葛之缠木,解而观之,则每周之间,自有相间成勾股弦.则其间木长为股,围之为勾,葛长为弦.”可见刘徽也是直观地把柱面旋螺线之葛引申为直线段.刘徽这种把曲线引申为直线的做法,只能用直观的意念来理解,不能用拓扑的观点去评说.

至于刘注所说“此可令中外周各自为圆田,以中圆减外圆,余则环实也”一语,只能以此阐明环田面积的意义.若以圆田又术“周自相乘,十二而一”导出环田术“并中外周而半之,以径乘之为积步”.则可能受到因式分解或提取公因式等恒等变换的时代局限性,没有文字说明刘徽可由圆田算法导出环田算法.所以,我们以为刘徽只是阐明环田面积的意义,未必进行算法推导.

在第38问经文下,答文下,刘徽、李淳风两次误用公式,错误算出环缺之径及环缺面积,从而造成了失误.

14. 其率术及反其率术

其率术及反其率术实际是带余除法,并不是像某些人所说的四元二次不定方程.这种说法不止违背了《九章算术》及刘、李注文的原意,而且超越了时代.其率术及反其率术术文中的“所率”一词,是指每一问题中的具体计算单位,是这两术的专用名词,切不可误解为一般比例算法的术语.

15. 经率术、经术术

经率术、经术术、其率术、反其率术都是今有术的特殊情形.因其中所求率为1,故可以直接用除法进行计算.

16. 少广

少广,即是广少,纵多.这类问题相当于已知长方形面积及其广,推求其纵边之长.开平方术当是少广术的特殊情形,而开立方术则是其推广.

17. 最小公倍数的求法

用少广术计算广边之长时,也即推求各分数之和时,其求公分母的方法相当于推求各分母的最小公倍数.这一算法虽不是求各数最小公倍数的标准算法,但却标志着我国在分数计算中及求最小公倍数的计算中的一大突出成就.

有人以为在少广术文中缺少“能约则约”一语，便认为少广术不能求得最小公倍数，并以少广章第5,11问作为例证. 事实上，在《九章算术》及刘、李注文中，逐步约分法是一不见诸记载的不成文法. 在《九章算术》及刘、李注文中可以找到很多例证及有关论述，如果疏忽了这一不见诸记载的不成文法，必将对《九章算术》及刘、李注文导致许多误解. 研习古算者，不可不慎. 至于少广章第5,11两问，都是各少约一次所造成的疏忽，与少广术文及不成文法无涉. 反过来说，在少广章第11问中，除第5,11两问各少约一次造成疏忽以外，其他9问的计算完全正确无误. 这不能不说明少广术里推求最小公倍数的方法是正确的. 根本不存在缺少什么语句之事. 可见对《九章算术》的评论应当慎重从事.

18. 开方术

在开方术里，对开方不尽数，《九章算术》称为“不可开”，并“以面命之”. 如术文称:“若开之不尽者为不可开，当以面命之.”其中“命”字应如何理解，似有进一步探讨的必要.

在《九章算术》及刘、李注文中，所用“命”字，多表示“命分”，即是以某数为分母命名一个分数. 如合分术文“不满法者，以法命之”. 平分术文“以法命平实”. 环田术刘注“以等数除之而命分”. 经率术刘注“等数除之而命分”. 经术术刘注“不尽而命分者”“实见不满，故以命之”. 衰分术文“不满法者，以法命之”. 开方术刘注“术或有以借算加定法而命分者”“令不加借算而命分”“其加借算而命分”. 开立方术刘注“术亦有以定法命分者”. 商功章第5问刘注“等数约之而命分也”. 商功章第6问刘注“等数约之而命分也”等即是. 也有术文及注文以“命”表示“乘”. 如大广田刘注“命母入者还须出之”. 开方术刘注“上下相命”“乃得相命”. 开立方术刘注“以上议命而除之”“以上议命之而除去三幂之厚也”. 开立圆术刘注“令其幂七十五再自乘之为面，命得外立方积四十二万一千八百七十五尺之面”. 正负术刘注“令上下相命而已”等即是. 其中李淳风涉及“命”字的注文与刘徽相应的注文意义雷同. 但是，开方术术文“若开之不尽者为不可开，当以面命之”. 刘注“故惟以面命之，为不失耳”“不以面命之，加定法如前，求其微数”. 其中之“面”固然是正方形的边，而“命”字的意义，似有进一步探讨的必要. 不然则无法理解《九章算术》及刘徽对于这些“不可开”的二次根数的处理原意.

19. 十进分数

在开方术里，刘徽创造了十进分数，用以表示开方不尽数即二次根数的平方根近似值. 虽然十进分数与十进小数在意义上、在数值上完全一致，但其表示方法不同，所以不便认为刘徽创造了十进小数.

20. 牟合方盖

为了推求球体积算法，刘徽取八枚棱长1寸(1寸=3.333 3厘米)的正方体,使拼成棱长为 2 寸的正方体.通过此正方体的相邻两侧面,各作直径为 2 寸的内切圆柱面,这两个相互垂直的圆柱面的公共部分,刘徽称为"牟合方盖".

"牟合方盖"的意义如何理解:一说,"牟"与"侔"通,即是相同;"盖"即是伞;"方盖"即是方伞."牟合方盖"就是两个相同的方伞合于一起的意思.一说,"牟"与"蛑"通,即是指蝈蝈、蛐蛐之类的昆虫;"合"与"盒"通,即是装东西的盒子."牟合方盖"即是装蝈蝈、蛐蛐之类昆虫的方盖盒子,也就是在我国北方用高粱秆的皮子纺织成装蝈蝈、蛐蛐的方形盒子的意思.这两种见解,何者较为符合原意,还需进一步研究.

刘徽在"牟合方盖"内作一内切球,并以截割原理论述了牟合方盖与其内切球积之比,等于方率与圆率之比.即:"合盖者,方率也.丸居其中,即圆率也."又说:"方周者,方幂之率也;圆周者,圆幂之率也."即是说正方形与其内切圆的面积之比,等于其周长之比.实际上,其比为 $4:\pi$.

21. 刘祖原理

在刘徽所创牟合方盖与其内切球体积之比为 $4:\pi$ 的基础上,二百余年后,祖暅明确提出"缘幂势既同,则积不容异"一理.先,误释"抛"为高,乃称这一理为"祖暅公理".今,经过考证,应当释"势"为关系,又因祖暅受到刘徽的多处启迪,所以,这一理应称为"刘祖原理".

22. 棊验法

在前人的基础上,刘徽乃创立三种基本几何体堑堵、阳马、鳖臑.刘徽便将直线型立体分割成为三种基本几何体.由三种基本几何体的体积算法,以证明直线型立体的体积算法.对这种分割法称为有限分割法,对这种证法称为棊验法.

23. 截割原理

对于圆型立体体积算法的证明,刘徽往往作圆型立体的外切方型立体,依据截割原理,即圆型立体与其外切方型立体体积之比,等于圆与其外切正方形面积之比,即 $\pi:4$.由方型立体体积算法则可证得圆型立体的体积算法.

24. 刘徽原理

为了证明阳马与鳖臑的体积算法,刘徽提出"阳马居二,鳖臑居一,不易之率也."即是三度对应相等的阳马与鳖臑,其体积之比恒为 $2:1$.现今称之为"刘徽原理".又由刘徽所说"邪解堑堵,其一为阳马,一为鳖臑."可知三度对应相等之阳马与鳖臑体积之和等于对应的堑堵体积.显然,根据阳马与鳖臑之比以及其体积之和,易于证得阳马、鳖臑的体积算法.

25. 刘徽原理的证明

为了证明"刘徽原理"的成立,刘徽取三度相等的黑阳马、赤鳖臑模型,使合成一个赤黑相拼的堑堵模型.对此堑堵进行一次分割,并以极限观念论述逐次分割后阳马与鳖臑体积之比，从而证明了阳马与鳖臑体积之比为 2∶1. 这即是说，刘徽原理是正确无误的. 至于由黑阳马、赤鳖臑分割得小黑堑堵、小赤鳖臑拼接为立方问题，虽然只有两种拼接法，即一种是小黑堑堵与小黑堑堵相拼，小赤堑堵与小赤堑堵相拼；另一种是小黑堑堵与小赤堑堵相拼；但是，刘徽说“令赤、黑堑堵各自适当一方”，足可证明其原意是使小黑堑堵与小黑堑堵拼成立方，小赤堑堵与小赤堑堵拼成立方，并不是像一些人臆测刘徽的意思，错误地以为小黑堑堵与小赤堑堵拼接成立方.

26. 羡除算法

羡除就是现今所谓的墓道. 其形状实为三侧面都是等腰梯形、两侧面是勾股形的五面体. 刘徽按羡除的上广、下广、末广的等与不等各种情形分别论证了羡除体积算法，借以证明《九章算术》所给羡除体积算法的正确性.

27. 阳马体积之半

刘徽论述了过阳马之顶及其底面中心作截面，不拘如何分割，所得两部分，都是阳马体积之半. 刘徽还论述了若阳马与方锥的横截面处处相同，则阳马与方锥的体积也必然相同. 正如李俨于《中国数学大纲》中说：“以上说明刘徽知道：‘…… 缘幂势既同，则积不容异’的原则.”

28. 考核量器

刘徽创造了圆周率 $\pi=\frac{157}{50}$ 以后，以此圆周率的近似值，考核了魏斛、王莽嘉量斛以及《考工记》所载齐量鬴的容积、容量.

29. 均输算法

《汉书》称：“桑弘羊为大司农中丞，管诸会计事，稍稍置均输，以通货物.”据此，以前认为汉武帝元封元年（前 110）根据桑弘羊的建议，实行均输制，即是《九章算术》中均输算法的开始. 1983 年 12 月，在湖北江陵地区张家山出土千余枚西汉初期的竹简，其中有西汉初期的《均输律》，可见，均输算法可能创始于西汉初期，复兴于西汉中期. 由于这批竹简的出土，把以前认为《九章算术》均输算法始于汉武帝的说法，至少提前了八九十年.

30. 等差级数

《九章算术》中有许多问题都涉及等差级数，刘徽在注文中，不但论证了等差级数各种算法公式的正确性，如通项公式、求和公式、公差公式、中间项公式等，而且还将等差级数的算法给予推广.

31. 盈不足术

盈不足术是中国古代数学的特殊算法之一，也是中国传统数学的一项创造性的成果. 根据两次假设，盈不足问题可分为一盈一不足、两盈、两不足、一盈一适足、一不足一适足五种问题.《九章算术》不但具备了这五种问题及其正确的算法，而且还列举了用盈不足术求解的算术应用问题以及初等超越函数的应用问题. 对于前者，可求得确切解；对于后者，只能求得其近似解.

32. 方程

刘徽对方程给出了其确切的定义. 为了使方程有确切解，还强调方程的个数必须与未知数的个数相同；还认为方程中既不应有相依方程，也不应有矛盾方程. 即刘注所说“行之左右无所同存，且为有所据而言耳.”《九章算术》所谓方程，即是现今所谓线性方程组；若按其表现形式而论，则是增广矩阵.

33. 同解性

在解方程的过程中，刘徽特别强调了两个同解性.

34. 正负数的概念

刘徽在注文中，不但给正负数下了确切的定义，还给出用算筹表示正负数的一般法则. 刘徽并用辩证的观点，把正负数的加减法运算法则统一在一起. 虽然《九章算术》只记载了正负数的加减法运算法则，但通过方程章各题进行验证，不难发现，《九章算术》时代必然了解正负数乘除法的运算法则. 可惜的是，正负数的乘除法则未见诸记载.

35. 互乘对减法

刘徽在解方程的直除法基础上，创立了互乘对减法，并把互乘对减法加以推广. 这种互乘对减法与现今线性方程组的加减消元法在理论上、算法上几乎完全一致.

36. 不定方程

《九章算术》方程第 13 问为“五家共井”，实际是最早的不定方程问题.《九章算术》所载的答案，不当用丈、尺、寸表示井深与各家之绠长，应该表示以比率关系. 由刘注“是故七百二十一为井深，七十六为戊绠之长，举率以言之”可知，刘徽已清楚地认识到这是一道不定方程问题.

37. 方程新术

在解方程直除法的基础上，刘徽对方程提出另一解法，称为方程新术. 即是在方程中，先用加减法消去常数项，再用加减法使每一方程只含两未知项. 从而求得两未知数的比，按比率可代入某一方程，化为一个未知数的方程，于是可求得此未知数的值. 仿此，可求得其他未知数的值.

38. 其一术

在方程新术的基础上，刘徽对方程又提出一种解法，称为其一术. 即是仿照方程新术，求得各未知数的连比，按各未知数的连比，化一方程为某一未知数的方程，即可求得方程的解.

39. 方程细草

在全部刘徽注文中，只对方程章第 18 问给出了细草. 不但用直除法论述了此问的细草，还用方程新术描述了其演算过程，并记载了用其一术解此方程的重要步骤.

40. 勾股原理

刘徽利用出入相补原理证明了勾股原理的正确性. 刘徽的证明原图，早经散失. 现今只能依据刘注的文字，推敲其原图.

41. 方幂与“矩”幂

既然刘徽证明了勾的平方与股的平方和的平方根等于弦，即所谓勾股原理. 刘徽便把勾的平方与股的平方置于以弦为边的正方形中，使居里者成方形面积，其居表者成“矩”形面积. 即“居里者成方幂，其居表者则成矩幂”. 从而用面积理论证明了下列四式

$$c-b=\frac{a^2}{c+b}$$

$$c+b=\frac{a^2}{c-b}$$

$$c-a=\frac{b^2}{c+a}$$

$$c+a=\frac{b^2}{c-a}$$

其中，a,b,c 分别表示勾、股、弦. 下同.

42. 勾、股弦差求弦

刘徽以锯道为勾，以锯深为股弦差，利用上述关系推证圆材之径，即

$$c=\frac{\left(\frac{a}{2}\right)^2}{\frac{c-b}{2}}+\frac{c-b}{2}$$

43. 大方之幂

以勾股和为边的正方形，刘徽称之为大方. 在大方之内作一以弦为边的内接正方形，在内接正方形中作四个勾股形及一黄方. 刘徽利用面积关系证明了用勾股差及弦表示勾、股的算式

$$c=\sqrt{\frac{(a+b)^2+(b-a)^2}{2}}$$

$$a=\frac{\sqrt{2c^2-(b-a)^2}-(b-a)}{2}$$

$$b=\frac{\sqrt{2c^2-(b-a)^2}+(b-a)}{2}$$

44. 两“矩”之端

刘徽在以弦为边的正方形中，作“矩”形勾幂，再作“矩”形股幂，用两“矩”

之端的重合部分证明了下列勾、股、弦算式

$$a=\sqrt{a(c-a)(c-b)}+(c-b)$$

$$b=\sqrt{2(c-a)(c-b)}+(c-a)$$

$$c=\sqrt{2(c-a)(c-b)}+(c-a)+(c-b)$$

45. 整勾股数

刘徽用面积理论证明了《九章算术》所提出的、唯一的整勾股数公式

$$a:b:c=(m^2-\frac{n^2+m^2}{2}):(nm):(\frac{n^2+m^2}{2})$$

其中 n,m 是正整数. 有人以为刘徽论证了三个整勾股数公式,这实际是一种臆测之说,不足为训.

46. 勾中容方

刘徽一方面用面积理论,另一方面用相似勾股形性质证明了勾股形内接正方形边长的算法公式.

47. 勾中容圆

刘徽一方面用面积理论,另一方面过勾股形内切圆圆心作平行弦,以相似勾股形性质及配分比例证明了勾股形内切圆直径的算法公式.

48. 勾中容圆的其他算法

在注文中,刘徽提出四种推求勾股形内切圆直径的算法公式

$$d=a-(c-b)$$

$$d=b-(c-a)$$

$$d=(a+b)-c$$

$$d=\sqrt{2(c-a)(c-b)}$$

其中 d 为勾股形内切圆直径.

49. 二次方程

《九章算术》勾股章第 20 问,是《九章算术》中唯一用一般二次方程解的问题. 刘徽用"勾中容横、股中容直" 原理论证了此方程的形成;刘徽同时也用面积理论论证了这方程的形式.

50. 一次测望问题

《九章算术》勾股章的一次测望问题,刘徽都是用相似勾股形性质,即是用勾率与股率之比等于见勾与见股之比,予以证明了一次测望问题的算法.

顺便指出:刘徽在《九章算术》的注序中说:"凡望极高、测绝深而兼知其远者,必用重差,勾股则必以重差为率,故曰重差也." 又说:"辄造《重差》,并为注解,以究古人之意,缀于《勾股》之下." 依此可以推断,刘徽编撰《海岛算经》九问的造述,可能都是依据相似勾股形性质建立的.

宋代杨辉于《续古摘奇算法》称:"辉尝置《海岛算经》小图于座右,乃见先

贤作法之万一.……,今将《孙子》度影量竿题问,引用详解,以验小图."虽然杨辉以面积理论释海岛测望之术,但其所用之图未必是刘徽原图.至于商高、陈子的论述测望的积矩法,赵爽证明日高术的面积法,恐未必与刘徽《海岛算经》九问的造术有必然的直接联系.

综上所述,大约两千年来,《九章算术》的传播与研究,在中国数学史、世界数学史的研究与发展上占有极其重要的地位.尤其近年来,对《九章算术》的研究,几乎涉及有关《九章算术》的各个方面,就其研究的广度与深度而论,超过了以往各个时期;以前只论及《九章算术》的经文,现今不仅涉及经文,即使刘、李注文的每一词每一字也都做了精心的探讨与研究.若按研究人员的数量、所发表学术论著的质量、所取得的研究成果而论,也是各个时期所望尘莫及的;以前是数十、百年才有人对《九章算术》进行研究,而现今就有百余人在进行研究,所发表论著的数量及质量乃前所未有,所取得的成果既新颖又丰硕,几乎达到了高峰.

第二章

《九章算术》研究史纲[①]

《九章算术》是中国历史上流传最广、影响最深的数学著作，可以和西方的《几何原本》相比较，其在世界上的影响虽不如《几何原本》那样大，但是可以说是东方数学的代表. 从成书到现在的两千年中，人们的学习和研究始终不衰. 刘徽是历史上《九章算术》的最主要的研究者，他的《九章算术注》极为重要，因此文中将其与《九章算术》并提. 本章将按以下六部分概述《九章算术》研究史，同时也按历史顺序提出一些不成熟的看法.

第一节 《九章算术》的成书

《九章算术》是什么时候成书的，目前众说纷纭，莫衷一是. 有一点看法似乎是一致的，就是经历了一个较长的过程，而且可能出于多人之手. 但这个过程有多长，人们的看法又有很大差别. 在这里，笔者准备从以下四个方面进行讨论.

(1) 关于成书的标准问题. 对成书标准不明确起来，成书问题就不好讨论. 笔者对此早有看法，就是刘徽做注时的样子，换句话说，就是如果把现传《九章算术》中的刘徽等人的注释全部删除，剩下的便是《九章算术》原貌，这就是我认为的标准样子. 这个标准样子的最初出现到刘徽做注时有无改动，我认为也可能有过微小变化，而不存在大的改变. 刘徽所用的本子出于何人之手？肯定不是刘徽，实际上要早得多.

① 本文曾于1991年在北京《九章算术》暨刘徽学术思想国际研讨会上宣读，作者为李迪.

(2)《九章算术》的成书是经过一个过程的.在春秋战国时期就积累了一批数学题目,且有一些相应的解题方法.早期的数学题和解题方法当然是彼此独立的.随着题目数量的日益增加,人们便逐渐进行归类.最初应是小类,即归为很多类.此种工作至迟在秦到西汉初就已有人着手了.20世纪80年代初出土的"算数书"应是此类工作的代表,它已经有了小标题,是一种分类的标志."算数书"未必是书名,很可能是指书的内容,就是讲算数的书,就如今天人们说某书是一本数学书一样,和书名完全是两回事.西汉后期有《许商算术》和《杜忠算术》等数学著作,大约是在"算数书"的基础上或类似于该书的基础上完成的.直到这时,可能还没有以"九章"命名数学之举,不存在以《九章算术》为书名的数学书.

(3)《九章算术》成于刘歆之手.《九章算术》的标准样子是何人整理成的?由于资料的不完备,找不到肯定的答案.三十多年前笔者曾提出过一个主张,即刘徽所研究的《九章算术》是西汉末刘歆整理成的.现在看来,由于"算数书"的发现,对这个主张需要进一步说明.据报道,"算数书"有六十多个小标题,《九章算术》虽无小标题,但有些"术"有名称,和小标题相当.两者的内容极为相近,有的题目完全一样,算法基本相同.由此可见,《九章算术》与"算数书"存在着"血缘"关系,不过《九章算术》应是"孙子辈".由"算数书"先到《许商算术》和《杜忠算术》之类的数学著作,这两书分别为26卷和16卷,可能是把"算数书"进行归类的结果,但还不是九类.刘歆对这两部书是相当熟悉的,或者他还见到另外没有留下名称的数学书.他应是在续完其父刘向所作《七略》之后,在许商、杜忠等人的著作的基础上,进行重新整理、分类,编纂成《九章算术》.采用了当时通用的"算术"一词,前面加上"九章"二字,取了《九章算术》这个名称.

(4)秦始皇未焚数学书.刘徽所说"往者暴秦焚书,经术散坏,自时厥后,汉北平侯张苍,大司农中丞耿寿昌皆以善算命世.苍等因旧文之遗残,各称删补,故校其目则与古或异,而所论者多近语也."这段话前半是不可靠的;后半也含糊不清."暴秦焚书"不是焚所有的书,所焚者主要是《诗》《书》和"百家",而"医药卜筮种树之书"不焚,所焚之书博士官可以收藏.数学书显然不在焚书之列,更何况当时未必有整本的数学书,本来就是些不太成系统的数学题简,无所谓"散坏"之事.张苍在秦时为御史"主柱下方书",管理天下图书,又善算律历,他就应当掌握数学题简.如果说有"散坏",可能是因为秦汉之间的战争,而绝不是秦始皇焚书造成的.刘徽所谓"近语",与前后文联系起来看,显然是指张苍等人"删补"的结果,而不是再晚的事,即不是距刘徽很近的"近语",实际上有三四百年!

第二节　古典注释时期

从《九章算术》成书到南宋的一千二百多年，我们把这段对《九章算术》的研究称为"古典注释时期".研究的特点是以注释为中心.《九章算术》的广泛流传是从东汉开始的，学习的人逐渐增多.对其研究、做注大约是起于张衡(78—139)，但只有一点痕迹留下.在其后的一千多年中，不时有人进行注释或其他类似方式的研究，其中主要的有刘徽、祖冲之、李淳风、李籍、贾宪和杨辉.这是历史上对《九章算术》研究的极盛时期之一，重要的工作内容可以归纳为以下几个方面：

(1) 对《九章算术》中的名词、术语进行解释，刘徽、李淳风、李籍的工作可为代表，其中尤以刘徽的注值得称道.刘徽对《九章算术》中的几乎所有的名词、术语进行了注解，有些注文相当长，可看作是一些研究论文，同时还提出不少新概念，如"牟合方盖"等，为后人研究《九章算术》打下了基础.祖冲之(429—500)的《九章算术注》大约在唐代后期就失传了，因此我们已无法详细知道其内容.

(2) 对《九章算术》中的计算公式或其他命题以做注的形式进行了补充论证.在这方面，刘徽的工作最为突出，可以说是空前绝后的.他的工作颇具创造性，为了从理论上解决各种问题，发展和建立了一些水平很高的方法和原理.可是，由于他是给《九章算术》做注，尽管他已经取得了丰硕的成果，仍然受到了极大的局限，其才能未得到充分发挥.在后来的将近一千年的时间里，刘徽的重要工作很少受到应有的注意，除祖冲之外，少有其他高水平的研究.但遗憾的是，祖冲之的著作都早已失传.

(3) 对《九章算术》进行图解.此项工作是从刘徽开始的，他"解体用图"，在注解《九章算术》时单独完成《九章重差图》一卷，图形没有书在注文中，而是图、文分开.《九章重差图》一书，约亡于唐代以后.在杨辉《详解九章算法》中有不少图形，他说是"别图而验之"，即为了满足教学的需要而加上的.其中有无刘徽或贾宪等人所绘图形的残留？尚难判定.

(4) 给《九章算术》补充细草.原来的《九章算术》只有题目、答案和术文，而没有详细的计算演草.隋唐时的刘孝孙曾给《张邱建算经》作过细草，当时无人给《九章算术》做同样的工作.刘徽的注解中有些可起细草作用，但毕竟不是细草.在这一时期内，直到北宋才由贾宪作了细草，其中加进了不少自己的最新研究成果.有人认为贾宪的《黄帝九章算经细草》目前还能大体复原出来，并未完全失传，这个结论值得商榷.

(5) 对《九章算术》进行详解和纂类. 杨辉在所著《详解九章算法》中，对每类题目都有"解题"，也有不少未加"解题"字样的地方，经过比较可知，无疑仍是杨辉的"详解". 杨辉很少对《九章算术》中的名词术语进行解释，他的"详解"大都是把一些计算步骤解说得稍详细些，如把题中的已知数或中间计算结果加在适当位置，等等. 因此，杨辉的"详解"，既不同于以前的注释，也不同于细草. "纂类"的做法同样始于杨辉，他有《详解九章算法纂类》一书，是在其《详解九章算法》的基础上完成的. 杨辉说：当时各种本子的《九章算术》"皆重叠无谓，而作者题问，不归章次，亦有之. 今作纂类互见目录，以辩其讹，后之明者，更为详释，不亦善乎？" 具体做法是"以物理分章，有题法又互之讹. 今将二百四十六问，分别门例"，目的是"使后学亦可周知也".

值得沉思的一个问题是，刘徽工作的影响在早期比较大，评价也高，并且有祖冲之等人发展了刘徽的成就. 可是到李淳风之后，刘徽的影响明显减小，人们一般仅知道"徽率"，对"正负术"的解释与正、负筹的区别以及重差术等具体的内容，似乎已把刘徽忘掉，间或有人提及，也止限于做注一事，对其各项杰出成就并不理解.

还有一个出版问题，早期无疑是靠传抄；隋唐时代已经发明了雕版印刷术，而且把《九章算术》列为明算科重点教科书之一，然而仍然没有刊刻出版，学生们要自己抄写. 据目前所知，正式出版是在宋代，先是北宋元丰时第一次雕版印刷，后又在南宋刻于汀州. 从此，《九章算术》有刊本流传.

这一时期，《九章算术》传到了国外.

第三节　沉寂时期

杨辉以后，一直到清代中期约 500 年，人们对《九章算术》的研究陷入一种沉寂状态. 元代似乎无人专门研究，明初永乐时将其收入《永乐大典》，民间只有极少的本子流传，研究者难得一见. 数学家吴敬见过《九章算术》，他是下了好大工夫才找到的. 至于刘徽，则几乎无人有较深的理解，甚至毫无所知.

有两个问题，应当稍详细地论述一下：

(1)《九章算术》研究沉寂的原因.《九章算术》在历史上曾经红极一时，甚至"九章"成为数学或算学的代名词，某人懂得数学往往被称为某人"通九章". 但是为什么在很长一段时间内出现沉寂现象？ 考察起来，有以下两个主要原因.

① 宋元时期数学内容和形式的变化. 世间没有永远不变的事物，数学也是如此. 由于数学自身的发展和应用范围的不断扩大，内容和形式都要改变. 大约

从 11 世纪起，在北方出现了半符号式代数 —— 天元术，到元代发展为四元术；数学著作的形式在宋元时期也有改变，特别是在 13 世纪表现得最为明显；这一时期，又开始由传统的筹算向珠算和笔算过渡，…… 人们的主要精力用到了最新的数学方面，逐渐离开了古老的《九章算术》.

② 战争与社会动荡使《九章算术》大量被毁. 从 12 世纪初期起到元朝统一全国的一百五十多年间，战争频繁，社会动荡不安. 许多方面遭到严重破坏，北宋时出版的书籍自然在毁坏之中. 南宋鲍浣之就说："前世算数之学，相望有人；自衣冠南渡以来，此学既废，非独好之者寡，而《九章算经》亦几泯没无传矣."后来才好不容易从杨忠辅处得到一部"汴都之故书"(即北宋元丰刻本). 鲍浣之据此本收入所刻《算经十书》中. 但是到元明时代已所存无几.

因此，在这整个时期内，在社会上极少流传，仅有南宋刊的孤本和汲古阁影写前刊本的孤本. 但南宋刊的孤本也残缺不全，今所存者仅前五卷而已. 吴敬研究数学时，曾"历访《九章算术》全书，久之未见. 一日偶得写本，……" 好不容易才找到一个抄本《九章算术》. 清代著名数学家梅文鼎，很想得到整本《九章算术》，但是未达到目的.

(2) 从明初到清中期，数学研究者似乎又很向往古代的《九章算术》，除上面提到的努力寻找该书外，还表现在以下三个方面：

①《九章算术》的名义得到某种恢复. 如果说宋元时期的数学著作几乎都未按九章名义编写的话，那么到了明代则有了极大的改变. 吴敬的《九章算法比类大全》十卷，前九卷的名称为"方田""粟米""衰分""少广""商功""均输""盈不足""方程" 和"勾股"，第十卷为"各色开方"，完全按《九章算术》分类、设卷，而卷十有附录的性质. 程大位的《算法统宗》从卷三开始，除卷七外，直到卷十二均以"九章名义" 为卷名，不过"粟米""盈不足" 分别改为"粟布""盈朒"，其余全同. "粟布" 和"盈朒" 两词可能早于程大位. 在明代其他一些数学著作中，也提到"九章名义".

② 以"九章" 命名数学著作的做法较宋元时期为多，据不完全的统计，至少有六七种. 宋元时只有《黄帝九章算经细草》中有"九章" 二字，但那是对《九章算术》本身的研究，那时该书还流传较广，并不是由于向往它而那样做的. 至于现传本《数书九章》的"九章" 一词根本就不是原来的，而是明人加上的.

③ 企图恢复《九章算术》原貌的尝试. 由于看不到《九章算术》全书，不知道该书的面貌，于是有些人便企图根据已有的零星资料和一些线索把其全貌复原出来，其中，最有代表性的是毛宗旦的《九章蠡测》一书，现存有两部抄本：一藏日本(完整无缺)；另一藏中国(不全). 毛宗旦是清康熙时代的学者，对《九章算术》极感兴趣，像前人一样，也很想得到全本. 但搜集数年没有发现，而找到了《周髀算经》《九章算法比类大全》和梅文鼎的《方程论》等十余种数学书籍. 他

便根据这些资料，完成了《九章蠡测》. 他说自己“留心是术有年，现未多见古本. 又若思致浅隘，不能深入，凭臆之见，信笔注解，正如以蠡测海，未知津涯”. 全书十卷首一卷，卷一至卷九以九章名义为卷名，但与原来的名称略有差异，“粟米”“衰分”“盈不足”分别为“粟布”“差分”“盈朒”. 卷十是附卷，讲三角、八钱. 这种安排，显然是来自《九章算法比类大全》. 书中确实包括了一些《九章算术》中的算题和“术”，多数的题目却不是《九章算术》的，与真正的《九章算术》相差甚远，因此毛宗旦的目的没有达到.

稍晚于毛宗旦的屈曾发，于 1772 年完成了《九数通考》一书，也是按《九章算术》的名义设卷的. 屈曾发是在“未获悉睹全书”的情况下，“举曩时所辑，重加增改”，并参考了《数理精蕴》而成书. 可见，屈曾发是经过很长一段时间才把《九数通考》定稿，其目的和毛宗旦一样，也是企图复原《九章算术》.

还有一位叫屠文漪的也有过类似的尝试，有《九章录要》一书传于世.

由以上所述可知，尽管研究者对《九章算术》有极大兴趣，并且做了很大的努力，然而由于没有见到原书，因此未取得多少有分量的成果，至于对刘徽及其工作更是一无所知.

第四节 复原与整理刊刻时期

正当人们冥思苦想、企图恢复《九章算术》原貌时，戴震等在编修《四库全书》过程中便从《永乐大典》中把《九章算术》整本辑出. 1773 年，戴震给《九数通考》一书作序时多少带点感慨地谈到了这件事：“今屈君(曾发)所为书，信以补道艺中一事矣. 适朝廷开馆纂《四库全书》，《九章算经》于是逸而复出.”

《九章算术》(唐宋时叫《九章算经》)复出之后，引起人们极大的注意，从此对《九章算术》的研究进入新时期，直到清末的一百三四十年中，主要工作可归纳为三个主要方面：

(1) 对《九章算术》的刊印. 该书除被收入《四库全书》(写本)外，戴震立即把它交给了孔继涵，孔氏于 1773 年将其收入新辑的《算经十书》中，这就是有名的微波榭本. 孔氏在刊《算经十书》序中亟力推崇《周髀算经》和《九章算术》两书，认为《算经十书》中其他著作“皆羽翼《周髀》《九章》者也”，特别是都“不能稍出《九章》之范围”.

《九章算术》复出后的第一个独立的版本是屈曾发于 1776 年刊于豫簪堂. 不久，又出版了武英殿聚珍版丛书本. 此后到清末，《九章算术》到底出了多少种本子，目前尚无确切统计数字. 根据已有的著录来看，独立印本极少，大多数都收入丛书中，尤其是翻印的《算经十书》本为多，笔者保守的已知数字有七种.后来又陆续收入《四部丛刊》《丛书集成初编》和《万有文库》等大型丛书中.可以说到清末民初时,人们能轻易看到或买到《九章算术》,为研究者提供了方便.

(2) 给《九章算术》作细草和补图.对《九章算术》的研究,从刊刻时起就已开始,首先进行研究的是戴震本人.他的主要工作有两项:一是校订,二是补图.由于传抄等各种原因,《九章算术》不免存在讹误.戴震在校订方面下了很大工夫,做出一定贡献,同时也存在许多问题,因此后来的研究者多有批评.

前已述及,刘徽在给《九章算术》做注时所绘图形,宋代以前即已失传.戴震所辑之《九章算术》,当然没有附图.他便根据文字推测原来图形可能的样子作图13幅,附于《算经十书》本《九章算术》每卷之末.至于这些补图是否完全符合刘徽原图,不好判定.

戴震之后的类似工作有李潢的"细草图说",他作《九章算术细草图说》一书,既有补图,又有图说和细草.戴震的后人戴敦元对这一工作给予很高的评价:李潢"亦犹刘徽'析理以辞,解体用图'之意".李潢之所以要进行这种研究,是因为他认为:"陈其数者下学之言也;知其义者上述之功也.有数先有象,有象皆可绘."基于这种观点,于是便把刘徽所说的"解此要当以棊"者,一一显之于图.同时,他也给《海岛算经》加了图说和细草,可是他说:"图九,海岛旧有图解,余八图今所补也."不知他所说的"旧有图解",是指什么?不过有一点是应当注意的,那就是李潢和戴震补图的目的不太相同.

(3) 对刘徽注的研究.如要说前一个时期,人们差不多把刘徽彻底忘掉了的话,那么这个时期对刘徽则有所研究.前面所讲的补图,主要是补刘徽注,而非对《九章算术》本文.李潢的工作对宣传和理解《九章算术》与刘徽,起过很大的作用.尽管李潢没有对刘徽进行专题研究和给出正面的评价,但无论如何是元代以来认真研究刘徽注的第一批数学家的代表.

真正认识到刘徽工作的重要性的学者是焦循,他把刘徽注与许慎的《说文解字》相媲美:"刘氏之注《九章算术》,犹许氏慎之撰《说文解字》,士生千百年后,欲知古人仰观伏察之旨,舍许氏之书不可;欲知古人参天两地之原,舍刘氏之书亦不可."特别是他又"本刘氏之书,以加减乘除为纲,以九章分注而辩明之",于是成《加减乘除释》一书.焦循在书中有所创新,取得一定成就.

这一时期以九章名义分卷著书的做法仍然存在,顾观光的《九数存古》就是一部这样的著作.书中不仅采用九章名义,而且收录了《九章算术》中大量题目.

还有其他一些人也做过不少工作.不过所有的工作,从本质上看都是传统的注经式研究,其作用是为下一期的研究做准备.

第五节 现代研究时期

从20世纪初到70年代末，对《九章算术》的研究发生了极大的变化，其主要有三点：第一，国际化；第二，专题研究；第三，校点. 这六七十年又可分为三个阶段：20世纪初到40年代末，主要是研究《九章算术》，兼及对刘徽的研究；50年代到60年代中，对《九章算术》的校点、俄译和对刘徽的某些专题研究；60年代中到70年代末，对《九章算术》和刘徽的研究. 由于阶段性比较明显，所以按历史阶段进行讨论.

(1) 第一个阶段. 从20世纪初以来，一批国内外学者对《九章算术》和刘徽注的研究兴趣大增，他们是日本的三上义夫(1875—1950)、小仓金之助(1885—1962)，中国的李俨(1892—1963)、钱宝琮(1892—1974)、孙文青，美国的D. E. Smith(1860—1944)等. 这些人的工作是从研究《九章算术》出发，附带研究了刘徽注，尚未查到以刘徽为题的专门论文，在某些论著中出现小标题则是常见的，有的研究已相当深入. 本阶段最主要的工作有：首先是把《九章算术》(有些工作包括刘徽注)的内容进行了较为全面的清理，特别是把古文叙述改成现代数学形式，使人们易于理解古书的内容. 李俨是这一工作的代表，他的论文人们长期引用不衰. 其次是对《九章算术》的体例、算法分类和源流等的整体研究，钱宝琮、孙文青的工作是这方面的典型. 再次是对《九章算术》与社会关系的探讨，这是由小仓金之助开创的. 最后是通过英文、日文论著，使世界各国有关学者对《九章算术》与刘徽有了较多的了解.

本阶段的研究者一般对《九章算术》的评价较高，有的相当高，如D. E. Smith和小仓金之助的评价可为代表. 前者认为这部书是“中国古典数学中最大的、长时间在东洋保持最高评价的著作”，特别是他认识到：“从许多事实证明中华民族是有才华的，中国人是建立早期数学科学的先驱者.”后者则认为《九章算术》是中国的基本数学书，“其中包含着优秀的数学方法，如果同希腊数学进行一番比较的话，几何与数论虽然不如希腊，可是我确信算术和代数(指丢番图(约275年左右)以前)则凌驾于希腊之上.”

此阶段对刘徽注的研究虽也多属“翻译”性的，对于其深刻的含义还不太清楚，但像三上义夫的工作却使我们感到惊奇. 他在论文中对诸如极限思想、阳马术问题、球积术问题、割圆术问题、弧田术问题以及对“消息”理解等，都提出了看法，有的阐述得相当透彻，大多是后来很多深入结果的萌芽.

(2) 第二个阶段. 这阶段较为明显的特点或说是研究方向大致有以下三个：

① 对刘徽的专题研究．这个阶段出现一些以刘徽为题的文章，第一篇是许莼舫于1953年发表的．接着有杜石然、励乃骥、李迪等．1963年被认为是刘徽注《九章算术》1700周年，沈康身、梅荣照和何章陆（何洛）都有纪念文章发表．李俨、钱宝琮、严敦杰诸学者的工作都在许多方面包括了对刘徽的研究．所有这些工作，虽然还较为零散，但是刘徽的重要学术地位却日益显露出来，刘徽受到了较大的重视．

② 苏联和英国对《九章算术》的研究．在此阶段之前，苏联和英国没有人从事这一工作．从20世纪50年代起，苏联的 А. П. Ющкевич 和 Э. И. Берёзкина 等开始这方面的工作，前者在不少有关论著中较详细地讲述了《九章算术》和刘徽的成就，并给出了很高的评价；后者把《九章算术》本文译成了俄文，还做了许多注解，连同一篇有关论文同时发表．她在注中提出了不少有价值的见解，特别是她首先发现了《九章算术》中已知 $x^2+y^2=z^2$ 有整数解 $x=\alpha\beta$，$y=\frac{\alpha^2-\beta^2}{2}$，$z=\frac{\alpha^2+\beta^2}{2}$（$\alpha$，$\beta$ 为正整数）．В. Д. Чистяков 也在自己的著作中较详细地介绍了《九章算术》的内容和刘徽的工作．与此同时，英国的李约瑟在王铃的协助下也对《九章算术》进行了一些研究，王铃将其中前半部分译成了英文，他们还有论文发表．

③ 对《九章算术》及刘徽注的校点．从戴震、李潢以来，到20世纪50年代的一百六七十年间，无人对《九章算术》再次进行校勘．可是由于各种版本往往存在误文夺字和互相矛盾等现象，给研究者造成很大困难，需要进行认真校勘．钱宝琮认识到了此项工作的重要性，从50年代起对整个《算经十书》进行校勘工作．他认为“要发扬古代数学的伟大成就，明了数学发展的规律，首先必须将《算经十书》重加校勘，尽可能消灭一切以讹传讹的情况”．当然其中包括对《九章算术》的校勘．写出了校勘记460余条，校勘的原则是：“戴震、李潢二家所校定的文字认为是正确的，于校勘记中声明他们的开辟草莱的功绩．也有各本俱误而各家漏校或误校的文字，只能凭个人意见，擅自校改，但在校勘记中保留各本原有的异文衍字．商功章阳马术和勾股章容圆术的刘徽注中有意义难于理解而不能读的文字，无法校订，只能付之缺疑．”这个校订本，成为20世纪六七十年代研习《九章算术》及刘徽注的范本．

（3）第三个阶段．前已提及，本阶段是一个不正常时期．在对《九章算术》和刘徽的研究中，不正常的表现主要有以下几点：

① 在国内大约有八年时间，几乎完全停止研究，后来由于需要，才又使《九章算术》受到重视．

② 有少数人在极困难的情况下，进行了一定的研究，也取得了某些成果．但这种研究基本上处于一种未公开的状态，研究出来的成果也难于公开．

③ 在国外的研究有较多的进展. 至少有这样几件事应当提及:德国的 K. Vogel 把《九章算术》本文译成了德文并出版. 美国出版的《科学家传记词典》(*Dictionary of Scientific Biography*) 中收入了何丙郁执笔的“刘徽”词条. Э. И. Берёзкина,此时发表了一篇有关刘徽对几何学研究的长达40多页的俄文论文. 还有丹麦的华道安(D. B. Wagner) 的工作值得提出,他的一批论文较前人的研究有所深入,把刘徽的阳马术等问题阐述得比较清楚. 在日本,由大矢真一、清水达雄和川原秀城先后把《九章算术》译成日文. 川原秀城的翻译首次包括了刘徽注,还做了解说593条,其中也包括不少校勘工作,实际上相当于中国学者的校注.

第六节 研究高潮时期

由于上述情况的存在,到20世纪70年代末期曾在国内出现过不太明显的悲观情绪,认为中国古代数学史已经没有什么可研究的了. 正在这时,华道安的论文开始在中国出现,再加上中国人之前的工作,使人们的认识迅速发生变化,并且很快就投入到对《九章算术》和刘徽的研究中,逐渐形成高潮,持续至今. 仔细排比一下不难发现,这十年形成一个两头高、中间低的马鞍形.

(1) 从1980年到1984年的四年间,有关《九章算术》和刘徽的研究成果相当多,主要有以下几个方面:

① 在1980年中国科学技术史学会成立大会和1981年第一次全国数学史年会上都收到了较多的有关《九章算术》和刘徽的研究论文.

② 出版了专门论文集. 1982年出版了吴文俊主编的《〈九章算术〉与刘徽》,收入19篇论文和综述文章,还有2篇附录,并且首次刊出了蒋兆和画的刘徽造像. 1982年出版的《科学史集刊》第11集,所收13篇论文中有8篇是关于《九章算术》和刘徽的. 1982年出版的《科学史文集》第8辑“数学史专辑”,也收入了5篇这样的论文. 论文作者有吴文俊、严敦杰、白尚恕、梅荣照、李迪、郭书春、李继闵、李兆华等,差不多是国内研究《九章算术》和刘徽的全部学者. 论文的内容十分丰富,包括大量新成果.

除了上述论文集之外,还有些零星发表的论文,在海内外都有,如钱宝琮的遗作,Э. И. Берёзкина 在其著作 *Математика древнеасо Китаи* (1980) 一书中有关《九章算术》和刘徽的内容占较大比重,日本的武田时昌于1983年发表了一篇长达近60页的有关论文,等等.

③1983年科学出版社出版了白尚恕的《〈九章算术〉注释》一书,这是在钱宝琮校点工作20年之后又一次对《九章算术》与刘徽注的全面研究,其特点是

"在注释之余，兼及校订"，除了考据性的注释之外，还用现代数学形式通过计算进行注释，共写出了注释文字 690 多条，因此，这一工作为较多读者提供了方便.

在此阶段，围绕《九章算术》和刘徽研究，曾经出现过较大分歧，其余波至今犹存.

(2) 从 1984 到 1987 年的三四年间，对《九章算术》和刘徽的研究，表现上呈下降趋势，只有一些零星论文发表，水平也不如前几年. 出现这种现象，大体有两个原因：

① 有些研究者把主要精力放在系统整理工作上，由于工作量较大和出版周期较长，一时难以拿出较大的成果.

②1987 年在北京师范大学举行秦九韶《数书九章》成书 740 周年纪念暨国际学术研讨会，把一部分研究者的精力吸引到《数书九章》上来，在此之前还完成一部《秦九韶与〈数书九章〉》论文集，同样占去了不少人的时间. 这无疑对《九章算术》和刘徽的研究产生了一定的影响.

(3) 新高潮正在形成. 从 1988 年起到 1991 年的二三年间，逐渐形成高潮，主要表现在以下几个方面：

① 刘徽研究被批准为国家自然科学基金项目，由吴文俊、白尚恕、沈康身、李迪和李继闵承担.

② 从 1990 年起到 1992 年的两三年间，有关《九章算术》与刘徽的研究专著或一般著作的出版量相当可观. 据不完全统计，至少有以下 13 种：

《〈九章算术〉及其刘徽注研究》，李继闵著，1990，陕西人民教育出版社.

《〈九章算术〉汇校》，郭书春汇校，1990，辽宁教育出版社.

《〈九章算术〉今译》，白尚恕译，1991，山东教育出版社.

《九章算术》英文译本，沈康身译，将在中英两国出版.

《〈九章算术〉今解》，萧作政编译，1990，辽宁人民出版社.

《〈九章算术〉研究史》，李迪著，进行中.

《〈九章算术〉译注》，郭书春译注，上海古籍出版社.

《刘徽研究》(论文集)，吴文俊主编，陕西人民教育出版社和台湾九章出版社.

《古代世界数学泰斗 —— 刘徽》，郭书春著，1992，山东教育出版社.

《〈九章算术〉导读》，沈康身著，湖北教育出版社.

《九章算术》法文译本，法国林力娜(K. Chemla) 和郭书春译.

《九章算术》第二种英文译本，美国周道本(J. Dauben)、中国的洪万生和其他学者.

《北京师范大学学报》(自然科学版)，1991 年增刊了"《九章算术》暨刘徽学术思想国际研讨会论文集”，白尚恕负责.

上列13种是确切无疑的，也许还有遗漏，已确定者是否会发生某种变化，同样难于预料．现在尚未见到国外有关于《九章算术》和刘徽研究的专著出版，也未见到这方面的报道或信息．但是我相信过不了多久，就可能有此种专著在国外问世．近来，中国台湾的陈良佐、洪万生等学者都有论文发表．法国的马若安(J.C.Martzloff)在他的法文《中算史导论》(*Histoire des Mathematigues Chinoises*，1988)一书中包括相当多的关于《九章算术》和刘徽的内容，是目前以法文对此介绍最多的一部书.

(3)1991年6月20—25日在北京师范大学召开了“《九章算术》暨刘徽学术思想国际研讨会”，这次会议是由北京师范大学、中国科学院系统科学研究所、内蒙古师范大学、杭州大学、西北大学、华中师范大学主办，北京师范大学承办，还有若干单位协办的．有中国、澳大利亚、马来西亚、日本等国学者约60人出席了会议，收到论文50余篇.

在短短的几年中，做了这么多工作，把对《九章算术》和刘徽的研究推向新的高潮，这个高潮是空前的、惊人的.

通过以上的简述，使我们初步看到下面几点情况：

(1)对《九章算术》和刘徽的研究，长期以来尽管有些时期处于低潮，甚至找不到书本，但总的趋势是越来越广，越来越深入.

(2)早期的研究主要是作为学习材料而进行的；清代中后期的研究是从理解古籍的角度出发的，兼有学习和历史研究双重性质；以后就是作为纯数学史研究的.

(3)早期对刘徽注的研究除祖冲之等少数学者外，一般说研究很少，到唐代以后则几乎完全停止．从清代中期起，这种情况开始有所改变．越是往后，刘徽就越受到重视，对他的评价越来越高.

(4)《九章算术》及其刘徽注早在隋唐时期就传到了东邻日本，以后又陆续传入其他国家．从20世纪起，除中国人自己研究外，国外也有许多人进行研究，变成了世界性的学问，已经国际化了.

(5)对《九章算术》与刘徽的研究，不仅尚未结束，而且正值高潮的峰期．还有许多问题摆在我们面前等待解决；随着研究的深入仍会有新的问题不断出现；已经存在的大量分歧也不会立刻得到统一；……甚至在不久的将来仍有出现新高潮的可能(不会达到这次高潮的程度)，但是不可避免地要低落下去，而由另外的热门课题所代替．这是事物发展的规律，绝不是以某人的意志或好恶来决定的．个人只能在趋势上发挥自己的作用.

让我们乐观地送走这次对《九章算术》和刘徽研究的高潮，同时举起双手迎接其他研究高潮的到来吧！

参考资料

[1] 李迪:“中国古代数学家封面积的研究”,《数学通报》,1956 年 7 月号.

[2] 张家山汉墓竹简整理小组:“江陵张家山汉简概述”,《文物》,1985年第1期,第 9—15 页.

[3]《史记》卷六“秦始皇本纪第六”.

[4]《汉书》卷四十二“张苍传”.

[5] 李迪:“刘徽传琐考”,载本书.

[6] 郭书春:“贾宪《黄帝九章算经细草》初探”,《自然科学史研究》第七卷第四期(1988).

[7] 李迪:“宋元时期数学形式的转变”,《中国科学技术史论文集》第一集,1991,内蒙古教育出版社,第 219—233 页.

[8](宋)鲍浣之:《九章算经》序,载杨辉《详解九章算法》卷首.

[9] 李迪:“《数书九章》流传考”,《秦九韶与〈数书九章〉》,1987,北京师范大学出版社,第 43—58 页.

[10] 丁福保、周云青:《四部总录算法编》.

[11] D. E. Smith: *A History of Mathematics*,据日译本,第 38,39 页.

[12] Ibid, 第 40 页.

[13] 转引自李迪、沈康身:“《九章算术》在国外”,《〈九章算术〉与刘徽》,1982,北京师范大学出版社,第 120—136 页.

[14] 武田时昌:“《九章算术》の 构成 と 数理”,《中国思想史研究》(日文) 第六号(1984),第 69—126 页.

[15] 许莼舫:“刘徽在数学上的三大贡献”,《科学大众》,1953 年 10 月号,第 371—373 页.

[16] 杜石然:“古代数学家刘徽的极限思想”,《数学通报》,1954 年 2 月号,第 1—2 页.

[17] 励乃骥:“九章算经圆田题和刘徽注今译”,《数学教学》,1957 年第 6 期,第 1—11 页.

[18] 李迪:“刘徽对分数理论的研究”,《中学数学》,1959 年 5 月号,第 1,2 页.

[19] A. Л. 尤什凯维奇著,赵孟养译:“中国学者在数学领域中的成就”,《数学进展》,第 2 卷第 2 期(1956),第 256—278 页.

[20] “Историко математические Исследования”, *Выпуск* Ⅹ, 1957, Москва, стр. 第 427—586 页.

[21] В. Д. Чистяков, *чатерчапы по истории чатечатики в Китае и Индии*, 1960, Москва, стр. 第 5—93 页.

[22] 钱宝琮:"校点算经十书序",载于其校点的《算经十书》上册之首,1963,中华书局.

[23] 钱宝琮:"九章算术提要",同上,第 89 页.

[24] Э. И. Березкиа: "два текста пюо Хуэя по геометрии", *Историко-мате Матические исследования* XI X, стр. ,第 231—273 页.

[25] 钱宝琮:"《九章算术》及其刘徽注与哲学的关系",《钱宝琮科学史论文选集》,1983,科学出版社,第 597—607 页.

第三章

刘徽传琐考[①]

刘徽是我国古代伟大的数学家，在数学方面有卓越贡献，已引起越来越多的国内外学者的关注，有关他的论文不断出现. 但是由于历史文献关于他的记载太少，以致连他的生卒年代和籍贯等至今还没有公认的说法. 当然，要想找到新史料是极困难的. 这是否意味着对刘徽研究已经进入绝境，而不能再前进一步呢？笔者认为不是，实际上就人们知道的已有资料，也可以给出不同于流行的解释，从而在他的生平事迹等方面提出一些新的见解.

本文就是在这样想法的前提下进行的，为了避免引起不必要的误会或争论，在文中只正面讲述自己的看法，一般不引用他人的有关文献，也不明提他人大名. 当然笔者接受的论点，所涉的文献和作者都要提到名字.

一

目前，研究刘徽的原始资料，主要有两批：一批是《九章算术》刘徽序和注文，以及《海岛算经》. 另一批是《晋书》卷十六“律历志上”和《隋书》卷十六“律历志上”所载的史料. 为了引用方便，我们选择两批资料中的一些部分完整摘录于下：

1A.《九章算术》卷一“圆田术”注：

① 本文作者为李迪.

“晋武库中，汉时王莽作铜斛，其铭曰：‘律嘉量斛内方尺而圆其外，庣旁九厘五毫，幂一百六十二寸，深一尺，积一千六百二十寸，容十斗.’以此术求之，得幂一百六十一寸有奇；其数相近矣. 此数微少，而差幂六百二十五分寸之一百五，以十二觚之幂，为率消息. 当取此分寸之三十六以增于一百九十二觚之幂，以为圆幂三百一十四寸二十五分寸之四. 置径自乘之，方幂四百寸. 令与圆幂相通约，圆幂三千九百二十七，方幂得五千，是为率. 方幂五千，中容圆幂三千九百二十七，圆幂三千九百二十七中容方幂二千五百也. 以半径一尺除圆幂三百一十四寸二十五分寸之四，倍之得六尺二寸八分二十五分寸之八，即周数也. 全径二尺与周数通相约，径得一千二百五十，周得三千九百二十七，即其相与之率. 若此者，盖尽其纤微矣！举而用之，上法仍约耳. 当求一千五百三十六觚之一面，得三千七十二觚之幂，而裁其微分，数亦宜然重其验耳. 臣淳风等谨按：旧书求圆皆以周三径一为率，若用之求圆周之数，则周少径多，用之求其六觚之田，乃与此率合会耳. 何则？假令六觚之田，觚间各一尺为面，自然从角至角，其径一尺可知. …… 故周三径一之率，于圆周乃是径多周少. 径一周三，理非精密. 盖术从简要，举大纲略而言之. 刘徽特以为疏，遂乃改张其率，但周径相乘，数难契合. 徽虽出斯二法，终不能究其纤毫也. 祖冲之以其不精，就中更推其数. 今者修撰，攈摭诸家，考其是非，冲之为密，故显之于徽术之下，冀学者之所裁焉.”（据文物出版社 1980 年影印南宋本，下同）

1B.《九章算术》卷五“委粟术注”：

“…… 粟率五，米率三，故米一斛于粟一斛五分之三，菽、荅、麻、麦亦如本率云. 故谓此三量器为概，而皆不合于今斛. 当今大司农斛圆径一尺三寸五分五厘，正深一尺. 于徽术为积一千四百四十一寸，排成余分，又有十分寸之三. 王莽铜斛于今尺为深九寸五分五厘，径一尺三寸六分八厘七毫，以徽术计之，于今斛为容九斗七升四合有奇.《周官·考工记》：‘㮚氏为量，深一尺，内方一尺，而圆外，其实一鬴’于徽术，此圆积一千五百七十六寸.《左氏传》曰：‘齐旧四量，豆、区、釜、钟. 四升曰豆，各自其四，以登于釜. 釜十则钟.’钟六斛四斗，釜六斗四升，方一尺，深一尺，其积一千寸. 若此方积容六斗四升，则通外圆积成量，容十斗四合一龠五分龠之三也. 以数相乘之，则斛之制，方一尺而圆其外，庣旁一厘七毫，幂一百五十六寸四分寸之一，深一尺，积一千五百六十二寸半，容十斗. 王莽铜斛与《汉书·律历志》所论斛同.”

1C.《九章算术》卷五“圆囷术”注：

“…… 晋武库中有汉时王莽所作铜斛，其篆书字题斛旁云：‘律嘉量斛，方一尺而圆其外，庣旁九厘五毫，幂一百六十二寸，深一尺，积一千六百二十寸，容十斗.’及斛底云：‘律嘉量斗，方尺而圆其外，庣旁九厘五毫，幂一尺六寸二分，深一寸，积一百六十二寸，容一斗.’合、龠皆有文字.升居斛旁，合、龠在斛耳上，后有赞文.与今《律历志》同，亦魏、晋所常用.今粗疏王莽铜斛文字，尺寸分数，然不尽得升合勺之文字.…… 臣淳风等谨依密率，以八十八乘之为实，七乘囷高为法，实如法而一，开方除之即周也.”

2A.《晋书》卷十六“律历志上·审度”：

“…… 杜夔所用调律尺，此勖新尺，得一尺四寸七厘.魏景元四年，刘徽注《九章算术》云：王莽时刘歆斛尺弱于今尺四分五厘；比魏尺其斛深九寸五分五厘；即荀勖所谓今尺长四分半是也.”(依中华书局印本，下同)

2B.《晋书》卷十六“律历志上·嘉量”：

“《周礼》：‘栗氏为量，鬴深尺，内方尺而圆其外，其实一鬴.其臀一寸，其实一豆.其耳三寸，其实一升.……，《春秋左氏传》曰：‘齐旧四量，豆、区、鬴、钟.四升曰豆，各自其四，以登于鬴.’四豆为区，区斗六升也.四区为鬴，六斗四升也.鬴十同钟，六十四斗也.郑玄以为鬴方尺，积千寸，比《九章·粟米》法少二千八十一分升之二十二.以算术考之，古斛之积凡一千五百六十二寸半，方尺而圆其外，减傍一厘八毫，其径一尺四寸一分四毫七秒二忽有奇，而深尺，即古斛之制也.

“《九章·商功》法程粟一斛，积二千七百寸；米一斛，积一千六百二十七寸；菽荅麻麦一斛，积二千四百三十寸.此据精粗为率，使价齐而不等其器之积寸也.以米斛为正，则同于《汉志》.魏陈留王景元四年，刘徽注《九章·商功》曰：‘当今大司农斛，圆径一尺三寸五分五厘，深一尺，积一千四百四十一寸十分寸之三.王莽铜斛，于今尺为深九寸五分五厘，径一尺三寸六分八厘七毫，以徽术计之，于今斛为容九斗七升四合有奇.’魏斛大而尺长，王莽斛小而尺短也.”

2C.《隋书》卷十六"律历志上·审度"：

"五、魏尺杜夔所用调律，比晋前尺一尺四分七厘.

"魏陈留王景元四年，刘徽注《九章算术》云，王莽时刘歆斛尺，弱于今尺四分五厘，比魏尺，其斛深九寸五分五厘.即晋荀勖所云'杜夔尺长于今尺四分半'是也."

2D.《隋书》卷十六"律历志上·嘉量"：

"《周礼》，㮚氏'为量，鬴深尺，内方尺而圜其外，其实一鬴；其臀一寸，其实一豆；其耳三寸，其实一升.……，《春秋左氏传》曰：'齐旧四量，豆、区、鬴、钟.四升曰豆，各自其四，以登于鬴.'六斗四升也.'鬴十则钟'，六十四斗也.郑玄以为方尺积千寸，比《九章·粟米》法少二升八十一分升之二十二.祖冲之以算术考之，积凡一千五百六十二寸半.方尺而圜其外，减傍一厘八毫.其径一尺四寸一分四毫七秒二忽有奇而深尺，即古斛之制也.《九章·商功》法积粟一斛，积二千七百寸.米一斛，积一千六百二十寸.菽荅麻麦一斛，积二千四百三十寸.此据精粗为率，使价齐而不等.其器之积寸也，以米斛为正，则同于《汉志》.……《汉志》曰：'量者，龠、合、升、斗、斛也，所量多少也.……合龠为合，十合为升，十升为斗，十斗为斛，而五量嘉矣.其法用铜，方尺而圜其外，旁有庣焉.其上为斛，基下为斗，左耳为升，右耳为合、龠.其状似爵，以縻爵禄.上三下二，参天两地.圜而函方，左一右二，阴阳之象也.圜象规，其重二钧，备气物之数，各万有一千五百二十也.声中黄钟，始于黄钟而反复焉.'其斛铭曰：'律嘉量斛，方尺而圜其外，庣旁九厘五毫，云百六十二寸，深尺，积一千六百二十寸，容十斗.'祖冲之以圆率求之，此斛当径一尺四寸三分六厘一毫九秒二忽有奇.刘歆庣旁少一厘四毫有奇，歆数术不精之所致也.

"魏陈留王景元四年，刘徽注《九章·商功》曰：'当今大司农斛圆径一尺三寸五分五厘，深一尺，积一千四百四十一寸十分[分]之三.王莽铜斛于今尺为深九寸五分五厘，径一尺三寸六分八厘七毫.以徽术计之，于今斛为容九斗七升四合有奇.'此魏斛大而尺长，王莽斛小而尺短也."

二

以上所引资料，总共有两千多字，其中有些重复的，还有些用处不大的，但这确是有关刘徽的最重要的记载.有必要对这7条资料进行一些分析.

肯定是刘徽自己所写的部分，现在能确知的只有1B一条，2B和2D中的末尾所引刘徽的话即出自这里.

1A和1C两条，一开头都有“晋武库中”王莽时所作铜斛之语，因此对其作者产生了一些不同的解释.从语气来看，不出于刘徽，因为刘徽在1B中不提朝代名，而是用“今”来代替，至于这个“今”字代表何朝代，将在以后讨论.但“晋武库”却是用到了朝代名“晋”，不应是刘徽的口气.他应用“今武库”才是.当代人称本朝名一般都加个“大”字，即“大汉”“大晋”，也有直呼“晋”的，如“(石)勒数(王)浚不足于晋，并责以百姓馁之，……”这不是行文，而是口语，特别是石勒(273—333)是北方的少数民族，自立政权，不受晋的统治，他不称“大晋”.还有荀勖尺铭开头说：“晋秦始十年”，虽是当时人，但这是为了区别于前代而直呼晋的.而“晋武库”是过去时态，也就是晋亡以后的人才能这样写.在1C中有“亦魏、晋所常用”一语，更是魏、晋以后的口气.即是说，“晋武库……”以下的两段文字不是刘徽所写，而是出于晋以后人的手笔.

不是刘徽又是谁呢？晋以后到唐代与《九章算术》有直接关系的人物主要有祖冲之和李淳风二人.显然不是李淳风所写，因为有李淳风注处都有“臣淳风等谨按(或依)”字样，表明以下的文字才是李淳风等所写的，因而在此以前的“晋武库”一段至少不是李淳风的文字.据1A李淳风的最后一句话：“今者修撰，攈摭诸家，考其是非，冲之为密，故显之于徽术之下，冀学者之所裁焉.”由此可知，“晋武库”以下一段，是李淳风抄录的祖冲之语.1C“晋武库”以下部分，也是如此.当然还有几个问题，需要进一步说明.

首先是“徽虽出斯二法”，有的版本说是“一法”.到底是“一法”还是“二法”？研究者有过争论，实际上依宋本的“二法”之说也能说得通.这“二法”是指什么呢？笔者认为是指3.14和$\frac{157}{50}$.用现在的观点来看，3.14和$\frac{157}{50}$是同一个数值的两种不同形式，本质上无任何区别，但在古代有时并不是这样认为.这个值是不精密的.因此李淳风才在“二法”之下接着说“终不能究其纤毫也”，把祖冲之的话抄录在刘徽注之后，即“显之于徽术之下”.其中包括$\frac{3\ 927}{1\ 250}$这个比徽率精密得多的圆周率值.如要说这是刘徽的结果，那“显之于徽术之下，冀学者之所裁焉”一语该怎么理解呢？“显之于徽术之下”的是何物呢？李淳风不进一步指出祖冲之的结果,“学者”怎样“裁”呢?既然两个值都是刘徽的,就不是“诸家”,而是一人,李淳风希望人们“裁”什么呢?也许有人会说李淳风所说“冀学者之所裁”的问题未写在这里,而是指另外的书中有这个问题.这与“显之于徽术之下”的说法不符,就不能说“显之于……”了.

其次是,“显之于徽术之下”指的是什么?是指$\frac{157}{50}$和$\frac{3\ 927}{1\ 250}$两个值,抑或单指$\frac{157}{50}$呢?笔者认为是后者而不是前者.一则刘徽自己所说的“徽术”无一例外全是指$\frac{157}{50}$,从未提到$\frac{3\ 927}{1\ 250}$.他还明确地把$\frac{157}{50}$自称“徽新术”,尤其是恰在“圆田”题后三术的注文中连连这样称呼,更值得特别注意.刘徽强调$\frac{157}{50}$是新术,如果他在$\frac{157}{50}$之后又求得$\frac{3\ 927}{1\ 250}$,且在同一题的注中,总应有点区别,或称“徽一新术”,或把$\frac{157}{50}$称“徽前术”.但是刘徽并未加以区别,而是一贯使用$\frac{157}{50}$,以后就直呼“徽术”了.二则是刘徽以后的著作,我们所查到的没有一人提到刘徽有两个圆周率值,都把$\frac{157}{50}$叫作徽术,杨辉自不必提,而李藉在“音义”中指出“此率本于刘徽,故曰徽术”,没提到其他数值.

其三是,在1A中“李淳风等谨按”之前的一段话“全径二尺与周数通相约,径得一千二百五十,周得三千九百二十七,即其相与之率.若此者,盖尽其纤微矣.举而用之,上法仍约耳.当求一千五百三十六觚之一面,得三千七二十觚之幂,而裁其微分,数亦宜然重其验耳.”这段文字包括三个内容,第一是对$\frac{3\ 927}{1\ 250}$的赞美,是与3.14(或$\frac{157}{50}$)相比较已“尽其纤微”,有人说这种自鸣得意的口气不可能是祖冲之,因为他还有更好的两个结果($3.141\ 592\ 6<\pi<3.141\ 592\ 7$和$\frac{355}{113}$),不论$\frac{3\ 927}{1\ 250}$在上两结果之前或之后得到,祖氏都不会那样得意.这种论断不能成立,在之前得到完全可以这样高兴,一个人获得一项优于前人的成果不敢喜形于色,必须等到将来取得更好结果时再有表露喜悦的心情,有何道理呢?从性格和学风来看,刘徽谦虚谨慎,“盖尽其纤微矣”一语不出于刘徽,理由更充分.祖冲之应先注《九章算术》而后写《缀术》,绝不能倒过来,这就推得$\frac{3\ 927}{1\ 250}$早于上两个结果,取得一点好成绩而自鸣得意,完全是正常的和可能的.第二,这个数值还不是最精密的,仍是“约法”;第三,如果想得到更好的结果,就是把1 536觚的边数二倍,求3 072边形的面积,“数亦宜然重其验耳.”李淳风

经过比较，认为“冲之为密”，就是$\frac{3\ 927}{1\ 250}$比$\frac{157}{50}$精密，是为祖冲之的圆周率值.

此处还涉及一个问题：由于祖冲之的工作是在刘徽的基础上且继续使用刘徽的一套方法进行的，因此与刘徽注的用语和方式全相一致，就是很自然的事了.即是现代人，同样用刘徽的割圆术由 384 边形起算推求圆周率而不用现代形式表达，也不会与刘徽的叙述产生多大差别，必然与刘徽的叙述呈现连贯性，反过来说，绝不能根据“晋武库”以下与刘徽注的语气有连贯性就认为是一个人写的.

其四是，在 1B 和 1C 中都提到《律历志》，而 1B 为刘徽所言，且明指系《汉书·律历志》，实际上在刘徽时代也只有《汉书》有《律历志》.可是 1C 中的《律历志》便有可探讨的地方，因为记载说“与今《律历志》同”，值得注意的是“今”字.查《汉书》以后，由三国到晋朝就有七八种《后汉书》之类的著作出现，有的如司马彪(？—305)的《续汉书》就有《律历志》，梁沈约(441—513)的《宋书》中也有《律历志》，但都不涉及王莽铜斛的问题.直到唐初编纂的《晋书·律历志》和《隋书·律历志》中才提到王莽铜斛，而且都是引自 1B.这就出来一个问题：如果是祖冲之说的“与今《律历志》同”，到他时为止仅有《汉书·律历志》记载了王莽铜斛，相距 400 年左右，能用“今”吗？还有一种可能是李淳风说的，可也存在两个矛盾，一个是还能说“晋武库”吗？由晋到唐，中间经过了那么多朝代，而且又是亲自在晋武库中见过王莽铜斛，与理不合；一个是在“与今……”之后有“李淳风等谨依……”一段，应把自己的话放在这里，而不该加在前面.根据这两点矛盾，笔者认为不是李淳风所说，而是祖冲之所说.那个“今”字不是指现在才编出来的书，乃是指现在看到的《律历志》，实际上还是《汉书·律历志》.

其五是，与上面的问题相联系的是“……升居斛旁合龠在斛耳上后有赞文与今律历志同”一语中的“赞文”.首先要考虑的是断句，是把句号画在“耳上”的“上”字之后，还是“文”字之后，其差别甚大.如是前者，即“合龠的斛耳上.后有赞文，与今《律历志》同”，就把两者联系起来，即斛上的赞文与《律历志》记载的相同.如是后者，就是“……耳上，后有赞文.与今《律历志》同”，句号前、后两语就没有关系，即把铜斛的全部情况(包括赞文)叙述完毕，这样的铜斛与《律历志》所记的一样，而不是单说赞文相同.还有赞文在斛的背后，把“右耳为升，左耳为合龠”的记载与铜斛整体拓片的观察相比完全吻合，向人的一面为五量的铭文，是为前，恰是“后有赞文”.在《隋书》卷十六“律历志上·衡权”上记有王显达献出的一枚古铜权上具八十一字铭文，与铜斛总铭相同，是为了说明这枚古铜权的年代而特意列出的，并不是把铜斛的总铭抄录于此.这是《隋书》作者李淳风的事，与刘徽、祖冲之都没有关系.

其六是，在 2D 中两次提到“祖冲之”，说“祖冲之以算术考之”和“祖冲之以圆率求之”，是指用较精密的圆周率值校古斛和王莽铜斛的容积. 而 2B 则仅有“以算术考之”，没有“祖冲之”三字. 考察一下内容，2B 与 2D 的第一次提到祖冲之以下的完全相同. 笔者认为 2B 也应有祖冲之字样，是《晋书》作者故意把“祖冲之”删去，这是因为怕读者误会讲晋代历史的《晋书》却跑出南北的祖冲之，而以作者的口气糊涂地写上造成的. 查《晋书・律历志》和《隋书・律历志》都是出于李淳风的手笔，他知道“祖冲之”三字何书该写何书不该写，即不是他一时疏忽弄错，也不是后人传抄时加上的. 把祖冲之的名字写进《隋书》里不需要有任何顾忌，因为祖冲之是隋以前人.

其七是，“魏景元四年刘徽注《九章算术》”的问题，在第二批的 4 条资料中有明确记载. 值得注意的是除 2A 外，其余 3 条都在《九章算术》之后有“商功”二字，该如何理解呢？是不是刘徽注《九章算术》的工作到魏景元四年(263)才进行到“商功”章，而后面的四章尚未注解？假定仅有 2A 的记载，没有另外 3 条，在理解上就不会出现这样的疑问，就是全书已经注完. 实际上，4 条记载完全一致，只是 2B—2D 具体地提到了《九章算术》中的商功章，就是李淳风在引用时除了全书的名称外，更进一步说在第几章，这和现在人的做法一样. 例如某人引某书，说何年出版，第几页，我们总不能理解为某人某年才写书到被引用的这页吧？如果按 263 年刘徽注《九章算术》进行到商功章这一假定考虑，前面的 4 章至迟应在同年已经注完，可是在第一章“方田”章的注中就出现了“晋武库”一语，这就发生了矛盾，一方面说按顺序做注，另一方面在注过的章中出现了更晚的内容，等于随便说了. 据记载司马炎于咸熙二年(265)的十二月称晋帝，改元泰始，十二月丁卯“封魏帝为陈留王”，尽管司马氏早被封为晋王，司马氏篡位之心早已“路人皆知”，可是刘徽总不能明目张胆地把当时魏的“武库”写成“晋武库”吧？如说“晋武库”两段是入晋以后刘徽补进去的，这没有丝毫根据，而且不合用语习惯，前已论及. 刘徽注《九章算术》的工作可能经过很长时间，几年甚至十几年，他自己说:“徽幼习《九章算术》，长再详览”“是以敢竭顽鲁，采其所见，为之做注”，这是符合实情的. 在他的序中，没有任何迹象表明入晋以后再进行过补充. 因此景元四年是注完全书的最后年代. “魏陈留王”是什么意思呢？陈留王是入晋以后才有的，岂不和景元四年有矛盾，非也. 这是后人写前人常见的现象，例如“汉献帝建安十年”总不能理解为有了“献帝”之称以后的说法.

最后是，刘徽、祖冲之和李淳风三人是否都见过三莽铜斛？前两人确实见过，李淳风是否见过却有探讨的必要. 目前还没有直接材料证明他一定见过，但是根据他的经历和工作内容来看，只要唐政府收藏有王莽铜斛他就能见到. 在晋代，武库至少有两次失火，一次是“武帝泰始中武库火，积油所致”，一次惠帝元康五年(295)“冬十月，武库火，焚累代之宝”. 经过这两次大火，西晋武库中不一定还有幸存的完整王莽铜斛.但这不等于其他地方不存在了,例如长安、邺、建业(金陵)等地都是唐以前的政治中心,可能都有,祖冲之所见到的无疑是金陵的东晋武库,而不是在洛阳的西晋武库.当年王莽铸铜斛一百多只颁行全国,至今还在国内存在两只,一完整的存台湾,一残部存北京中国历史博物馆,这就证明一千多年前的唐代肯定存在多只.李淳风见到王莽铜斛的可能性极大.

三

刘徽的主要活动年代当在三国时代,而且应是在魏国.查三国的起算年代为220年,司马氏灭魏在265年冬天,不足46年.因此,刘徽可能生于东汉末,而死于西晋初,年龄无法推测,只要大于46岁都可能出现这种情况.

刘徽在注《九章算术》序中称:"汉北平侯张苍,大司农中丞耿寿昌……",系汉以后口气,证明此序作于东汉之后.他在《九章算术》中多次提到"今尺",就是魏尺,在2A,2B和2D都明确说到此事.魏尺是杜夔所造,据记载:"汉末天下大乱,乐工散亡,器法堙没.魏武始获杜夔,使定乐器声调.夔依当时尺度,权备典章."杜夔之尺主要用于调整声律,故称调律尺.夔原在刘表(142—208)处,刘表死后其子刘琮于建安十三年(208)九月投降曹操,夔也随之降曹.因此,调律尺当在此年之后,刘徽注《九章算术》时用魏尺自然也不会早于208年.

调律尺用到晋初.晋武帝泰始九年(273)荀勖(?—289)制新尺,第二年造成,并有82字铭文.由此,又可推得:刘徽完成《九章算术注》当在此年之前.

由208年到273年的六十多年,应是刘徽学术活动年代,他"幼习九章,长再详览"就是在这期间.魏景元四年(263)完成《九章算术注》在此时期的末尾,其全部工作系在此之前进行的.

李淳风在讲到圆周率时,指出:"自刘歆、张衡、刘徽、王蕃、皮延宗之徒,各设新率,未臻折衷."前三人年代顺序和后二人的年代顺序都符合历史事实,估计刘徽和王蕃也不会前后颠倒,至多约略同时.王蕃是三国时的天文学家,吴甘露二年(266)被杀,年39.刘徽的学术活动不会晚于这个年代.又祖冲之与戴法兴进行历法辩论时说:"及郑玄、阚泽、王蕃、刘徽,并通数艺,而每多疏舛."这里的郑玄(127—200)为东汉人,阚为三国时吴人,赤乌六年(243)卒,而把王蕃放在刘徽之前.实际上说明刘徽与阚、王是同时代人.唐初王孝通在《上缉古算术表》中称"魏朝刘徽",就是说刘徽是魏人.

关于刘徽的籍贯,向无定论.笔者还是坚持刘徽是山东淄川一带人的主张.现在再做一些进一步补充:刘徽可能是西汉某宗室的后人.北宋大观三年(1108)在文庙从祀七十位数学家,加五等爵,刘徽被封为"淄乡男".所封爵位名称基本符合受封者的籍贯，能查核的都符合或都有根据，例如"张邱建信成男"，宋本《张邱建算经》自序为"清河张邱建"，信成在汉代属清河郡．又如"何承天昌虑伯"，本传为"东海郯人"，北魏昌虑归琅邪郡，与东海郡相邻，而在西晋昌虑、郯两县均归东海郡，等等．依此推之，封刘徽为淄乡男也必有一定根据．最近郭书春经过考证，认为刘徽可能是"汉菑乡侯后裔"，基本上是可以接受的．查建昭元年（前 38 年）正月封梁敬王之子刘就为"菑乡厘侯"，由"侯逢喜嗣，免"．这个小侯国以后就没有了．宋金时邹平县有淄乡镇，在此之前未查到此镇名，但不等于不存在．因"菑"与"淄"在古代相通，故菑乡和淄乡应为一地．北宋时邹平属淄州，治所在淄川．封爵之事恰在宋代，把刘徽安在淄乡决非偶然．又按周代的爵位以所辖地域之广狭区分，即"周爵五等，而土三等：公、侯百里，伯七十里，子、男五十里．"淄乡镇充其量不过"五十里"，由此把刘徽封为男爵是合乎道理的，也有相当的根据．封爵时是否还有其他更直接的资料，目前尚未发现．由刘徽自叙测望海岛和"又况泰山之高"的说法，也可旁证其为山东人．

但是刘徽的活动地区当然不限于山东，至少临近山东的河南应是他后半生主要的活动地区．据他的《九章算术注序》称："立两表于洛阳之城，令高八尺．南北各尽平地，同日度其正中之景．"这是刘徽到过洛阳的佐证，特别是"南北各尽平地"一语是亲见之地的记载，到过洛阳的人都看到：洛阳是建在平原之上的．

查东汉的首都在洛阳，到东汉末那里很不安定，"是时，宫室烧尽，百官披荆棘，依墙壁间，州郡各拥强兵，而委输不至，群僚饥乏，尚书郎以下自出采稆，或饥死墙壁间，或为兵士所杀．"在这种情况下，汉王朝不得不于建安元年（196）迁都许昌．黄初元年魏文帝于十二月，初营洛阳宫，戊午幸洛阳，大约不久迁回洛阳，到明帝（227—239）时才开始在洛阳大兴土木．黄初（220—226）中太史令高堂隆对当时行用的历法进行议论，其后新太史令许芝，还有孙钦、董巴、李恩、徐岳、韩诩等都参加了辩论．结果是杨伟于景初元年（237）造《景初历》成，表上之．刘徽的洛阳测量很可能就是在这个时候，虽然这只是没有直接证据的推测，但与前述祖冲之的说法是吻合的．

关于刘徽仕宦没有任何资料，已知有两说，一为正员郎，一为仪同．前者没有说出资料来源，查《南齐书》"刘休传"说其祖为刘徽，官正员郎，严敦杰先生已辩其非．至于后者，还有保留的必要，记载中说："《鲁史欹器图说》一卷，仪同刘徽注"，仪同之称起于东汉延平元年（106），到魏又有开府仪同三司之职，因此刘徽官仪同是可能的．在文献[27]中，还有《九章算术》十卷和《九章重差图》一卷，均题"刘徽撰"，按照《隋书》的做法，这刘徽就是那位仪同刘徽，显然是我们研究的刘徽，而不是隋代另有一位数学家刘徽．

又根据前资料 1B，刘徽亲自见到了王莽铜斛．是在何处见到的？最合适的地方是洛阳.尽管当时存在的可能有多只,但是肯定都是被妥善收藏着.原来汉代武库中有收藏,一直保存到魏.刘徽应当是在魏武库见到王莽铜斛的,入晋以后由于武库失火可能被毁掉了.如果这个推测成立,那么刘徽不可能是个白丁,而有官职,是什么官,是否就是仪同?就不好再推测了.

刘徽是个知识渊博的人,他掌握了大量历史资料,在注《九章算术》时引用了许多前人的著作或成果,提到的书名有《周礼》《墨子·号令篇》《周官考工记》《左氏传》《汉书·律历志》等.另外有说得不明确的,如"记称",这"记"应是书名的简称,但不知是何书.还有只提到人名,而没指出书名,张衡算是一例,张衡著有《算罔论》一书,早已失传,据孙文青研究认为该书内容相当于现在的算理哲学,这与刘徽在《九章算术》"开立圆术"注中的内容相符合.由此证明,刘徽研究过《算罔论》,引用了其部分内容,既受启发,而同时又给予批判.

《周髀算经》也是刘徽所熟悉和研究过的著作,他虽未提到书名,但引用了内容.他在《九章算术注原序》中有"以径寸之筒南望日,日满筒空,则定筒之长短以为股率,以筒径为勾率,日去人之数为大股,大股之勾即日径也."《周髀算经》卷上,有类似记载:"…… 即取竹,空径一寸,长八尺,扑影而视之,空正掩日,而日应空.…… 以率率之,八十里得径一里,十万里得径千二百五十里.故曰,日径千二百五十里."两者意思全同,只是刘徽是写在序里,而未详说计算过程.

刘徽在注中有些地方明确提到了前人的说法或做法,对他的研究工作有深刻的影响.

商功章第10题(方亭)注:"此章有堑堵、阳马,皆合而成立方.盖说算者乃立棊三品,以效高深之积."这"说算者"就不是刘徽自己,而是另外研究数学的人,也可能是不止一个人,或者当时用"立棊三品"研究立体体积的方法是较为普遍的."三品"是各类众多之意,有时专指三种,如《禹贡》:"厥贡惟金三品",注称,金、银、铜也.刘徽所说的是指各种立棊.

商功章第15题(阳马术)注:"按此术:阳马之形,方锥一隅也.今谓四柱屋隅为阳马.""今谓"也是指别人说的,严敦杰引用马融(79—166)和何晏(190—249)的用语,证明与刘徽的说法相一致,刘徽用当时典故,故曰今也.实际上,这也说明刘徽所用的典故已有较长的历史,当然是研究数学的人所知道的.

商功章第18题(刍甍术)注:"推明义理者:旧说云,凡积刍有上下广曰童,甍谓其屋盖之茨也."《书经·梓材》曰:"若作室家,既勤垣墉,惟其涂既茨."疏云:"茨,谓盖覆也."说法是古老的,故云"旧说".

方田章第32题(圆田术)注:"学者踵古,习其谬失."是刘徽指从《九章算术》问世以后,研究数学的人多沿用"周三径一"不精确的圆周率值,而不知改进.

方程章第18题注:“世人多以方程为难或尽布算之象在缀正负而已.”说明在刘徽之前曾有不少人研究过方程章,但是都感到困难,抓不住实质,因此刘徽进行了批判.

在刘徽的时代,高水平的数学家不多,他在序中说:“当今好之者寡,故世虽多通才达学,而未必能综于此耳.”刘徽可能与比他年长的徐岳有过接触,因为他们都到过洛阳,又都是研究数学的,徐岳著有《数术记遗》和《九章算术》二卷,后书早已失传,但就前一书的内容来看,刘徽不会评价太好.

给《周髀算经》作注的赵君卿是一位与刘徽年代约略相同的数学家,笔者认为赵君卿早于刘徽,并认为刘徽在《九章算术注》中表现出受赵君卿的影响.前已述及刘徽引用过《周髀算经》的内容,他用的本子很可能是赵君卿注本.查赵君卿在注中多次提到《乾象历》,而该历是徐岳的老师刘洪于179—206年所造,223—280年,在三国的吴国施行,因此赵君卿的生活时代当在汉末与三国间.两人分别给《周髀算经》和《九章算术》所写的序的结尾语非常有趣的一致,赵说“庶博物君子时迥思焉”.刘说“博物君子,详而览焉”.何其相似乃尔!可见他们的时代相距不会太远.但赵早于刘,还有其他旁证,赵在《周髀算经》卷上“古者包牺立周天历度”句下注称:“包牺,三皇之一,始画八卦”,刘徽在《九章算术注》原序中说:“昔在包牺氏始画八卦,……”,如出一辙.包牺之称见于《周易》而与赵、刘所述语句有别,他们的话语有因袭关系,因此《周髀算经》及赵注早于刘徽是明显的.赵君卿在数学领域水平很高,在许多方面的工作具有开创性质,如齐同术、出入相补、数学论证、用颜色区别图形等,刘徽不仅吸收了,而且发扬光大,取得大量新成果.“当今好之者寡”,仅是说当时精通数学的人很少,但不是没有,赵君卿就是个例子.

刘徽的著作到底有多少,目前还不能说已经很清楚,除了流传下来的《九章算术注》及《海岛算经》外,还有《九章重差图》一卷,以及前面提到的《鲁史欹器图说》一卷.需要指出的是:现传《九章算术注》仅是文字部分,原来刘徽画有很多图形,其原作还有些带几种颜色的图形,传抄本都可以保留的,但是雕版印刷一次只能和文字同时印成单色.保存至今的南宋刻《九章算经》前五卷都没有图形.鲍浣之曾指出:“其图至唐尤存,今则亡矣.”是北宋刻书时删去图形,还是以前就已亡佚,是一个应当进一步研究的问题.南宋本子是根据北宋元丰刻本刻的,可见元丰时就未刻图形.

《九章重差图》一书从名称来看,主要内容是数学图形,它应包括《九章算术》和《重差》两部分,而不仅仅是《九章算术》中的“重差”部分.如果是后一种意思,叫作“重差图”就已足够了,因为这是刘徽的独立创作,缀于《九章算术》的勾股章之下.于是就出现一个问题:这部书中的图形是刘徽注《九章算术》时的"解体用图""谨按图验"等的那些图形单独成册的，还是另有一套包括更多与《九章算术》有关的图形呢？笔者认为是前一种情况．由此又导出一个问题：是刘徽自己这样做的，还是他人从刘徽《九章算术注》和"重差"中把图形抽出另成一卷？前者的可能性为大．这样，从刘徽时起就是图、文分开的，"勾股"第5题说"亦如前图""出上第一图""又按此图"等共三个图形，可能是其中的两图，前几题用过而未提到，但同时也是图、文分开的旁证．还要注意的是"重差"应当有图，否则仅就文字叙述很难理解题意，有的求解就无从下手，只不过是刘徽未提到的图形．因此《九章算术注》本文原来就没有图形，学习时要和《九章重差图》相配合，现传《九章算术》刘徽注文基本上是原样，不存在图形阙佚问题．这种看法也是对《九章算术注》中图形亡佚问题的一种回答．

通过以上的讨论，我们大体上勾画出了刘徽这个人的一些情况，但是由于资料上的限制很难有更进一步的结果．

最后，我还想重申一下过去对刘徽的观点．刘徽是中国历史上最伟大的数学家，他确实如王孝通所说的"思极毫芒，触类增长"，在他所接触到的所有问题中，都能根据不同的情况和需要形成相应的方法，使问题得到解决或正确解释．刘徽在数学成果和思想方法两方面，都取得了辉煌的成就．早已引起国内外数学史界重视的祖冲之父子的数学工作正是在刘徽工作的基础上展开的，"没有刘徽就没有祖冲之．""在刘徽的时代，很难在世界范围内找到一个能够和刘徽相比的数学家．"

刘徽的数学成就是多方面的，涉及当时所有的学科（数学分支）．作为一篇完整的传记，应当包括数学成就在内，但因已有不少有关论述，这里就只好割爱了．本文的主要内容是对刘徽的生平事迹进行一些琐碎的探讨，更进一步的工作，只好"以俟能言者"了．

参考资料

[1]《晋书》卷三十九"王沈"．

[2][7]《晋书》卷十六"律历上"．

[3]《晋书》卷三"帝纪第三·武帝"．

[4] 张华：《博物志》卷四"物理"．

[5]《晋书》卷四"帝纪第四·惠帝"．

[6] 王国维："莽量考"，《学衡》第58期(1926)，第1—5页．

[8]《三国志》卷一"魏书·武帝纪第一"．

[9]《三国志》卷二十九"魏书·杜夔"．

[10]《隋书》卷十六“律历志上”.
[11]《三国志》卷六十五“王、楼、贺、韦、华传第二十”.
[12]《宋书》卷十三“律历志下”.
[13]《三国志》卷五十三“张、严、程、阚、薛传第八”.
[14] 李迪:“伟大的数学家刘徽”,《数学教学月刊》1960 年第 1 期,第 29—31 页.
[15]《宋史》卷一 〇 五“礼志第五十八”.
[16]《宋书》卷六十四“列传第二十四·何承天”.
[17] 郭书春:《九章算术》汇校,1990,辽宁教育出版社,第 69—71 页.
[18]《汉书》卷十五下“王子侯表第三下”.
[19] [宋] 王存:《元丰九域志》卷第一.
[20]《金史》卷二十五“地理中”.
[21]《汉书》卷二十八上“地理志第八上”.
[22]《后汉书》卷九“孝献帝纪第九”.
[23]《三国志》卷二“魏本纪·文帝纪第二”.
[24] 同[23],卷三“魏本纪·明帝纪第三”.
[25]《晋书》卷十七“律历中”.
[26] 萧而广:“关于圆周率$\frac{3\ 927}{1\ 250}$作者问题的一点意见”,《自然科学学报》(东北人民大学),1955 年第 1 期,第 365—366 页.
[27][34]《隋书》卷三十四“经籍三”.
[28][31] 严敦杰:“刘徽简传”,《科学史集刊》第 11 集,1984,第 14—20 页.
[29]《晋书》卷二十四“职官志”.
[30] 孙文青:《张衡年谱》,1935,商务印书馆,第 100—104 页.
[32] 李迪:“第三世纪我国数学家赵君卿”,《数学教学月刊》1960 年第 7 期,第 12—14 页.
[33]《周易》卷三“系辞下传”第三章.
[35] 李迪:“刘徽的数学思想”,《科技史文集》第 8 辑“数学史专辑”,1982,上海科学技术出版社,第 67—78 页.

刘徽数学思想[①]

第四章

刘徽，中国古代数学家. 其身世不详. 根据《隋书·律历志》称:“魏陈留王景元四年(263)，刘徽注《九章》.”宋版《九章算术》记有“魏刘徽注”字样，武英殿本《九章算术》则记为“晋刘徽注”字样. 又因咸熙二年(265)魏亡，司马炎建立西晋. 不拘景元四年刘徽正在注《九章算术》，或是注完《九章算术》，两年后刘徽或不至去世，因此推断刘徽当是魏、晋间人.

宋徽宗为了表彰历代畴人，于大观三年(1109)追封刘徽为“魏刘徽淄乡男”(《宋史》卷105).《宋史》所用追封的词句，是由朝代、姓名、籍贯、官爵所组成，其中所列籍贯，多属可信. 依此猜测，刘徽当是现今山东临淄、淄川一带人. 又因临淄、淄川所临渤海，可以《海岛算经》之“望海岛”作为刘徽是临淄、淄川一带人之旁证，虽然有人以为《宋史》记载追封的词句不足征信，但迄今为止未见不足征信的理由. 所以，在未取得新的论据之前，似应承认刘徽是山东人.

根据多部史籍记载可知，刘徽只有两部著作传世，即《九章算术注》《海岛算经》.《九章算术注·序》称:“徽幼习《九章》，长再详览. 观阴阳之割裂，总算术之根源，探赜之暇，遂悟其意. 是以敢竭顽鲁，采其所见，为之作注.”又称:“徽以为今之史籍且略举天地之物，考论厥数，载之于志，以阐世术之美. 辄造《重差》，并为注解，以究古人之意，缀于《勾股》之下.”

---

① 本文曾在1990年8月于英国剑桥中国科学史第六届国际会议上宣读，作者为白尚恕.

刘徽《九章算术注》及《海岛算经》虽是传世之作，但刘徽传略却不见于史籍. 由于历史资料所限，其生卒年代、家庭身世不可详考. 宋徽宗追封历代畴人，一般较原有官爵为高，而追封刘徽为“淄乡男”，爵位较低，依此推断，刘徽应是布衣数学家.

刘徽给《九章算术》作注时，采用“析理以辞，解体用图”. 使“约而能周，通而不黩，览之者思过半矣”. 他不仅用文辞分析《九章算术》中的数学理论，还用图形剖析《九章算术》中的数学结构. 从而在数学理论、数学算法上有诸多创造、发明，对于后世有极其深远的影响. 所以，刘徽必然具有完整而丰富的数学思想.

今仅就刘徽《九章算术注》所论，逐条剖析其数学思想.

第一节　程序思想

以中国数学为代表的东方数学，具有机械化的算法体系，这种体系与所谓西方数学的公理化演绎体系遥遥相对. 可以把《九章算术》及《九章算术注》看作是以机械化算法体系为主的东方数学代表作，也可以把欧几里得《原本》看作是以公理化演绎体系为主的西方数学代表作. 这两种代表作，东西辉映，各具特色，形成鲜明的对照. 在数学发展的长河中，这两种体系相互消长，或并行，或交替，或反复多次成为数学发展中的主流，从而促进了数学的发展.

尤其以机械化算法体系著称的《九章算术注》，显示着刘徽的程序化思想.

在乘除法连续运算中，《九章算术》作者及刘徽深知乘法、除法运算与其先后次序无关，可以进行交换. 例如按今有术即比例算法的意义来说，本应先用所有数除以所有率，求得比率，再乘以所求率即得所求之数据. 即

$$\text{所求数}=\frac{\text{所有数}}{\text{所有率}}\times\text{所求率}$$

《九章算术》为了分别陈述“法”“实”的组成，则叙述今有术法则为：“以所有数乘所求率为实，以所有率为法，实如法而一.”即

$$\text{所求数}=\frac{\text{所有数}\times\text{所求率}}{\text{所有率}}$$

但是，刘徽却从另一角度进行分析说：“然先除后乘或有余分，故术反之.”即是说遇有乘除法连续运算时，为了避免扩大误差，可以先乘而后除. 在衰分术里也有类似注称：“今此术先乘而后除也.”在络丝术也说：“虽各有率，不问中间. 故令后实乘前实，后法乘前法而并除也.”所有这些，可以看作是刘徽对乘除连续运算的程序思想.

齐同之术，由来已久，直到魏晋时代，刘徽才给出明确定义，称“凡母互乘子

谓之齐，群母相乘谓之同."《九章算术》所论推求"齐""同"之法，与刘徽所论大体相同，好像是先使母互乘子以求齐，再使群母相乘以求同，按《九章算术》所论及刘徽定义来看，不拘是先齐其子或是先同其母，这些运算不外都是乘法运算.如果分数的个数较多，其求齐、同的乘法运算次数必然繁多；为了避免繁多的乘法运算，刘徽提出求齐同的另一算法，合分术下刘注称："其一术者，可令母除为率，率乘子为齐."

刘徽此注过于简略，其中"母除为率"可能是"母除同为率"的省语.如此说不谬，刘徽之意似是先以群母相乘求得"同"，再使"同"分别除以各分母，各称为率，然后使各率分别乘以原分子即得"齐".这种算法，虽然改变一部分乘法运算为除法运算，但其运算次数却减少了许多，而且必须是先求"同"，而后求"齐".如果刘注中所省之"同"字是指以最小公倍数组成的公分母的话，其运算次数不只减少了很多，而且更需要先求"同"，而后求"齐".

在返衰术中，刘注称："人数不同，则分数不齐，当令母互乘子.母互乘子则动者为不动者衰也."其中"人数"是指分母，"分数"即分数，是指分子.大意说，在返衰术中，所列各衰多为分数，而母互乘子所得即是各返衰之衰.也就是不必求"同"，可以用母互乘子而求其"齐"，齐即返衰之连比.刘注又称："亦可先同其母，各以分母约其同，为返衰."即是说，先以群母相乘求得"同"，使"同"分别除以各分母即得"齐"，而"齐"即是返衰.前段刘注所说，只用相乘算法即可求得返衰，而后段刘注所说，先求得"同"，再使各分母分别除"同"以求"齐".前者只有繁多的乘法运算，而后者虽有乘法、有除法，但却明确了先求同、后求齐的算法程序.

在分数通分运算中，《九章算术》于合分术、减分术、课分术、平分术以及环田术都是先论及"母互乘子"，后述及"母相乘为法".这并不意味着必须先使"母互乘子"以求齐，而后"母相乘为法"以求同；由刘注可知，在通分运算中，必须先求其"同"，而后以求"齐".

《九章算术》中，共有212术.这些术文既可看作是计算方法，也可看作是算法的程序语言.例如少广术称："置全步及分母子，以最下分母遍乘诸分子及全步.各以其母除其子，置之于左.命通分者，又以分母遍乘诸分子及已通者，皆通而同之，并之为法.置所求步数，以全步积分乘之为实.实如法而一，得从步."这一术文对于算法的程序叙述得十分清楚，而刘徽的注文对算法程序论述得更为明确.又如盈不足章第9部"今有米在十斗桶中，不知其数.满中添粟而舂之，得米七斗.问故米几何."其术文"以盈不足术求之，假令故米二斗，不足二升.令之三斗，有余二升."刘注称："按桶受一斛.若使故米二斗，须添粟八斗以满之.八斗得粝米四斗八升.课于七斗是为不足二升.若使故米三斗，添粟七斗以满之.七斗得粝米四斗二升.课于七斗是为有余二升."

刘徽所说，即

$$7-(2+8\times\frac{30}{50})=0.2(\text{斗})=2(\text{升})\quad(\text{不足})$$

$$(3+7\times\frac{30}{50})-7=0.2(\text{斗})=2(\text{升})\quad(\text{有余})$$

可见，刘徽所论具有鲜明的程序性. 再如方程章刘徽提出的“方程新术”，也具有明确的程序性.“方程新术曰：以正负术入之. 令左右相减，先去下实，又转去物位，求其一行二物正负相借者，易其相当之率.”又称：“又令二物与他行互相去取，转其二物相借之数，即皆相当之率也.”还称：“更置减行及其下实，各以其物本率今有之，求其所同，并以为法. 其当相并而行中正负杂者，同名相从，异名相消，余以为法. 以下实为实. 实如法，即合所问也.”意即：在线性方程组中，令左右两方程反复相减，必可消去方程的常数项；然后，又使两方程相消，先求得只含有两未知项的方程，即可求得两未知量之比率. 依此，可得任两未知量与其他未知量的比率，代入某一未减之原方程，以该方程之常数项作为被除数，以置换后该未知量之系数和作为除数，相除即得未知量之值. 类此. 可求得其他未知量之值，即可求得此线性方程组的解.

正如刘注后段“以新术为此”以下所说，以方程章第 18 问为例，通过 18 次相消运算，即求得“二物正负相借者”，从而得到二物相当之率. 又通过 12 次相消运算，即得“各当之率”. 即 $4x=7y,3y=4z,5z=3u,6u=5v$. 其中 x,y,z,u,v 分别为麻，麦，菽，荅，黍的一斗(1 斗 $=10$ 升) 之价.

若取“减行”为 $x+4z-3u=4$，并根据各当之率求得 $3x=7z,5x=7u$；由今有术得

$$4z=4\times\frac{3}{7}x$$

$$-3u=-3\times\frac{5}{7}x$$

代入“减行”得

$$x+4\times\frac{3}{7}x-3\times\frac{5}{7}x=4$$

即

$$\frac{4}{7}x=4$$

在方程 $\frac{4}{7}x=4$，以 4 为实，以 $\frac{4}{7}$ 为法，故得

$$x=4\div(\frac{4}{7})=7$$

仿此，分别得麻(x)：7，麦(y)：4，菽(z)：3，荅(u)：5，黍(v)：6. 即线性方程组的解.

在此基础上，刘徽又提出一种解法，即其一术，其术文为“置群物通率为列衰，更置减行群物之数，各以其率乘之，并以为法. 其当相并而行中正负杂者，同名相从，异名相消，余为法. 以减行下实乘列衰，各自为实. 实如法而一，即得.”意即：在上述算法的基础上，当求得各未知量的比率后，求得这些未知量的连比. 又以某一未减原方程各项系数以所对应的比率，以其和作为除数，再以此方程常数项乘该未知量的比率，分别作为被除数. 各被除数除以除数即得方程的解.

如前例所说，当求出各物相当之率以后，即 $4x=7y,3y=4z,5z=3u,6u=5v$，或 $x:y=7:4,y:z=4:3,z:u=3:5,u:v=5:6$，求其连比为

$$x:y:z:u:v=7:4:3:5:6$$

或

$$\frac{x}{7}=\frac{y}{4}=\frac{z}{3}=\frac{u}{5}=\frac{v}{6}$$

设减行为

$$x+4z-3u=4$$

群物之数为

$$1,4,-3$$

各以其率乘之

$$1\times 7,4\times 3,-3\times 5$$

以其和为法

$$1\times 7+4\times 3-3\times 5=4$$

以常数项乘该未知量的比率作为实

$$4\times 7$$

相除即得

$$x=4\times 7\div 4=7$$

仿此，即得其他未知量之值

$$y=\frac{4\times 7}{7}=4$$

$$z=\frac{3\times 7}{7}=3$$

$$u=\frac{5\times 7}{7}=5$$

$$v=\frac{6\times 7}{7}=6$$

综上所说，在《九章算术》中，由数的四则运算、开方算法、各种术的算法以及线性方程组的解法来看，具有鲜明的程序特色；尤其在刘徽的《九章算术注》

中，不但明确指出各种算法的程序性，而且在字里行间也流露着丰富的程序思想. 刘徽的程序思想渗透在《九章算术》的各个部分，而且直接影响着中国古代数学，使中国古代数学基本上形成了一种机械化的数学.

第二节　推广思想

"举一反三"是中国古代儒家哲学思想之一，儒家非常重视并提倡举一反三之说. 尤其在《九章算术注》中，刘徽一再提倡研究数学要由此及彼，善于推理，并于多处注文中做了示范工作. 对于《九章算术》主要算法的功能，在理论上也给予便于推广的论述. 例如在今有术下刘注称："可以广施诸率，所谓告往而知来，举一隅而三隅反者也."又称："诚能分诡数之纷杂，通彼此之否塞，因物成率，审辩名分，平其偏颇，齐其参差，则终无不归于此术也."可见，刘徽不但把其他各术都看作是由今有术推广、演变而成的算法，也把今有术看作是重要并能推广的母法. 如其率术、反其率术、经率术、经术术、衰分术、返衰术，甚至均输术都可看作是由今有术直接推广的算法.

刘徽对于另外的重要算法也推而广之，使之适用于较为广泛或较为一般的情况. 例如在络丝术中刘徽称："凡率错互不通者，皆积齐同用之. 放此，虽四、五转不异也."又于牛五羊二术称："假令为同齐，头位为牛，当相乘左右行定. ……，以小推大，虽四、五行不异也."还于五雀六燕术称："按此四雀一燕与一雀五燕其重等，是三雀四燕重相当，雀率重四，燕率重三也. 诸再程之率皆可异术求之，即其数也."于是在异术即方程新术中提出："令左右相减，先去下实，又转去物位，求其一行二物正负相借者，易其相当之率. 又令二物与他行互相去取，转其二物相借之数，即皆相当之率也. 各据二物相当之率，对易其数，即各当之率也."刘徽不但在络丝术中推广其求连比的算法，而且由方程的直除术推广出互乘对减的算法，还依据五雀六燕术从而创造出方程新术及其一术.

刘徽在这种推广的学术思想基础上，在注文中还付诸实践，借以起到推广的示范作用. 例如在均输章五人分五钱一问中，除按数学理论注释五项锥行衰的原理外，并给出五项锥行衰的另一种算法，刘徽还以七人分七钱为例，推广至七项锥行衰的算法；还以此精神注释了有竹九节一问的算法，也即是九项锥行衰的算法.

如前所述，刘徽对于今有术十分重视，不但把今有术看作是其他算法的母法，并且对于重复使用今有术而组成一种新的算法，即所谓重今有术.

刘徽对于重今有术算法，认为可以逐步依次按今有术算法计算，也可以综合于一起进行计算. 例如均输章络丝术、恶粟术下刘徽称："虽各有率，不问中

间.故令后实乘前实,后法乘前法而并除也.”若用现今符号表示,意即若

$$\frac{x_1}{M}=\frac{a_1}{b_1},\frac{x_2}{x_1}=\frac{a_2}{b_2},\frac{x_3}{x_2}=\frac{a_3}{b_3},\cdots,\frac{x_{n-1}}{x_{n-2}}=\frac{a_{n-1}}{b_{n-1}},\frac{x_n}{x_{n-1}}=\frac{a_n}{b_n}$$

则

$$x_n=\frac{M\cdot a_1\cdot a_2\cdot a_3\cdot\cdots\cdot a_n}{b_1\cdot b_2\cdot b_3\cdot\cdots\cdot b_n}$$

在上述公式中,设若 M 为余米 5 斗,即 $M=5$,取$M=5$,即

$$a_1=7,a_2=5,a_3=3$$

为所税者,取 $b_1=7-1=6,b_2=5-1=4,b_3=3-1=2$ 为不税者,即得均输章持米出三关之术.即

$$x_3=\frac{5\times7\times5\times3}{6\times4\times2}$$

就是出三关之前持米数.

若取

$$a_1=2,a_2=3,a_3=4,a_4=5,a_5=6$$

为所税者,取

$$b_1=2-1=1,b_2=3-1=2,b_3=4-1=3$$
$$b_4=5-1=4,b_5=6-1=5$$

为不税者,则得均输章持金出五关一问余金于本持金之比为

$$\frac{1\times2\times3\times4\times5}{2\times3\times4\times5\times6}=\frac{1}{6}$$

刘徽非常注重举一反三的类推精神,也十分注重由此及彼、善于推理的学风.他以身作则,对于一些重要算法必使之推广,以便达到较为广泛的应用.如刘徽所说:“触类而长之,则虽幽遐诡伏,靡所不入.”刘徽这种推广的数学思想,既渗透在《九章算术注》的字里行间,以贯彻于《海岛算经》九问之中,此外,他还把推广的数学思想延伸到无限的境界.例如,在割圆术中,由圆内接正 6 边形割为 12 边形,由 12 边形割为 24 边形,进而割为 48 边形、96 边形等,然后推广至无限,并称:“割之弥细,所失弥少.割之又割,以至于不可割,则与圆合体,而无所失矣.”又称:“若夫觚之细者,与圆合体,则表无余径.表无余径,则幂不出外矣.”在弧田术中,刘徽为了推求较精密的面积算法,在弧田作一内接等腰三角形,又在所余两个小弧田各作一内接等腰三角形,再在所余四个小弧田各作一内接等腰三角形,以此类推,以至无穷,取这些三角形面积和即得弧田面积.如刘徽说:“割之又割,使至极细.但举弦矢相乘之数,则必近密率矣.”在开方术中,对于开方不尽数,求其较精密的近似根时,刘徽给出求微数的算法.并称:“不以面命之,加定法如前,求其微数.微数无名者以为分子,其一退以十为母,其再退以百为母.退之弥下,其分弥细,则朱幂虽有所弃之数,不足言之也.”于

阳马术下,刘徽也有推广至无限的记叙:“若为数而穷之,置余广、袤、高之数各半之,则四分之三又可知也.半之弥少,其余弥细.至细曰微,微则无形.由是言之,安取余哉.”

在中国古代,很早就形成了极限观念,但是把极限观念应用在数学中,刘徽却是第一人.刘徽在应用极限观念于数学的同时,必然涉及无限境界.由上述各例可以看出,刘徽在举一反三的基础上,使之推广至适当的有限数量,在需要的情况下,进而推广至无限境界.这就是刘徽的推广学术思想.

第三节　演绎思想

刘徽在数学推理过程中,使用了大量图形过行论证,这既加强了理论的直观性,也说明推理的可靠性,同时还可以起到事半功倍的效果.由《九章算术注》可以看出,有数十道题的论证都配有几何图形.如圆田术下刘徽称:“谨按图验,更造密率.”又如勾中容圆术下刘徽称:“勾股相乘为图之本体,朱、青、黄幂各二,倍之则为各四.可用画于小纸,分裁邪正之会,令颠倒相补,各以类合,成修幂.”对于配备几何图形来说,即是形成中国传统数学的形数结合的特色.

在推证过程中,刘徽充分使用几何图形的直观性,把平面图形绘在丝帛或纸张上,沿着线条裁开,再拼补成与之等积的图形.为了醒目并便于叙述、拼补起见,还把部分图形涂以各种颜色.在此基础上,刘徽总结、提高,使之理论化、抽象化,并应用于其他有关问题的论证上.虽然在《九章算术注》应用过多次,但却缺少一般法则的描述.后人称刘徽的这一方法为“割补法”,也称之为“出入相补原理”.刘徽不仅把这一理论应用于论证直线型平面图形的面积算法以及直线段的算法,还进而应用论证直线型立体图形的体积算法以及开方算法.例如城、垣术下刘徽称:“按此术‘并上下广而半之’者,以盈补虚,得中平之广.‘以高若深乘之’者,得一头之立幂.‘又以袤乘之’者,得立实之积,故为积尺.”

对于直线型立体体积算法,刘徽还给出另一种论证方法,后人称为“棊验法”.刘徽在前人的基础上,集其大成,不但加强了理论性、系统性,在应用上也达到了高度水平.如方亭术刘徽称:“盖说算者乃立棊三品,以效高深之积.”刘徽把三品棊即三种基本几何体模型——堑堵、阳马、鳖臑作为直线型立体图形体积算法的基础,他先论证堑堵的体积算法,再依据“刘徽原理”及极限观念论证阳马、鳖臑的体积算法.然后,以立方体体积算法作为基本理论,将直线型立体图形分割成立方体及三种基本几何体,进而论证其体积算法.如刘徽所说:“验之以棊,其形露矣.”

刘徽对于某些直线型立体除采用出入相补原理论证其体积算法外,对于另一些直线型立体则采用棊验法论证其体积算法. 前者是利用“以盈补虚”将直线型立体化成为与之等积的立方体;而后者则是利用“分割法”将直线型立体化成三种基本几何体,扩大其倍数,使成为一些立方体之和,再缩小其倍数,即得其体积算法.

至于圆形立体的体积算法,刘徽总是在圆形立体外作一外切方型立体,依据圆型立体与其外切方型立体截面面积之比,以推证圆形立体的体积算法. 其中圆型立体与其外切方型立体截面面积之比为 $\pi:4$,称为“截割原理”. 刘徽依据“截割原理”由外切方型立体推证圆型立体的体积算法. 关于推证或计算线段的长度问题,刘徽除按立方体体积或正方形面积用开方术求其棱长或边长外,多利用“勾股原理”、平面图形面积、测望比例算法推证及计算线段的长度.

在推理、演绎过程中,刘徽不但结合着图形及模型进行论证,还使用了“割圆术”“出入相补原理”等理论进行推演,从而证明了各种有关面积、体积、线段的正确算法. 刘徽就是这样,在前人的基础上继承、发展并应用了这一套论证、演绎方法.

第四节　探赜思想

刘徽在《九章算术注原序》称:“观阴阳之割裂,总算术之根源,探赜之暇,遂悟其意……事类相推,各有攸归,故枝条虽分而同本干者,知发其一端而已.”刘徽分析大自然中阴、阳的割裂、变化关系,总结数学中理论依据及其历史渊源. 并认识到各种各类的事物都有共同的根源,而数学问题的分枝、各类虽多,但都有同一的主干,都发源于同一根源.

例如,若仅就今有术而论,如前所述,刘徽一方面把今有术看作是其他各术如经率术、经术术、其率术、反其率术、衰分术、反衰术、均输术等的母法;即是说,其他各术都是由今有术衍生出来的算法. 另一方面,刘徽把经率术、经术术、其率术、反其率术、衰分术、返衰术、均输术等各术看作具有共同根源的算法;即是说,今有术是其他算法的渊源算法.

又如,由来已久的“齐同术”,起源于分数通分运算. 现今称为通分,即古代的齐同术. 刘徽在《九章算术注》给出确切的定义为:“凡母互乘子谓之齐,群母相乘谓之同.”其中“齐”“同”各有确切的含义,齐同术就是按照“齐”“同”的含义进行运算的,刘徽还解释其意义及性质说:“同者,相与通同共一母也;齐者,子与母齐,势不可失本数也.”刘徽认为通过齐同,使得分数之间相互“通同”“通达”,而每一分数的分子与分母都扩大或缩小同一倍数,所以其值不变,与原分数相等.

刘徽又以分母为标准对分数进行分类,认为同分母者为同类,异分母者为异类;同类分数可以直接运算,异类分数必须通为同类分数方可运算. 并认为"齐""同""通"为治理数学的纲要. 如刘徽说:"数同类者无远,数异类者无近. 远而通体者,虽异位而相从也;近而殊形者,虽同列而相违也. 然则齐同之术要矣."又说:"乘以散之,约以聚之,齐同以通之,此其算之纲纪乎."可见刘徽对齐、同、通的重视程度.

在分数运算中,《九章算术》及刘徽都非常重视齐、同、通的运算,即使由若干项比率推求其连比时,也十分重视齐、同、通的运算. 如络丝术下,刘徽推得络丝与练丝之比以及练丝与青丝之比;进而推求其连比,说"齐其青丝、络丝,同其二练;络得一百二十八,青得九十九,练得九十六,即三率悉通矣."又说:"凡率错互不通者,皆积齐同用之."根据刘徽的见解,推求若干项比率的连比,需用齐同术. 对于齐同术的应用,这无疑是进一步的扩充;但反过来说,推求连比的运算,是以齐同术作为其算法的根柢.

刘徽对于同工共作问题,一般采用两种算法,一种是按整数计算,一种是按分数计算. 如均输章第 20 问为:"今有凫起南海,七日至北海;雁起北海,九日至南海. 今凫雁俱起,问何日相逢."其术为:"并日数为法,日数相乘为实,实如法得一日."刘徽注称:"凫七日一至,雁九日一至. 齐其至,同其日,定六十三日凫九至,雁七至. 令凫雁俱起而问相逢者,是为共至. 共齐以除同,即得相逢日. 故并日数为法者,并齐之意,日数相乘为实者,犹以同为实也."其运算步骤为

凫飞	7 日	1 至	齐而同之,得	$7\times9=63$(日)	9 至
雁飞	9 日	1 至		$9\times7=63$(日)	7 至

故得 $63\div(9+7)=3\frac{15}{16}$(日)为相逢日.

刘徽又称:"凫飞日行七分至之一,雁飞日行九分至之一. 齐而同之,凫飞定日行六十三分至之九,雁飞定日行六十三分至之七. 是为南北海相去六十三分,凫日行九分,雁日行七分也. 并凫雁一日所行,以除南北相去,而得相逢日也."即

凫飞	1 日	$\frac{1}{7}$ 至	齐而同之,得	1 日	$\frac{9}{63}$ 至
雁飞	1 日	$\frac{1}{9}$ 至		1 日	$\frac{7}{63}$ 至

故得 $63\div(9+7)=3\frac{15}{16}$(日)为相逢日.

又如均输章第 21 问、第 22 问、第 23 问、第 24 问、第 26 问等,都是同工共作问题. 对于这类问题,刘徽都是按整数、分数两种情况依齐同术进行分析的. 如刘徽说:"自凫雁至此,其为同齐有二术焉,可随率宜也."可见,刘徽既把齐同术由分数扩充到整数运算,又说明齐同术是同工共作算法是根源.

盈不足术是中国古代独有的特殊算法之一,其算法为:"置所出率,盈不足

各居其下.令维乘所出率,并以为实.并盈不足为法.实如法而一.”这是推求不盈不朒之正数即每人应出钱数的算法.若推求物价与人数,当求得“法”“实”之后,不作除法,而是“盈不足相与同其买物者,置所出率,以少减多,余,以约法、实.实为物价,法为人数.”

刘徽以盈不足章第1问为例,注说:“据共买物,‘人出八(a),盈三(b);人出七(c),不足四(d).’齐其假令,同其盈朒,盈朒俱十二(bd).通计齐则不盈不朒之正数,故可并以为实.并盈不足为法.”意思是齐其假令,同其盈朒.即

$$\begin{matrix} \text{假令} & a & c \\ \text{盈朒} & b & d \end{matrix} \quad \text{齐而同之,得} \quad \begin{matrix} ad & cb & (\text{齐}) \\ bd & db & (\text{同}) \end{matrix}$$

刘徽接着称:“齐之三十二者($ad=8\times4=32$),是四假令($ad=4a$),有盈十二($bd=3\times4=12$).齐之二十一者($cb=7\times3=21$),是三假令($3b=3c$),亦朒十二($db=4\times3=12$).并七假令合为一实($ad+cb=4a+3c=53$),故并三四为法($b+d=3+4=7$).”

通过上述诸例可以看出,刘徽在“凡母互乘子谓之齐,群母相乘谓之同”的基础上,由分数扩充为整数,并认识到:设有若干组由整数组成的数组,在每一数组中各取一数,使与其他各数组的每一数相乘,则每一数组中必然有一乘积彼此相等;这相等的乘积称之为同,而每一数组中其他各个乘积则称之为齐;各数组之关系称为相通.不难证明,这是一个正确无误的命题.

在《九章算术注》中,虽没有这一命题的明确记载,但不难看出刘徽确有这种思想.盈不足术、凫雁术等固然可以看作是各由两个数组成的两个数组进行齐同运算.而均输章第26问五渠注水术则可看作是各由五个数组成的两个数组进行齐同运算.在方程章里,刘徽所创造的互乘对减术,则可看作是各由多个数组成的两个数组进行齐同运算.至于方程章的直除术,也可以看作是齐同运算,如在术文“以右行上禾遍乘中行而以直除”下,刘徽说:“先令右行上禾乘中行,为齐同之意.为齐同者,谓中行上禾亦乘右行也.从简易虽不言齐同,以齐同之意观之,其义然矣.”刘徽认为,为了直除,右行上禾乘中行各项,是属于齐同的运算意义;而齐同的全部运算,应当再以中行上禾乘右行各项.

刘徽一方面在原有基础上,扩广了齐同通的意义与算法,另一方面把许多算法归根于齐同通的算法.这就是刘徽探赜思想的具体表现的一种.

刘徽不愧是中国古代一位杰出的数学家,仅在他传世的著作《九章算术注》《海岛算经》中,在数学理论方面,立论严谨,旁征博引.既在前人基础上,又不迷信古人,以实事求是的精神,以理服人,从而取得许多丰硕的数学成果.在学术思想方面,兼收并蓄着古代诸子百家的学说,继承并发展着中国数学的传统,从而提炼出许多重要的学术思想.刘徽才华出众,光耀夺目,堪称一代学人的楷模.

刘徽生平、数学思想渊源及其对后世的影响试析[①]

第五章

第一节　刘徽生平

刘徽是中国第一代知名数学家:刘徽才华出众,他的数学工作有划时代意义,但其彪炳业绩,却不彰经传.仅能在《隋书·律历志》看到寥寥数语:"魏陈留王景元四年(263),刘徽注《九章》……"《九章算术》是我国最重要的数学经典,先秦时代成书,现传本是公元前2世纪时重编.全书载算术、代数、几何等方面算题246道,分九章.在每一组同性质算题前或后总结有术文.刘徽注《九章算术》主要是对术文做详细解释和逻辑论证,使后学在知其然的同时,又知其所以然.有了刘注,《九章算术》才成为一部完美的古典数学教科书.

刘徽治学严谨,在注释工作中言必有据.他信书,但不尽信.他所尊重的是客观事实.刘徽读前人书,能消化、吸收,然后从文史语言中汲取营养,以注释各种数学现象:以文喻理,恰到好处.我国古代哲学思想经春秋战国百家争鸣益加繁荣.刘徽在注《九章算术》时能以其哲理指导数学研究,用以启迪、鼓励后人,要言不烦,却入木三分,发人深省.

① 本文曾于1991年在北京《九章算术》暨刘徽学术思想国际研讨会上宣读,作者为沈康身.

刘徽籍贯问题向为一难解之谜．笔者以为从刘著《海岛算经》（下简称《海岛》）题文内容可看到刘徽生前活动区域应濒大海、临巨川（宽2里102步，第8题）[①]；虽非通都大邑（3里×4里，第3题；1里100步×1里33$\frac{1}{3}$步，第9题），却也高楼杰阁（高8丈，第5题）千里平沙（第1题），岛以为屏（第1题）．此地还有崇山峻岭、苍松遒劲（第2题）、幽谷深渊（深41丈9尺，第4题）、谷清见底（第7题），绿化宜人、风物秀丽，跃然纸上．以此地理位置及环境线索提供给查考刘徽籍贯的读者们参考．

刘徽生涯只能从《九章算术》刘注及《海岛算经》中了解，他"幼习《九章》，长再详览，探赜之暇，遂悟其意，"通过长期钻研探索，才有创见："敢竭顽鲁，采其所见，为之作注．"刘徽自学成才，功底深厚．从《九章算术》刘注及《海岛算经》地面测量及对大司农斛容积质疑，牟合方盖命名和模型制造以及笔管青线宛转等事例．可见刘徽善于观察，重视实践，勤于实验，身入实际，格物然后致良知．可以断言：刘徽一生并不只置身书斋，而是勤问窗外事，接触社会，面向生活．他登山涉水，新躬测望，才完成《海岛算经》；不耻下问，师事工匠，才可能有合盖构思．刘徽的成长道路也体现着认识世界是改造世界的必须和前提这一道理．

第二节　刘徽数学思想渊源

刘徽数学思想方法、成果及其世界意义，与会专家、学者已有详论．刘徽一代大师，其数学思想孕育渊源值得追溯．我们认为，刘徽数学思想的形成不是偶然的：既得力于当代社会经济的需要，也受益于先秦诸子百家的哲学思想．

1. 现实世界丰硕的数学要求

《九章算术》246题对工程、农事、水利、商务等都有接触．刘徽生活在魏晋时代，农业社会日益发达的生产对数学的需要正是刘徽进行数学思考的动力．

（1）计量　秦始皇统一中国，始建国家计量标准．其中量器原器精度牵涉千家万户口粮．民以食为天，这就促使刘徽以计算方法检验刘歆所造铜斛之差误，并且实物测算魏时原器容量，以提出中肯建议．

（2）量天　《九章算术》刘徽注原序："周官大司徒职，夏至日中立八尺之

---

① 本书中很多单位，如：里、丈、步、尺、立方寸、忽等均为古书中的原单位，因为与如今常用的同名单位可能不一致，因此未换算成国际单位制．另外，如1里100步虽不符合数学与单位的使用规则，但由于是引用或解释古书，因此也未作改动．——编校注

表，其景尺有五寸，谓之地中.”当时因农事需要制订历法，测夏至、冬至日中正午八尺长标杆日影长.从《周官》这一记录开始，二至日影长是后世列代造历重要依据.这种量度记录可以接受现代天体力学检验，相对误差在百分之一以下.这种精度的获得与标杆长度、垂直度，日影水平度的严格要求密不可分.从表影长度到编成历法，还有一系列数学要求.

(3) 测地　《九章算术》及《海岛算经》有丰富的地面测量内容.测具、测法都是当时世界第一流.这对于与数学有关的相似三角形性质、面积度量等都提出更多、更高需要.

(4) 营建　在西方工程知识东来之前，我国建筑行业缺少力学定量计算.但是建筑活动毕竟仍是数学研究的重要对象.例如《九章算术》大量立体的名称如城垣、堢壔、堑堵、羡除都与建筑活动有关.在土方估算、墙垣侧脚、堤坝边坡大小对建筑工事稳定、用材、投放劳动力都有重要作用.都对数学又提出多种要求.

(5) 冶金　刘注所引《周官·考工记》“㮚氏为量，改煎金锡则不耗.不耗然权之，权之然后准之，准之然后量之，”说明当时冶炼、提纯、配方等都有严格定量要求.

(6) 工艺　练丝、和漆、制瓦、造箭中都有各种数学问题为刘徽提出研究对象.

(7) 农事　《九章算术》所列耕地、翻土、播种等农事工序劳动定额计算都是滋生数学的肥沃土壤.

(8) 均输　西汉武帝时桑弘羊创立均输法，在人民中间合理分摊国家赋税和劳役，情况相当复杂，为刘注数学研究给予经济模型.

(9) 商业　《九章算术》所载各种粮食、布匹、丝帛、牲口等互相交换事务散见各章.由此产生了率，也产生了齐同思想.

(10) 利税　在农业社会中纳税、计息成为人们经济生活常事，为刘注重今有术、逆推法等研究创造了有利条件.

2. 先秦两汉典籍的深邃哲理

刘徽为数学书作注，前无先例.工作非常艰难，可想而知.然而刘注却很是出色.除了客观世界对数学提出各色各样要求影响之外，消化和吸收前人哲学思想是另一重要因素，他把以往主要针对社会现象的规律用来解释和处理空间形式和数量关系，借以发前人所未发.革故创新，卒使《九章算术》成为古世界可与欧几里得《几何原本》媲美的数学教科书.我们联系先秦两汉经典对照刘徽数学思想和嘉言懿行，其间师承关系脉络非常清楚.刘徽格物致知、慎思明辨、至今对我们数学学习有指导意义.《礼记·中庸》:“格物致知，物格而后知至.”刘注之所以有深度和广度，创见累累，同他深入实际、亲自参加变革有不可分割的关系.《礼记·中庸》又说:“博学之、审问之、慎思之,明辨之,笃行之.”刘徽为《九章算术》作注,落笔慎之又慎.照顾一般,又突出重点.各章刘注都安排有好几个高潮,刘徽学说博大精深,正是《中庸》思想的受益者和有力行者.

我们列表对照部分刘注的出处,见表1.

表 1

刘注语	典籍出处
幼习《九章》,长再详览,探赜之暇,遂悟其意.(注序)	“探赜索隐,钩深致远”(《易·系辞上》)
“不有明据,辩之斯难”(方男章注)	“[夫解]以故里,以理长,以类予”(《墨子·小取》)
所谓告往而知来,举一隅而三隅反者也(粟米章注)	“告往而知来”(《论语·学而》)“举一隅不以三隅反者也”(《论语·述而》)
“敢不阙疑,以俟能言者”(少广章注)	“知之为知之,不知为不知,是知也.…… 多闻缺疑,慎言其余.”(《论语·为政》)
“意各有所在,亦同归耳”(商功章注)	“天下同归而殊途,一致而百虑.”(《易·系辞下》)
“放此,虽四五转不异也”(均输章注)	“引而伸之,触类而长之,天下之能事毕矣.”(《易·系辞上》)
“夫数犹刃也,易简用之,则动庖丁之理”(方程章注)	“庖丁解牛,游刃理间,故能历久,其刃如新.”(《庄子·养生主》)
“令出入相补,各从其类”“令颠倒相补,各以类合”(勾股章注)	“方以类聚,物以群分.”(《易·系辞上》)

第三节　刘徽数学思想对后世的影响

刘徽中国数学宗师,他做了许多前无古人的贡献,对后世影响深远,正如阮元《畴人传》为刘徽列传并评述他的业绩说:“周三径一,于率尚粗,徽创以六觚之面割之，割之又割以求周径相与之率. 厥后祖冲之更开密法，仍是割之又割耳. 未能于徽注之外，别立新术也.”祖氏继承刘氏，阮说是为的论. 说中国传统数学是《九章》的继续和发展并不为过，而刘注的开创性工作于中算尤其建立殊勋. 阮氏另有评述说：“江都焦里堂谓刘徽注《九章》，与许叔重《说文解字》同有功于六艺，是岂尊崇之过当乎.”阮芸台论刘氏功于《九章算术》德配许慎氏之于小学，并非过誉. 由于篇幅限制，我们不能过多论述刘氏思想福被后世细节，这里请述三则.

1. 数学名词

我国经史诸子百家典籍在三国时已浩如烟海，刘徽在其中寻章摘句，选用合适字、词来注释各种数学现象，或另赋新义，或琢磨切磋，使成为数学专门术语，为后世长期承袭，直至沿用至今，有些还远传东瀛日本. 一般用语如类（种类）、故（原因）、推（推导）、放（拓广）、验（验证）、会（交会）、势（关系）、微（细小）、积（积累）等. 空间形式用语如觚、方、廉、隅、幂、牟合方盖、平行、表里、盈虚等. 数量关系用语如全（整数）、分（分数）、率、凡（总和）、常（恒定）、化（变化）、相当、各当、反（相反）、原（还原）、消（消去）、重、齐、同、相、互等.

2. 数学成果

在《九章算术》及其刘注影响下，辛亥革命前中国数学代有发明. 有的源流清晰，有的虽然蛛丝马迹，却都蕴含《九章算术》精神. 我们说其大者. 南北朝祖冲之父子圆、球工作驰誉世界，未脱刘氏思想窠臼. 唐王孝通《缉古算经》是商功章、勾股章及其刘注的发展，特别是第 3 题工限分配直接运用凫雁术中的齐同思想. 北宋贾宪增乘方法可以视为开方术及其刘注的必然延续. 南宋秦九韶《数学九章》糯谷酿造算题是刘注重今有术的具体推广和应用. 金李冶《测圆海镜》数以百计的命题是勾股章容方、圆问题的深入和扩大. 清代中算学者群星璀璨，具是《九章算术》及刘徽思想的高才生.

3. 数学证明

在刘徽对数学命题主张言必有据. 其演绎论证完美，可以接受现代逻辑学检验而无可指摘. 这种科学思想对后世有过良好示范作用. 例如南宋杨辉对《海岛算经》造术原因苦思力索：“辉尝置海岛小图于座右，乃见先贤作法之万一.”后来就悟得用比较面积的办法获得证明，另外，关于直角三角形内切圆直径刘注连举三种公式

$$D=\underset{①}{\frac{2ab}{a+b+c}}=\underset{②}{\sqrt{2(c-a)(c-b)}}=\underset{③}{a+b-c}$$

刘徽自证式②③等价，式①③是否等价有术无证. 杨辉在《详解九章算法》中作出正确推导，见图自明. 可惜的是刘徽思想中的精髓——言必有据，没有为后人普遍继承. 刘徽以后，西方数学东来之前中算家的创见大率神龙见首（命

题),未见其尾(推导).例如举世瞩目的孙子剩余定理即中国剩余定理,秦九韶大衍求一术,三斜求积公式如此;李冶数以百计的命题,朱世杰垛积术亦复如此.

欧几里得《几何原本》是世界学术史上不朽丰碑.我们核对《几何原本》467命题(内有多处重复)在《九章算术》及其刘注涉及34则,虽不及十分之一.但是《几何原本》重在几何、数论,而《九章算术》及其刘注在算术、代数方面远远在《几何原本》之上.刘徽对数学命题力主言必有据,立论严谨,无懈可击.如果中算家沿着刘徽指引的治学方向前进,中华肯定也会产生自己的演绎数学.作为刘徽数学思想方法的精髓的言必有据,为什么没有为大多数中算家继承和发展?这一有趣而重要的问题正像李约瑟难题一样,值得我们深思、探索和吸取教训.

主要参考资料

[1] 沈康身,在《九章算术》及其刘徽注所见秦汉社会,本书第六章.
[2] 沈康身,先秦两汉典籍与《九章算术·刘徽注》,本书第七章.

在《九章算术》及其刘徽注所见秦汉社会[①]

第六章

《九章算术》是经汉北平侯张苍、大司农中丞耿寿昌重编于公元前2— 公元1世纪. 刘徽于263年注释《九章算术》. 我们从《九章算术》及其刘徽注(含《海岛算经》)比较和分析秦汉社会有关计量、考工、经济等制度,也为有关专业史提供旁证材料.

第一节　计　量

1. 长度

经过长期实践,我国自上古以迄秦汉,长度单位历代有国家标准,《汉书·律历志》记丈、尺、寸三种长度单位,并在丈以上增引,寸以下增分,合称五度,都是十进,在《九章算术》术文中只出现丈、尺、寸三种单位,未见引位、分位,长度如短于一寸就以分数表示,如"四尺八寸十三分寸之六"(ⅶ,11)[②],"三十三丈三尺三寸少半寸"(ⅸ,22),"一百六十四丈九尺六寸太半寸"(ⅸ,23). 按《汉书》系东汉班固撰,记西汉(前206 — 公元25)历史,《九章算术》不见分位,足见其母本当在先秦. 五度经两汉通行,至三国其分益细,在刘注中寸以下还出现分、厘、毫、秒、忽五种十进单位. 忽以下用分数表示:"微数无名者,以为分子,以十为分母"(ⅰ,32刘注).

① 本文作者为沈康身.

② (ⅶ,11) 表示《九章算术》第七章第11题,下仿此.

《九章算术》丈量土地有关算题中还有“步”这一档长度单位.《大戴礼记·劝学》:“不积跬步,无以至千里;不积小流,无以成江海.”足征古代所说“步”,即今称步之倍(double paces),古代所说“跬”,即今称步.中国古建筑在殿堂进深梢间梁架有所谓单步梁、双步梁、三步梁者,笔者曾多次实测,单步、双步是指梁架跨度之长而言,分别与今称双步、四步相合.步与尺的关系:《汉书·律历志》说,“古者建步立亩,六尺为步”《海岛算经》各题答案都按此折尺成步.《九章算术》定300步为里,即1(里)$=6\times300$(尺)$=1\ 800$(尺).

秦汉时1尺绝对长度可以根据今存当时文物确定,我们列表如表1所示.

表1

朝代	1尺长厘米数	文物及测算人
秦	23.088 64	杨宽从商鞅量反算
西汉	23.3	罗福颐据1957年前出土铜尺、牙尺实测
	23.2	陈萝家据西汉骨尺
	23.38	罗福颐据1968年河北满城县出土铁尺
	23.6	国家计量总局据1973年甘肃金塔县出土竹尺
	23.2	同上木尺
	23.1	国家计量总局据1927年甘肃定西县出土铜丈杆
新	23.0	日本足立喜六据天凤泉币反算
	23.088 64	刘复据嘉量直径、深度多次实测,取算术平均
	23.04	吴承洛从《西清古鉴》数据折算
	24.625	白尚恕实测始建国元年造四寸卡尺
东汉	23.5	罗福颐据铜尺
	23.6	同上
	23.9	日本嘉纳氏据牙尺
	23.0	广西文管会据1954年贵县出土铜尺
	23.0	南京博物馆据1965年江苏征仪县出土铜圭表
	24.255	罗福颐据魏正始弩机望山测算
三国、魏	23.8	国家计量总局据1972年甘肃嘉峪关出土骨尺①
三国、吴	23.5	国家计量总局据1964年江西南昌市出土铜尺

① 刘注(Ⅴ,25)对于魏尺有明确描述,说王莽铜斛:“深一尺,径一尺四寸三分三厘二毫,于今尺为深九寸五分五厘,径一尺三寸六分八厘七毫”借此可以折算魏时1尺含新莽 $\frac{1}{0.955}=\frac{1.433\ 2}{1.368\ 7}\approx 1.047\ 1$(尺),而《晋书·律历志》:“杜夔(三国魏人)所用调律尺,比勖新尺得一尺四分七厘.”按史称勖新尺为晋尺,即新莽尺,刘注与《晋书》不谋而合,为魏晋尺折合率提供有力旁证,与出土之骨尺也接近.

从上面代表性文物可见《九章算术》及其刘徽注成书年代里我国国家标准1尺长度是相当恒定的：约在23—24厘米之间[①]，说是今尺70%是适当的，据此来审视《九章算术》及其刘徽注中与长度有关的记载是可信的，例如：

人目高7尺(ⅸ,23)；

客马日行300里(ⅵ,16)；

甲发长安，5日至齐(ⅵ,21)；

城下广4丈，上广2丈，高5丈，而垣(墙)下广3尺，上广2尺，高1丈2尺.

2. 地积

《九章算术》方田章："广从频数相乘得积步"(ⅰ,1)是当时民间计算田亩面积的总结，我们看到秦汉简牍有相同记载，例如："守望亭北平章九十三町，广三步、长七步，积廿一步"(《居303.17》)[②]即为一例.《九章算术》方田章又说："亩法二百四十步[③]，百亩为一顷."

3. 容积

《汉书·律历志》对容积单位也有系统整理，斛、斗、升、合、龠合称五量.其中一合等于2龠，合以上则都是十进.《九章算术》仅见斛、斗、升三种单位.升以下用分数表示.例如七分升之四(ⅱ,15)，刘注则出现合、龠，如说："外圆积成量，容十斗四合一龠五分龠之三也."(ⅴ,25)足证东汉始有五量，与历史事实符合.从《九章算术》及刘注可以看出当时斛与立方寸的关系很不一致：

其一，《左传·隐公》"齐旧四量，豆、区、釜、钟四升曰豆，各自为四，以登于釜，釜十则钟."借此刘徽计算

$$1(\text{斛})[\text{釜}]=1\,562\frac{1}{2}(\text{立方寸})(\text{ⅴ},25)$$

其二，据新莽铸铜嘉量斛铭文

$$1(\text{斛})=1\,620(\text{立方寸})(\text{ⅰ},32)$$

其三，不同粮食同名容量单位所含立方寸不一样，如量米

$$1(\text{斛})=1\,620(\text{立方寸})$$

而量粟

$$1(\text{斛})=1\,620\times\frac{5}{3}=2\,700(\text{立方寸})(\text{ⅴ},25)^{④}$$

---

① 我们认为取23.1厘米尤为合理：定西丈杆、王莽嘉量为当时国家原器.

② 秦汉简牍材料参见郭世荣，秦汉简牍中的数学，内蒙古师范大学学报1989增刊.

③ 今制1亩为60方丈，源于此，由于每尺绝对长度迄唐代增至31厘米(约)，因此调整每步为5尺，而1亩240(方)步不变，于是$1(\text{亩})=5^2\times240=6\,000(\text{方尺})=60(\text{方丈})$.《九章算术》用$1(\text{里})=300(\text{步})$，因此唐代以后$1(\text{里})=5\times300=1\,500(\text{尺})$，今制$1(\text{公里})=3\,000(\text{尺})=2(\text{里})$，源于此.

④ 米与粟互换率是3∶5，而粟与菽(荅、麻、麦)互换率是50∶45.

量菽、荅、麻或麦一斛

$$1(\text{斛})=1\ 620\times\frac{50}{45}=2\ 430(\text{立方寸})(\text{Ⅴ},25)$$

这种制度在秦汉简牍中也有反映如“入糜小石十四石五斗为大石八石七斗”(《居 278.9》)又“入糜小石十二石为大石七石二斗”(《居 128.4》).①

秦汉时一升绝对容积可以根据今存当时文物测定，我们列表如表 2 所示.

表 2

朝代	1 升含立方厘米	文物及测算人
秦	215.65	上海博物馆藏秦始皇诏铜方升
	210.0	中国历史博物馆藏秦始皇诏铜方升
	203.1	李洪书据江苏东海县出土秦父子诏铜量
西汉	200.0	天津艺术博物馆藏铜升
	198.0	西安文物商店藏渑池宫铜升
新	200.98	刘复测嘉斛折算
	199.68	马衡测嘉量斛折算
	197.824	中国历史博物馆藏始建国铜方升
东汉	201.96	1953 年甘肃古浪县出土大司农斛折算
	204.0	1815 年河南睢州县出土大司农斛折算
三国、魏	203.96	据刘徽测大司农斛折算②

从上面文物可见《九章算术》及其刘注成书年代时我国 1 升容量是相当恒定的:约在 204—210 立方厘米之间，大概是今升五分之一.③

① 按糜、古粮食名，这里大石与小石比率 14.5 : 8.7 = 12 : 72 = 10 : 6，这是粟与米互换率.

② 至今没有出土三国、魏时量器，幸亏刘徽曾实测魏大司农斛:“当今大司农斛圆径一尺三寸五分五厘，正深一尺.于徽术为积一千四百四十一寸，排成余分又有十分寸之三”(Ⅴ,25).这是说

$$V=\frac{\pi}{4}R^2h=\frac{1}{4}\times\frac{157}{50}\times(13.55)^2\times10=1\ 441.297\ 6\approx1\ 441.3(\text{立方寸})$$

我们取魏尺为

$$23.1\times1.047\ 1\approx24.188(\text{厘米})$$

则魏大司农斛

$$V=\frac{1}{4}\times\frac{157}{50}\times(13.55)^2\times10\times(2.418\ 8)^3=20\ 396.435(\text{立方厘米})$$

对照 1815 年河南睢州出土东汉光和二年(179) 大司农斛容 20 400 立方厘米，刘注《九章算术》时上距光和二年不足 100 年，可见魏量制与汉出入甚微.

③ 我们认为取 200 立方厘米尤有代表意义，这是王莽嘉量，国家标准原器容积.

4. 重量

《汉书・律历志》称衡制有五权：石、钧、斤、两、铢，其进位

1(石)＝4(钧)，1(钧)＝30(斤)，1(斤)＝16(两)，1(两)＝24(铢)

这五种单位及其进制散见《九章算术》名章，其中第二章 40—44 题运用尤为熟练.

秦汉时 1 斤据今存当时文物我们列表如表 3 所示.

表 3

朝代	一斤重克数	文物及测算人
秦	250.0	国家计量局据 1967 年甘肃秦安县出土父子诏铜权
	247.5	国家计量局据 1973 年陕西临潼县出土父子诏铜权
	258.276 9	吴大徵以秦半两钱测算
西汉	252	国家计量局据旅顺博物馆藏武库铜权
	249.23	国家计量局据内蒙古呼和浩特出土铁权
新	226.67	刘复据律嘉量斛铭“其重二钧”测算
	222.73	吴大徵据王莽货币测算
东汉	249.7	国家计量总局据中国历史博物馆藏铜权折算
	257.0	国家计量总局据 1956 年四川大足县出土铜权折算

从上述数据可见秦汉四五百年间我国衡制也比较恒定，1 斤约合今公制 250 克左右，合今半市斤、《九章算术》及刘注所记容积及重量也写实，例如刘注说：“黄金方寸，重十六两.”(ⅰ，24) 始见《汉书・食货志》“黄金方寸，而重一斤”，我们如用新莽计量制度折算，黄金密度

$$226.67 \div (2.31)^3 \approx 18.4(\text{克}/\text{立方厘米})$$

虽视今测纯金密度 19.32 克/平方厘米为低，但考虑古代铸、锻、提纯条件，足征秦汉计量的优良水平.

5. 时间

平年作 12 个月计，其中 6 个大月(30 日)，6 个小月(29 日)，全年 354 日，《九章算术》有题：“今有取保一岁，作价钱二千五百. 今先取一千二百，问当作日几何”(ⅲ，19) 就是按 354 日折一年，一日分 12 时辰. 子正在午夜零时，子初在夜 11 时正，子终在凌晨 1 时正. 白天、黑夜各 6 个时辰，白天从卯初起算，申终结束，因此“客去忘衣”题(ⅵ，16)“日已三分之一，至家视日四分之三.”分母都取 12 的约数，以便计算.

20 世纪以来在西北地区大量出土秦汉时代竹简木牍，其中所反映的计量制度与《九章算术》是一致的，例如：

“帛卅六匹二丈二尺二寸少半寸直钱万三千五十八钱”(《居509.8》);

“守望亭北平第九十三町,广三步,长七步,积廿一步”(《居303.17》);

“凡吏卒十一人,凡用盐三斗九升,用粟五十六石六斗六升”(《居254.25》);

“用铜四千八百廿三石一钧廿三斤,已入八百六十三石三钧十二两,少三千九百……”(《居甲附27》).

第二节 考 工

1. 二至日影

《九章算术·刘注序》:“《周官》大司徒职,夏至日中立八尺之表,其景(影)长尺有五寸,谓之地中.”按《周官》即《周礼》,先秦重要经典,周时所说地中在河南登封县郜成镇.当时因农事需要制订厘法,测二至(夏至、冬至)日中正午八尺表(标杆)日影长度,从《周官》这一最早记录开始,二至日影长是后世列代造历重要依据,我们知道夏至日影长(s_1)、冬至日影长(s_2)与表高(h)之比与地球黄赤道交角(ε)和测量者所在地地理纬度(φ)有以下关系

$$\varphi=\frac{1}{2}(\arctan\frac{s_2}{h}+\arctan\frac{s_1}{h}) \tag{1}$$

$$\varepsilon=\frac{1}{2}(\arctan\frac{s_2}{h}-\arctan\frac{s_1}{h}) \tag{2}$$

此外,经近代天文学研究,地球黄、赤道交角并非常数,美国天文学者纽康(S. Newcomb,1835—1909)理论推导

$$\varepsilon=23°27'08.26''-46.845''T-0.0059''T^2+0.00181''T^3$$

公式中 T 是从1900年向后起算的世纪数.

刘注所引二千多年前《周礼》记录地中夏至日影长数据能够经受近代纽康公式检验.秦汉以来二至日影测量,记录多,精度高,举世瞩目.18世纪时法国来华传教士宋君荣(A. Gaubil,1688—1759)于1734年对此整理成文“中国矩尺二至日影长度观测”寄回法国,为著名数学家拉普拉斯(P. S. Laplace,1749—1827)作为第一手材料写成论文“从古代观察记录论黄道倾角缓慢减小”.我们大致每隔一个世纪选取这些记录,按公式(1)(2)计算 ε,又按公式计算观察相对误差.可以发现自《周官》大司徒记录以来观察记录精度很好,与理论值(ε)相对误差以千分率计,ε 的变化因时间先后缓慢减小,而由观察记录折算的 ε 值在理论曲线(纽康公式)上下摆动.这一丰硕的天象记录是唯一能够验证纽康公式,我们列表并作图(表4,图1).

表4　从历代二至日影长计算ε值及其相对误差

编号	历法(观测人)名	观测		日影长/尺		ε/度		相对误差/%	文献来源
		年代	地点	夏至	冬至	按实测计算	真值		
1	《周礼》	战国	阳城	1.5	13.5	23.525	23.742	0.91	
2	《周髀算经》	前1世纪		1.5	13.0	24.020	23.712	1.89	
3	《四分历》	85		1.5	13.0	23.888	23.692	0.83	《后汉书·律历志》
4	《乾象历》	206		1.5	13.0	23.888	23.672	0.91	《开元占经》
5	《元嘉历》	443		1.5	13.0	23.888	23.641	1.00	《宋书·律历志》
6	祖暅	510		1.45	13.0	23.888	23.633	1.10	《开元占经》
7	袁充	596		1.45	12.63	23.688	23.622	0.28	《隋书·天文志》
8	《麟德历》	665		1.49	12.755	23.637	23.612	0.11	《旧唐书·历志》
9	张遂	728	阳城	1.477 9	12.765 8	23.678	23.604	0.31	《旧唐书·历志》
10	《宣明历》	822	阳城	1.478	12.703 2	23.665	23.592	0.31	《旧唐书·历志》
11	《钦天历》	956	浚仪	1.51	12.86	23.712	23.574	0.59	《宋书·律历志》
12	《崇天历》	1024	阳城	1.478	12.715	23.678	23.566	0.50	《宋书·律历志》
13	《统元历》	1135		1.56	12.83	23.510	23.551	0.17	《宋书·律历志》
14	《开禧历》	1207		1.56	12.85	23.530	23.542	0.05	《宋书·律历志》
15	《授时历》	1281	北京	2.34	15.96	23.536	23.532	0.02	《元史·历志》
16	《圣寿万年历》	1554	北京	2.34	15.96	23.536	23.496	0.17	《历学新说》
17	邢云路	1608	北京	2.342	15.97	23.537	23.489	0.20	《古今律历考》
18	郭盛炽等	1980	阳城	*		23.537	23.442	0.19	《自然科学史研究》1983(2)

* 表长9.766米，冬至日影长15.496米.

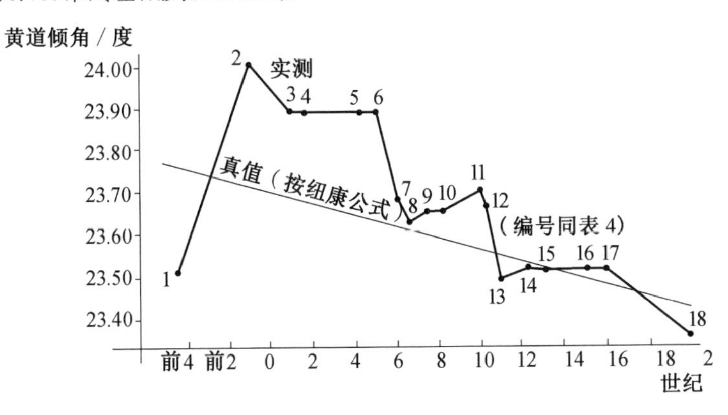

图1　历代二至日日影长度记录精度(用ε检验)

2. 测量

《九章算术》以及作为勾股章刘注附录的《海岛算经》有丰富的平面测量内容:测器、测法、测量计算都是当时世界第一流.已有多篇论文报道其事,此外刘徽设题立术对观测条件个数和求件个数十分审慎.《海岛算经》九道题都是适定的,其中第5题测望3次,求件3个,而第7题测望4次而求件却只3个.李潢《九章算术细草图说》以为两题形异实同.根据题设数据如做深入分析,不难发现第5题高楼测望人与楼基在同一竖直面内,而第7题水岸与白石则不在同一竖直面内.如图2中我们可以建立坐标系验证.我们把下矩角顶作为坐标系原点 $O(0,0)$,从题设数据各点坐标分别是 $A(0,7)$,$B(0,3)$,$C(-4,4)$,$D(2.2,4)$,$E(-4.5,0)$,$F(-2.4,0)$,那么

$$AC:3x-4y+28=0$$

$$BE:3x-4.5y+13.5=0$$

二者交点是水岸 $H(-35.2,-41)$

$$AD:3x-2.2y+15.4=0$$

$$BF:3x-2.4y+7.2=0$$

二者交点是白石 $G(-48,-29)$,因此水岸、白石平距为12.8(尺),高差为12(尺).

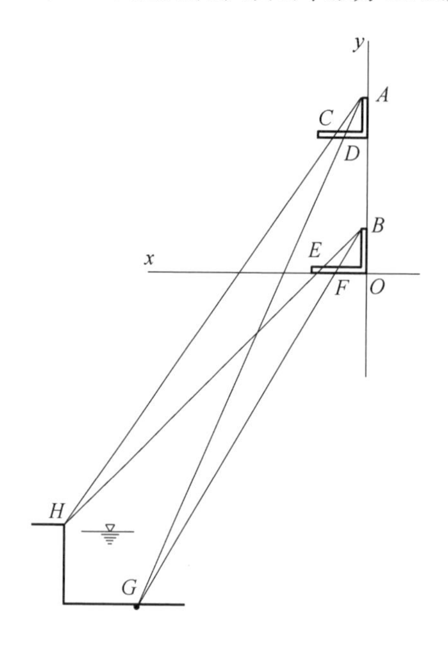

图2

3. 营建

在西方工程知识东来以前,我国建筑行业缺少力学定量计算,但建筑活动

毕竟是丰富数学内容的重要方面，《九章算术》中有多处反映：

其一，《考工记》匠人营国以“方九里”为准，这里，方九里是指方城每边长9里，《九章算术》：“今有邑，东西七里，南北九里”（ⅸ，18），“今有邑，方十里”（ⅸ，22）规模仿佛.

其二，《九章算术》商功章大量立体的名称与建筑物有关，如城、垣、堢、壔.刘徽注壔字称：“以土拥木”，这是说，城堡建筑构造是木骨夯土，与今存汉长城遗址相合，刘注阳马（ⅴ，15）：今谓四注屋隅为阳马，按四注屋即四阿顶，清称庑殿顶，刘徽以四注屋顶一角比喻阳马.

其三，在土木、水利土方工作中，墙垣侧脚、堤坝边坡大小对建筑工事稳定、用材、投放劳动工作量具有重要作用.我们从商功章前7题中可以看到在开挖沟渠，边坡取深1横2与现代造渠所用出入不大.堤、城、台、墙的侧脚则因建筑物高度及工程性质不同而有差异：其中堤为高2横3，城为高5横1，台为高10横1，而墙则为高24横1.所记都合情理.

其四，《九章算术》均输章：“今载太仓粟输上林”（ⅵ，9），计算出太仓去上林$48\frac{11}{18}$里，按太仓为汉代国家粮仓，在长安城内，上林苑在长安迤西，本是秦代阿房宫旧址，汉武帝二年（前139）开上林苑，东南至蓝田、宜春、昆吾，西至长杨、五柞，北绕黄山，濒渭水而东，周围三百里.太仓与上林苑确址至今仍在探索.①文献记载在距离数据方面仅知：上林苑中“犬台宫在长安西二十里”，可见《九章算术》所说太仓去上林苑远近并非随意编造，可能是指太仓到上林苑某建筑物距离，为城市建设史旁证材料.

4. 冶金

刘注还引《周官·考工记》：“㮚氏为量，改煎金、锡则不耗.不耗然后权之，权之然后准之，准之然后量之.”（ⅳ，20）这里，生动描述当时冶炼、铸造金属工艺.“改煎金、锡则不耗”是指炼去杂质，提纯金属.“不耗然后权之”是指从提纯后金属称出必要重量.“权之然后准之”，指根据比例配制合金.“准之然后量之”是把合金的熔体量入型范之中，古时以铜、锡合金铸造器皿，铜、锡本身硬度低，取用合金可提高硬度，当时对不同用途合金都有具体比例规定，如铸造钟鼎，铜锡比是6∶1（重量）.

5. 土工

汉简：“墼：②广八寸，厚六寸，长尺八寸，一枚用土八斗，水二斗二升”（《居，141.6》）.我们如以王莽嘉量斛为标准，8斗合$200\times80=16\ 000$（立方厘米），而

① 西北大学李继闵教授通讯.

② 墼，音激，义：未经焙烧的生砖块.

$$8 \times 6 \times 18 \times (2.31)^3 = 10\ 650 (\text{立方厘米})$$

《九章算术》商功章:"以壤求坚,三之五而一"(ⅴ,1),刘注云:"壤谓息土,坚谓筑土",可见居延汉简所谓用土八斗是息土,经夯实后成墼,是筑土

$$16\ 000 \div 10\ 650 \approx \frac{5}{3}$$

6. 练丝

《九章算术》均输章指出络丝(生丝)、练丝(熟丝)、青丝(染丝)重量之比:络丝1斤成练丝12两(减轻),而练丝1斤成青丝1斤12铢($\frac{1}{2}$两,加重)(ⅵ,10).

7. 和漆

《九章算术》盈不足章:"今有漆三得油四,油四得漆五"(ⅶ,15),前者指漆、油单价比是4∶3,后者指髹漆工艺中油、漆体积比配方.

第三节　社会、经济

1. 均输法

西汉武帝时桑弘羊始创均输法,使平民百姓平均负担国家赋税和徭役,《九章算术》为此设专章处理,对于运输、纳粮、戍边等国家任务,通过数学手段做到每户(纳税人)负担平均,可谓锱铢必较,考虑周到,无畸重畸轻之病(ⅵ,1—4).[①]

2. 劳动定额

各工种劳动定额散见《九章算术》各章.

农事"一人一日发(翻土)七亩,一人一日耕(犁田)三亩,一人一日耰种(播种后精耕)五亩.今令一人一日自发,耕、耰种之,问治田几何."(ⅵ,25)答数是:1亩14$\frac{66}{71}$方步,本题反映秦汉时代春耕时平均每人每日可种田一亩(合今约460平方米,约今$\frac{2}{3}$亩).

挖方　《九章算术》商功章按季节核定每功(每人每日)挖土工作量(立方尺数)计

春766(ⅴ,5),夏871(ⅴ,6)

秋300(ⅴ,7),冬444(ⅴ,4)

---

① 参看沈康身文:《九章算术·刘徽注》中的$|x|$,$\operatorname{sgn} x$,$[x]$和$\{x\}$现象.

对照在秦汉简牍中也记有按季节不同而每功工作定额有异，如：《秦律·工人程》："冬作为矢程赋之三日而当夏二日."

制瓦　"一人一日为牡瓦三十八枚，一人一日为牝瓦七十六枚.""一人一日作瓦，牝、牡相半，成二十五枚少半枚."（Ⅴ，22）按牝瓦（仰天，截面四分之一圆），宋《营造法式》称瓪瓦、牡瓦（复地，截面半圆），《营造法式》称瓻瓦，出土汉长安城未央、长乐宫瓦件，具有瓦当者，应是牡瓦，具有滴水者是牝瓦，前者工艺要求高，体量大，因此前者较后者制作量少一半.

造箭　"一人一日矫矢五十，一人一日羽矢三十，一人一日筈矢十五."一人一日自矫、羽、筈，成矢八矢少半矢.（Ⅵ，23）《九章算术》为兵器史提供造箭生动史料.

3. 粮食

《九章算术》粟米章载有6种粮食及其14种半制成品、制成品，我们列表如表5所示（括号内数字为互换率）.

表 5

粮食	半制成品、制成品
粟(50)	粝米(30)，粺米(27)，糳米(24)，御米(21)，粝饭(75)，粺饭(54)，糳饭(48)，御饭(42)，飧(90)
稻(60)	
麦(45)	大麦(54)，小麦(13.5)，糵(175)
菽(45)	熟菽(103.5)，豉(63)
荅(45)	
麻(45)	

其中的粟，学名Setaria italica，禾本科一年生草本植物，是我国北方主要粮食作物，其果实去壳后俗称小米，即《九章算术》所说粝米，粝米经杵臼舂击去除糠皮，除糠越多，米的品位越高，除去10％称粺米，除去20％称糳米，除去30％称御米（贡米，可以进贡王室），品位不同四种米各自加工成饭各有互换率，飧即今称泡饭.

䴬今称麦粉，大䴬指粗加工，可能是未去麸皮，小䴬即今面粉，糵今称芽麦.

菽是大豆，豉是豆豉（豆的酱制品）.

荅是小豆，麻是芝麻.

这二十种粮食及其制（半制）成品名称在秦汉简牍中除御米、御饭外，大量出现，而且其间互换率也与《九章算术》所载符合，例如：《秦律·仓律》："粟一石六斗大半斗，舂之为粝米石.""粝米一石为糳米九斗，糳米九半斗为毇米八斗.""麦十斗为䴬三斗."查许慎《说文解字》："毇、米一斛舂为八斗也"，可见许说与《秦律》一致，与《九章算术》名称有异，但互换率一致，又《秦律》所说䉶当是《九章算术》的小䉶，那么 45 ∶ 13.5 ＝10 ∶ 3，适相吻合.

4. 物价

汉许慎《说文解字》："贝，古者货贝而宝龟，周而有泉（刀形币），至秦废贝，行钱."秦亡汉兴，因秦钱重，不便使用，屡经改铸，有三铢钱、四铢钱、八铢钱. 武帝元狩五年（前 118）又改铸五铢钱，轻重、大小适中，使用至隋朝凡七百余年. 五铢钱成为我国历史上使用最久，最成功的钱币，而且是后代铸币的标准.[①]五铢钱通用时期适为《九章算术》成书、重编及刘注著作之时，《九章算术》用钱计物价是符合历史事实的.《九章算术》246 题中牵涉物价的有 36 题，约占 15%，可以提供秦汉时代物价情况的一个侧面.

黄金　《九章算术》记黄金物价二见，斤价 9 800 钱（ⅶ，5），斤价 6 250 钱（ⅵ，15），这与《汉书・食货志》："（王莽）黄金重一斤，直钱万"略符.

粮食　根据《九章算术》均输章中两题所记十个县粟价（ⅵ，3；ⅵ，4）取平均，每斛值 14.2 钱. 这正反映汉代粮价低廉实况，至于其他粮价可按粟米章卷首 20 种粮食互换表计算.

田　良田每亩 300 钱（ⅶ，17），劣等田每亩 70 钱（ⅶ，17）.

六畜　《九章算术》六畜价格，马二见，牛三见，羊三见，鸡二见，犬二见，豕二见. 但是算题中所记价格是单匹还是几匹价，不明确，因此参考价值不大.

纺织品　布价二见，素（白绸）一见，缣（生绸）二见，丝价九见，这 4 种纺织单价平均值

布（每匹 4 丈）	素（匹）	缣（匹）	丝（斤）
50	125	120	70

酒　《九章算术》盈不足章："醇酒（优质）一斗值钱五十，行酒（次品）一斗值钱一十"（ⅶ，13）.《汉书・昭帝》："秋七月罢榷酤官，令民得以占租，买酒升四钱."昭帝在位时（前 86－前 73）是《九章算术》重编前夕，其酒价一斗值 40 钱，与《九章算术》所记相合.

漆　《九章算术》粟米章记漆价斗值 $345\frac{15}{503}$ 钱（ⅱ，34）.

我们从《九章算术》粟米章其率、反其率各题可以看到当时买卖交易、崇尚公平，例如 576 钱卖 78 根竹，不以平均价 8 钱（过剩）卖出，而是选其中粗的 30 根作价每根 8 钱，其余 48 根每根价 7 钱，买卖不吃亏，让利于人，古风可鉴.

① 见彭信威，《中国货币史》，上海人民出版社，1965.

5. 利税

放息　“贷人千钱，月息三十”(ⅲ，20) 月利率达 3%.

经商利润　“持钱之蜀，贾利十三”(ⅶ，20) 经商毛利取 30%.

交租　“今有田一亩，收粟六升太半升”(ⅲ，18)，每亩收粟租 $6\frac{2}{3}$ 升，另一处(ⅵ，24) 每亩收$\frac{1}{5}$至$\frac{1}{3}$钱，《三国志·魏·武帝纪》：“建安九年(204)，其收田租亩四升，户出绢二匹、绵二斤而已，他不得擅兴发”与《九章算术》所记粗合.

关税　国内关卡税重从值百抽十到值百抽五十，散见 ⅵ，15；ⅵ，27；ⅵ，28.

先秦两汉典籍与《九章算术·刘徽注》[①]

第七章

刘徽于三国魏陈留王景元四年(263)注释《九章算术》.其籍贯、履历虽已不可考,而其治学精神,从所著《九章算术·刘徽注》(下简称《刘注》)等作品中犹历历可见.刘徽数学家而兼通文理,极为难得.刘徽在注释工作中态度严谨、言必有据.他信书,但不尽信,他所尊重的是客观事实.刘徽读前人书,能消化吸收,然后从文史语言中吸取营养,以注释各种数学现象.以文喻理,恰到好处.我国古代哲学思想经春秋战国百家争鸣益加繁荣.《刘注》能以其哲理指导数学研究,用以启迪、鼓励后学,要言不烦,却入木三分,发人深省,本文从《刘注》以及作为勾股章刘注余绪的《海岛算经》有关内容论述先秦两汉典籍对之影响.

第一节　其来有自

《刘注》虽是数学专著,但还牵涉社会、经济等各方面知识.刘徽考订《九章算术》经文得失、是非,对所记事项,选材慎之又慎.如以《刘注》与先秦两汉经史和诸子著作作一对比,不难发现他言必有据,其来有自.

《刘注》序文中说在先秦时《九章算术》已有定本,经秦火散失,今文本系汉代张苍(前2世纪)、耿寿昌(前1世纪)删补残文断篇,编纂成书.《刘注》序文说:“校其目则与古或异,而所论多

① 本文作者为沈康身.

近语也.”刘徽熟悉往时文献,今文本多秦火后事,因而发此议论.例如:

钱　“今有七人,分八钱三分钱之一.问人得几何.”(ⅰ,17)[①]汉许慎《说文解字》:“贝,古者货贝而宝龟,周而有泉(刀币),至秦废贝,行钱.”可见钱是“近语”.

算、乡　“今有北乡算八千七百八十五,西乡算七千二百三十六,南乡算八千三百五十六.凡三乡,发徭三百七十八人,欲以算多少衰出之,问各几何.”(ⅲ,5)按汉初实行依人口多少纳税.《汉书·高帝纪上》:“春二月,遣张良操印,立韩信为齐王……八月,初为算赋.”如淳注:“《汉仪注》民年十五以上至五十六出赋钱,人百二十为一算,为治库兵车马.”而乡是汉时户口制度用语.《汉书·食货志上》:“五家为邻,五邻为里,四里为族,五族为党,五党为州,五州为乡,乡万二千五百户也.”

春(夏、秋、冬)程功　《九章算术》规定四季土方工程每日每人工作量(ⅴ,4,5,6,7).先秦时代在农忙或寒冻季节不兴土木.如《礼记·月令》:“[孟春之月]无聚大众,无置城郭.[仲春之月]无作大事,以妨农功.[孟夏之月]无起土功,无发大众.[季夏之月]不可以兴土功,不可以令诸侯,不可以起兴动众.‘而’[孟秋之月]命百官,始收敛,完堤防,谨雍塞,以备水潦.修宫室,附墙垣,补城郭,[仲秋之月]是月也,可以筑城郭,建都邑,穿窦窖,修囷仓.”秦汉时统治者大兴土木,不分季节,如《汉书·惠帝纪》:“三年春,发长安六百里内男女十四万六千人城长安,三十日罢.五年春正月,复发长安六百里内男女十四万五千人城长安,三十日罢.”《后汉书·刘瑜传》:“昔秦作阿房,国多刑人,今第舍增多,穷极奇巧,掘山攻石,不避时令.”又《后汉书·魏霸传》说:“典作顺陵,时盛冬地凉.”秦汉时还按季节不同规定劳动工作量,如《秦律·工人程》:“隶臣、下吏、城旦与工从事者冬作,为矢程,赋之三日,而当夏二日.”[②]

均输　《九章算术》第六章章名,是汉武帝太初元年以后赋税制度,均输显是“近语”.

均输卒、行道、居所　“今有均输卒:甲县一千二百人,薄塞.乙县一千五百五十人,行道一日.丙县一千二百八十人,行道二日.丁县九百九十人,行道三日.戊县一千九百五十人,行道五日.凡五县,赋输卒一月一千二百人.欲以远近、户率、多少衰出之.问县各几何.……术曰:令县卒各如其居所及行道日数而一,以为衰…….”(ⅵ,2)按《汉书·食货志上》:“富者田连阡陌,贫者无立锥之地……,月为更卒,已复为正,一岁屯戍,一岁力役,三十倍于古.”师古注:“更卒,谓给郡县一月而更者也.”可见本题所说均输卒正是汉时每月轮流服役

---

① 指《九章算术》第一章第17题,下仿此.

② 工人程,指法定工作量.矢程,指放宽工作量标准.

的更卒. 又《秦律·徭律》:"御中发征,乏弗行,赀二甲,失期三日到五日,谇,六日到旬,赀一盾,过旬,赀一甲."[①] 又《史记·陈涉世家》:"令天大雨,道不通. 度已失期,失期,法皆斩."说明秦汉时规定赶到工地期限很是严格. 本题所说行道多少天就是赶到工地期限,又《秦律·司空》:"居赀赎责者或欲籍人与并居之,许之."秦时称到官府服役为居,题中所说居所就是服役的地点.[②]

假田 "今有假田. 初假之岁三亩一钱,明年四亩一钱. 后年五亩一钱. 凡三岁得一百,问田几何."(ⅵ,24) 汉武帝时设置农官、田官等机构,出租"国有田"给百姓,按年交租:"官收百一之税."当时每亩收成米 1—1.5 斛,每斛折钱 30,本题所说租钱也粗合.

上林、太仓 "今有程传委输,空车日行七十里,重车日行五十里. 今载太仓粟输上林. 五日三返. 问太仓去上林几何."按上林、太仓均秦汉建,前者是御苑,后者是国家仓库.《史记·秦始皇本纪》:"诸庙及章台,上林均在渭南."《汉书·高帝纪》:"七年二月至长安. 萧何治未央宫,立东阙、北阙、前殿、武库、太仓."可见上林、太仓都是近语.

《刘注》序文说:"《周官》大司徒职,夏至日中立八尺之表,其景尺有五寸,谓之地中."这是据《礼·地官》[③]:"以土圭之法……正影以求地中……日至之影尺有五寸,谓之地中."周时所说地中在今河南省登封县郜成镇. 我国先秦时已因农事等需要制订历法测二至日(夏至、冬至)正午八尺高标杆日影长度,尔后代有测量记录,很有科学价值,举世瞩目.[④]

《刘注》序文说日去地、日径与《周髀算经》所说一致,而有改进.《刘注》三次议论(ⅰ,32;ⅴ,25;ⅴ,28)王莽所造律嘉量斛,细节与《汉书·艺文志》及今存斛铭文完全符合.[⑤]

第二节　以文喻理

我国经史、诸子百家典籍在三国时已浩如烟海,刘徽在其中寻章摘句,选用合适字、词来注释数学现象或另赋新义,或琢磨切磋使成为数学专门用语,为后世长期承袭,直至沿用迄今. 有些还远传东瀛日本.

---

① 意指为朝廷征发徭役,如耽搁不发,罚二甲,迟到 3.5 天,斥责,6—10 天罚一盾,超过 10 天罚一甲(战袍).

② 意指以劳役抵偿债务的,有的要求别人和他一起服役,可以允许.

③ 《礼》,又名《周礼》《周官》.

④ 见本书沈康身:在《九章算术》及其刘徽注所见秦汉社会.

⑤ 见白尚恕:《王莽量器到刘歆圆率》,北京师范大学学报,1982 年第 2 期.

1. 一般用语

类(种类)　《易·系辞上》:"方以类聚,物以群分."又《易·乾》:"各从其类也.""从其类"指为归入同一种类. 墨家主张明故察类."类"就是逻辑学中的种类概念. 如《墨子·大取》:"[辞]以故生,以理长,以类行."《墨子·小取》:"以说出故,以类取,于类予",认为推理或论证都必须依据种类关系按照一定理由进行.《刘注》多次运用这一逻辑手段. 例如"数同类者无远,数异类者无近"(ⅰ,9). 这里同类、异类是指两个分数的分母是否相同."以行减行,当各从其类矣. 其异名者,非其类也. 非其类者,犹无对也,非所得而减也"(ⅷ,3)."正无实负,负无实正,方为类也(ⅷ,8)". 这里类与非类是指实数是否同号."令出入相补,各从其类,因就其余不移动也"(ⅸ,3)."令黄幂连于下隅,朱青各以类合"(ⅸ,15)."令颠倒相补,各以类合"(ⅸ,16). 这里从其类、类合是合同图形的叠置.

故(原因)　墨家主张明故察类,故是指事物发生的原因,故分大故、小故."小故、有之不必然,无之必不然."(必要但不充分)"大故、有之必然."[1](充分),说见《墨子·经说上》. 由因及果是先秦诸子惯用逻辑手段,刘徽用于数学推导都很得体.《刘注》序文强调"析理以辞,解体用图". 在《刘注》中始终贯穿这一精神,如"不有明据,辩之斯难"(ⅰ,32 注),又如在分析古法球与外切立方体体积比之所以是 9∶16(ⅳ,24 注)连用三个故字等.

推(推导,推广)　先秦诸子运用推导、推广手段以扩大和加深知识,《墨子·小取》:"推也者、以其所不取者同于所取者予之也."《淮南子·本经训》:"可以历推得也."《刘注》序文也强调指出"事物相推,各有攸归",在《刘注》中广泛运用,例如"推此言之,谓夫圆囷为方率,岂不缺哉?"(ⅳ,24)"谓之情推,不以筹算"(ⅴ,15 注)上二条、推字作推导讲. 又如"众衰相推为率,其余可知也"(ⅵ,17),"以小推大,虽四五转不异也"(ⅷ,7),上二条,推字作推广讲.

放(拓广)　《论语·里仁》:"放于利而行,多怨."《刘注》把放字用于扩大数学命题运用范围. 例如"放此,虽四五转不异也"(ⅵ,10),借以拓广求三个数的连比法则到求几个数的连比.

验(验证,检验)　先秦辩难重在验证.《韩非子·显学》:"无参验而必之者,愚也."《吕氏春秋·知度》:"责其实,以验其辞."刘徽为《九章算术》术文一一作证,是我国以演绎法研究数学的先驱. 对证明这一逻辑用语刘徽就选用这个验字,他多次运用证明命题可谓十分熟练,对球体积公式表示怀疑就说:"然此意非也,何以验之?"(ⅳ,24)在证明相同高广袤鳖臑与阳马体积之比时说:"验之以棊,其形露矣"(ⅴ,15). 为证明圆积公式他"谨按图验""重其验耳".(ⅰ,32)另一方面,验字也作判断真假的真字解,如对宛田术说"此术不验"(ⅰ,

① 据章炳麟注. 又高亨注,大故应是:"有之必然,无之必不然"(充分又必要).

34).用出入相补原理证明方亭术后说“验矣”(ⅴ,10).

会(合同,交会) 《书·禹贡》:“会于渭汭”,指诸侯在渭河河弯聚会.《刘注》把会字用于数量关系.如“众分错杂,非细不会.乘以散之,所以通之,通之则可并也.”(ⅰ,9)他把分数加法的通分运算喻为“非细不会”——分子分母不各自扩大适当倍数就不能使分母合同.他也把会字用于空间形式;如“分裁邪正之会”“又画中弦以观其会”(ⅸ,16).这里两个会字喻为会合,相交.前者指图形画于小纸后,沿垂直、平行或斜行直线直到相交裁开;后者指中弦(过内切圆心平行于斜边直线)与勾、股的交点.

势(关系) 《易·坤》:“象曰,地势坤”,又《礼·考工记》:“审曲面势,以饬五材,以辨民器”上二条势字作形势讲而《韩非子·十过》:“辅依车,车亦依辅,虞、虢之势正是也.”《左传·僖公五年》:“谚所谓辅车相依,唇亡齿寒者,其虞虢之谓也”,可见韩非子所说势字应作关系讲.《刘注》九处用势字,有的用在数量中,如:“一乘一除,势无损益,故惟本存焉”(ⅵ,17),“棊所以变化,犹两盈,而有势同而情违者”(ⅶ,6),有的用在图形中如:“虽方随棊改,而固有常然之势也.”又“观其割分,则体势互通,盖易了也”(ⅴ,15).刘注势字均作关系讲,这种用法影响到后代,如李淳风引祖暅开立圆术名句:“缘幂势既同,则积不容异”势字也义:关系.

微(细小) 《楚辞·大招》:“丰肉微骨”,《庄子·养生主》:“庖丁解牛”“动刀甚微”.这里微字义:此微、细小、是静止的.《刘注》却不止一次把微字的含义从静止推广到运动的境界,即看成是趋向于零的变量.如《刘注》序文说:“虽曰九数,能穷纤入微,探测无方.”《刘注》又多次使用这一概念,如对开平方开不尽的数,刘徽认为:“加定法如前,求其微数.微数无名者以为分子,其一退以十为母,其再退以百为母.退之弥下,其分弥细,则朱幂虽有所弃之数,不足言之也.”(ⅳ,16)他又用无限分割方法比较高广袤三等的鳖臑和阳马体积时说:“半之弥少,其余弥细,至细曰微,微则无形.由是言之,安取余哉.”(ⅴ,15)

积(积累) 《诗·周颂》:“有实其积,万亿及秭.”《荀子·儒效》:“积土谓之山,积水谓水海.”积原义是积累,贮藏,刘徽用以命名图形叠加,例如:“取立方棊八枚,皆令立方一寸,积之为立方二寸.”(ⅳ,24)清末学者李善兰于1859年译成E. Loonis著当时美国畅销数学教科书,[①]首次把英文differential calculus, integral calculus两门学科译汉语为微分、积分,可以顾名思义,文顺字从,非常贴切.译笔如此功力,其来有自.李氏曾说:“要凡线、面、体皆设为自小渐大,一刹那所增之积即微分也.”(《代微积拾级·序》)又说:“盈尺之书由叠

---

① E. Loonis著*Elemenfs of Analyfical Geometry and of Differential and Integral Calculus*,一书,分代数、解析几何、微分、积分四部分,李善兰译书名为《代微积拾级》.

纸而得，盈丈之绢由积丝而成.”(《方圆阐幽》) 可见刘徽赋予微积两字含义，对李善兰译作有深厚影响，李译《代微积拾级》出版后不久传到日本，福田丰于明治五年(1872) 用日文译释出版，书名从李译. 日本用微分、积分两词至今不变.

2. 用于数量及其间关系

全(整数)　《列子·天瑞》:“天地无全功，圣人无全能，万物无全用.” 这里全字为定语，义：完备，齐全.《刘注》取为名词，作为分(分数) 之对，犹今称整数. 如“分母乘全内子”(ⅰ,18)，指在运算 $a+\frac{b}{c}=\frac{ac+b}{c}$ 时，a 是全，c 是母，b 是子. $ac+b$ 就是分母乘全内(纳) 子.

分(分数)　《史记·项羽本纪》:“乃分军为三”，这里分字为动词，《刘注》取为名词，犹今称分数，如“如欲令无分”(ⅱ,43)，一语道破其率术的本旨，又如“法里有分，实里通之，实如法而一”(ⅴ,5)，指在运算 $a\div\frac{d}{c}=ac\div d$. 当除数中有分数，在被除数中通分($ac$)，然后做除法运算.

率　《孟子·尽心》:“羿不为拙射变其彀率.”《史记·商君列传》:“有功者，各以率受上爵.” 这里率都作标准、规格讲.《墨子·备城门》:“城下楼卒，卒、一步一人，二十步二十人. 城大小以此率之，乃足以守围.” 这是率用以与比例有关的最早文献.《刘注》定义率为相与之数(ⅰ,18)，从大量材料足以说明刘称相与之数，即今称一组相关的数，已成为今日日常用语的利率、百分率、出生率都自《刘注》始，日文文献也使用曲率、圆周率、离心率等数学词汇.

比　《礼·天官》:“比其小大，与其粗良而赏罚之”，当是定性地比较，未记定量运算，刘徽赋比字以定量新义，沿用至今：两个变量 a,b，用 b 来度量 a，称 $a\div b=a:b=k$ 为 a,b 的比. 例如《刘注》:“圆锥比于方锥，亦二百分之一百五十七.”(ⅴ,13)

幂(面积)　《礼·天官》:“幂人掌共巾幂.” 辑注：“以巾覆物曰幂.”《说文解字》:“冖，覆也. 从一，下垂也.” 宋徐铉注说：“今俗作幂.” 可见冖字为象形字，而幂字为形声字，《刘注》幂作面积(数) 讲并定义说：“凡广从相乘谓之幂.”(ⅰ,1) 他还做推广，称平面图形面积为平幂，立体体积为立幂：“开平幂者，方百之面十.”(ⅳ,16)“开立幂者，方千之面十.”(ⅳ,22) 他还进一步把锥面面积也命名为幂.(ⅰ,34) 后世如元代朱世杰《算学启蒙》(1299) 在总括中再次推广说：“自相乘谓之幂.” 我们现在称 $y=x^m$ 为幂函数，源于此，日本数学用语此幂字，同形同义，直至 1947 年日本文字改革，此字被排斥在当用汉字表以外. 日本学术用语改用“累乘” 一词代替，但是事实上四十多年来日本数学界从未放弃使用此字.

凡(总)　《礼记·中庸》:“凡事预则立，不预则废.” 凡原义一切，《刘注》转义为总和，如凡差——差之和：“中间五节半之凡差也”(ⅵ,19). 凡行——行程之和:“良马凡行里数”(ⅶ,19).凡数 —— 数之和:“令本末相减,余、即四差之凡数”(ⅵ,7).

常(恒定) 《易·系辞上》:“动静有常.”《刘注》喻为数量关系中恒定不变的现象.如“此皆其常率”(ⅴ,1).今称不变量为常量,源于此.

化(变换) 《礼记·学记》:“就贤体远,足以动众,未足以化民.”《管子·七法》:“渐也,顺也,靡也,久也,服也,习也,谓之化 …… 不明于化,而欲变俗易数,犹朝揉轮而夕欲乘乎?”在社会政治活动中,化原义是改变、改革,《刘注》用于数量变换,如“又以恶粟二十斗乘之,如粝米九斗而一,即粝米亦化为恶粟矣.”(ⅵ,11)“其所以变化,犹两盈,而或有势同而情违者.”(ⅶ,7)前者指粝米折成等价恶粟的运算手续,后者指两盈与两不足意义虽不一样,但二者运算关系即是相同的,二处所用化字,与现代数学语言一致.

反 《庄子·秋水》:“知两之相反,而不可相互.”刘徽取前人反字意喻数量中相对立的概念,例如他定义数的倒数为反:“以爵次言之,令高爵出少,则当使大夫五人共出一人分,不更四人共出一人分,故谓之反衰.”(ⅷ,7)他又认为正数和负数是相反数,如“今两算得失相反,要令正负以名之.”(ⅶ,3)至今我们使用反比、相反数、反函数等名词,源出于此.

原 《管子·小匡》:“原本穷历”,刘徽赋原字以数学意义.对运算结果作逆运算,以为核对,如“按此术本周自相乘,以高乘之,十二而一,得此积,今还元(原),置此积以十二乘之,令高而一,即复本周自乘之数.”(ⅴ,28)又“今还原,置此广袤相乘为法,除之,故得高也.”(ⅴ,27)

消 《易·泰》:“内君子而外小人,君子道长,小人道消也.”这里长字义:增多,消字义:减少、灭亡.《刘注》多次把消字比喻余数等于0的减法运算.如“若消去头位,则下去一物之实.”(ⅶ,1)《刘注》也把消字比喻做正逆两种运算的恒等变换.如“今以所分乘上别,以下集除之.一乘一除适足相消.”(ⅲ,衰分术)

重 《荀子·富国》:“重色而衣之,重味而食之.”《刘注》把重字用于数学中的重复现象,例如“重有分”(ⅰ,10,18)—— 繁分数,重今有(ⅵ,10)—— 连比,重衰(ⅵ,1—4)—— 加权配分比例,重差(《刘注》序文)—— 二次测望.与今称重根、重积分,有相同考虑.

齐同 《书·舜典》:“在璇玑玉衡,以齐七政.”这是指上古时代我国已具天体历雏形.后一句可以理解为:调整(齐)七政(日、月及五星)的公共周期.[①]《刘注》中首创齐同术,并多次运用.其本意是指成比例的甲、乙、丙等量,使其中两个数相等,例如甲 = 乙,刘徽称为同,其余的数所引起的变化(原比例关系不变),刘徽称为齐,因此《刘注》齐同思想与《书·舜典》所说齐七政有密切关系.

---

① 杭州大学“中国古典数学的世界意义课题组”刘操南教授学术报告.

在分数加减法中《刘注》说："凡母互乘子谓之齐，群母相乘谓之同."（ⅰ,9）在求连比时说："齐其青丝、络丝，同其二练，…… 凡率错互不通者，皆积齐同用之."（ⅵ,10）在双假设法中说："齐其假令，同其盈朒 …… 通计齐则不盈不朒之正数." 而在注释线性方程组消元时则高瞻远瞩地指出："从简易虽不言齐同，以齐同之意观之，其义然矣."（ⅷ,1）

相、互　汉语常用副词，《九章算术》方田章对相、互两字谨慎使用. 如分数加法运算、乘法运算

$$\frac{a}{b}+\frac{d}{c}=\frac{ac+ab}{bc},\frac{a}{b}\times\frac{d}{c}=\frac{a\times d}{b\times c}$$

分子乘分母用互乘，而分子乘分子或分母乘分母则用相乘.

对此《刘注》也小心翼翼，遵守不怠. 以此理解经分术注意，可见刘徽匠心独具，对分数除法法则说理深透，一丝不苟. [①]（表 1）

表 1

经分术文	《刘注》	今释
以人数为法，钱数为实，实如法而一. 有分者通之，重有分者同而通之	此谓法实俱有分，故令分母各乘全内子	除数、被除数都含分数$(a+\frac{c}{b})\div(d+\frac{f}{e})$ 因此各自化为假分数 $\frac{ab+c}{b}\div\frac{de+f}{c}$
	又令分母互乘上下.（注意这里用互字，不用相字，很得当）	各以分母乘对方的分子分母 $\frac{c(ab+c)}{cb}\div\frac{b(de+f)}{bc}=c(ab+c)\div b(de+f)$

3. 用于图形及其位置关系

觚　《论证·雍也》："子曰：觚不觚，觚哉，觚哉." 觚是酒器，应有棱角. 因此孔子对没有棱角的酒器还是称为觚，很有意见. 觚还是古代有棱角物品的通称.《刘注》借以命名数学中的正多边形，如"以六觚之面（边）乘半径，因而三之，得十二觚之幂."（ⅰ,32）这里六觚、十二觚指的是正六边形和正十二边形.

方廉隅　《礼记·乡饮》："设席于堂廉东上"，廉指堂之侧间，又《礼记·月令》："砥砺廉隅" 以喻切磋磨去棱角.《刘注》将廉、隅用以对《九章算术》开立方术作几何解释，当被开立方数除去初商立方后，余下的三块方板，三根方条一个小立方块，分别称为方、廉、隅.

① 白尚恕教授通讯.

綦(棋)　原为娱乐用具. 春秋战国文献已有记载，如《左传、襄公二十五年》："弈者举棋不定，不胜其耦." 刘徽把立方体、堑堵、阳马、鳖臑都作为綦，成为研究立体体积最基本元素.

阳马　《九章算术》商功章憎爱分明阳马，《刘注》云："按此术，阳马之形，方锥一隅也. 今谓四注[①]屋隅为阳马."(Ⅴ,15) 阳马作为三直角四棱锥，正是正方锥四分之一.《礼・考工记》："四阿，若今四注屋也"，按四注屋指四面泄水屋顶. 清式建筑称为庑殿顶，故宫太和殿就是此式，宋《营造法式・总释》列有阳马专条，作者李诫自注："屋四角引出以承短椽者." 可见阳马一词借用建筑用语，刘李所见相同.

羡除　《九章算术》商功章有羡除，《刘注》云："按此术，羡除、实隧道也."《史记・秦始皇本纪》："九月葬始皇骊，……，葬既已下，或言工匠为机，臧重既泄. 大事毕，已臧. 毕，闭中羡，下外羡门. 尽闭工匠臧者，无复出者." 羡正指隧道.

圆囷　《九章算术》商功章有圆囷.《刘注》云："圆囷，廪也，亦云圆囤也"(Ⅴ,28)，这与《礼记・月令》："[仲秋之月] 穿窦窖，修囷仓" 所说相合.

牟合方盖　《刘注》："立方綦八枚，规之为圆囷 ……，又复横规之，则其形有似牟合方盖矣." 这里牟合方盖仅作为定语，描述二圆囷的公共部分. 同注(ⅳ,24) 后文又择合盖命名，齐祖暅也用此词. 按《礼・考工记》："轮人为盖"，盖义：车篷. 我们对照近年西安出土秦代彩绘铜马车车盖比较，可见刘徽措辞之工.

平行　《汉书・李广列传》："自此而西，平行至宛城"，这里平行的意思是平安前进. 刘徽赋以新义，如"以二马初日行里乘十五日，为十五日平行数."(ⅶ,19) 这里《刘注》平行一词已具有现代意义，平行是指二马并行. 联系到他在勾股章注："又画中弦，以观其会，"(ⅸ,17) 有过过直角三角形内切圆心作平行于斜边直线的作图实践，这样理解应是适当的，今日中日两国数学界称英文 parallel 一词为平行，一般都认为是徐光启译《几何原本》时首创，殊不知是刘徽最先采用.

表里　《左传・僖公二十八年》："若其不捷，表里山河，必无害也"，指晋国国都前凭河，后负山，有天险可守.《刘注》则以表里指点几何图形所在位置内外关系. 如"按此图勾幂之矩，朱卷居表 ……，而股幂方其里，……，股幂之矩，青卷居表，……，而勾幂方其里."(ⅸ,5) 表里一词也用于立体，如"此大小鳖臑可知更相表里，但体有背正也."(Ⅴ,17)

盈虚　《礼记・少仪》："执虚如执盈，人虚如有人." 虚(空)，盈(满)，"敬神

---

① 原文四柱，据意改.

如在”是封建礼教对待虚实关系很好写照.刘徽从几何图形之存在或空缺,创以盈补虚出入相补原理,成为面积论、体积论的基本定理.如在证邪田、环田术时说:“并而半之者,以盈补虚也.”(ⅰ,28;ⅰ,38)这一原理也用于立体,称为损广补狭,如在证堤积术时说:“按此术并上下广而半之者,以盈补虚,得中平之广.”(ⅴ,1)

第三节　汲故迪新

刘徽为数学书做注释前无先例,别无依傍,毕路褴褛,以启山林,工作非常艰难.然而《刘注》很是出色.我们认为这是因为他善于吸取和效法前人哲学思想,把以往主要针对社会现象的规律用来解释和处理客观世界的数量关系和空间形式.借此发前人所未发,革故创新,使《九章算术》成为古代高质量数学教科书.这里略举刘徽数学思想及其渊源.

探赜索隐,钩深致远　《刘注》序文说:“幼习九章,长再详览……探赜之暇,遂悟其意”,唐人李藉《九章算术音义》探赜作含蓄解.此词出《易·系辞上》:“探赜索隐,钩深致远,以定天下之吉凶.成天之下亹亹(犹豫),莫大乎蓍龟.”《周易》把天下吉凶乞灵于卜筮,刘徽反其意而用之,以探赜、索隐,钩深致远这种思想方法以探索《九章算术》未解决的,或解决还不够彻底的数学问题.《刘注》中加密圆周率的推敲,鳖臑体积公式的推导等正是这种寻根究底勇于探索的具体反映.

告往知来,举一反三　《刘注》序文说:“事物相推,各有攸归,故枝条虽分而同本干者,知发其一端而已.”说明刘徽认为某些问题表象千变万化,本质却出于一源,序文又说:“至可以法相传,亦犹规矩度量可得而共,非特难为也.”这个法字理解为法则、规律,一类事物的法则可适用于同类的任一个体.在《刘注》都贯彻这种精神,例如在粟米章今有术《刘注》:“可以广施诸率,所谓告往而知来(《论语·学而》,举一隅而三隅反者也(《论语·述而》).”在方田章第9题《刘注》指出齐同术“此其算之纲纪乎”.纲举目张,成为《刘注》特色之一,如均输章第21至26共六题,题材不一:行程、制瓦、造箭、假田、程耕、注池,但数学处理方法可以同一,《刘注》不厌其详:“此意与凫雁同术.”(ⅵ,22)“此亦如凫雁术.”(ⅵ,24)“亦犹凫雁术也.”(ⅵ,25)“亦为凫雁术也.”(ⅵ,26)刘徽以第20题凫雁问题驾驭各题举一反三,嘉惠后学.

引而伸之,触类而长　《刘注》常据《九章算术》加深、扩大原有知识,这种研究方法与《易·系辞上》:“引而伸之,触类而长之,天下之能事毕矣”息息相关,例如刘徽处理均输章第10题三个数的连比问题后说:“放此,虽四五转不异也”，处理方程章第 7 题二元线性方程组消元问题后说：“以小推大，虽四、五行不异也.”又如《周髀算经》所载日高图用二望间接测量. 就大范围说（如测日高）是荒谬的. 但如施于小范围则是可取的（如测海岛远近）. 刘徽舍远求近，“辄造重差，并为注释，以究古人之意，缀于勾股[章]之下.”（《刘注》序文）无疑是数学上正确的. 模拟日高公式他逐步推广顺利解决《海岛算经》所提出的九个测量问题. 正如他在《刘注》序文说：“度高者重表，测深者累矩，孤离者三望. 离而又旁求者四望. 触类而长之，则虽幽遐诡伏，靡所不入.”

异途同归，一致百虑 一题多解是数学研究的常用手段，借此可以比较解法的优劣，加深理解问题的内涵，更可以探索和发现新问题.《刘注》多次提出这一论断，当说明分子、分母扩大或缩小同样倍数，分数值不变，就说：“虽则异辞，至于为数，亦同归尔.”（ⅰ，6）当用三种方法说明分数除法得同一结果时，他说：“言之异，而计数则三术同归也.”（ⅰ，21）在说明乘除运算结果与次序无关时说：“意各有所在，而同归耳.”（ⅴ，21）当取股面小勾或取勾面小股都得同术时说：“言虽异矣，及其所以成法实，则同归矣.”这种思想当受益于《易·系辞下》：“天下同归而殊途，一致而百虑.”《刘注》又多次对《九章算术》术文拟具一题多解，例如用今有术解易油和漆题（ⅶ，15），用逆推法解持钱之蜀题（ⅶ，20），用衰分术解五种粮食题（ⅷ，18），特别是刘徽还用出入相补、相似勾股分别证明直角三角形内切圆直径公式（ⅸ，16），使有三种表达形式. 这一问题至今还引起国外人士浓厚兴趣.

多闻缺疑，慎言其余 《刘注》在揭露古率（立方体与内切球体体积比 16∶9）之谬而无法判定“立方之内合盖之外”图形体积是多少时说：“欲陋形措意，惧失正理，敢不缺疑，以俟能言者”（ⅳ，24）. 这种实事求是的科学态度，鼓励后学使后来居上的高尚修养，成为科学史美谈和范例. 这正与“知之为知之，不知为不知，是知也 …… 多闻缺疑，慎言其余”（《论语·为政》）精神是一脉相承的.

责其实，以验其辞 《刘注》最重要的贡献是对《九章算术》术文所做大量证明，刘徽明确指出：“不有明据，辩之斯难.”（ⅰ，32）距今 1 700 多年前刘徽所做各种推导是正确的，能够经受现代数学检验而无可指摘. 刘徽思想应受先秦诸子学术见解深厚影响：例如《韩非子·显学》：“无参验而必之者，愚也.”《吕氏春秋·知度》：“责其实，以验其辞”等.

游刃理间，其刃如新 《刘注》曾引用《庄子·养生主》语：“[庖丁解牛]游刃理间，故能历久其刃如新”，并论说：“夫数犹刃也，易简用之，则动庖丁之理.”（ⅷ，18）同题注文又引用《史记·廉颇蔺相如列传》故事，并论说：“其设动无方，斯胶柱调瑟之类.”刘徽认为学习数学应该灵活运用各种法则、规律，不能墨守成规，切忌呆板. 如果能够掌握其中要害，切中关键，就可以化难为易. 在《刘注》中他就是这样做的，例如均输章第 16 题是一道比较复杂的算题，原题术文解题方案是正确的，但是转了好几个弯，初学不易掌握.《刘注》则相当于近代力学所说：运动物体在同一距离内速度与所行时间成反比. 刘徽认为主人从始发到追及客人所用时间

$$t_{主}=\left(\frac{3}{4}-\frac{1}{3}\right)\div 2=\frac{5}{24}(日)$$

而客人所用时间

$$t_{客}=\frac{1}{3}+\frac{5}{24}=\frac{13}{24}(日)$$

在同一距离内二者马速是"客用日率（$t_{客}$）者，主人马行率（$v_{主}$）也；主人用日率（$t_{主}$）者，客马行率（$v_{客}$）也." 这就是说 $v_{客}:v_{主}=t_{主}:t_{客}$. 经刘徽注释，《九章算术》所提解题方案就平易近人，迎刃而解.

参考资料

[1] 本文所引先秦两汉典籍《易》《诗》《书》《礼》(礼记、周礼、仪礼)《春秋》(左传)《论语》《孟子》据《十三经注疏》(阮元编修，中华书局缩印本).《墨子》《淮南子》《韩非子》《庄子》《吕氏春秋》《荀子》《列子》《管子》，据《百子业书》(扫叶山房原刊，浙江古籍出版社重印本).

[2] 秦律据《睡虎地秦墓竹简》，文物出版社. 1978.

[3] 白尚恕，《九章算术》中"势"字条析，《中国数学史论文集》(二)，1986.

[4] 刘洁民，"势"的含义与刘祖原理，北京师范大学学报，1988(1).

[5] 李继闵，《九章算术》中的比率理论，《九章算术与刘徽》，北京师范大学出版社，1982.

[6] [日] 文部省，《学术用语集·数学》，三省堂，1957.

[7] David W. Hasan, *On the Radii of Inscribed and Escribcd Circles of Right Triangles*, The mathematics Teacher, 1979(9).

对《九章算术》的一些研究[1]

第八章

第一节 《九章算术》的编纂者及年代

提到《九章算术》的编纂者的人中，最早的是刘徽．他说："周公制礼而有九数，九数之流则九章是矣．往者暴秦焚书，经术散坏，自时厥后，汉北平侯张苍，大司农中丞耿寿昌皆以善算命世．苍等因旧文之遗残，各称删补．故校其目则与古或异，而所论者多近语也．"他的话非常明白，张苍等因旧文（战国或秦时代的资料）加以删补而成（亦即总结该时代的成果而成）《九章算术》．

这个观点欲被后人加以驳斥，四库馆臣说："今考书有长安上林之名，上林苑在武帝时，苍在汉初何缘预载？知述是书者在西汉中叶后矣．"近人更加添证据，指出其中又有太仓、均输之名，认为它的写成在太初元年之后．本来耿寿昌的年代并不太早，说写成在太初元年之后未为不可，但他们所举理由实难成立．据《史记·秦始皇本纪》《平准书》，秦始皇时已有上林苑，武帝以前已有太仓（"太仓之粟陈之相因"），又始皇时已"调郡县转输菽粟刍藁，这正是均输问题，而武帝时所置均输官，只是为官家贩运货物，与均输章所讨论的问题毫不相干，凡此足以证明，在汉初何缘豫载"的诘难是不值一驳的．

① 本文曾于1991年在北京《九章算术》暨刘徽学术思想国际研讨会上宣读，作者为莫绍揆．

近人又以郑泉注《周礼》时，于列举九数之后，又说“今有重差、夕桀、勾股”，遂认为“包含勾股章在内的《九章算术》的编成不会在”郑泉以前而只能在公元“50年到100年之间”. 其实这个“今”是对周公的“古”而言，对战国、秦、西汉初年，均可说“今”；正如刘徽说“而所论者多近语也”，这个“近”也是对周公的“远”而言，西汉初期当然是“近”. 如果认为徽所说的“近”是刘徽时代（魏晋时）的“近”，从而以为刘徽认为《九章算术》中很多魏晋语句，这岂非谬误？

我们认为，在我国战国时代，数学与自然科学突飞猛进，发展非常迅速，由诸子（尤其名家的惠施、辩者，墨家的墨经等）可以验证，由古历（颛顼历以及《左传》中的自撰历法）的出现可以验证，正是凭借这些成果张、耿才能删补而成《九章算术》，《九章算术》的大部分成果可以反映我国战国时代的成就. 如果否认张、耿编纂《九章算术》，把后者的成书推迟到“公元50年到100年之间”，而把战国、前汉其间我国数学成就仅仅用诸子的零星论述以及出土汉简中的柴米记录来代表，那是不容易得到历史真相的. 因此我认为后世新说不及刘徽原说那么妥当.

细按刘徽的话，我们还想补充几点.

第一，张苍与耿寿昌年代相隔甚远，即使两人并世若干年，似不可能两人一齐删补，因此可以认为先是张苍删补，耿寿昌再次删补.

第二，如果耿寿昌不是在张苍工作之上删补，则今本《九章算术》或是张苍的成果或是耿寿昌的成果，刘徽不会归功于两人的，因此可以认为耿是在张的工作之上而删补的.

第三，现在新出土的《算数书》，在张苍之后、耿寿昌之前，很可能便是张苍的删补本（未经耿寿昌加工的）. 如果这样，我们便可以根据《算数书》以及《九章算术》而区别出张苍与耿寿昌各自的成就与贡献了. 但这个猜想目前尚未证实，看来也很难证实，无论如何，在未证实这个猜想时，我们只能把《九章算术》作为张苍、耿寿昌两人的共同成果.

第四，如下节所论，除所根据的问题十分丰富（这得归功于战国时代的数学家）以外，《九章算术》还把它们组织得非常完善无瑕，就这一点，张、耿非常类似欧几里得，可以说，张、耿是算术中的欧几里得，而欧几里得是几何中的张、耿，就这一点而论，亦可证：把《九章算术》的编者推给后汉时期一位默默无名的数学家是不妥当的.

第二节　《九章算术》的体系及其特点

翻开《九章算术》一看，立刻被其内容之丰富、问题之多种多样所折服，如果再细细一看，不难发现，它的体系非常整齐而完善，和今天的算术（和初等代数）比较，除却欠缺从皮亚诺五公理推导这部分（所谓公理系统部分）外，可以说毫无逊色．换言之，即使在今天，如果把它用作“算术”（和初等代数）教科书，仍是非常适当的．要阐明这一点，我们先论究《九章算术》的整个体系．

《九章算术》共九章，各章组织如下．

第一，方田．这章讨论平面形的面积而附以（新内容）分数的运算（自然数的四则假定已知）．在这章内，方田指矩形（长方形），里田指平行四边形（以前以为它指所给数据用里为单位，这是不对的．如果根据所给数据的单位名称来命名，则方田术应改名“步田术”了）．圭田指直角三角形，斜田指一般的三角形（所谓“一头广三十步，一头广四十二步”，指由对顶所作的高线将本边所分划的两段之长，通常以为梯形的两底，误）；箕田指一般梯形，宛田指扇形（通常认为它指球缺面积，误），弧田指弓形面积，只有它是近似公式，其余各平面形的面积公式（包含圆田、宛田）都是精确地成立的（当然，须容许圆周率为3）．在分数运算中，当约分时，给出求等数（即最大公约数）的更相减损法（即辗转相除法），这是不引入素数概念的自然数论中的一个最根本、最重要的方法．在合分、减分、课分（讨论分数加减的）中，规定和数、差数的分母为原两分数的分母的相乘积，而不是其最小公倍数．有些人认为这样规定不够简练有待改进．其实即使在今天，在初等代数里，对和数差数的分母亦是这样规定的；事实上，这样规定最为妥当，如规定为原两分数的分母的最小公倍数，在绝大多数情况下，反不够方便了．“大广田术”，应叫作“大广术”指化带分数为假分数的方法，与面积无关（故“田”字应删）；本术与“少广术”（见下）在名称上彼此对应，但两术并无关系．

第二，粟米．全章主要讲比例，所谓“今有术”（按，此外全书并无“今有”之名，只刘徽注才开始使用．术中有“所有数、所求率、所有率”三名，用以求所求数，似本术原来叫作“求有术”，但从刘徽开始，已广泛地叫作今有术了）．章末有经率术、经术术、其率术、反其率术四法，不在今有术之内，是本章的新内容，下文将详细讨论．

第三，衰分．前九问讲配分比例是本章主要内容，后十一问仍讲比例（今有术），与卷二无端重复，在本章别无他例，看来似由于错简所致，否则这便是本书的一个小小败笔．

第四，少广．李淳风注说：“今欲截取其从少以益其广，故曰少广”，这话极不可解，恐怕李淳风自己也解不出．按“少”即小，指极小，而“广”在这里指公倍数，故“少广”即极小公倍数，少广术即求诸分数的分母的最小公倍．依这用意而读少广术，非常明白通顺，这样求多个分数的和差时，结果的分母可以取得最小．本章后面附有新内容：开平方开立方法，由圆面积而求圆径、由立体积而求立径. 所给的开平方开立方法，可适用于带纵开平方与带纵开立方，本书的作者虽未明言，但已知之，故后面用到带纵开平方而不另给解法."若开之不尽者为不可开，当以面命之"，这是正式的引入不尽根数(下面详细讨论). 关于丸(球)的体积，本书使用公式 $V=9d^3/16$(d 为球径)，差误极大(即使允许圆周率为3). 据刘徽注，这是由于不够准确的实验(所谓"黄金方寸重十六两，金丸径寸重九两")以及不恰当的比附(即圆困居立方四分之三，丸居圆困又四分之三)所致. 在立体体积的计算中，这是唯一的一个不正确的公式.

第五，商功. 全章讨论立体体积的计算，各公式均正确无讹，而有关羡除体积的计算公式更是首创；在西方，欧几里得《几何原本》所未载，直到18世纪才由勒让德(Legendre)给出，因此它很受西方数学史家所惊叹.

第六，均输. 前几题是均输法的计算，这实质上是较复杂的配分比例题，以此作为引子，导出一个崭新的内容 —— 利用配分比例法而解一次方程组. 因为任何一次方程组，均可先求得各未知数之间的比例关系，然后再根据其总和而求得各未知数；当各未知数之间的比例关系为已知(所给数据)或极易求得时，利用配分比例法更是最为方便的了. 配分比例法可以说是解一次方程组的一个通法，本章利用均输法而导致求一次方程组的通法，可以说是一个极大的创新，通常人们不明白这一点，以为本章只是讨论一些比较复杂的配分比例题，那就对本章的真正贡献失之交臂了.

第七，盈不足. 盈不足本术是指共买物题，例如每人出八则盈三，每人出七则不足四，求人数与物价. 求得人数与物价后，问题即已得解，如以人数除物价，便得不盈不朒之适足数(即每人如出该数，则适足，既不盈又不朒). 就本术而言，此适足数本不需求，但在买物以外的情况，所求恰为该适足数，而人数与物价反无须追求，于是演变而得出新问题与新解法. 据作者之见，这新解法在《九章算术》中叫作维乘法，亦即后来演变而成的夕桀法，它是解一次方程组的又一通法，传到西方叫作双假设法，为中古数学之一大法，其方便处远胜于均输法. 关于维乘法(夕桀法)，后面将详细讨论.

第八，方程. 方即方形，而程乃课率之意，所谓方程即今天的矩阵演算，而方程术即利用矩阵演算而解一次方程组，这是解一次方程组的第三个通法，亦是最完善最方便的一个通法，即在今天，解一次方程组的最完善最方便的方法无过于对矩阵作初等变换，如本书所说的. 本章方法明白易用，但一般人仍然发生一些误会，今特澄清如下. 其一是直除法真意."术曰：…… 以右行上禾遍乘中行而以直除"，四库馆臣案，"…… 直除犹言对减，古人文省但举一以该之"，他们把"直除"理解为"互乘对减"，右行上禾遍乘中行后，继之以中行上禾遍乘右行，两相对减(以消去上禾)，但既然对两行均乘，而对减以后右行仍保持原样(不是被减后右行的样子)，又未曾"副置"右行(即当初先抄出右行)，这是和

"中算不保留中间结果"的原则不符合的，故馆臣的理解是错误的. 现在的中算史家大都认为"直除"是一直减下去，以右行上禾遍乘中行后，即由中行一直将右行减下去，直到中行上禾减为零才止；并认为"直除"方法不够先进，后来刘徽或秦九韶提出"互乘对减"是一种大改进，这种看法很值得商榷. 连最初学的人都知道，接连加减 n 次等于加减一次 n 倍，而在筹算上，"加减一次 n 倍"和"乘 n"，其难易程度是一样的，而"加减一次 n 倍"只做一道动作，"互乘再对减"却须做两道动作，在筹算上说，"加减一次 n 倍"比之"互乘对减"更为方便易行. 因此"直除"不应理解为"一直减下去"而应理解为"减适当倍数"，它是矩阵演算中最先进的方法(优于互乘对减). 其二是正负术应如何理解. 用矩阵演算以解一次方程，不须使用一定的格式，故各行所列的数目必须区别正负，从而进入正负数的萌芽状态，这是人人都承认的.《九章算术》的正负术已到了什么地步呢？一般认为它的正负术指正负数的加减法则，这是认为当时已有正式的正负数，并已对它们进行加减，总结出加减法则，这个看法似乎值得商榷. 依作者看来，《九章算术》已知在直除时必须区别两个不同情况，所消去的一项或同名(同正或同负)或异名(一正一负)，在不同情况下必须使用不同的运算方法如正负术所规定的. 这种不同的运算方法当然反映了正负数的加减法则，当正式的正负数出现后，人们要对它们进行加减，自然会按正负术而进行，但说《九章算术》的正负术本身便是正负数的加减法则，那是证据不足的. 另外，当右行上禾为负时，"以右行上禾遍乘中行"便会出现负数的乘法(负数乘正数，负数乘负数)，而最后一步，以"上禾约实"(求上禾的乘数)时，又会出现负数的除法，但《九章算术》全书均未提到负数的乘除法，这是《九章算术》的漏阙还是它假定人们已知负数乘除法不必再提了？作者认为，实际上，《九章算术》尚未知道(尚未使用)负数的乘除法，"以右行上禾遍乘中行"时，正负号必须略而不计，实即"以右行上禾的绝对值遍乘中行"(当然，当时并没有绝对值的概念)，显然当时是知道"以正数乘正数其积为正，以正数乘负数其积为负"的；又当除数为负数时，应整行各项改号，并采用"以正数除正数得数为正，以正数除负数得数为负"的规则. 其三，方程章中的"其一术"是先消去常数项求出各未知数之间的比例关系再解方程，这体现了方程法与均输法的结合，亦是《九章算术》有意把均输法导致解一次方程组的通法的一个佐证.

第九，勾股. 这章有三个主要内容. 其一是利用勾股定理而解直角三角形，其中由股弦差与勾而解直角三角形的情况而给出表示整数勾股数的一般公式，最值得注意. 其二是勾股容方(内接正方形)与勾股容圆(内切圆)的问题，这是最有几何意味的两问题. 其三是利用相似勾股形而测高远，一般认为这即是原来旁要术的内容，这是很可信的. 因此勾股章是由原来的旁要章添入两个新内容而组成的，还废旧名(旁要) 而用新名(勾股). 这也正是刘徽所说的“校其目则与古或异”了.

从以上的讨论可以看见，《九章算术》不但搜罗了丰富的资料 —— 各种各样的问题，而且把它们编排得井井有条，丝毫不乱，彼此绝不重复(只有衰分章后半部分略有重复)，互相补充. 因此《九章算术》绝不是问题集、或问题汇编，而是一部有系统、有组织、有严密体系的一本新著作，与今天的算术体系相比毫无逊色.

《九章算术》既总结了我国数学以往的发展，又开拓了我国数学发展的道路，总结《九章算术》的特点也就可以刻画出我国数学的特点了，总而言之，可以举出五个大特点如下.

第一，使用位值制，这是我国筹算制的产物而由《九章算术》继承下来了. 在筹算中，空位不放筹码，留出空位即可，因此不使用零做记号，在后世(如《孙子算经》等) 宁可用“一纵一横，百立千僵”等规定，也不使用零记号，和今天的十进制数相比，可以说略有欠缺，但西欧的计数法更为落后，我国的以空位代零的计数法仍属先进的.

第二，虽然没有零，但我国对于 1 的活用，可以说已达到神妙灵便无以复加的地步. 先是“实如法而一”，在少广术中，用 1 表“全步”，在开方术中用 1 表借算，演化到后世，有“大衍求一术”，有“立天元一”发展成我国特有的方程论. 凡此都由《九章算术》开其端沿着特殊的道路而发展起来的.

第三，人们(尤其是西方的数学史家们) 常说中国数学中没有一般的法则而只是用特殊的数学例子来显示一般的结果，这完全是误解.《九章算术》的每一个“术”，都是就一般情况立论而不是特殊例子. 例如在盈不足术中说：“并盈不足为实，以所出率以少减多，余为法，实如法得一人，以所出率乘之，减盈增不足，即物价.”这里的“盈”“不足”“所出率”即指所给的已知数据，相当于今日的 a,b,c,d 在今日程序设计语言中，对所给数据很少写为 a,b,c 等而写出其内容含意如力(force)、质量(mass) 等，这更便于人们理解其内容，表明我国古代的表示方法(不引入变元记号) 在某一方面也有其长处的. 无论如何，不能说我国古算没有一般法则而只有特殊的数学演算.

第四，在筹算中不保留中间结果，新结果出来后，旧结果即自动消失，如果后来仍需要它，则“副置”其结果，这和今天的电子计算机合同，亦正由于此，所以中国古算富有算法特色，每一步如何进行，都需在开始时便详细地、一丝不漏地完整规定着，这点大家已说得很多，这里就不多说了.

第五，中算没有素数概念，故在处理上有很多特色.《九章算术》的更相减损以求等数的方法可以说是没有素数概念时进行四则运算的最重要方法，少广术则是求最小公倍法，有此两法，对没有素数概念的整环理论已可以顺利进行了，对此，拙著“没有素数概念该怎么办”一文已有详论.

以上五大特色为后来中算所保留而形成中算的巨大特色，这特色可以说在《九章算术》中已奠定了.

第三节　几个值得特别讨论的项目

1. 其率术探究

在粟米章中除今有术外，还有四术：经率术、经术术、其率术与反其率术.

刘徽注经率术“犹经分”，这是对的，经分术只讨论有理数的除法，而经率术为其直接应用.经率术所讨论的是就不能分割的不连续的物体而言，经术术所讨论的是就可以分割的连续的物体而言，其本质并无区别，但其率术与反其率术却须注意“不能分割”的特点，故先在经率术与经术术处做出区别以为准备.

其率术所讨论的可以说是带余除法的直接应用，目的是无法完全平均的情况下尽量平均.其第一例是：

“今有出钱五百七十六，买竹七十八个，欲其大小率之，问各几何？”

如用经率术，则答案是：每个576/78钱.但这里添“欲其大小率之”一语，表明须用其率术回答，则须如下计算

$$576 \div 78 = 7 \text{ 余 } 30$$

故答：“其四十八个(除数减余数)，个七钱(商数)，其三十个(余数)，个八钱(商数加1).”为什么要这样计算呢？人们一时很难明白，但如换为下题，人们便不说自明了.

“今有运活猪五百七十六头，用车七十八辆，问各车载几头？”

由于车与活猪均不能拆散，答案只能是：“其四十八辆每辆载七头，其三十辆每辆载八头.”

其率术使用于分子(被除数)大于分母(除数)的情况，如果分子(被除数)小于分母(除数)，则使用反其率术，原理与方法类似，如下题：

“今有八马拉三辆马车，问每马拉几辆？”由于马与马车均不能拆散，只能如下计算

$$8 \div 3 = 2 \text{ 余 } 2$$

答:“其二辆每辆由三马拉之,其一辆由二马拉之.”

即使是连续量但人们要划分不连续的块块时,也使用到其率术,例如下题:

“十九年含有二百三十五个月,问每年几个月?”

由于每年的月数必是整数,故须

$$235 \div 19 = 12 \text{ 余 } 7$$

答:“其中十二年(平年)每年十二个月,其中七年(闰年),每年十三个月.”

如想进一步逐次逼近,则可将其率术与反其率术反复连续使用.例如考虑到我们不应该先连续十二个平年再连续七个闰年,这与节气太不适应,故应该

$$19 \div 7 = 2 \text{ 余 } 5$$

故应五个闰年是三年一闰而两($=7-5$)个闰年是两年一闰.

我们也不应该连续五个三年一闰的闰年,再连续两个两年一闰的闰年,而应该

$$7 \div 5 = 1 \text{ 余 } 2$$

故应该……

这样下去,最终便得到:对十九年七闰而言,闰年应该放在第3,5,8,11,14,16,19年,这正是秦汉时期使用的闰法,可以由其率术简易地求得了.

如想求逐次地近似值,可每次弃去余数而得(更佳的近似,可弃去小于半数的余数,但余数大于除数之半时则将商数加1),这实质上便是求连分数的各次逼近值.当然在《九章算术》时还没有连分数的概念与形式,但这种逐次逼近过程是其率术应有的内容.

顺说一句,依作者看来,三统历中的“通其率”是指“总计其比率”之意与其率术无关.但李继闵先生根据更相减损过程而计算近似值的方法,则如上所述,应是其率术的内容.

2. 根数的引入

少广章开方术说:“若开之不尽者为不可开,当以面命之”(开立方术中亦有类似的话),这里有两点值得注意.

其一,“若开之不尽者”便肯定其不可开,即肯定其非有理数.虽未给出证明,但已相信而且肯定它与已知的数(有理数)迥然不同.

其二,“当以面命之”一语给出处理的方法.我们记得,别处有说“不满法者以法命之”的话.设法为5而实为3,实不满法,便“以法命之”而叫作“五分之三”,这实即引入新数(分数).所以这里的“以面命之”便是引入新数(即根数).例如,10不可开,我们便“以面命之”叫作“方十之面”(即今日的10的平方根).这便是《九章算术》的处理方式.

我们知道,《九章算术》并未考虑添 0 而继续开下去的求近似值(对根数而求近似值首先由刘徽记载:“术或有以借算加定法而命分者”,以及添零而续开下去),因此应该有对这些新数的运算法则. 的确,《九章算术》有:

“若实有分者,通分内子为定实,乃开之,讫,开其母,报除.”

这段似有阙文,但意思非常明白,它说:当 a,b 均为平方数时有:$\sqrt{a/b}=\sqrt{a}/\sqrt{b}$.

“若母不可开者,又以母乘定实,乃开之,讫,令如母而一.”这是说,当 b 非平方数时,$\sqrt{a/b}=\sqrt{ab}/b$.

这式所以成立,显然由于《九章算术》承认下列三规则:$\sqrt{a/b}=\sqrt{ac/bc}$,$\sqrt{a/b}=\sqrt{a}/\sqrt{b}$ 以及 $\sqrt{b^2}=b$(或 $\sqrt{ab}=\sqrt{a}\sqrt{b}$). 由此不难看见,《九章算术》对根数的运算法则已有相当深刻的认识(开立方术仿此,这里从略).

还可指出一点,近世代数已证明仅用二项根数不能解五次以上的方程,但如引入只有一个变号的方程的正根(它是唯一的),则任何次方程均可解.《九章算术》不区别开方与带纵开方,应该亦引入带纵开方的根数,则任何次方程均可解了,可惜《九章算术》没有明显地提到这点.

3. 夕桀法与维乘法探微

郑泉注:“今有重差、夕桀、勾股”,这“夕桀”到底是什么算法呢? 中算史家一般认为是“互乘”的坏体(“互”的中部近“夕”,而“乘从入桀”,“乘”去头即“桀”). 但“互乘”又是什么算法呢? 很难说得清楚,因此这种看法迄今尚未被人们一致接受.

在盈不足章的头两术中出现“维乘”字样,在全书别处从未使用,看来“维乘”绝非一般的日常用语,而是专为这两术而命名的;“维乘”可同音通假为“夤乘”,“夤”的头即“夕”,而“乘”(从入桀)的尾即“桀”. 我们很有理由认为“夕桀”乃由“夤乘”截取头尾而得,“夤乘”法即盈不足章中头两术内的“维乘法”.

经过戴震、四库馆臣的整理,《九章算术》中尤其是盈不足章已经大非原本之旧. 根据四库馆臣的校记,可以看见盈不足章原貌大概如下.

在“盈不足,以御隐杂互见”之下有注文:“盈者谓之朓,不足者谓之朒,所出率谓之假令.”

在第一问之下,给出盈不足原术(今本的“其一术”):“并盈不足为实,以所出率以少减多,余为法,实如法得一人,以所出率乘之,减盈增不足,即物价.”注意,这是盈不足原术,目的在于求人数与物价,两者求得,问题即已得解.

在二、三、四问之后,再有一术,“术曰:置所出率,盈不足各居其下,令维乘所出率，并以为实，并盈不足为法，实如法而一，有分者通之.”这里所求的不是人数与物价而是两者之比，该比值即“不盈不朒之正数.”当我们所求的不是人数与物价而是不盈不朒之正数时，问题的本质已经更改了，其解法当然应该改用一新名.在解法过程中最重要的是“维乘”(它亦是这里特用的新名)，故这解法当然叫作维乘法(假借为衰乘法).这法应该是第九问以后各问题的通法.

为什么它又放在第四问之后呢？原来人们发现，在维乘法中，如果将分子、分母各用一数(即所出率之差，叫作设差)约之，将分别得出物价与人数，因此盈不足原术极易并入于维乘法中，《九章算术》在上文的“有分者通之”后，又说：

“盈不足，相与同其买物者，置所出率，以少减多，余，以约法实，实为物价法为人数.”

补充这段话以后，便可以用同一过程而同时求出物价、人数以及不盈不朒的正数了，因此《九章算术》便把这个补充后的解法作为标准解法，仍叫盈不足术(不叫维乘术)，而原来的盈不足术反作为附庸，叫作“其一术”，附在后面了.

因此可以得演变过程如下：最初是盈不足术(用以求人数物价)，后来出现维乘法(用以求不盈不朒的适足数，为解一次方程的通法)，后来又将维乘法补充成新的盈不足术，把两法均包括在内，面为整个盈不足章的总法.

维乘法的提出可能由于张苍的总结，而维乘法的补充部分可能由于耿寿昌的工作.

由于当时没有正负数，与盈不足术并行的还有两法.

其一是两盈两不足术，其演变与盈不足术同，最初的两盈两不足术本是求人数与物价：

“其一术曰，置所出率以少减多，余为法，两盈两不足以少减多余为实，实如法而一得人数，以所出率乘之，减盈增不足即物价.”

其次求不盈不朒适足数，即维乘法，为：

“术曰：置所出率盈不足各居其下，令维乘所出率，以少减多余为实；两盈两不足，以少减多余为法，实如法而一，有分者通之.”

最后的补充部分为：

“两盈两不足，相与同其买物者，副置所出率以少减多，余以约法实，实为物价，法为人数.”

补充后便成为两盈两不足的正术，原术反成“其一术”了.

又一术是盈适足、不足适足术，这时“不盈不朒的适足数”恰是“适足”情况时所出的数，故无须求，亦无须相应的维乘法.原术便是唯一的术，不再是“又一术”了，如下：

“术曰：以盈不足之数为实，置所出率以少减多余为法，实如法得一人，其求物价者，以适足乘人数得物价.”

由上所论，则盈不足术(包括维乘术)的演变便很清楚了. 全章除前八问为盈不足原术外，第九问以下全是维乘术.

对维乘法还有两点可以提出讨论.

第一，设人出 a 余 b，人出 c 不足 d. 依盈不足原术(即其一术)则有：人数为 $\frac{b+d}{a-c}$，物价为 $a\cdot\frac{b+d}{a-c}-b$. 如求其不盈不朒的适足数显然应该是

$$\left[a\cdot\frac{b+d}{a-c}-b\right]\div\frac{b+d}{a-c} \qquad (1)$$

依维乘术该适足数为

$$\frac{ad+bc}{b+d} \qquad (2)$$

维乘术显由盈不足原术得来，即式(2)显由式(1)演变而来，这个演变必须经过一番代数式的运算，而且不是非常简单的运算. 由此，根据维乘法的出现，可知我国当时必已有较强的代数运算本领. 现在有些中算史家以为我国古代没有代数式概念，不懂代数式的运算，甚至于连 $a\cdot(a+b)$ 能否演变得 a^2+ab 也受到怀疑，看来这种怀疑是不符合于当时实际情况的.

第二，维乘法亦即后世的补插法，只适用于一次函数，对别的函数只能得近似值. 现在人们认为在《九章算术》中有三回牵涉非一次函数，从而只能是近似解(原书认为是精确解). 这种说法似乎不能成立. 现在先看该三问.

第 11 问：“今有蒲生一日长三尺，莞生一日长一尺，蒲生日自半，莞生日自倍，……”

第 12 问：“今有垣厚五尺，两鼠对穿，大鼠日一尺，小鼠亦日一尺，大鼠日自倍，小鼠日自半，……”

第 19 问：“……，良马初日行一百九十三里，日增一十三里，驽马初日行九十七里，日减半里，……”

本书使用维乘法(插补法)来计算，则是认为蒲、莞、鼠、马在每日之内是等速运行的，只是各日之间速度不同有所增减而已，亦即所讨论的速度是逐段水平的函数所谓阶梯函数(step function). 对阶梯函数施用维乘法，所得是精确解而非近似解. 阶梯函数是一种非常重要的函数，今日我们讨论积分构作积分和时便以它为基础，《九章算术》注意到它，实在是具有非凡的洞察力. 人们似乎忘记了或忽略了阶梯函数，以为所讨论的速度必是连续单调函数，遂认为蒲

莞两鼠的速度是指数函数，两马的速度是二次函数，这是没有根据的；须知蒲莞生长受到阳光影响，必是中午快，早晚慢；鼠马有睡眠休息，必是早上快，下午慢，哪能具有连续单调的速度呢？人们对《九章算术》使用维乘法的指摘难于成立.

参考资料

[1] 钱宝琮，《中国数学史》，科学出版社，1964 年.
[2] 中外数学简史编写组，《中国数学简史》，山东教育出版社，1986 年.
[3] 钱宝琮校点，《算经十书》，中华书局，1963 年.
[4] 白尚恕注释，《九章算术注释》，科学出版社，1983 年.
[5] 吴文俊主编，《九章算术与刘徽》，北京师范大学出版社，1982 年.
[6] 李继闵“其率术辩”，见吴文俊编《中国数学史论文集(一)》，山东教育出版社，1985 年.
[7] 李继闵，“通其率考释” 同上.
[8] 莫绍揆，“假如没有素数概念该怎么办？”《数学研究与评论》，1982 年.

《九章算术》原造术与刘徽注造术的几点比较[①]

第九章

摘要:本文复原《九章算术》圭田术、圆田术、弧田术、圆亭术、盈不足术、勾股测望术和均输术的原造术,并与刘徽注之造术作比较,以突出刘注的几点造术思想:(1) 以平均数与无限分割求面积;(2) 同高处同高两立体平行于底的截面面积之比等于体积比;(3)"今有齐同术";(4)"今有衰分术". 此外,本文还阐明刘注造术在数学理论发展上的重大意义,及刘注的一点不足.

我国古代对于公理、定理、推论、算法、公式没有严格的区分,统称之为术. 在《九章算术》里,"术"就是计算法则. 现今所谓的造术,则是研究术的构造,即这些计算法则是怎样得来的,当时在理论上怎样推导和证明?

弄清这个问题,对认识古代数学思想的形成与发展,意义重大. 下面仅就《九章算术》中七术的造术与刘徽注之造术的比较,来展示刘徽划时代的思想方法.

1. 圭田术

《九章算术》圭田术曰:"半广以乘正从."这句话既叙述了圭田(等腰三角形)面积 $S=\frac{1}{2}\times$广$(a)\times$正从(b),又透露出面积公式是把广(a)取半移补成方田(矩形)而求得. 如图 1 所示,$S_{圭田}=S_{方田}=\frac{1}{2}a\cdot b$.

① 本文曾于 1991 年在北京《九章算术》暨刘徽学术思想国际研讨会上宣读,作者为劳汉生.

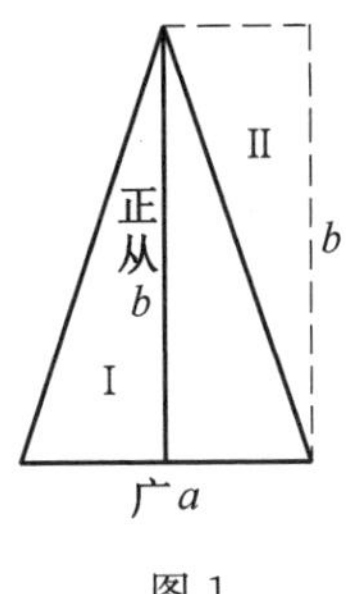

图 1

刘徽注:“半广者,以盈补虚为直田也.亦可半正从以乘广.按半广乘从,以取中平之数.故广从相乘为积步.”这里“半广者,以盈补虚为直田也”是刘徽对《九章算术》原造术的解释;而“亦可半正从以乘广”,则是刘徽创造的以取平均数求面积,即“按半广乘从,以取中平之数”(图 2).

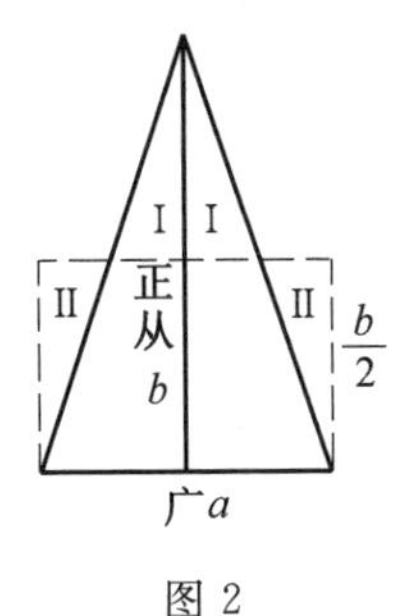

图 2

《九章算术》原造术意义是:圭田(等腰三角形)和方田(矩形)可以互相转换.刘注则推广了这一意义,按“半正从($\frac{b}{2}$)”取平均数求积,不仅等腰三角形,任意三角形、任意梯形等均可与长 a、宽$\frac{b}{2}$ 的矩形相转换,如图 3 所示.也就是说,刘徽获得了任意三角形、任意梯形等的求积公式.

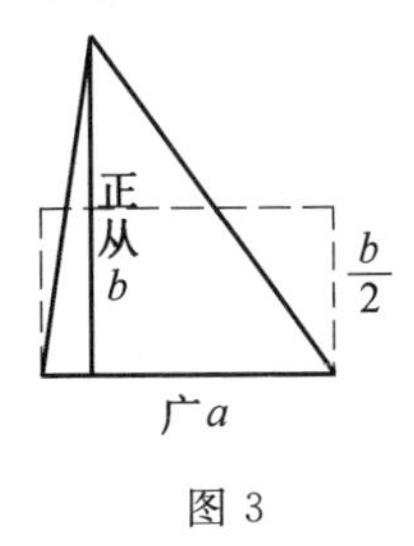

图 3

2. 圆田术

《九章算术》圆田术曰:“半周半径相乘得积步.”又术曰:“周径相乘,四而一.”又术曰:“径自相乘,三之,四而一.”又术曰:“周自相乘,十二而一.”大家认为,圆田术“是推求圆面积的一个重要公式,是古代劳动人民通过大量生产实践总结出来的正确成果. 但是，这个公式究竟是如何形成的，由于经文过于简略，其他材料十分缺乏，因之不可稽考.”然而，受此启发，根据“半周乘半径”的术文和秦汉时用木板拼合车轮的技术(用几块木板拼成无隙之轮)，推测其造术大致是将圆沿半径切成许多块，然后对拼成一个以半周为长，半径为宽的矩形求解. 如图 4 所示，$S_0=S_{矩形}=r\cdot\frac{1}{2}$. 因为直径 $d=2r$，所以又术曰：“周径相乘，四而一.”至于后两个“又术曰”，乃是原术取 $\pi=3$，即以圆内接正六边形替代圆之故.

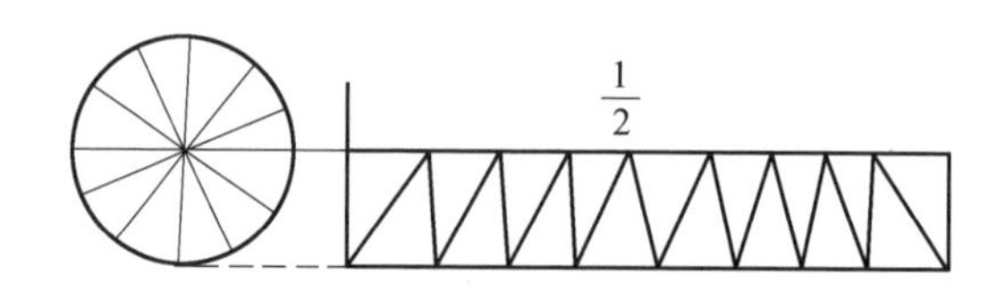

图 4

刘徽注：“按半周为从，半径为广，故广从相乘为积步也.”是说明《九章算术》圆田原造术. 刘注：“圆中容六觚之一面，与圆径之半，其数均等. 合径率一而外周率三也.”是刘徽对后两个“又术”的解释. 接下来刘徽有一大段广为人颂的注，阐明由圆内接正多边形面积逼近圆面积的造术

$$\lim_{n\to\infty}(3\cdot 2^{n-2}\cdot a_{3\cdot 2^{n-1}})=\lim_{n\to\infty}\left(\frac{3\cdot 2^{n-1}a_{3\cdot 2^{n-1}}}{2}\right)=\frac{1}{2}$$

$$\lim_{n\to\infty}S_{3\cdot 2^n}=\lim_{n\to\infty}\left(\frac{3\cdot 2^{n-1}a_{3\cdot 2^{n-1}}}{2}\cdot r\right)=\frac{1}{2}\cdot r=S_{圆}$$

并且，由

$$S_{3\cdot 2^n}<S<S_{3\cdot 2^n}+(S_{3\cdot 2^n}-S_{3\cdot 2^{n-1}})$$

用上限、下限两边逼近，求得圆面积的不足近似值.

《九章算术》原造术的几何意义是化圆为方，理论依据是出入相补. 虽然思想比较独特，但仍然属于初等范畴. 可是刘徽注用极限思想解决此造术问题，其意义就远远超过了《九章算术》之造术意义，它是由常量向变量的飞跃.

3. 弧田术

《九章算术》弧田术曰：“以弦乘矢，矢又自乘，并之，二而一.”显然，《九章算术》弧田(弓形)的造术思想仍是化弧田为方田求积. 如图 5 所示，认为图形 Ⅰ 之面积为图形 Ⅱ、Ⅲ 之面积和，于是

$$\begin{aligned}S_{弓形GPH}&=S_{\square GF}+2S_{\square CP}=S_{\square GF}+S_{\square CB}\\&=a\cdot\frac{h}{2}+h\cdot\frac{h}{2}=\frac{1}{2}(ah+h^2)\end{aligned}$$

刘徽注：“弧田，半圆之幂也，故依半圆之体而为之术. 以弦乘矢而半之则为黄幂，矢自乘而半之为二青幂，青黄相连为弧体.”这描述的正是《九章算术》原

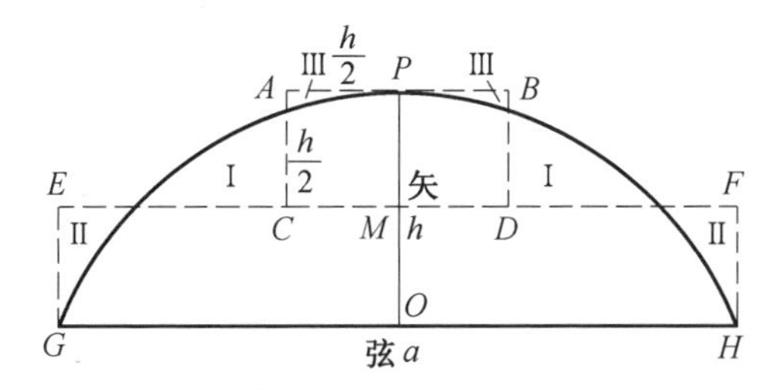

图 5

造术.但《九章算术》弧田术是近似公式,为求精确值.刘徽又注:“既知圆径,则弧可割分也.割之者半弧田之弦以为股,其矢为勾,为之求弦,即小弧之弦也.以半小弧之弦为勾,半圆径为弦,为之求股,以减半径,其余即小弧之矢也.割之又割,使至极细.但举弦矢相乘之数,则必近密率矣.”其造术为:于弓形内以弦为底作等腰三角形;又于余下两小弓形内以弦为底作等腰三角形;如此继续下去,以各弦 $b,b_1,b_2,\cdots$ 及其所对应的矢 $h,h_1,h_2,\cdots$ 分别求各等腰三角形面积,然后求和.即

$$S_{弓形}=\frac{1}{2}bh+2\cdot\frac{1}{2}b_1h_1+\cdots+2^n\cdot\frac{1}{2}b_nh_n+\cdots$$

其中

$$b_i=\sqrt{(\frac{bi-1}{2})^2+h_{i-1}^2}$$

$$h_i=r-\sqrt{r^2-(\frac{bi}{2})^2}$$

$$i=1,2,3,\cdots$$

$$b_0=b,h_0=h,r=\frac{1}{2h}[(\frac{b}{2})^2+h^2]$$

依此推算

$$S_{弓形}=(\frac{1}{2}+\frac{1}{2^3}+\frac{1}{2^5}+\cdots+\frac{1}{2^{2n-1}}+\cdots)bh+$$

$$\frac{3}{2^3}[1+\frac{1}{2^2}(1+\frac{1}{2^2})+\frac{1}{2^4}(1+\frac{1}{2^2}+\frac{1}{2^4})+$$

$$\frac{1}{2^6}(1+\frac{1}{2^2}+\frac{1}{2^4}+\frac{1}{2^6})+\cdots]\frac{h^3}{6}+\cdots$$

此术刘徽注的意义在于,不仅构造了弓形的求积公式,而且此造术反映了利用极限求曲面面积和以直代曲的一般思想.由圆田术和弧田术刘注还知,刘徽一定能解决求弧长和一类无穷级数求和问题.

通过上述造术之比较,管中窥豹,可以得出这样一个结论:《九章算术》方田章几何造术,主要思想是利用出入相补,将各种几何问题转化为矩形再求积,即以方田术为公理，构造它术而成体系；而刘徽注之造术则不拘泥形式，因题创法，且所创之法，既可解决《九章算术》原述问题，又能触类旁通，合理外推，尤其是在思想理论上远远高于《九章算术》.

4. 圆亭术

《九章算术》圆亭（正圆台）术曰："上下周相乘，又各自乘，并之，以高乘之，三十六而一."根据《九章算术》化圆为方造术思想，其原造术可能是把圆亭与上底长为$\frac{c_1}{2}$、宽 r，下底长为$\frac{c_2}{2}$、宽 R 的刍童，即上下底为矩形的拟柱体（方亭的推广，图 6），体积

$$V=\frac{1}{6}[(2d+b)c+(2b+d)a]\cdot h$$

联系起来，以为

$$\begin{aligned}V_{圆亭}=V_{刍童}&=\frac{1}{6}\cdot h\cdot[(c_2+\frac{c_1}{2})\cdot R+(c_1+\frac{c_2}{2})\cdot r]\\&=\frac{h}{6}[c_2R+c_1r+\frac{1}{2}(c_1R+c_2r)]\\&=\frac{h}{6}[\frac{c_2^2}{2\pi}+\frac{c_1^2}{2\pi}+\frac{c_1c_2}{2\pi}]\\&=\frac{h}{12\pi}(c_1^2+c_2^2+c_1c_2)\\&=\frac{h}{36}(c_1^2+c_2^2+c_1c_2)\end{aligned}$$

（取 $\pi=3$）.

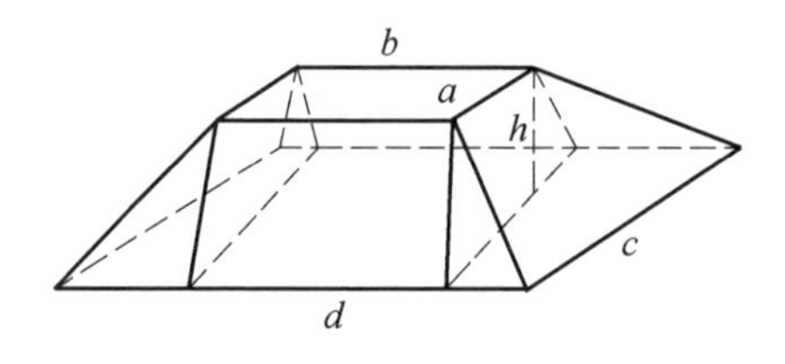

图 6

刘徽注："按弧田图，令方中容圆，圆中容方，内方合外方之半.""假令方二尺，方四面并得八尺也，谓之方周.其中令圆径与方等，亦二尺也.圆半径以乘圆周之半，即圆幂也.半方以乘方周之半，即方幂也，然则方周者，方幂之率也.圆周者，圆幂之率也."这是说，设 $S_{圆}$，$S_{方}$，$C_{圆}$，$C_{方}$ 分别代表圆面积、圆外切正方形面积、圆周长、外切正方形周长，则有

$$S_{圆}:S_{方}=C_{圆}:C_{方}=\pi:4$$

由此，刘徽得出："从方亭求圆亭之积，亦犹方幂中求圆幂.此圆亭四角圆杀，比于方亭，二百分之一百五十七."即设 $V_{圆亭}$ 为圆亭体积，$V_{方亭}$ 为圆亭外切方亭体

积，则有

$$V_{圆亭} : V_{方亭} = S_{圆} : S_{方} = C_{圆} : C_{方} = \pi : 4$$

于是

$$V_{圆亭} : \frac{3}{4}V_{方亭} = \frac{3}{4} \cdot \frac{1}{3} \cdot \frac{C_1^2 + C_2^2 + C_1C_2}{3^2}$$

$$= \frac{h}{36}(C_1^2 + C_2^2 + C_1C_2)$$

《九章算术》造术意义是，把平面求积法推广到立体中，以方代圆，使用立体出入相补，用方亭(方锥) 推求圆亭(圆锥) 体积. 而刘徽注造术，则不满足于表象上的拟合，他找到了这种拟合的理论依据和圆体与方体的内在联系

$$V_{圆} : V_{方} = S_{圆} : S_{方} = C_{圆} : C_{方} = \pi : 4$$

通过《九章算术》与刘徽注立体造术的比较可以发现，《九章算术》的造术依然没有超出出入相补的范畴，且源于实际经验的"拟合" 的成分较大. 而刘徽的造术，则完全建基于理论之上，并且获得了一系列重大发现. 如发现同高处同高两立体平行于底的截面面积之比等于体积比. 这一定在后来被用于解决球积问题.

5. 盈不足术

《九章算术》盈不足术曰："置所出率，盈、不足各居其下. 令维乘所出率，并以为实，并盈、不足为法. 实如法而一. 有分者，通之. 盈不足相与同其买物者，置所出率，以少减多，余以约法、实. 实为物价，法为人数." 又有"其一术曰：并盈不足为实. 以所出率以少减多，余为法. 实如法得一人. 以所出率乘之，减盈、增不足即物价." 这两段文字首先是给出了盈不足公式. 设所出率 a，盈 b；所出率 c，不足 d. 则每单位(人或家等) 应分摊的钱数

$$\frac{m}{n} = \frac{ad + bc}{d + b}$$

单位数

$$n = \frac{b + d}{a - c}$$

物价

$$m = a \cdot \frac{b + d}{a - c} - b = c \cdot \frac{b + d}{a - c} + d$$

这一公式从何而来呢? 李籍《音义》说："盈者，满也. 不足者，虚也. 满虚相推，以求其适，故曰盈不足.""满虚相推"，即以盈补虚，出入相补. 以所出率 a，c 为长，人数 n 为宽作一矩形，盈 b，不足 d 居其下，如图 7 所示，即"置所出率，盈、不足各居其下." 显然，不足 d 加盈 b 两部分的面积

$$s = n \cdot (a - c) = b + d$$

由此得单位数

$$n=\frac{b+d}{a-c}$$

而应出钱数

$$\frac{m}{n}=a-\frac{b}{n}=c+\frac{d}{n}=\frac{ad+bc}{b+d}$$

物价

$$\begin{aligned} m &= \text{适足 } m = c\cdot n+d \\ &= a\cdot n-b=c\cdot\frac{b+d}{a-c}+d \\ &= a\cdot\frac{b+d}{a-c}-b \end{aligned}$$

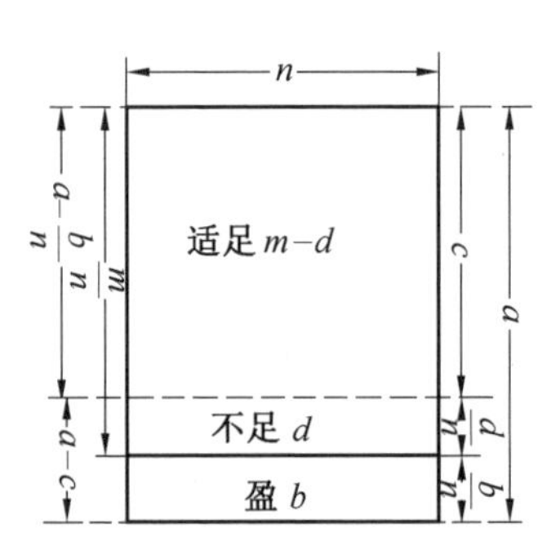

图 7

刘徽注:“盈朒维乘两没者欲为齐同之意.”“齐其假令(所出率),同其盈朒.”“若两设有分者,齐其子,同其母”等语,是从分析两设(x_1 和 x_2)与盈朒(y_1 与 y_2)等数量之间的比率入手,演算如下

$$\begin{matrix}\text{假令}\\\text{买物}\\\text{盈朒}\end{matrix}\begin{pmatrix} x_2 & x_1 \\ 1 & 1 \\ y_2 & y_1 \end{pmatrix}\xrightarrow{\text{齐同术}}\begin{pmatrix} x_2y_1 & x_1y_2 \\ y_1 & y_2 \\ y_2y_1(\text{朒}) & y_1y_2(\text{盈}) \end{pmatrix}$$

$$\xrightarrow{\text{通计}}\begin{pmatrix} x_1y_2+x_2y_1 \\ y_2+y_1 \\ (\text{不盈不朒}) \end{pmatrix}$$

$$\xrightarrow{\text{今有术}}\begin{pmatrix} \dfrac{x_1y_2+x_2y_1}{y_2+y_1} \\ 1 \\ (\text{不盈不朒}) \end{pmatrix}$$

《九章算术》盈不足术借助几何图形来造术,虽然表现为高超的造术技巧,但造术理论并没有大的突破.刘徽注以今有术与齐同术(“母互乘子谓之齐,群

母相乘谓之同. 同者，相与通同共一母也. 齐者，子与母齐，势不可失本数也”)结合来造术，用纯算术解此问题，无疑是一种进步，且“今有齐同术”可广为推广.

6. 勾股测望术

《九章算术》勾股章第二十二题：“有木(p)去人不知远近. 立四表(A,B,C,D)相去各一丈，令左两表(A,B)与所望参相直. 从后右表望之，入前右表(D)三寸(DE). 问木去人(BP)几何.”术曰：“令一丈自乘($BA \cdot DC$)为实，以三寸(DE)为法，实如法而一($\frac{BA \cdot CD}{DE}$).”(注：题术中字母为笔者所设)勾股测望问题，《九章算术》原造术均用出入相补. 如图 8 所示，$S_{\square BE}=S_{\square IE}$，由此有$S_{\square BD}=S_{\square FI}$，即

$$BC \cdot DC = DE \cdot BP$$

故

$$BP=\frac{BC \cdot DC}{DE}=\frac{BA \cdot DC}{DE}$$

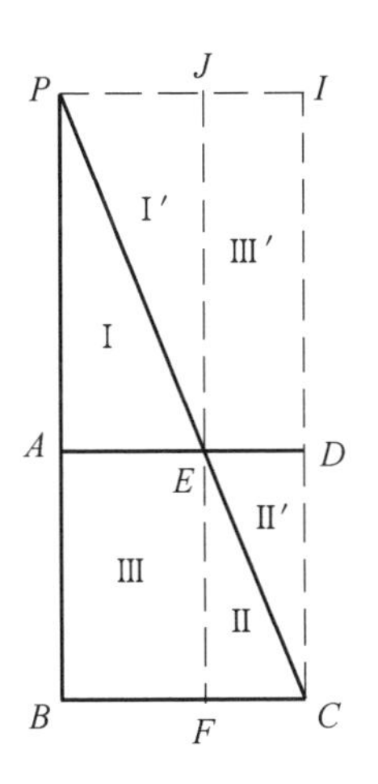

图 8

刘徽注：“此以入前右表三寸为勾率，右两表相去一丈为股率，左右两表相去一丈为见勾，所问木去人者见勾之股. 股率当乘见勾，此二率俱一丈，故曰自乘. 以三寸为法，实如法得一寸.”其造术是：设 A,B,C,D 为四表，相距各一丈，即 $AB=BC=CD=DA$，根据“今有衰分术”，勾股形 EDC 相似于勾股形 CBP，对应边成比例得

$$\frac{CD}{DE}=\frac{BP}{BC}$$

故

$$BP=\frac{BC\cdot CD}{DE}=\frac{CD^2}{DE}$$

《九章算术》以出入相补造术，虽不失为解决勾股测望问题的一种好方法，但却未突出勾股形的性质. 刘注创造“今有衰分术”造术，提出以相似勾股形其相与之势不失本率：$a_1:b_1:c_1=a_2:b_2:c_2$（a,b,c 为三角形三边），形成了相似形理论.

7. 均输术

《九章算术》均输章第一题：“今有均输粟，甲县一万户，行道八日；乙县九千五百户，行道十日；丙县一万二千三百五十户，行道十三日；丁县一万二千二百户，行道二十日，各到输所. 凡四县赋，当输二十五万斛，用车一万乘. 欲以道里远近，户数多少，衰出之. 问粟、车各几何.”“均输术曰：令县户数，各如其本行道日数而一，以为衰. 甲衰一百二十五，乙、丙衰各九十五，丁衰六十一，副并为法，以赋粟车数乘未并者，各自为实. 实如法得一车. 有分者，上下辈之. 以二十五斛乘车数，即粟数.”按术文，《九章算术》之造术，各县户数为 $a_1,a_2,\cdots,a_n$；各县至输所行日数为 $b_1,b_2,\cdots,b_n$. 摊派的徭役数应是户数多者多出，路程远者少出. 即均输是按$\left(\frac{a_1}{b_1},\frac{a_2}{b_2},\cdots,\frac{a_n}{b_n}\right)$配分比例. 具体算法是：每乘输粟按平均数计算为 $250\ 000\div10\ 000=25$（斛）. 车数和粟数在四县中与户数成正比，与道里远近成反比

$$\left(\frac{a_1}{b_1},\frac{a_2}{b_2},\frac{a_3}{b_3},\frac{a_4}{b_4}\right)=\left(\frac{10\ 000}{8},\frac{950}{10},\frac{1\ 235}{13},\frac{1\ 220}{20}\right)$$

$$=(125,95,95,61)$$

将 $125+95+95+61=376$ 作为分配的共同分母，以总车数“乘未并者，各自为实. 实如法而一”所得为各县所出车数，即

$$\frac{10\ 000\times125}{376}=3\ 324.4\cdots$$

$$\frac{10\ 000\times95}{376}=2\ 526.5\cdots$$

$$\frac{10\ 000\times95}{376}=2\ 526.5\cdots$$

$$\frac{10\ 000\times61}{376}=1\ 622.3\cdots$$

由车数即可确定粟数. 但是，车数不能是奇零小数. 故采取“有分者，上下辈之”的办法. 其内容有二：(1) 上下辈之，“上下”一是等式上所有奇零小数的位置关系，二是奇零小数的大小关系；“辈”是配. 换句话说，“上下辈之”是从上到下把从大到小的奇零小数加起来得一整数，然后按从上到下即奇零小数从大到小的

次序在奇零小数大的数的整数部分加1(奇零小数小的不加),直到奇零小数合成的整数被加完为止.(2) 若出现两个以上的奇零小数相同的情形,按行道远的少出,行道近的多出的原则分配.依次,甲乙丙丁四县所出车数为3 324,2 527,2 527和1 622.

刘徽注:"衰分科率.各置所当出车,以其行道日数乘之,如户数而一,得率,户用车二日四十七分之三十一,故谓之均.求此率以户,当各计车之衰分也.于今有术,副并为所有率.未并者为所求率,以赋粟车数为所有数,而今有之,各得车数."这是以率为纲纪,用"今有衰分术"造均输术.至于"有分者",刘注认为:"车、牛、人之数,不可分裂.推少就多,均赋之宜,今按甲分既少,宜从于乙,满法除之,有余从丙.丁分又少,亦宜就丙,除之适尽.加乙、丙各一,上下辈益,以少从多也."均输第二题刘徽又注:"辈,配也.今按丁分最少,宜就戊除,不从乙者,丁近戊故也……"依刘注之见:(1) 有分数出现则分数部分两两循环相配,以少从多.(2) 若出现两县所出数奇零小数相同,相配时以少从多失灵,则按天干次序为准.

此术刘注以"今有衰分术"造术,将比例分配问题系统化、理论化、标准化,功不可没.但对"有分者"的处理,循环相配比《九章算术》原术更难懂,且按天干次序为分配准则更是缺乏依据.

通过后三术造术之比较发现,刘徽以"今有衰分术""今有齐同术"为基础,以率为纲纪,创立了比率理论,并将比率理论用于解决比例、勾股测望、盈不足乃至方程等问题,试图以比率论统一《九章算术》大多数术之造术,这在理论上是一种大胆突破,其思想虽与几何造术时因题设法相反,却是异曲同工.但刘徽又不是完人,也有不足之处.

参考资料

[1] 白尚恕:《九章算术》注释,科学出版社,1983.
[2] 白尚恕:《九章算术》与刘徽的几何理论,《〈九章算术〉与刘徽》,北京师范大学出版社,1982.
[3] 李继闵:盈不足术探源,《〈九章算术〉与刘徽》,北京师范大学出版社,1982.
[4] 劳汉生:中算"四舍五入"源流考,《辽宁师范大学学报》(自然),1986年4期.

第十章

位置在《九章算术》及刘徽注中的意义①

中国传统数学是世界各数学系统中最早采用十进位制计数制的系统之一，在此计数制中，处于不同位置的相同数字具有不同的含义．这一计数制至迟于汉代已经完全形成（参见文献[1]的 67 页）．由此可见，位置在中国传统数学的早期就被引入其中，占有十分重要的地位．后代数学家更将位置观念充分运用和发展，从而形成了独特的数学体系．从《九章算术》及其刘徽注（汉魏）到王孝通《缉古算经》（唐），到刘益《议古根源》及贾宪《黄帝九章算法细草》（北宋），再到秦九韶《数书九章》（南宋）及李冶的《测圆海镜》，到朱世杰《四元玉鉴》（元），最后到珠算（明），其中莫不具备对位置精妙而深刻的运用．可以说，这些内容是中国数学家对世界数学的独特贡献．

本文拟就《九章算术》及刘徽注中对位置的运用和发展作一粗浅剖析，以为抛砖引玉之意．

《九章算术》对位置的运用和发展主要体现在少广、盈不足及方程三章，以下逐一探讨之．

第一节　开方术及开立方术的位置意义

少广章开方术指出："置积为实．借一算步之，超一等．议所得，以一乘所借一算为法，而以除．除已，倍法为定法．其复除，

① 本文曾于 1991 年在北京《九章算术》暨刘徽学术思想国际研讨会上宣读，作者为胡明杰．

折法而下. 复置借算步之如初，以复议一乘之，所得副，以加定法，以除. 以所得副从定法. 复除折下如前.”

本文一开始就定义了几个位置即“实”“借算”“所得”“法.”这几个位置在以后的术文中不断出现，实际上是位于这些位置的数值在不断变化. 我们将看到，任一特定位置所代表的意义是确定的.

以少广章第十二问求 55 225 的平方根为例，其布式及演算过程如下(参见文献[2]的 104 页). 所得

(1) 实 5 5 2 2 5 → (2) 2
法　　　　　　　　　5 5 2 2 5
　　　　　　　　　　2
借算 1　　　　　　　1

→ (3) 2　　　　　　→ (4) 2 3
1 5 2 2 5　　　　　　2 3 2 5
4　　　　　　　　　　4 3
1　　　　　　　　　　1

→ (5) 2 3　　　　　→ (6) 2 3 5
2 3 2 5　　　　　　　2 3 2 5
4 6　　　　　　　　　4 6
1　　　　　　　　　　1

→ (7) 2 3 5

4 6 5
1

注意到在上述过程中实际上有两个位置系统即纵向的“借算”“法”“实”“所得”四个位置和横向的个，十，百，千，万五个位置. 任何一个数字的意义由这两个位置系统唯一确定，如在式(2)中，法所在行，万所在列有数字 2，此表明式(2)时法的数值为 20 000. 为方便起见我们引入如下的记法：法·万·2，指在法位及万位的数字为 2；借算·百·1，指在借算位及百位的数字为 1 等，上述法位及万位的数字为 2；借算·算·1，指在借算位及百位的数字为 1 等，上述式(1)(3)(5)是将求“所得”的下一个数值时的开方表达式，如果将式(1)(3)(5)中尚未得到的“所得”的数值记为 X,Y,Z 则有：

(1)X^2·借算·万·1＋X·法·万·0＝55 225

(2)Y^2·借算·百·1＋Y·法·百·40＝15 225

(3)Z^2·借算·个·1＋Z·法·个·460＝2 325

此处 X 即“所得”，Y 为“所得”的后两位，Z 是“所得”的最后一位，注意 X，Y，Z 都取第一位为整数而以后各位看作小数（或如刘徽所说“微数”）. 由此我们不难看出式(1)(3)(5) 中具有共同关系即

$$(\text{未得之数})^2\cdot\text{借算}\cdot(\text{借算 1 所处的横位})\cdot 1+$$
$$(\text{未得之数})\cdot\text{法}\cdot(\text{法数所处的横位})\cdot\text{法数}=\text{实数}\qquad(\text{A})$$

这就是各位置间的关系，这一关系在式(1)(3)(5) 中是一致的.

在上面的例题中

$$Y=(X-2)\cdot 10$$
$$Z=(Y-3)\cdot 10$$

将 $X=Y/10+2$ 代入式(1) 则有

$$(Y/10+2)^2\cdot\text{借算}\cdot\text{万}\cdot 1+$$
$$(Y/10+2)\cdot\text{法}\cdot\text{万}\cdot 0=55\ 225$$

从而有

$$(Y^2/100+2Y/10+4)\cdot\text{借算}\cdot\text{万}\cdot 1=55\ 225$$

即

$$Y^2\cdot\text{借算}\cdot\text{百}\cdot 1+Y\cdot\text{法}\cdot\text{百}\cdot 40+$$
$$\text{借算}\cdot\text{万}\cdot 4=55\ 225$$

从而得到

$$Y^2\cdot\text{借算}\cdot\text{百}\cdot 1+Y\cdot\text{法}\cdot\text{百}\cdot 40=15\ 225$$

此即式(3). 这一运算过程相当于例题中从式(1) 到(3) 的过程，其中关键在于得出实·万·4.

将 $Y(=Z/10+3)$ 代入式(3) 则有

$$(Z/10+3)^2\cdot\text{借算}\cdot\text{百}\cdot 1+$$
$$(Z/10+3)\cdot\text{法}\cdot\text{百}\cdot 40=15\ 225$$

即

$$(Z^2/100+6Z/10+9)\cdot\text{借算}\cdot\text{百}\cdot 1+$$
$$(Z/10+3)\cdot\text{法}\cdot\text{百}\cdot 40=15\ 225$$

从而有

$$Z^2\cdot\text{借算}\cdot\text{个}\cdot 1+Z\cdot\text{借算}\cdot\text{个}\cdot 60+$$
$$Z\cdot\text{法}\cdot\text{个}\cdot 400+9\cdot\text{借算}\cdot\text{百}\cdot 1+3\cdot\text{法}\cdot\text{百}\cdot 40=$$
$$15\ 225$$

即

$$Z\cdot\text{借算}\cdot\text{个}\cdot 1+Z\cdot\text{法}\cdot\text{个}\cdot 460=2\ 325$$

此即式(5)，这一段运算过程相当于例题中从式(3) 到(5) 的过程. 我们看到，从式(1) 到(3)，从(3) 到(5) 完全是恒等变形，因此这些变换保持了问题的同解

性，即由此得证了最后的“所得”，恰是开始的所求.

开立方术中具有完全类似的情形，此不赘述.

第二节　盈不足术的位置意义

盈不足章盈不足术指出：“置所出率，盈、不足各居其下，令维乘所出率，并以为实，并盈、不足为法，实如法而一.有分者通之，盈、不足相与同其买物者，置所出率，以少减多，余，以约法、实.实为物价，法为人数.”术文也是一开始指定四个数值占据四个位置即长方形的四角.通过下面的分析我们将会看到这四个位置间有一定的关系，并且这种关系在运算过程中是不变的.

以盈不足章第一问为例.可作位置示意图及变换过程如下(参见文献[3]).

$$(1)\begin{matrix}8 & 7\\3 & 4\end{matrix}\quad\rightarrow\quad(2)\begin{matrix}8\times4 & 7\times3\\3\times4 & 4\times3\end{matrix}\rightarrow$$

$$(3)\quad\begin{matrix}8\times4+7\times3\\3+4\end{matrix}\quad\rightarrow\quad(4)53/7$$

注意到“人出八，盈三，人出七，不足四”并非8与3，7与4的直接关系而是“每人出钱八，所得总钱数与买一物的花费相比较，盈钱三；每人出钱七，所得总钱数与买一物的花费相比较，不足钱四”，因此我们认为上述各位置本身具有一定的代表意义：所出率一行的位置意义应为人数，买物数一行的位置意义应为物价，盈或不足一行代表常数.即有如下位置意义示意图

人数	8	7
物价	1	1
盈或不足	3	4

由题意知三个位置应有如下关系

$$所出率\cdot人数-买物数\cdot物价=盈数(或不足数)\qquad(B)$$

即第一列意义为

$$8\cdot人数-1\cdot物价=盈数\ 3$$

第二列意义为

$$7\cdot人数-1\cdot物价=不足数\ 4$$

关系(B)在变换过程中保持不变，即式(2)第一列意义为

$$32\cdot人数-4\cdot物价=盈数\ 12$$

第二列意义为

$$21\cdot人数-3\cdot物价=不足数\ 12$$

式(3)意为

$$53 \cdot 人数 - 7 \cdot 物价 = 0$$

从而物价与人数之比为 53 ∶ 7.

由于各位置间具有关系(B),故“齐其假令,同其盈朒”为恒等变换,由此保证了最后所得数值与原问题同解.

两盈、两不足术与盈不足术情形类似,此不赘述.

第三节　方程术的位置意义

方程术是中国传统数学的光辉成就.通过此术,中国古代数学家完全解决了整系数线性方程组的求解问题,而刘徽更对方程术的正确性给出了严格的理论论证.

方程章方程术术文为:“置上禾三秉,中禾三秉,下禾一秉,实三十九斗,于右方.中,左行列如右方.以右行上禾遍乘中行而以直除.又乘其次,亦以直除.然以中行中禾不尽者遍乘左行而以直除.左方下禾不尽者,上为法,下为实.实即下禾之实.求中禾,以法乘中行下实,而除下禾之实.余如中禾秉数而一,即中禾之实.求上禾亦以法乘右行下实,而除下禾、中禾之实.余如下禾秉数而一,即上禾之实.实皆如法,各得一斗.”术文亦提出了两个位置系统,即横向的右、中、左三行(以下称为列)及纵向的头位、中位、下位、实位四个位置(参见文献[2]的259页).以第一问为例有如下位置

	左行	中行	右行
头位	1	2	3
中位	2	3	2
下位	3	1	1
实	26	34	39

注意下列方程每列的意义并非各位置数值的直接运算关系,而是“上禾一秉之实 · 上禾秉数 + 中禾一秉之实 · 中禾秉数 + 下禾一秉之实 · 下禾秉数 = 实数”,即刘徽所谓“群物总杂,各列有数,总言其实.”因此上列方程头位,中位,下位三个位置本身有一定的代表意义,即三位置分别表示上禾,中禾,下禾一秉的斗数,而实位表示常数.如果令 X,Y,Z 表示三位置所代表的意义则上列方程每一列的意义为

$$X \cdot 上禾秉数 + Y \cdot 中禾秉数 + Z \cdot 下禾秉数 = 实数 \tag{C}$$

式(C)即方程中每一列各位置间的关系.这种关系在变换过程中不变.如下式(参见文献[4])

$$\begin{matrix}1 & & 3\\ 2 & 5 & 2\\ 3 & 1 & 1\\ 26 & 24 & 39\end{matrix}$$

即表示

$$3\cdot X+2\cdot Y+1\cdot Z=39$$
$$5\cdot Y+1\cdot Z=24$$
$$1\cdot X+2\cdot Y+3\cdot Z=26$$

而最后得式

$$\begin{matrix} & & 3\\ & 5 & 2\\ 36 & 1 & 1\\ 99 & 24 & 39\end{matrix}$$

即表示

$$3\cdot X+2\cdot Y+1\cdot Z=39$$
$$5\cdot Y+1\cdot Z=24$$
$$36\cdot Z=99$$

从而可“实如法而一”直接得出 Z 即下禾一秉之实，并由此结果继续变换得 Y(中禾一秉之实) 和 X(上禾一秉之实).

上述方程的求解过程就是各位置上数值不断变换(加，减，倍乘，约) 的过程. 那么何以保证这些变换的同解性呢?《九章算术》本身并没有明确回答，但刘徽做出了较严格的论证.

刘徽的论证基于以下两个公理：

(1)“令每行为率”(注意刘徽所说的“行”即是本文中的“列”). 由于令每行的数值为率，故每列可以实施有关率的运算而保持正确性(参见文献[5]).

(2)“举率以相减，不害余数之课.”因此各列之间可以相加减而关系(C) 仍然成立.

这样由于各变换保持同解性，因此最后一个方程式所得的 X,Y,Z 即为所求.

从以上三部分的粗略分析看，位置在中国传统数学中确实占有极其重要的地位. 我们甚至可以定义一个名词 —— 位置数学：指中国传统数学中以固定位置表示固定意义并进行运算的数学内容. 以上开平方术、开立方术、盈不足术和方程术皆可归入位置数学的范畴.《九章算术》以后的开带纵立方术，正负开方术，增乘开方术，天元术，四元术直到珠算似乎都可归入此类.

我们注意到，位置数学的内容与现在称之为代数的数学内容关系密切. 实际上，可以认为至晚从方程术开始，中国传统数学皆以位置表示未知数，这正是中国传统代数学与西方文字代数学风格迥异之处.

值得指出的是，中国传统数学中没有等号，但这并不能说明中国传统数学中没有等式(如果将等式理解为两个相等量的一种位置关系的话)，只是这种等式与我们习惯的西方文字式等式不同而已，方程术即是一例. 方程中的列应理解为等式，方程术术文及其刘注中有大量的文字作为佐证，如术文中"实即下禾之实""余如中禾秉数而一，即中禾之实"及刘注中"群物总杂，各列有数，总言其实""上、中禾皆去，故余数是下禾实，非但一秉"等.

总之，在以上所讨论的三部分内容中，我们认为术文提出的各位置都有固定的含义且位置之间有一定的关系，这种关系在变换过程中保持不变，正是由于这种关系的不变性，保证了运算的正确性.

设有 $n+1$ 个位置，$P_1, \cdots, P_{n+1}$，则一般地，各位置间关系如下

$$\sum(P_i \text{ 代表的意义} \cdot \text{位于 } P_i \text{ 的数值}) =$$
$$P_{n+1} \text{ 代表的意义} \cdot \text{位于 } P_{n+1} \text{ 的数值}$$

参考资料

[1] 白尚恕等，中国数学简史，山东教育出版社，1987，济南.

[2] 白尚恕，《九章算术》注释，科学出版社，1983，北京.

[3] 李继闵，盈不足术探源，《九章算术》与刘徽，北京师范大学出版社，1982，北京.

[4] 胡明杰，四元术的数学基础，北京师范大学学报(自)，1991，4.

[5] 李继闵，《九章算术》中的比例理论，《九章算术》与刘徽，北京师范大学出版社，1982，北京.

刘徽的奇零小数观[①]

第十一章

在中国古代数学中，分数理论较为发达，而小数理论的发展较为迟缓.《周髀算经》《九章算术》等早期名著都是用分数来处理最小单位名称以下的奇零尾数的. 古代典籍中常用“奇”“有奇”“余”“有余”等词语来表述奇零小数，惟汉代京房在研究律吕时有“五寸三分小分三强”“七寸一分小分一微强”“四寸七分小分四微强”等记法，其中既用“强”和“微强”等词表示尾数，又有“小分”的说法，后者多少有些小数的思想萌芽. 首先对小数有较深刻认识的是数学家刘徽，他在处理奇零小数方面有不少独到的见解. 本文试析刘徽的奇零小数观.

一

刘徽在《九章算术注》中涉及不少奇零小数的处理问题. 为明确他的奇零小数观，有必要做一概要的介绍.

开方术与十进分数表示法.《周髀算经》遇开方有奇零时隐掉尾数不计，《九章算术》则提出“以面命之”的方法，当时尚有用分数近似表示的方法. 刘徽在注文中提出了“不以面命之，加定法如前，求其微数”的新方法，即用与开整数部分同样的方法续开尾数，但要把所得结果表示成十进分数的形式. 这是中算史上一项创举. 它表明刘徽对十进分数和十进小数都有相当程度的认识.

① 本文作者为郭世荣.

割圆术中的奇零小数.割圆术为刘徽所用的一种重要方法，他借此求得圆周率$\frac{157}{50}$，即3.14，并验证了圆面积等于半周乘半径的公式.割圆术的基本思想已为人们所熟知.这里仅略述其具体计算过程，以说明刘徽是如何处理奇零小数的.如图1所示，设O是圆心，半径OA，OB的长度为

$$r=1(\text{尺})=10(\text{寸})=1\ 000\ 000(\text{忽})$$

圆内接正6×2^n边形的边长AB为$a_{6\times 2^n}$，边心距CO为$h_{6\times 2^n}$（刘徽称为股），$DC=r_{6\times 2^n}=r-h_{6\times 2^n}$（刘徽称为勾）.刘徽采用了下列计算公式

$$h_{6\times 2^n}^2=r^2-\frac{1}{4}a_{6\times 2^n}^2$$

$$r_{6\times 2^n}=r-h_{6\times 2^2}$$

$$a_{6\times 2^n}^2=r_{6\times 2^{n-1}}^2+\frac{1}{4}a_{6\times 2^{n-1}}^2$$

$$S_{6\times 2^{n+1}}=6\times 2^{n-1}a_{6\times 2n}\cdot r$$

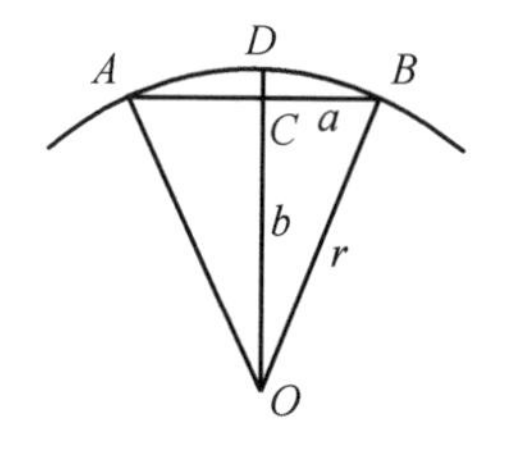

图1

刘徽在计算中遇到了大量的尾数处理问题，他在得到一定的数值后，便弃去了后面的尾数，下面将刘徽所得各值及弃去的尾值（置于括号内）列出

$$h_6=866\ 025\ \frac{2}{5}(0.003)(\text{忽})$$

$$h_{12}=965\ 925\ \frac{4}{5}(0.26)(\text{忽})$$

$$h_{24}=991\ 444\ \frac{4}{5}(0.061)(\text{忽})$$

$$h_{48}=997\ 858\ \frac{9}{10}(0.023)(\text{忽})$$

$$a_{12}^2=267\ 949\ 193\ 445(0.16)(\text{忽}^2)$$

$$\frac{1}{4}a_{12}^2=66\ 987\ 298\ 361(0.25)$$

$$a_{24}^2=68\ 148\ 349\ 466(0.64)$$

$$\frac{1}{4}a_{24}^2=17\ 037\ 087\ 366(0.5)$$

$$a_{48}^2 = 17\ 110\ 278\ 813(0.04)$$

$$\frac{1}{4}a_{48}^2 = 4\ 277\ 569\ 703(0.75)$$

$$a_{96}^2 = 4\ 282\ 154\ 012(0.21)$$

$$a_{48} = 130\ 806(0.26)(\text{忽})$$

$$a_{96} = 65\ 438(0.169)$$

在这些值的计算中，各 $h_{6\times 2^n}$ 都由开平方得到，且均取最小单位忽以下一位数，得到一个以十为分母的分数. a_{48} 和 a_{96} 也是由开方得到，但只取到单位忽为止，“余分弃之”. 其余各值是由平方或四除到，也是到忽为止，“余分弃之”. 另外，刘徽在得到 $314\frac{64}{625} <$ 圆面积 $S < 314\frac{169}{625}$ 后，取 $S=314$ 平方寸，并说：“故还就一百九十二觚之全幂三百一十四寸，以为圆幂之定率，而弃其余分.” 即只取到平方寸而弃掉以下的余分.

量器的计算. 在《九章算术》的注文中有三段文字涉及量器的计算问题，分别附于圆田术、委粟术及圆囷术后. 可以肯定，委粟术下一段为刘徽所注，其他两段是否刘注，尚有争议. 为节省篇幅，这里不拟录出刘注原文，仅讨论其计算.

刘徽在这里比较了王莽铜斛和魏斛的容量，又据《周官・考工记》和《左传》的记述讨论了容十斗斛的规格. 现择其涉及奇零小数的计算简述如下

$$\begin{aligned}\text{魏斛容积 } V_1 &= \frac{157}{200}\times 1\ 355^2\times 1\ 000\\ &= 1\ 441\ 279\ 625(\text{立方厘})\\ &\approx 1\ 441\frac{3}{10}(\text{立方寸}) \qquad (1)\end{aligned}$$

$$\begin{aligned}\text{莽斛的直径} &= (\sqrt{10\ 000^2+10\ 000^2}+2\times 95)\times\frac{9\ 550}{1\ 000}\\ &= (14\ 412+190)\times\frac{191}{200}\\ &= 13\ 687\frac{3}{50}(\text{立方毫})\\ &\approx 13\ 687(\text{立方毫}) \qquad (2)\end{aligned}$$

$$\begin{aligned}\text{莽斛容积 } V_2 &= \frac{157}{200}\times 13\ 687^2\times 9\ 550\\ &= 1\ 404\ 395\ 932\ 100\frac{3}{4}(\text{立方毫})\\ &\approx 1\ 404\frac{4}{10}(\text{立方寸}) \qquad (3)\end{aligned}$$

莽斛折魏斛容量

$$1\ 404\frac{4}{10}\div 1\ 441\frac{3}{10}\times 1\ 000=974\frac{5\ 738}{14\ 413}(\text{合})$$

$$=9(\text{斗})7(\text{升})4(\text{合有奇}) \qquad (4)$$

斛容

$$1570\div 1000\times 64=100\frac{48}{100}(\text{升})$$

$$=10(\text{斗})4(\text{合})1\frac{3}{4}(\text{龠}) \qquad (5)$$

以斛为准,容十斗斛的容积为 $1\ 562\frac{1}{4}$ 立方寸,底面积为 $156\frac{1}{4}$ 平方寸,直径应为

$$D=\sqrt{\frac{200\times 156\frac{1}{4}}{157}}=\frac{1}{157}\sqrt{4\ 906\ 250}$$

$$=\frac{1}{157}\times 2\ 215\frac{5}{1\ 000}(\text{寸}) \qquad (6)$$

即

$$D=\frac{1}{157}\times 2\ 215\ 005(\text{毫})=14\ 108\frac{49}{157}(\text{毫})$$

$$\approx 14\ 108(\text{毫}) \qquad (7)$$

庣旁(应为减庣)为

$$(\sqrt{10\ 000^2+10\ 000^2}-14\ 108)\div 2$$

$$\approx(14\ 142-14\ 108)\div 2=17(\text{毫})$$

$$=1(\text{厘})7(\text{毫}) \qquad (8)$$

上述计算中,刘徽把式(1)中的279 625立方厘近似地化成$\frac{3}{10}$立方寸,他说:“排成余分,又有十分寸之三.”据此,可以断定,式(3)中395 932 100 $\frac{3}{4}$立方毫也应化成$\frac{4}{10}$立方寸.式(3)是个中间过程,在注文中没有提到,但此式不可少.又,刘徽在此段注文中用到的最小单位是毫,所以式(2)中开方取到单位毫为止,弃去尾数不用,并将最后结果中毫以下的奇零部分$\frac{3}{50}$(即6忽)弃去.仿此,式(6)在开方时到毫为止,故保留寸以下的奇零部分$\frac{5}{1\ 000}$寸,即5毫.式(7)则弃去奇零的$\frac{49}{157}$毫.式(4)(5)是计算容量的,因式(5)中$\frac{48}{100}$升易化为4合1 $\frac{3}{5}$龠,故保留到龠以下,式(4)中则$\frac{5\ 738}{14\ 413}$合不易直接化成龠,所以刘徽用“有奇”表示奇零

部分. 最后,在式(8)中,因欲算到毫,所以开方时也到毫为止,得 14142 毫,这样“庣旁”恰为 1 厘 7 毫. 以往人们都在还原刘徽算法时,开方取到毫以下,从而得到“庣旁”1 厘 6 毫 9 秒多,再近似地化为 1 厘 7 毫.

这就是刘徽处理奇零小数的一些具体例子.

二

下面,我们将根据刘徽对奇零小数的处理情况,分析他的奇零小数观.

刘徽在开方术的注文中,首次用“微数”来表示奇零结果,并把无名可言的部分表示成了以十、百、千、万等为分母的十进分数. 他已经有了清楚的十进小数思想. 所谓“微数”就含有小数的思想,他把“微数”分为两部分:一部分是“有名可言”者,即可以用复名数表示的部分. 一部分是“无名可言”者,用十进分数来记录. 在具体实践中,名数的取舍是根据需要来决定的,如需要到尺为止,则尺以下的部分用分数表示,需要到寸为止,就用分数表示寸以下的部分,等等.

不同单位的度、量、衡的大小换算对刘徽提出十进小数有很大的影响. 我国古代在计数上一直采用十进制,因而计量单位也以十进制换算为主. 如长度单位的丈、尺、寸、分、厘、毫、秒、忽,容积单位的斛、斗、升等,对于这些单位的换算,人们是十分熟悉的. 受这种换算的影响,刘徽把奇零小数表示成了十进分数的形式,他把$\frac{1}{10}$,$\frac{1}{100}$,$\frac{1}{1\ 000}$等看成是奇零小数的不同数量级别上的单位值. 从数学本身上看,《九章算术》对此也有一定的影响,少广章中把分数写成$1+\frac{1}{2}$,$1+\frac{1}{2}+\frac{1}{3}$,$1+\frac{1}{2}+\frac{1}{3}+\frac{1}{4}$,…,$1+\frac{1}{2}+\cdots+\frac{1}{12}$,等等,其中$\frac{1}{2}$,$\frac{1}{3}$,$\frac{1}{4}$等也有单位的作用.

但是,刘徽尚未找到十进小数的恰当的表示法. 在古代,无论如何还不能立刻在十进小数和十进分数间画等号. 刘徽虽然有了清楚的十进小数思想,但是在表示方面却遇到了困难. 在分数理论十分发达的古代,与筹算相联系的各种运算结果都以分数的形式出现. 例如,筹算的除法程式分上中下三行,上行为商,下行为法,中行为实. 在计算中,得出整数商后,只要把实的剩余值命为分子,法命为分母,便得到了商的分数部分. 由于刘徽未能获得十进小数的恰当的表示方法,所以他只得采用熟悉的十进分数这个工具. 可以说,“微数”就是小数,但在“无名可言”时,他还是把它表示成十进分数的形式. 刘徽没有考虑建立一套小数的运算规则和小数理论,大概与当时小数不易表示有关. 有必要时,刘徽总是把奇零部分化成分数进行运算,而避免采用小数形式. 他所用的圆周率就是一例.当圆的半径为 1 尺时,他求得圆周长 6 尺 2 寸 8 分,圆面积 314 平方寸,并以此作为"定率".但他立刻就把这个结果化成了分数或比率形式.《九章算术》的刘注中所用圆周率都是其分数形式$\frac{157}{50}$,而不是其小数形式 3.14.十进小数的记法在刘徽后很久才得到解决.

在对奇零小数的处理上,刘徽采用了三种主要的方法:一种是用分数表示,即先表为十进分数,再化为既约分数.一种是文字叙述,但未指出其精确结果,如"有奇"等说法.另一种干脆弃去余分,不论尾数,即今所谓去尾法.另外在《九章算术》勾股章第 11 题刘注有:"假令勾股各五,弦幂五十,开方除之得七,有余一不尽."这又是用余数记开方不尽的情形,即$\sqrt{50}=7$ 余 1.

刘徽大量采用去尾法,但不使用四舍五入的原则,这可从他弃去余分的大小判断出来.例如,他在少广章第 17,18 题及商功章第 28 题的注中给出的计算结果都略去尾数,而弃去的第一位数就有大于 5 者.又如前面我们已列出了刘徽在割圆术的计算中略去的尾数,有四个的首位值不小于 5.这些事实表明,刘徽没有四舍五入的观念.不过,有两点需要说明.

第一,前述式(1) 和式(3) 中,刘徽把奇零尾数"排成余分"得

$$279\ 625(\text{立方厘}) \approx \frac{3}{10}(\text{立方寸})$$

$$395\ 932\ 100\ \frac{3}{4}(\text{立方毫}) \approx \frac{4}{10}(\text{立方寸})$$

这里刘徽是不是有四舍五入的思想?笔者认为,他这里采用的是进一法,即不论尾数多少,都向前进一,因二数分别大于$\frac{2}{10}$,$\frac{3}{10}$,故各进一取$\frac{3}{10}$,$\frac{4}{10}$,这里没有涉及四舍五入原则.刘徽这样做可能有两方面的原因.其一,后面的计算中不必要求那样多的数位和更高的精确度;其二,把 279 625 立方厘和 395 932 100 $\frac{3}{4}$立方毫化成复名数形式有困难.前者不必讨论,后者在《九章算术》中就暴露出来了.

《九章算术》中把 10 943 824 $\frac{1}{2}$ 立方寸写成"一万九百四十三尺八寸"而弃去 24 $\frac{1}{2}$ 立方寸不计(见商功章第 6 题).刘徽注曰:"八寸者,谓穿地方尺深八寸.此积余有方寸中二分四厘五毫,弃之,贵欲从易,非其常定也."《九章算术》又把 10 074 585 600 立方寸写成"一千七万四千五百八十五尺六寸"(商功章第 7 题),把 1 883 $\frac{1}{3}$ 立方尺写成"一千八百八十三尺三寸少半寸"(商功章第 20 题).这表明《九章算术》虽已对体积单位的千进制关系十分明确,但用复名数

表示立体体积尚有困难. 刘徽指出,“八寸者,谓穿地方尺深八寸”,是完全正确的. 但他把 $24\frac{1}{2}$ 立方寸说成“方寸中二分四厘五毫”却是值得讨论的. 如果他是指“穿地方尺深二分四厘五毫”,就没有问题,与上文相联,即为“穿地方尺,深八寸二分四厘五毫.” 如果不加说明,仅说“八寸二分四厘五毫”,就不符合体积的复名数命名规则. 由此看来,刘徽要把 279 625 立方厘和 395 932 100 $\frac{3}{4}$ 立方毫化为复名数形式还是有困难的. 对于面积单位换算也一样存在着问题,因此,刘徽在割圆术中涉及面积时都用最小单位的单名数形式.

第二,《九章算术》均输章第 1,2 题的“有分者,上下辈之”不是按四舍五入原则取舍的,《九章算术》及刘注都是这样.

刘徽对精确性也有自己的看法. 他对周三径一的圆周率不满,指出张衡的 $\sqrt{10}$“增周太多,过其实矣”,即使对他自己求出的 $\frac{157}{50}$ 也不满,认为“周率犹为微少”. 刘徽对开方的“加借算”命分和“不加借算”命分的精确性有怀疑,认为“虽粗相近,不可用也”“故惟以面命之,为不失耳”. 同时,这也是促使他研究“求其微数”的动因之一. 他还分析了《九章算术》中的某些结果,指出其误差太大. 如球体积公式、弧田公式、宛田公式等. 就球体积公式来说,刘徽建立了“牟合方盖”,欲求出更精确的结果;就弧田公式来说,他与半圆和圆内接正 12 边形的面积作了比较,证明了若取半圆作为弧田,弧田公式所得仅相当于半圆内所含圆内接 12 边形的面积,失之于少,“若不满半圆者,益复疏阔”,误差更大. 对于宛田公式,他干脆说“此术不验”.

但这并不是说刘徽不允许有误差. 有一定的误差是可以的. 目的不同,对精确度的要求也不同. 他说:“然于算数差繁,必欲有所寻究也. 若但度田,取其大数,旧术为约耳.”(弧田术注) 又说:“故曰周三径一、方五斜七,虽不正得尽理,亦可言相近耳.”(勾股章第 11 题注) 这就是说,从数学上看,弧田公式是不精确的,但仅从计量田亩的角度看,精度要求不高,此时弧田公式不但可用,而且比较简便. 在实践中“周三径一、方五斜七”也是可用的,只是精确度不高而已.

刘徽还注意到了累积误差的问题. 例如,在割圆术的有关计算中,他对奇零尾数的取舍不是随意的,而是有一定的原则. 这个原则就是尾数的取舍对后继运算的误差的影响大小. 在刘徽的计算中,凡 $h_{6\times2^n}$ 及 $r_{6\times2^n}$ 均取到最小单位忽以下一位数,即忽下还带有分数,而其他计算则取到忽或平方忽为止,余分一律弃掉. 这是因为 $h_{6\times2^n}$ 和 $r_{6\times2^n}$ 在后继运算中以平方的形式入算,它的误差会引起更大的新误差. 如,在 h_6 中忽略去余分 $\frac{2}{5}$,则 a_{12}^2 的绝对误差增大 107 180,但 a_{12}^2 中的余分 0.16,对以后的误差影响甚微. 又如,a_{48} 的余分 0.2,对 S_{96} 的绝对误差的影响为$\frac{3}{6\ 250}$，a_{96} 的余分对 S_{192} 的影响也是$\frac{3}{6\ 250}$. 在刘徽看来，这个变化是微不足道的.

综上所述，刘徽对十进小数已有了清楚的认识，但他没有找到恰当的表示方法，因此，仍然把它化成十进分数的形式. 他在处理奇零尾数时，以去尾法为主，没有采用四舍五入原则，并且对误差和累积误差有一定的认识.

参考资料

[1]《续汉书·律历志》.

[2]李迪："《九章算术》争鸣问题概述"，载《〈九章算术〉与刘徽》，北京师范大学出版社，1982，第 35—44 页.

[3]李继闵："中国古代的分数理论"，同上，第 190—209 页.

[4]李俨："中算家的计数法"，《数学通报》，1958(6)，5.

[5]白尚恕：《〈九章算术〉注释》，科学出版社，1983，140.

[6]劳汉生："中算'四舍五入'源流考"，《孙宁师范大学学报》，1986(4)，第 57—60 页.

刘徽割圆术的数学原理[①]

第十二章

在17世纪下半叶无穷级数理论诞生之前,割圆术是计算圆周率π最为理想的数学方法.

3世纪,刘徽在论证《九章算术》所给圆积公式时,继阿基米德(Archimedes,前287—前212)始创割圆算法之后,独立设计了更加简捷的割圆程序,从而揭开了中算家在圆周率发展史上极为辉煌和自豪的崭新的篇章.

本文从刘徽的割圆思想出发,按照他对于割圆过程中各类中间数据的取值标准,构造了若干数学定理,从定量上分析和论述了刘徽割圆术的原理与结果,由此建立的割圆理论,不仅有助于澄清π=3.1416的归属之谜,而且能够使人初步了解祖冲之获取其盈朒二限的历史原貌.

第一节　刘徽割圆术的一般性质

刘徽割圆术曰:"以六觚之一面乘半径,因而三之,得十二觚之幂.若又割之,次以十二觚之一面乘半径,因而六之,则得二十四觚之幂.割之弥细,所失弥少,割之又割,以至于不可割,则与圆合体而无所失矣.觚面之外,犹有余径,以面乘余径,则幂出弧表.若夫觚之细者,与圆全体,则表无余径.表无余径,则幂不外出矣.以一面乘半径,觚而裁之,每辄自倍.故以半周乘半径而为圆幂."

① 本文曾于1991年在北京《九章算术》暨刘徽学术思想国际研讨会上宣读,作者为曲安京.

刘徽割圆术从单位圆(半径为一尺或一丈等)内接正六边形出发,此时其边长等于半径,(这个事实可由勾股定理予以证明,但刘徽认定了这一结果而未予论证),将各个边长所对应圆弧的中点与其毗邻端点依次相连,即得圆内接正十二边形(图1).一般说来,如法炮制,进行 n 次割圆之后,即得圆内接正 $3\times 2^{n+1}$ 边形,设其面积为 $S_{3\times 2^{n+1}}$,$a_{3\times 2^{n+1}}$ 为其边长,对于单位圆 $R=1$,刘徽指出:

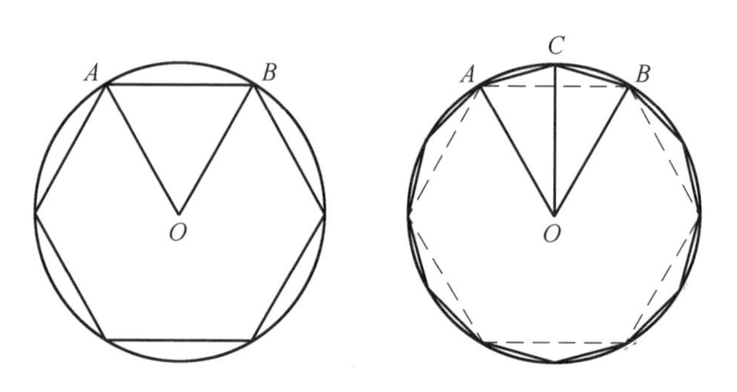

图 1　割六觚之幂为十二觚之幂

性质 1　$S_{3\times 2^{n+1}}=3\times 2^{n-1}\cdot a_{3\times 2^n}$.

由于 $\pi=\lim\limits_{n\to\infty}S_{3\times 2^n}$,因此,通过性质1不断获得 π 的一系列越来越精确的近似值.在割圆术文之后,刘徽以实例演示给出了求解 $a_{3\times 2^n}$ 的递推公式.

如图2所示,令 $AB=a_{3\times 2^n}$,则 $AC=BC=a_{3\times 2^{n+1}}$,记 $DC=r_{3\times 2^n}$ 称为余径,$AO=BO=CO=R=1$.

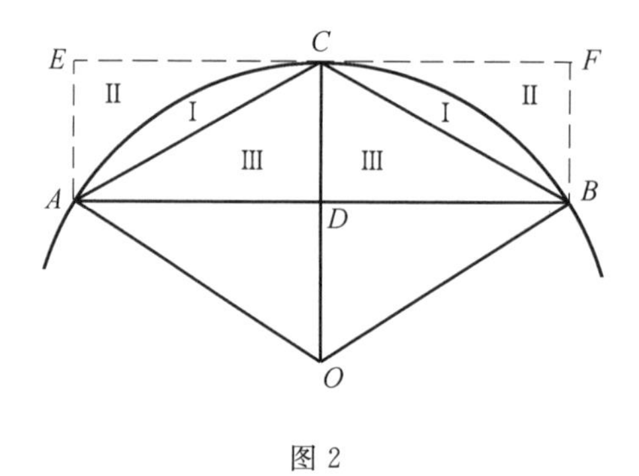

图 2

于是有:

性质 2　$r_{3\times 2^n}=1-\sqrt{1-a_{3\times 2^n}^2/4}$.

性质 3　$a_{3\times 2^{n+1}}^2=r_{3\times 2^n}^2+a_{3\times 2^n}^2/4$.

性质 4　$a_{3\times 2^{n+1}}^2=2\cdot r_{3\times 2^n}$.

性质 5　$r_{3\times 2^{n+1}}=r_{3\times 2^{n+1}}^2/2+r_{3\times 2^n}/4$.

性质 6　$\Delta S_{n+1}<\pi-S_{3\times 2^n}<2\Delta S_{n+1}$,其中 $\Delta S_{n+1}=S_{3\times 2^{n+1}}-S_{3\times 2^n}$.

由于性质 6 的出现，使得刘徽割圆术比之阿基米德割圆术省功一倍，它是中算家限定圆周率范围的理论根据，因此应称为刘徽不等式.

刘徽割圆术的中间数据只有 $r_{3\times2^n}$ 与 $a^2_{3\times2^n}$（在割圆停止之前，一般不对 $a^2_{3\times2^n}$ 开方），递推公式性质 2 与性质 3 简明易用.

从刘徽的演示文字中我们注意到，他在割圆之前，先统一中间数据的取值标准，按裁尾法断取 $\sqrt{1-a^2_{3\times2^n}/4}$ 前 m 位小数，然后由性质 2 得余径 $r_{3\times2^n}$ 之 m 位小数的过剩近似值，$a^2_{3\times2^{n+1}}$ 由所得余径从性质 3 导出，亦按裁尾法断取 $2m$ 或 $2(m-1)$ 位小数，余分弃去.

这样一来，所有入算余径使 $r_{3\times2^n}\times10^m$ 恒取整数，随着割圆的深入势必不断减小，直至为零，这恐怕就是所谓的“不可割”局面吧.

我们知道，任何实际割圆计算都是近似运算，但由于刘徽算法中总是事先限定余径 $r_{3\times2^n}$ 取 m 位小数而止，因此，在出现“不可割”的局面之前，最后的结果有可能不满足刘徽不等式，于是，提出问题，按刘徽割圆程序，当余径保持 m 位小数时，割圆至什么程度，才能确保性质 6 成立？又，此时，我们可以期望得到怎样精度的圆周率 π？

第二节　刘徽割圆术的普遍原理

本节讨论刘徽割圆术的理论结果，各项割圆数据 $r_{3\times2^n}$，$a_{3\times2^n}$，$S_{3\times2^n}$ 皆取精确值.

按性质 2 及性质 4 由刘徽割圆术可得：

定理 1　$\pi=\lim\limits_{n\to\infty}3\cdot2^n\cdot\sqrt{2-P_n}$，其中 $P_n=\sqrt{2+\sqrt{2+\cdots\sqrt{2+\sqrt{3}}}}$（$n$ 个根号）.

定理 2　$\Delta S_{n+2}>\dfrac{1}{4}\Delta S_{n+1}$.

证明　如图 3 所示

$$AB=a_{3\times2^n},DC=r_{3\times2^n}$$

$$AC=BC=a_{3\times2^{n+1}},EF=GH=r_{3\times2^{n+1}}$$

即

$$\Delta S_{n+2}=3\cdot2^{n+1}\cdot2\,\mathrm{I}=3\cdot2^{n+1}\cdot\frac{1}{4}a_{3\times2^{n+1}}\cdot a^2_{3\times2^{n+2}}$$

$$\Delta S_{n+1}=3\cdot2^{n+1}\cdot\mathrm{II}=3\cdot2^{n+1}\cdot\frac{1}{8}\cdot a_{3\times2^n}\cdot a^2_{3\times2^{n+1}}$$

所以

$$\Delta S_{n+2} : \Delta S_{n+1} = 2a^2_{3\times 2^{n+2}} : (a_{3\times 2^n} \cdot a_{3\times 2^{n+1}})$$

因为

$$a_{3\times 2^{n+1}} = \sqrt{2-p_n}, p^2_{n+1} = 2 + p_n$$

所以

$$\frac{\Delta S_{n+2}}{\Delta S_{n+1}} = \frac{2(2-p_{n+1})}{\sqrt{2-p_{n-1}} \cdot \sqrt{2-p_n}}$$
$$= \frac{2}{(2+p_{n+1}) \cdot \sqrt{2+p_n}}$$

故有

$$\Delta S_{n+2} > \frac{1}{4}\Delta S_{n+1} \quad (p_n < 2)$$

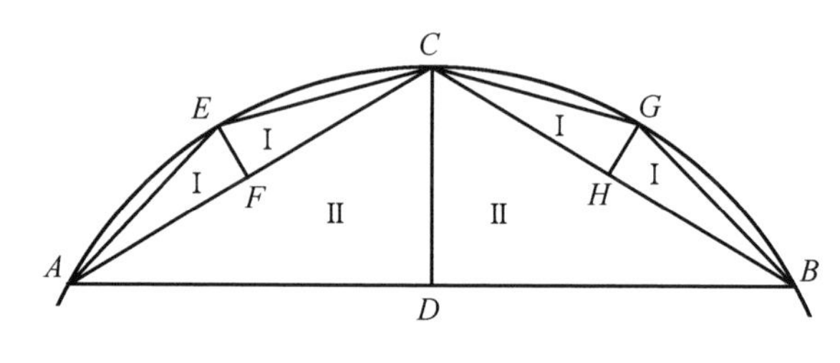

图 3

定理 3 $n \geqslant 3$ 时，$\frac{12}{7} \cdot 4^{-n} < \Delta S_{n+1} < \frac{\pi^3}{18} \cdot 4^{-n}$；

$n \geqslant 6$ 时，$\frac{31}{8} \cdot 4^{-n} < \Delta S_{n+1} < \frac{\pi^3}{18} \cdot 4^{-n}$.

证明 因为

$$\Delta S_{n+2} = 3 \cdot 2^n \cdot \sqrt{2-P_n} - 3 \cdot 2^{n-1} \cdot \sqrt{2-P_{n-1}}$$
$$= 3 \cdot 2^{n-1} \cdot \sqrt{2-P_{n-1}} \cdot [\frac{2-P_{n+1}}{P_n}]$$
$$= \frac{S_{3\times 2^{n+1}} \cdot S^2_{3\times 2^{n+3}}}{9 \cdot 4^{n+1} \cdot p_n}$$
$$< 4^{-(n+1)} \cdot \lim_{n\to\infty} 4^{(n+2)} \cdot \Delta S_{n+3}$$
$$= 4^{-(n+1)} \cdot \lim_{n\to\infty} \frac{S_{3\times 2^{n+2}} \cdot S_{3\times 2^{n+4}}}{q \cdot p_n}$$
$$= \frac{\pi^3}{18} \cdot 4^{-(n+1)}$$

所以

$$\Delta S_{n+1} < \frac{\pi^3}{18} \cdot 4^{-n}$$

又由定理 2

$$\Delta S_{n+1} > 4^{-n} \cdot 4^6 \cdot \Delta S_7 > 4^{-n} \cdot 4^3 \cdot \Delta S_4$$

因为

$$4^6 \cdot \Delta S_7 = 1.722\ 46 > \frac{31}{18} \approx 1.722\ 22$$

$$4^3 \cdot \Delta S_4 = 1.715\ 2 > \frac{12}{7} \approx 1.714\ 3$$

至此定理得证.

定理 4　$\frac{4}{3}\Delta S_{n+1} < \pi - S_{3\times 2^n} \leqslant \frac{2+p_n}{1+p_n} \cdot \Delta S_{n+1}$.

证明　如图 4 所示

$$AB = a_{3\times 2^n} = a$$

$$DC = r_{3\times 2^n} = r$$

$$AO = BO = CO = R = 1$$

$$AC = BC = a_{3\times 2^{n+1}}$$

$$ACB = 1 \cdot \alpha = \frac{\pi}{3\times 2^{n-1}}$$

设

$$f(\alpha) = [(\pi - S_{3\times 2^{n+1}}) - x\Delta S_{n+1}]/3 \cdot 2^{n-1}$$

因为

$$\pi - S_{3\times 2^{n+1}} = 3 \cdot 2^{n+1} \cdot \text{I} = 3 \cdot 2^{n-1}(\alpha - 2 \cdot \sin\frac{\alpha}{2})$$

$$\Delta S_{n+1} = 3 \cdot 2^{n+1} \cdot \text{II} = 3 \cdot 2^{n+1} \cdot \sin\frac{\alpha}{2} \cdot \sin^2\frac{\alpha}{4}$$

所以

$$f(\alpha) = (\alpha - 2 \cdot \sin\frac{\alpha}{2}) - 2x \cdot \sin\frac{\alpha}{2}(1 - \cos\frac{\alpha}{2})$$

于是

$$f'(\alpha) = (1 - \cos\frac{\alpha}{2})(1 - x - 2x \cdot \cos\frac{\alpha}{2})$$

当 $x = \frac{1}{3}$ 时

$$f'(\alpha) = \frac{2}{3}(1 - \cos\frac{\alpha}{2})^2 \geqslant 0$$

因为 $f(0) = 0$,所以由 $0 < \alpha \leqslant \frac{\pi}{3}$ 知

$$f(\alpha) > 0$$

故有

$$\pi - S_{3\times 2^n} > \frac{4}{3}\Delta S_{n+1}$$

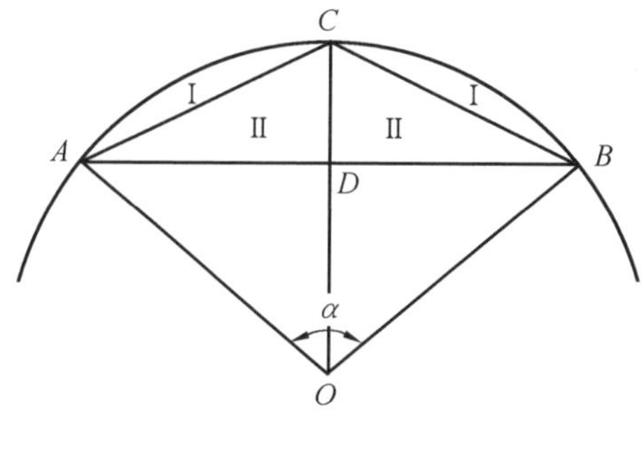

图 4

当 $x=\dfrac{1}{1+p_n}$ 时,由于

$$p_n=2\cdot\cos\frac{\pi}{3\cdot 2^n}=2\cdot\cos\frac{\alpha}{2}$$

所以

$$f'(\alpha)=(1-\cos\frac{\alpha}{2})\cdot\frac{P_N-P_N}{1+P_N}\leqslant 0\quad(0\leqslant N\leqslant n)$$

所以当$\dfrac{\pi}{3\cdot 2^{N-1}}\leqslant\alpha<0$ 时,由 $f(0)=0$ 得 $f(\alpha)=0$.

特别地当 $N=n$ 时,即有

$$\pi-S_{3\times 2^n}\leqslant\frac{2+P_n}{1+P_n}\Delta S_{n+1}$$

联合定理 3,4,立得如下推论:

推论 1 $\lim\limits_{n\to\infty}\dfrac{\pi-S_{3\times 2^n}}{S_{3\times 2^{n+1}}-S_{3\times 2^n}}=\dfrac{4}{3}$.

推论 2 $\dfrac{4}{3}\Delta S_{n+1}<\pi-S_{3\times 2^n}<\dfrac{\sqrt{3}+1}{2}\Delta S_{n+1}$.

推论 3 当 $n\geqslant 3$ 时

$$\frac{4}{7}\cdot 4^{-n}<\pi-s_{3\times 2^{n+1}}<\frac{\pi}{54}\cdot 4^{-n}$$

推论 4 当 $n\geqslant 6$ 时

$$\frac{31}{54}\cdot 4^{-n}<\pi-S_{3\times 2^{n+1}}<\frac{\pi^3}{54}\cdot 4^{-n}$$

第三节　刘徽割圆算法的定量分析

上述定理中的 $r_{3\times 2^n}$,$a^2_{3\times 2^n}$ 及 $S_{3\times 2^n}$ 皆为精确值,但具体割圆过程中这些数据

只能按一定的标准取近似值计算.在中算家的割圆思想中,往往将余径 $r_{3\times 2^n}$ 统统取至 m 位小数,以下我们用 $\bar{r}_{3\times 2^n}$ 表示此近似值,由它导出的圆内接多边形边长的平方与面积分别记为 $\bar{a}^2_{3\times 2^{n+1}}$ 及 $\bar{S}_{3\times 2^{n+2}}$.

我们希望利用上一节的结果,得出 $\pi-\bar{S}_{3\times 2^n}$ 相应的结论,为此,引入下面的引理:

引理 1　令 $a_6=\bar{a}_6=1$, $\bar{r}^2_{3\times 2^{n+1}}=\bar{r}^2_{3\times 2^n}+\bar{a}^2_{3\times 2^n}/4$.

$\bar{r}_{3\times 2^n}$ 取 m 位小数,它与 $r^*_{3\times 2^n}=1-\sqrt{1-\bar{a}^2_{3\times 2^n}/4}$ 之差的绝对值小于 $\frac{1}{2}\times 10^{-m}$,当 n 较大时,也有

$$|\bar{r}_{3\times 2^n}-r_{3\times 2^n}|<\frac{1}{2}\times 10^{-m}$$

证明　因为

$$|r^*_{3\times 2^n}-r_{3\times 2^n}|=\frac{|\bar{a}^2_{3\times 2^n}-a^2_{3\times 2^n}|}{4(\sqrt{1-\bar{a}^2_{3\times 2^n}/4}+\sqrt{1-a^2_{3\times 2^n}/4})}$$

而

$$\bar{a}^2_{3\times 2^{n+1}}=\bar{r}^2_{3\times 2^n}-r^{*2}_{3\times 2^n}+2r^*_{3\times 2^n}$$

又 $n\geqslant 3$ 时

$$\sqrt{1-\bar{a}^2_{3\times 2^n}/4}+\sqrt{1-a^2_{3\times 2^n}/4}>2\cdot\frac{99}{100}$$

$$\bar{r}_{3\times 2^n}+r^*_{3\times 2^n}<(\frac{3}{11})^n$$

所以

$$\begin{aligned}
&|r^*_{3\times 2^n}-r_{3\times 2^n}|\\
\leqslant&\frac{|\bar{r}_{3\times 2^{n-1}}-r^*_{3\times 2^{n-1}}\cdot(\frac{3}{11})^n+2|r^*_{3\times 2^{n-1}}-r_{3\times 2^{n-1}}|}{2\cdot(\frac{99}{25})}\\
\leqslant&(\frac{3}{11})^n\cdot(\frac{25}{99})\cdot\frac{1}{4}\cdot 10^{-m}+(\frac{25}{99})\cdot|r^*_{3\times 2^{n-1}}-r_{3\times 2^{n-1}}|\\
\leqslant&\frac{1}{4}\cdot 10^{-m}\cdot\sum_{k=0}^{n}(\frac{3}{11})^{n-k}\cdot(\frac{25}{99})^{k+1}\\
\leqslant&\frac{6}{7}\cdot(\frac{3}{11})^n\cdot 10^{-m}
\end{aligned}$$

当 $n\geqslant 5$ 时

$$|r^*_{3\times 2^n}-r_{3\times 2^n}|<1.5\cdot 10^{-(m+3)}$$

因此,在 $\bar{r}_{3\times 2^n}$ 只取 m 位小数的情况下,$|r^*_{3\times 2^n}-r_{3\times 2^n}|$ 可以忽略不计,所以有

$$|\bar{r}_{3\times 2^n}-r_{3\times 2^n}|<\frac{1}{2}\cdot 10^{-m}$$

定理 5 按引理 1 条件，记

$$\bar{S}_{3\times2^{n+2}}=3\cdot2^n\cdot\bar{a}_{3\times2^{n+1}}$$

有

$$|S_{3\times2^{n+2}}-\bar{S}_{3\times2^{n+2}}|<n\cdot10^{-m}$$

证明 据引理 1 知

$$|\bar{r}_{3\times2^n}-\bar{r}_{3\times2^n}|<\frac{1}{2}\cdot10^{-m}$$

于是

$$\begin{aligned}\bar{a}^2_{3\times2^{n+1}}&=\bar{r}^2_{3\times2^n}+\frac{\bar{a}^2_{3\times2^n}}{4}\\&\leqslant r^2_{3\times2^n}+r_{3\times2^n}\cdot10^{-m}+\\&\quad\frac{1}{4}\cdot10^{-2m}+\frac{\bar{a}^2_{3\times2^n}}{4}\end{aligned}$$

所以

$$\begin{aligned}\bar{a}^2_{3\times2^{n+1}}-a^2_{3\times2^{n+1}}&\leqslant10^{-m}\cdot r_{3\times2^n}+\frac{10^{-2m}}{4}+\frac{\bar{a}^2_{3\times2^n}-a^2_{3\times2^n}}{4}\\&=10^{-m}\cdot\sum_{k=0}^{n-1}\frac{r_{3\times2^{n-k}}}{4^k}+10^{-2m}\cdot[\frac{1-4^{-n}}{3}]=\Delta\end{aligned}$$

因为

$$r_{3\times2^{n-k}}=\frac{S^2_{3\times2^{n-k+2}}}{18\cdot4^{n-k}}\leqslant\frac{\pi^2}{18}\cdot4^{k-n}$$

所以

$$\Delta\leqslant10^{-m}\cdot\frac{\pi^2}{18}\cdot\sum_{k=0}^{n-1}\frac{1}{4^n}+\frac{1}{3}\cdot10^{-2m}$$

所以

$$\begin{aligned}\bar{S}^2_{3\times2^{n+2}}-S^2_{3\times2^{n+2}}&=9\cdot4^n(\bar{a}^2_{3\times2^{n+1}}-a^2_{3\times2^{n+1}})\\&\leqslant10^{-m}\cdot\frac{\pi^2}{2}\cdot n+3\cdot4^n\cdot10^{-2m}\end{aligned}$$

所以

$$\begin{aligned}\bar{S}_{3\times2^{n+2}}-S_{3\times2^{n+2}}&\leqslant\frac{\frac{\pi^2}{2}\cdot n\cdot10^{-m}+3\cdot4^n\cdot10^{-2m}}{\bar{S}_{3\times2^{n+2}}+S_{3\times2^{n+2}}}\\&\approx\frac{\pi}{4}n\cdot10^{-m}+\frac{1}{2}\cdot4^n\cdot10^{-2m}\\&<n\cdot10^{-m}\end{aligned}$$

同理可证

$$\bar{S}_{3\times2^{n+2}}-S_{3\times2^{n+2}}<-n\times10^{-m}$$

如果定理 5 中 $\bar{a}^2_{3\times2^n}$ 统统依四舍五入法取 $2m$ 位小数，则证明的最后一步将

化为

$$\overline{S}_{3\times 2^{n+2}} - S_{3\times 2^{n+2}} \leqslant \frac{\pi}{4} \cdot n \cdot 10^{-m} + \frac{3}{2} \cdot 4^{n} \cdot 10^{-2m}$$
$$< n \cdot 10^{-m}$$

定理 5 仍然成立.

联合推论 4 与定理 5,立得:

定理 6　$n \geqslant 6$ 时

$$\frac{31}{54} \cdot 4^{-n} - (n-1) \cdot 10^{-m} < \pi - \overline{S}_{3\times 2^{n+1}}$$
$$< \frac{\pi^3}{54} \cdot 4^{-n} + (n-1) \cdot 10^{-m}$$

按四舍五入法取余径 $\overline{r}_{3\times 2^n}$ 至 m 位小数,在割圆至何等深度时能确保刘徽不等式成立呢?为解决这个问题,引入如下结果:

定理 7　$|\Delta\overline{S}_{n+1} - \Delta S_{n+1}| < 10^{-m}$.

证明　可得

$$|\Delta\overline{S}_{n+1} - \Delta S_{n+1}| = |(\overline{S}_{3\times 2^{n+1}} - S_{3\times 2^{n+1}}) - (\overline{S}_{3\times 2^n} - S_{3\times 2^n})|$$
$$\leqslant \left| \frac{S^2_{3\times 2^n} - S^2_{3\times 2^n}}{\overline{S}_{3\times 2^{n+1}} + S_{3\times 2^{n+1}}} - (\overline{S}_{3\times 2^n} - S_{3\times 2^n}) \right| +$$
$$\left| 3 \cdot 2^{n-1} \frac{(\overline{r}_{3\times 2^{n-1}} + r_{3\times 2^{n-1}})(r_{3\times 2^{n-1}} - r_{3\times 2^{n-1}})}{\overline{a}_{3\times 2^n} + a_{3\times 2^n}} \right|$$
$$\leqslant |\overline{S}_{3\times 2^n} - S_{3\times 2^n}| \cdot \frac{H\Delta\overline{S}_{n+1} + \Delta S_{n+1}}{\overline{S}_{3\times 2^{n+1}} + S_{3\times 2^{n+1}}} +$$
$$\frac{10^{-m}}{4} \cdot \frac{\overline{S}^2_{3\times 2^{n+1}} + S^2_{3\times 2^{n+1}}}{\overline{S}_{3\times 2^{n+1}} + S_{3\times 2^{n+1}}}$$
$$\leqslant 10^{-m}$$

引理 2　使 $\pi - \overline{S}_{3\times 2^{n+1}} < 2 \cdot \Delta\overline{S}_{n+1}$ 成立的充分条件为

$$\overline{r}_{3\times 2^n} > 2(n+1) \cdot 10^{-m}$$

证明　由定理 4,5,7 知,欲使

$$(\pi - \overline{S}_{3\times 2^{n+1}}) - 2\Delta\overline{S}_{n+2}$$
$$\leqslant \frac{2+P_{n+1}}{1+P_{n+1}} \cdot \Delta S_{n+2} + (n-1) \cdot$$
$$10^{-m} - 2 \cdot \Delta S_{n+2} + 2 \cdot 10^{-m}$$
$$= (n+1) \cdot 10^{-m} -$$
$$\frac{P_{n+1}}{1+P_{n+1}} \cdot \Delta S_{n+2}$$
$$< 0$$

由于

$$\Delta S_{n+2} > \frac{3}{7} \cdot 4^{-n} \geqslant \frac{3}{7} \cdot \frac{18}{\pi^2} \cdot r_{3\times 2^n}$$

所以只须令

$$r_{3\times 2^n} > \frac{7 \cdot \pi^2}{3 \cdot 18} \cdot \frac{1 + P_{n+1}}{P_{n+1}} \cdot (n+1) \cdot 10^{-m}$$

故取

$$\bar{r}_{3\times 2^n} > 2(n+1) \cdot 10^{-m}$$

引理 3 使 $\pi - \bar{S}_{3\times 2^{n+1}} > \Delta S_{n+2}$ 成立的充分条件为

$$\bar{r}_{3\times 2^n} > 3.84n \cdot 10^{-m}$$

证明 欲令

$$\begin{aligned}\pi - \bar{S}_{3\times 2^{n+1}} - \Delta S_{n+2} &> \frac{4}{3}\Delta S_{n+2} - (n-1) \cdot 10^{-m} - \Delta S_{n+2} - 10^{-m} \\ &= \frac{1}{3}\Delta S_{n+2} - n \cdot 10^{-m} \\ &> 0\end{aligned}$$

只须令

$$r_{3\times 2^n} > \frac{7 \cdot \pi^2}{3 \cdot 18} \cdot 3n \cdot 10^{-m}$$

所以取

$$\bar{r}_{3\times 2^n} > 3.84n \cdot 10^{-m}$$

联合引理 2,3,立得

定理 8 余径 $\bar{r}_{3\times 2^n}$ 取至 m 位小数,则确保割圆结果满足刘徽不等式成立的充分条件为

$$\bar{r}_{3\times 2^n} \geqslant 3.84n \cdot 10^{-m}$$

由于割圆术最终结果需满足刘徽不等式

$$0 < \pi - \bar{S}_{3\times 2^{n+2}} < \Delta\bar{S}_{n+2}$$

因此,联合定理 3,7,可得

定理 9 $n \geqslant 5$ 时

$$\frac{31}{72} \cdot 4^{-n} - 10^{-m} < \Delta\bar{S}_{n+2} < \frac{\pi^3}{72} \cdot 4^{-n} + 10^{-m}$$

定理 8 的意义说明,刘徽割圆术在余径 $r_{3\times 2^n}$ 皆取 m 位小数入算的前提下应适可而止,否则,穷尽余径,则有可能破坏刘徽不等式,使结果逃逸它的界定;定理 9 则给出了在割圆结果满足刘徽不等式时,割圆术所能期望得到的 π 的精度范围,本章后的附表 1 所列数据,是保证刘徽不等式成立情况下割圆的最终结果,我们注意到 $r_{3\times 2^n}$ 的最终取值要比定理 8 的充分条件小许多,其原因在于割圆的全部过程中

$$\left| \sum_{k=1}^{n} (r_{3\times 2^k} - \bar{r}_{3\times 2^k})/n \right| \ll \frac{1}{2} \cdot 10^{-m}$$

而

$$\left| \bar{a}^2_{3\times 2^{n+1}} - a^2_{3\times 2^{n+1}} \right| = \left| \sum_{k=0}^{n-1} (\bar{r}^2_{3\times 2^{n-k}} - r^2_{3\times 2^{n-k}})/4^k \right|$$

$$\approx \sum_{k=1}^{n} (\bar{r}_{3\times 2^k} - r_{3\times 2^k}) \left| \right.$$

所以导致 $\bar{S}_{3\times 2^{n+2}}$ 与 $S_{3\times 2^{n+2}}$ 之差要远小于其上限 $n \cdot 10^{-m}$.

第四节　几点说明

为避免对刘徽割圆数据的定量分析显得过于凌乱，上述结论证明过程中的余径 $\bar{r}_{3\times 2^n}$ 皆以四舍五入法取 m 位小数，$\bar{a}^2_{3\times 2^n}$ 从 $\bar{r}_{3\times 2^{n-1}}$ 导出，并未考虑其统一取值原则.

但实际上，刘徽所取各项余径 $\bar{r}_{3\times 2^n}$ 皆为真值的过剩近似值

$$\bar{r}_6 = 0.133\,974\,6 > r_6 = 0.133\,974\,59\cdots$$

$$\bar{r}_{12} = 0.034\,074\,2 > r_{12} = 0.034\,074\,17\cdots$$

$$\bar{r}_{24} = 0.008\,555\,2 > r_{24} = 0.008\,555\,13\cdots$$

$$\bar{r}_{48} = 0.002\,141\,1 > r_{48} = 0.002\,141\,07\cdots$$

在中算家的近似计算中，采用裁截余分取值的原则是通常使用的手段，在刘徽的割圆实例演示中，$\bar{r}_{3\times 2^n}$ 取 7 位小数，但因其最小单位“忽”在第 6 位小数上，所以由

$$\bar{a}^2_{3\times 2^{n+1}} = \bar{r}^2_{3\times 2^n} + \bar{a}^2_{3\times 2^n}/4 \qquad (*)$$

所导出的 $\bar{a}^2_{3\times 2^{n+1}}$ 的最小单位便位于第 12 位小数上，刘徽将 $\bar{a}^2_{3\times 2^{n+1}}$ 皆取至最小单位而止，余分弃去（以下数据括号中为舍弃之余分）

$$\bar{a}^2_{12} = 0.267\,949\,193\,445(16)$$

$$\bar{a}^2_{24} = 0.068\,148\,349\,466(89)$$

$$\bar{a}^2_{48} = 0.017\,110\,278\,813(54)$$

$$\bar{a}^2_{96} = 0.004\,282\,154\,012(46)$$

由此可见，刘徽割圆术在数据处理上有着十分明确和统一的标准：$\bar{r}^2_{3\times 2^n}$ 均取真值 $r_{3\times 2^n}$ 的 m 位小数的过剩近似值；$\bar{a}^2_{3\times 2^{n+1}}$ 由式（$*$）给出并取至最小单位止；如：$\bar{r}_{3\times 2^n}$ 的最小单位在第 $m-1$ 位小数上，则 $\bar{a}^2_{3\times 2^{n+1}}$ 皆取 $2(m-1)$ 位小数，余分弃去.

倘 $\bar{a}^2_{3\times 2^{n+1}}$ 俱取 $2m$ 位小数，则上一节各项结果仍然成立. 若 $\bar{r}_{3\times 2^n}$ 按截尾法取

m 位小数，则依概率而论 $\sum_{k=1}^{n}(\bar{r}_{3\times2^k}-r_{3\times2^k})/n\approx\frac{1}{2}\times10^{-m}$，故而此时的计算结果将更贴近上一节各个定理中结论的上限，因此，在讨论中算家以割圆术求 π 值之范围时，无妨直接套用上述结果.

另外，$\bar{r}_{3\times2^n}$ 取 m 位小数之过剩近似值，而 $\bar{a}^2_{3\times2^{n+1}}$ 依式（*）取 $2(m-1)$ 位小数之不足近似值，则定理 5—9 相应做如下修正：

定理 5′ $-2n\cdot10^{-m}<S_{3\times2^{n+2}}-\bar{S}_{3\times2^{n+2}}<2\cdot4^n\cdot10^{-2(m-1)}$.

定理 6′ $n\geqslant6$ 时

$$\frac{31}{54}\cdot4^{-n}-2(n-1)10^{-m}<\pi-\bar{S}_{3\times2^{n+1}}$$

$$<\frac{\pi^3}{54}\cdot4^{-n}+\frac{4^n}{2}\cdot10^{-2(m-1)}$$

定理 7′ $-2\times10^{-m}<\Delta S_{n+2}-\Delta\bar{S}_{n+2}<\frac{3}{2}\cdot4^n\cdot10^{-2(m-1)}$.

定理 9′ $n\geqslant5$ 时

$$\frac{31}{72}\cdot4^{-n}-\frac{3}{2}\cdot4^n\cdot10^{-2(m-1)}<$$

$$\Delta\bar{S}_{n+2}<\frac{\pi^3}{72}\cdot4^{-n}+2\cdot10^{-m}$$

因为 $4^{-n}\approx\frac{18\cdot\bar{r}_{3\times2^n}}{\pi^2}$，因为此时如欲令 $\Delta\bar{S}_{n+2}>0$，则由定理 9′ 推知，应有 $\bar{r}_{3\times2^n}>10^{-m+1}$，意即割圆术至少应在 $\bar{r}_{3\times2^n}\cdot10^{-m}<10$ 之前终止.

另外，当 $\bar{r}_{3\times2^n}\cdot10^{-m}>100$ 时，由于

$$4^n\cdot10^{-2(m-1)}<\frac{\pi^2}{18}\cdot10^{-m}$$

所以 $\bar{a}^2_{3\times2^{n+1}}$ 由于只取 $2(m-1)$ 位小数而产生的误差可以忽略不计，在 $\bar{r}_{3\times2^n}\cdot10^{-m}>100$ 之前，无妨仍以定理 5—9 讨论其割圆数据的定量分析.

第五节　刘徽的圆周率

刘徽曾以半径为一尺之圆，具体实践了他自己的割圆程序，在割圆至 192 边形时，得

$$3.14\frac{64}{625}<\pi<3.14\frac{169}{625}$$

刘徽没有记述 192 边形之后的割圆数据，但出具了另一圆周率 $\pi=\frac{3\ 927}{1\ 250}\approx$

3.141 6，并声称割圆至 3 072 边形，所得结果将与之吻合.

由于李淳风注称："今者修撰，攟摭诸家，考其是非，冲之为密，故显之于徽术之下，冀学者之所裁焉."因此，关于 $\pi=3.141\ 6$ 的归属问题在数学史界引起纷争，讫无定论.

我们已经看到，刘徽将余径 $\bar{r}_{3\times2^n}$ 俱取至 7 位小数，如果说刘徽仅仅是为了割圆至 192 边形取得 $\pi=3.14$，那么如此高精度的中间数据就显得过于浪费了，因为由定理 9，当 $n=4$ 时，只须令 $m=4$，即有

$$\Delta\bar{S}_6=\bar{S}_{192}-\bar{S}_{96}<\frac{\pi^3}{72}\cdot4^{-4}+10^{-4}<1.8\cdot10^{-3}$$

而此时 $\bar{r}_{48}\cdot10^4=22>3.84\cdot4$，满足定理 8 之充分条件，故欲得精度为 10^{-2} 之 π，只须令余径 $\bar{r}_{3\times2^n}$ 取真值之 4 位小数的过剩近似值即可.

按刘徽取 $\bar{r}_{3\times2^n}$ 至 7 位小数，割圆至 $3\cdot2^{10}=3\ 072$ 边形时，由于

$$\bar{r}_{3\times2^8}=84\cdot10^{-7}>3.84\cdot8\cdot10^{-7}$$

所以割圆结果 $\bar{S}_{3\ 072}$ 满足刘徽不等式，由定理 9 知

$$\Delta\bar{S}_{8+2}<\frac{\pi^3}{72}\cdot4^{-8}+10^{-7}<6.7\cdot10^{-6}$$

所以割圆至 3 072 边形时，可望获得精度达 10^{-5} 的 π，具体计算为

$$\bar{S}_{3\ 072}=3.141\ 590\ 9$$

所以有

$$3.141\ 59<\bar{S}_{3\ 072}<\pi<\bar{S}_{3\ 072}+\Delta\bar{S}_{8+2}<3.141\ 60$$

倘 $\bar{a}^2_{3\times2^n}$ 按刘徽所示采取 12 位小数，则依定理 9′，亦可获上述结论，具体数据见本章后附表 2.

若将割圆继续至 6 144 边形，则由定理 9′

$$\Delta\bar{S}_{9+2}>\frac{31}{72}\cdot4^{-9}-\frac{3}{2}\cdot4^9\cdot10^{-2(7-1)}>1.2\cdot10^{-6}$$

所以此时无法获得比 10^{-5} 量高精度的 π，由于进一步割圆，将破坏刘徽不等式，因此，在 $m=7$ 时，$3.141\ 59<\pi<3.141\ 60$ 是最佳结果.

另外，如果余径 $\bar{r}_{3\times2^n}$ 取真值的 6 位小数的过剩近似值，当割圆至 3 072 边形时，将使结果不满足刘徽不等式（$\bar{a}^2_{3\times2^n}$ 取 12 位小数时，$\bar{S}_{3\ 072}>\pi$；$\bar{a}^2_{3\times2^n}$ 取 10 位小数时，$\bar{r}_{768}=9\cdot10^{-6}<10^{-5}$），而割圆至 $3\cdot2^9=1\ 536$ 边形时，由定理 9′

$$\Delta S_{7+2}>\frac{31}{72}\cdot4^{-7}-\frac{3}{2}\cdot4^7\cdot10^{-10}>2.3\cdot10^{-5}$$

所以 $m=6$ 时，无论如何都无法取得精度达 10^{-5} 的圆周率.

由此可见，刘徽所选择的取值精度标准，实际上开辟了通往 $3.141\ 59<\pi<3.141\ 60$ 的必由之路，对于刘徽来讲，达到这一目标不过是举手之劳，我们有什么理由去怀疑他在瞄准了一条更加曲折的道路后却半途而废呢？

无疑，$\pi=3.1416$ 是刘徽的作品.

第六节　祖冲之的圆周率

据《隋书·律历志》记载："宋末，南徐州从事史祖冲之更开密法，圆径一亿为一丈，圆周盈数三丈一尺四寸一分五厘九毫二秒七忽，朒数三丈一尺四寸一分五厘九毫二秒六忽，正数在盈朒二限之间."

上述文字说明了以下三点：

第一，祖冲之把割圆术中间数据的最小单位定在第 8 位小数上（一丈 $=10^8$ 微）；

第二，与刘徽不同，祖冲之以 1 丈为直径进行割圆计算，设圆内接正 3×2^n 边形之周长、边长、余径分别为 $L_{3\times 2^n}$，$A_{3\times 2^n}$，$R_{3\times 2^n}$，于是

$$R_{3\times 2^n}=1-\sqrt{1-A^2_{3\times 2^n}},A_6=\frac{1}{2}$$

$$A^2_{3\times 2^{n+1}}=(R^2_{3\times 2^n}+A^2_{3\times 2^n})/4$$

$$L_{3\times 2^{n+1}}=3\cdot 2^{n+1}\cdot A_{3\times 2^{n+1}}\to\pi$$

如令 $A_{3\times 2^n}=a_{3\times 2^n}/2$，则与刘徽数据相应

$$R_{3\times 2^n}=r_{3\times 2^n}$$

$$A^2_{3\times 2^{n+1}}=r^2_{3\times 2^n}/4+a^2_{3\times 2^n}/16=a^2_{3\times 2^{n+1}}/4$$

所以

$$L_{3\times 2^{n+1}}=3\cdot 2^{n+1}\cdot A_{3\times 2^{n+1}}=3\cdot 2^n\cdot a_{3\times 2^{n+1}}=S_{3\times 2^{n+2}}$$

显而易见，无论从运算程序还是数据的处理量来看，祖氏设一丈为直径着手割圆，均与刘徽对单位圆进行计算无大的差异.

第三，祖氏割圆结果为精度达 10^{-7} 之数值

$$3.1415926<\pi<3.1415927 \qquad (**)$$

在讨论式（**）之来源之前，我们无妨假定：祖冲之是按刘徽割圆程度计算的，最终所得式（**）亦以刘徽不等式获取，只不过割圆的起点异于刘徽，由第二条的分析不难看到，就计算的繁简及其结果的精度保障而言，二者没有差别.

于是，上述刘徽割圆术的数学原理可以直接用来分析式（**）的来源. 按定理 9，欲令

$$4^{-n}\cdot\frac{\pi^3}{72}\cdot 10^{-m}<10^{-7}\quad(m\geqslant 8)$$

至少

$$4^n > \frac{\pi^3}{72} \cdot 10^7$$

于是有 $n \geqslant 12$，所以至少割圆至 $3 \cdot 2^{n+2} \geqslant 49\ 152$ 边形，才能获得式（* *）.

假令 $m=8$，即余径 $\bar{r}_{3\times 2^n}$ 俱取至 8 位小数，则有

$$\bar{r}_{3\times 2^{12}} \leqslant 4^{-12} \cdot \frac{\pi^2}{18} \leqslant 3.27 \cdot 10^{-8}$$

此时 $\bar{r}_{3\times 2^{12}} \leqslant 4 \cdot 10^{-8}$，已达到“不可割”的地步.

倘余径 $\bar{r}_{3\times 2^n}$ 皆以四舍五入法取真值 $r_{3\times 2^n}$ 的 8 位小数，则最终结果 $\bar{S}_{3\times 2^{14}}$ 将依刘徽不等式给出式（* *）.（参见附表 1）

但祖冲之能否按四舍五入法取 $\bar{r}_{3\times 2^n}$ 且将割圆术进行得如此深入是大可疑问的.

如以截尾法取真值 $r_{3\times 2^n}$ 的过剩近似值为 $\bar{r}_{3\times 2^n}$，则割圆至 24 576 边形时即将刘徽不等式破坏

$$\bar{S}_{24\ 576} = 3.141\ 592\ 701 > \pi$$

因此，把“一亿为一丈”理解为中间数据 $\bar{r}_{3\times 2^n}$ 俱取 8 位小数恐怕是有问题的.

在中国古算中，通常每一位小数都有一个名称，如寸、分、厘、毫、秒、忽、微，且常于用尽单位之后，以最小单位命一微分缀于其后，如刘徽在割圆时取最小单位为“忽”，但余径 $\bar{r}_{3\times 2^n}$ 皆在忽之后再取一位小数，例

$$\bar{r}_{48} = \text{二厘一毫四秒一忽十分忽之一}$$

因此，我认为祖冲之“一亿为一丈”是将最小单位“微”定在第 8 位小数上，实际割圆中则以微命分取 9 位小数入算，即 $m=9$.

当割圆至 $3 \cdot 2^{14} = 49\ 152$ 边形时，由定理 9 知

$$\Delta\bar{S}_{14} < \frac{\pi^3}{72} \cdot 4^{-12} + 10^{-9} < 2.7 \cdot 10^{-8} < 10^{-7}$$

按 $\bar{r}_{3\times 2^n}$ 取真值之 9 位小数之过剩近似值，则有

$$\bar{S}_{49\ 152} = 3.141\ 592\ 65$$

（此时 $\bar{a}^2_{3\times 2^n}$ 取 $2 \cdot 9 = 18$ 位小数，倘 $\bar{a}^2_{3\times 2^n}$ 如刘徽那样弃去余分取 16 位小数，请参阅附表 4）.

所以有

$$3.141\ 592\ 6 < \bar{S}_{49\ 152} < \pi < \bar{S}_{49\ 152} + \Delta\bar{S}_{14} < 3.141\ 592\ 7$$

另外，通过具体计算可知，$\bar{r}_{3\times 2^n}$ 取 9 位小数时，若继续割圆至 $3 \cdot 2^{15} = 98\ 304$ 边形，所得结果都将破坏刘徽不等式，亦即，式（* *）是这种情况下的最佳结果.

为了进一步证实祖冲之割圆时将 $\bar{r}_{3\times 2^n}$ 取至 9 位小数的事实，让我们再考查一下 $m=10$ 的情况.

由定理9知,欲令

$$\Delta\overline{S}_{n+2} < \frac{\pi^3}{72} \cdot 4^{-n} + 10^{-10} < 10^{-8}$$

至少 $4^n > \frac{\pi^3}{72} \cdot 10^8$,即 $n \geqslant 13$,而当 $n=13$ 时

$$\bar{r}_{3\times 2^{13}} \approx \frac{\pi^2}{18} \cdot 4^{-13} > 80 \cdot 10^{-10} > 3.84 \cdot 13 \cdot 10^{-10}$$

所以当割圆至 3×2^{15} 边形时,由定理8知,其结果必满足刘徽不等式.由推论1知

$$S_{3\times 2^{n+2}} \approx \pi - \frac{1}{3}\Delta S_{n+2} \approx \pi - \frac{\pi^3}{3\cdot 72} \cdot 4^{-n}$$

联合定理5,即得

$$\pi - \frac{\pi^3}{3\cdot 72} \cdot 4^{-n} - n \cdot 10^{-10} \leqslant \overline{S}_{3\times 2^{n+2}}$$

$$\leqslant \pi - \frac{\pi^3}{3\cdot 72} \cdot 4^{-n} + n \cdot 10^{-10}$$

当 $n=13$ 时,有

$$\pi - 0.344 \cdot 10^{-8} < \overline{S}_{3\times 2^{15}} < \pi - 0.084 \cdot 10^{-8}$$

即

$$3.141\,592\,650\,15 < \overline{S}_{3\times 2^{15}} < 3.141\,592\,652\,75$$

又由定理9知

$$\Delta\overline{S}_{15} \leqslant \frac{\pi^3}{72} \cdot 4^{-13} + 10^{-10} < 0.652 \cdot 10^{-8}$$

故由刘徽不等式立得

$$3.141\,592\,65 < \overline{S}_{3\times 2^{15}} < \pi < \overline{S}_{3\times 2^{15}} + \Delta\overline{S}_{15} < 3.141\,592\,66$$

具体计算结果证实上述结论不谬,由于此时 π 之精度达 10^{-8},比式(* *)高一数量级,因此可以断言,祖冲之割圆术余径的取值将不会多于9位小数.

上述分析表明,按刘徽割圆术从单位圆出发,中间数据 $\bar{r}_{3\times 2^n}$ 取9位小数,则割圆至 $3\cdot 2^{14}=49\,152$ 边形时,可得祖冲之的盈朒二数式(* *).而按直径为一丈之圆计算,则有

$$L_{3\times 2^{n+1}} = S_{3\times 2^{n+2}}$$

故对祖冲之来说,取中间数据 $R_{3\times 2^n}$ 至9位小数,则割圆至 $3\cdot 2^{13}=24\,576$ 边形时,由所得周长 $L_{3\times 2^{13}}$ 及刘徽不等式得式(* *).

参考资料

[1] 李继闵,《东方数学典籍——〈九章算术〉及其刘徽注研究》,陕西人民教育

出版社，西安，1990 年.
[2] 钱宝琮校点，《算经十书》，中华书局，1963 年.
[3] 白尚恕，《〈九章算术〉注释》，科学出版社，1983 年.
[4]《历代天文律历等志汇编》，中华书局，1976 年.

附表 1　按刘徽割圆术，余径 $\bar{r}_{3\times2^n}$ 以四舍五入法取真值 m 小数近似值，使 $\bar{S}_{3\times2^{n+2}}$ 满足刘徽不等式的最终结果（定理 9 附表）

m	n	3×2^n	$\frac{\bar{r}_{3\times2^n}}{10^{-m}}$	$\bar{S}_{3\times2^{n+1}}$ $\bar{S}_{3\times2^{n+2}}$	$\frac{31}{72}\cdot\frac{10^m}{4^n}-1$ （下限）	$\frac{\Delta\bar{S}_{n+2}}{10^{-m}}$	$\frac{\pi^3}{72}\cdot\frac{10^m}{4^n}+1$ （上限）
3	4	48	2	3.140　0 3.141　46		1.5	2.68
4	5	96	5	3.1411　17 3.1414　85	3.21	3.68	5.21
5	6	192	13	3.14145　2 3.14155　1	9.51	9.9	11.51
6	8	768	8	3.141582　75 3.141588　75	5.57	6	7.57
7	9	1 536	21	3.1415907　84 3.1415924　44	15.42	16.6	17.43
8	12	12 288	3	3.14159262　28 3.14159264　45	1.56	2.17	3.57
9	12	12 288	33	3.151592621　55 3.141592647　84	24.66	26.29	26.67

附表 2　刘徽圆周率 3.141 59＜π＜3.141 60 程序图. 余径 $\bar{r}_{3\times2^n}$ 取真值 7 位小数之过剩近似值. 折线以上数据摘自刘徽《九章算术注》原文

n	3×2^n	$\bar{a}^2_{3\times2^n}$ $(=\bar{r}^2_{3\times2^{n-1}}+\bar{a}^2_{3\times2^{n-1}}/4)$	$\bar{r}_{3\times2^n}$ $(=1-\sqrt{1-\bar{a}^2_{3\times2^n}/4})$
1	6	1	0.133 974 6
2	12	0.267 949 193 445	0.034 074 2
3	24	0.068 148 349 466	0.008 555 2
4	48	0.017 110 278 813	0.002 141 1
5	96	0.004 282 154 012	0.000 535 5
6	192	0.001 070 825 263	0.000 133 9
7	384	0.000 267 724 244	0.000 033 5
8	768	0.000 066 932 183	0.000 008 4
9	1 536	0.000 016 733 116	0.000 002 1
10	3 072	0.000 004 183 283	

$$\overline{S}_{6\,144}=1\,536\cdot\overline{a}_{3\,072}=3.141\,592\,4$$

$$\overline{S}_{3\,072}=3.141\,590\,9>3.141\,59$$

$$\overline{S}_{1\,536}=3.141\,584\,3$$

$$2\cdot\overline{S}_{3\,072}-\overline{S}_{1\,536}=3.141\,597\,5<3.141\,60$$

附表 3　按刘徽割圆术计算祖冲之盈朒二限图之一(否定).

余径 $\overline{r}_{3\times2^n}$ 取真值 8 位小数之过剩近似值

n	3×2^n	$\overline{a}^2_{3\times2^n}$ $(=\overline{r}^2_{3\times2^{n-1}}+\overline{a}^2_{3\times2^{n-1}}/4)$	$\overline{r}_{3\times2^n}$ $(=1-\sqrt{1-\overline{a}^2_{3\times2^n}/4})$
1	6	1	0.133 974 60
2	12	0.267 949 193 445 160 0	0.034 074 18
3	24	0.068 148 348 103 962 4	0.008 555 14
4	48	0.017 110 277 446 410 2	0.002 141 08
5	96	0.004 282 153 585 168 9	0.000 535 42
6	192	0.001 070 825 070 868 6	0.000 133 87
7	384	0.000 267 724 188 894 0	0.000 033 47
8	768	0.000 066 932 167 464 4	0.000 008 37
9	1 536	0.000 016 733 111 923 0	0.000 002 10
10	3 072	0.000 004 183 282 390 7	0.000 000 53
11	6 144	0.000 001 045 820 878 5	0.000 000 13
12	12 288	0.000 000 261 455 236 5	

$$\overline{S}_{24\,576}=6\,144\cdot\overline{a}_{12\,288}=3.141\,592\,701>\pi$$

$$\overline{S}_{12\,288}=3.141\,592\,598$$

$$\overline{S}_{6\,144}=3.141\,592\,178$$

$$2\cdot\overline{S}_{12\,288}-\overline{S}_{6\,144}=3.141\,593\,018$$

附表 4　按刘徽割圆术计算祖冲之盈朒二限图之二.

(肯定)余径 $\overline{r}_{3\times2^n}$ 取真值 9 位小数之过剩近似值

n	3×2^n	$\overline{a}^2_{3\times2^n}$ $(=\overline{r}^2_{3\times2^{n-1}}+\overline{a}^2_{3\times2^{n-1}}/4)$	$\overline{r}_{3\times2^n}$ $(=1-\sqrt{1-\overline{a}^2_{3\times2^n}/4})$
1	6	1	0.133 974 596
2	12	0.267 949 192 373 363 2	0.034 074 174
3	24	0.068 148 347 427 123 0	0.008 555 139
4	48	0.017 110 277 260 090 0	0.002 141 077

续附表4

n	3×2^n	$\bar{a}^2_{3\times 2^n}$ $(=\bar{r}^2_{3\times 2^{n-1}}+\bar{a}^2_{3\times 2^{n-1}}/4)$	$\bar{r}_{3\times 2^n}$ $(=1-\sqrt{1-\bar{a}^2_{3\times 2^n}/4})$
5	96	0.004 282 153 525 742 4	0.000 535 413
6	192	0.001 070 825 048 516 1	0.000 133 863
7	384	0.000 267 724 181 431 7	0.000 033 467
8	768	0.000 066 932 165 398 0	0.000 008 367
9	1 536	0.000 016 733 111 356 1	0.000 002 092
10	3 072	0.000 004 183 282 215 4	0.000 000 523
11	6 144	0.000 001 045 820 827 3	0.000 000 131
12	12 288	0.000 000 261 455 223 9	0.000 000 033
13	24 576	0.000 000 065 363 807 0	0.000 000 009
14	49 152	0.000 000 016 340 951 8	

$$\bar{S}_{98\,304}=24\,576\cdot\bar{a}_{49\,152}=3.141\,592\,654\,7>\pi$$

$$\bar{S}_{49\,152}=3.141\,592\,649\,8>3.141\,592\,6$$

$$\bar{S}_{24\,576}=3.141\,592\,625\,2$$

$$2\cdot\bar{S}_{49\,152}-\bar{S}_{24\,576}=3.141\,592\,674\,4<3.141\,592\,7$$

对中算家弧田公式的研究[①]

第十三章

弧田即今天的弓形，中算史上有三个著名的弧田公式，即《九章算术》、刘徽及朱世阏的公式．刘徽弧田公式是一个经由极限过程而得的精密公式，而《九章算术》及朱世阏的弧田公式都是近似公式．本文拟对这些公式作些分析研究，并探讨其造术问题．

1.《九章算术》弧田公式

我国最早的数学专著《九章算术》中就已有弧田公式的记载了，方田章第 35 及 36 两问都是有关弧田面积计算的问题．

今有弧田，弦三十步，矢十五步，问为田几何．答曰：一亩九十七步半．

又有弧田，弦七十八步二分步之一，矢十三步九分步之七，问为田几何．答曰：二亩一百五十五步八十一分步之五十六．[②]

本文给出的计算公式即

$$\text{弧田面积}=\frac{1}{2}(\text{弦}\cdot\text{矢}+\text{矢}^2)$$

若用 a 表示弧，h 表示矢（即弓形的高），则有

$$S=\frac{1}{2}(ah+h^2) \tag{1}$$

显然这是一个很粗糙的近似公式，刘徽在注《九章算术》时就指出：当弧田是半圆时，它只是圆内接正十二边形的一半．“若不满半圆者，益复疏阔．”就是说弧田比半圆越小，式(1) 的误差就越大．刘徽“益复疏阔”的结论是完全正确的，白尚恕先生对此进行过验证．设弓形所对应的圆心角为 4θ（图 1），则 $\theta=\frac{\pi}{4}$ 时（即半圆），相对误差

① 本文原作者为王荣彬．

② 本文所引《九章算术》原文及刘徽注文，以白尚恕《〈九章算术〉注释》为蓝本．

约为 4.51%，$\theta=\frac{\pi}{6}$ 时，相对误差约为 9.11%，$\theta=\frac{\pi}{8}$ 时约为 12.4%，$\theta=\frac{\pi}{12}$ 时约为 16.17%.

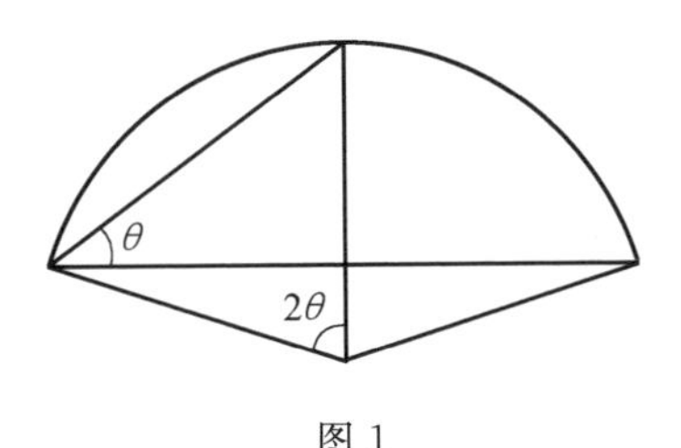

图 1

刘徽还做了进一步的分析："方中之圆，圆里十二觚之幂，合外方之幂四分之三也. 中方合外方之半，则朱实合外方四分之一也.""以弦乘矢而半之，则为黄幂，矢自乘而半之为二青幂，青黄相连为弧体，弧体法当应规，今觚面不至外畔，失之于少矣." 依这段话的意思，戴震补出了《弧田图》(图 2).

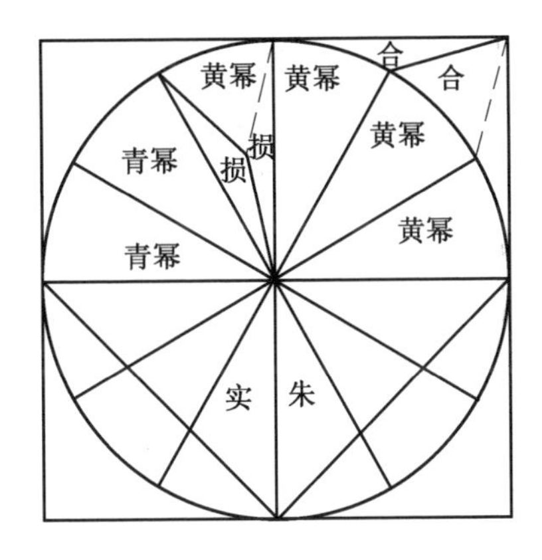

图 2

即若圆外切正方形面积为 A，内接正方形面积为 B，内接正十二边形面积为 S_{12}，取 $\frac{1}{3}S_{12}$，即四个相等的三角形为黄幂，S_{12} 的 $\frac{1}{6}$，两个相等的三角形为青幂. 按图 2 中所示分割其中一三角形(纪志刚同志建议按图中添加虚线后的方法分割，认为更近于刘徽本意)，其阴影部分相等，从而被分割的三角形正好与右上角那块相等. 损益相补，方法甚妙！则有

$$\frac{1}{3}S_{12}=\frac{1}{4}A$$

得

$$S_{12}=\frac{3}{4}A$$

内接正方形面积是外切正方形面积的一半，故

$$\text{朱实}=\frac{1}{2}B=\frac{1}{4}A=\text{黄幂}\quad(\text{图 3})$$

若设圆半径为 r，于是

$$\frac{1}{2}(\text{弦}\cdot\text{矢})=\frac{1}{2}\cdot(2r)\cdot r=r^2$$

即黄幂

$$\frac{1}{2}(\text{矢}\cdot\text{矢})=\frac{1}{2}r^2=\text{青幂}$$

青黄相连即

$$\frac{1}{2}r^2+r^2=\frac{1}{2}\cdot 3r^2$$

就是正十二边形面积的一半，取 $\pi=3$ 时，“青黄相连”亦即半圆.

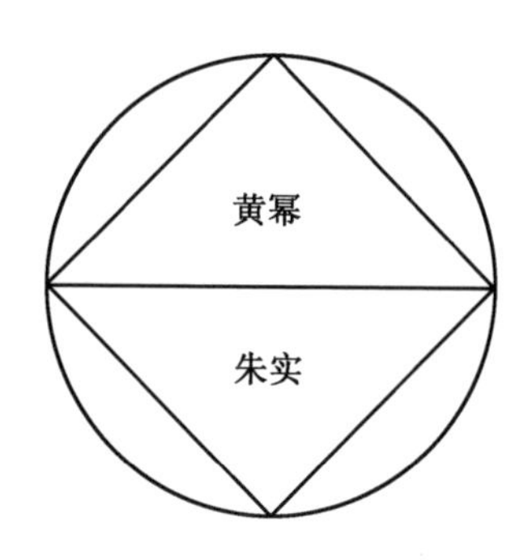

图 3

李潢注云：“如前图(图 2)，黄幂居十二弧幂之四，二青幂居十二弧幂之二，青黄相连者，以二青幂附于黄幂之两旁，得十二弧幂之半面为弧体.”(图 4) 所以当取 $\pi=3$ 时，弧田公式即如刘徽所说：“指验半圆之幂耳.”

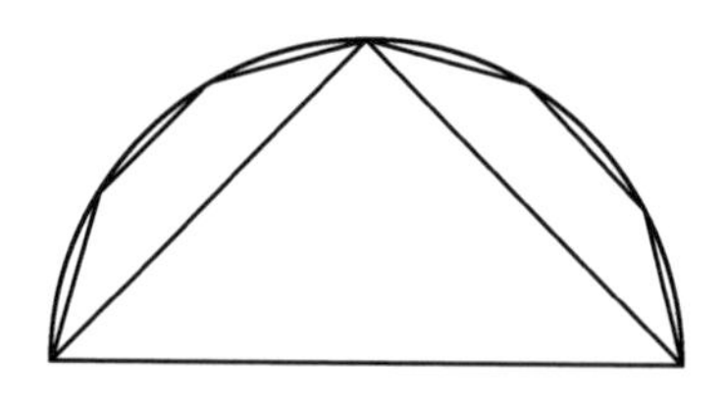

图 4

关于《九章算术》弧田公式的造术问题，目前有以下几种猜测.

(1) 用等腰梯形面积公式而得. 即以弧田的弦 a 为底，以矢 h 为高的等腰梯

形近似代替弧田. 如图 5 所示，过弓形的顶点作弧的切线，使其长等于 h，并被切点平分，得一等腰梯形. 据方田章第 29，30 题箕田术“并踵舌而半之，以乘正从”，得

$$弧田面积 = 梯形面积 = \frac{1}{2}(a+h)h$$

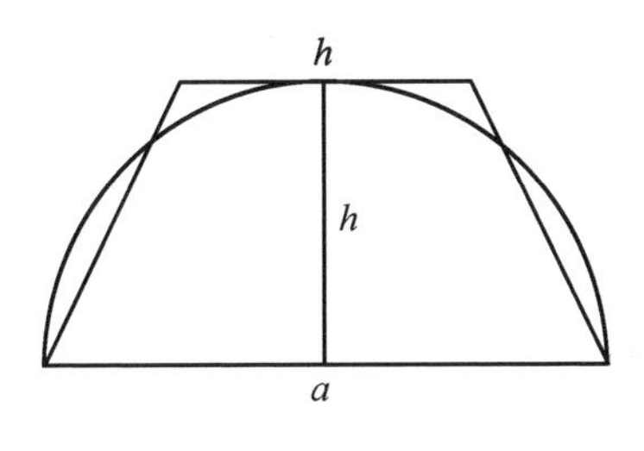

图 5

但有人认为由此而得的公式 $\frac{1}{2}(a+h)h$ 与《九章算术》原式 $\frac{1}{2}(ah+h^2)$ 之间需要进行分配律运算，《九章算术》作者未必掌握，不赞成此说. 纵观整个《九章算术》，如商功章的体积公式、笔者认为《九章算术》作者是免不了要遇到分配律问题的，这种运算他们在无意识情况下进行是完全可能的，问题是如果作者用此造述法得到式子 $\frac{1}{2}(a+h)h$ 后，他会不会把它变形为 $\frac{1}{2}(ah+h^2)$.

(2) 以弓形的高为中位线，作一正方形，再以弓形的弦与高作一矩形，如图 6 所示，则弧田面积可认为是矩形面积与正方形面积的平均数，即

$$S = \frac{1}{2}(ah+h^2)$$

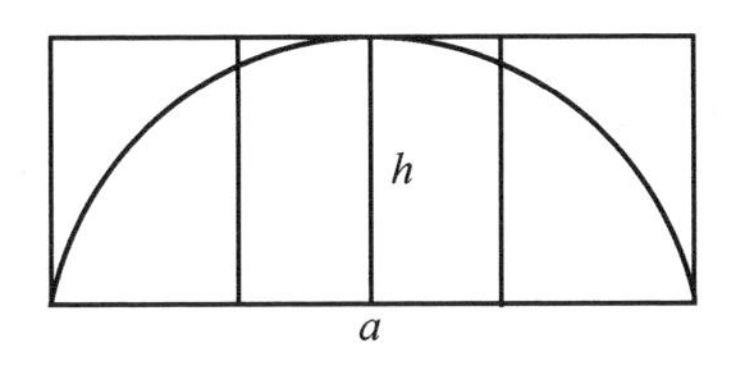

图 6

李继闵先生亦提出了一种造术法，如图 7 的割补法.

中分矢，割弧田为两长条，它们大致可割补为宽为半矢，长分别为弦和矢的长方形，从而有

$$\begin{aligned} 弧田面积 &= 弦 \cdot 半矢 + 矢 \cdot 半矢 \\ &= \frac{1}{2}(弦 \cdot 矢 + 矢^2) \end{aligned}$$

笔者这里也提出一种造术设想. 本文开始所引的弧田第一题，恰好是一半

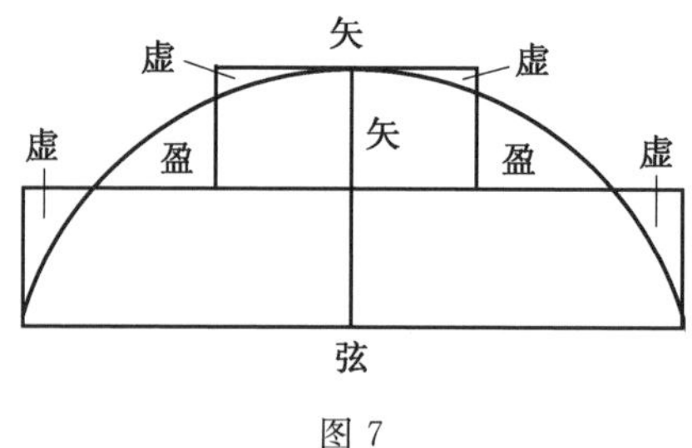

图 7

圆田，启发我们，弧田公式有可能源自半圆面积公式. 方田章第 32 题圆田术曰："径自相乘，三之，四而一." 即

$$A=\frac{3D^2}{4}\quad(D\text{ 为直径})$$

若令弧田弦 $a=D$，矢 $h=\frac{1}{2}D$，有

$$S=\frac{1}{2}\cdot\frac{3}{4}D^2=\frac{1}{2}(\frac{1}{2}D^2+\frac{1}{4}D^2)$$
$$=\frac{1}{2}[\frac{1}{2}D\cdot D+(\frac{1}{2}D)^2]$$
$$=\frac{1}{2}(ah+h^2)$$

刘徽也在注中指出："弧田，半圆之幂也，故依半圆之体而为之术." 可能指的就是这个意思.

2. 刘徽弧田公式

刘徽在讨论了弧田公式的近似性后，用相似于割圆术的无穷逼近算法给出了另一弧田公式.

"宜依勾股锯圆材之术，以弧弦为锯道长，以矢为锯深，而求其径. 既知圆径，则弧可割分也. 割之者半弧田之弦以为股，其矢为勾，为之求弦，即小弧之弦也. 以半小弧之弦为勾，半圆径为弦，为之求股，以减半径，其余即小弧之矢也. 割之又割，使至极细. 但举弦矢相乘之数，则必近密率矣."

刘徽先用"勾股锯圆材"术求出圆半径，然后依据勾股定理，图 8 中的 a_2，h_2 皆可求，若再分割下去，同理可求 a_3，h_3，…，于是

$$\triangle_1=\frac{1}{2}a_1h_1$$
$$2\triangle_2=a_2h_2$$
$$4\triangle_3=2a_3h_3$$
$$\vdots$$

从而

$$
\begin{aligned}
S &= \triangle_1 + 2\triangle_2 + 4\triangle_3 + \cdots + 2^{n-1}\triangle_n + \cdots \\
&= \frac{1}{2}a_1h_1 + a_2h_2 + \cdots + 2^{n-2}a_nh_n + \cdots \\
&= \sum_{i=1}^{\infty} 2^{i-2}a_ih_i \qquad (2)
\end{aligned}
$$

刘徽此处的“密率”指弧田的精确值.“割之又割,使至极细.但举弦矢相乘之数,则必近密率矣.”即是说:当分割细密至极限时,所有小三角形之和无限逼近弧田的面积.是一种十分成熟的极限思想.李迪教授认为可以把式(2)作为弓形面积的定义.不过刘徽的公式作为一种理论是先进的,但不宜用于实际的测量应用.他自己也指出:“若但度田,取其大数,旧术为约耳.”然而由刘徽公式可以推导出一些很好的近似公式,见下文(朱氏公式).

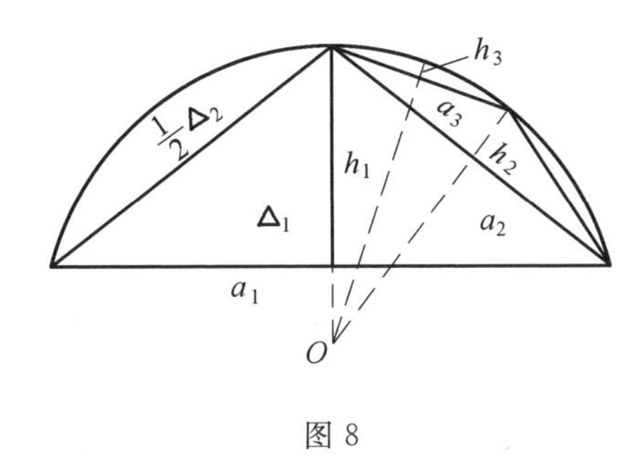

图 8

3. 朱氏公式

《夏侯阳算经》称弧田为弓田,《张丘建算经》还称弧田,其面积公式皆用《九章算术》原术.

中算史上还有一个弧田公式是朱世杰给出的.《四元玉鉴》中有两题弧田应用题,查其题意,则给出了一个新的弧田公式.

今有徽术弧田一亩一百七十三步,只云矢不及弦五十步,问弦矢各几何.

曰:弦六十步,矢一十步.

又有密率弧田,积一百三十六步半,只云矢幂多于弦二十一步,问弦矢各几何.

答曰:矢七步,弦二十八步.

记弦为 a,矢为 h,则前题的术文给出方程

$$407a^2 - 30\ 000a + 334\ 800 = 0 \qquad (3)$$

由题意及式(3)可推出朱世杰用到了这样一个式子

$$S = \frac{1}{2}\left(ah + h^2 + \frac{7}{200}a^2\right) \qquad (4)$$

由第二题的术文得方程

$$h^4 + 28h^3 - 14h^2 - 588h - 7\ 203 = 0 \qquad (5)$$

按题意及式(5)回溯可得

$$S=\frac{1}{2}(ah+h^2+\frac{1}{28}a^2) \tag{6}$$

题中说明式(4)是按徽率$\frac{157}{50}$计算的,而式(6)是按"密率"$\frac{22}{7}$①计算的.据此我们可把式(4)(6)分别化为

$$\begin{aligned}S&=\frac{1}{2}(ah+h^2+\frac{7}{200}\cdot a^2)\\&=\frac{1}{2}(ah+h^2+\frac{7}{50}\cdot\frac{a^2}{4})\\&=\frac{1}{2}[ah+h^2+(\frac{157}{50}-3)(\frac{a}{2})^2]\\&=\frac{1}{2}[ah+h^2+(\pi-3)(\frac{a}{2})^2]\quad(\pi\text{取}\frac{157}{50})\end{aligned}$$

及

$$\begin{aligned}S&=\frac{1}{2}(ah+h^2+\frac{1}{28}a^2)\\&=\frac{1}{2}(ah+h^2+\frac{1}{7}\cdot\frac{a^2}{4})\\&=\frac{1}{2}[ah+h^2+(\frac{22}{7}-3)(\frac{a}{2})^2]\\&=\frac{1}{2}[ah+h^2+(\pi-3)(\frac{a}{2})^2]\quad(\pi\text{取}\frac{22}{7})\end{aligned}$$

两者是同一公式,因此可认为朱世杰得到了一个新的弧田近似公式

$$S=\frac{1}{2}[ah+h^2+(\pi-3)(\frac{a}{2})^2] \tag{7}$$

式(7)比《九章算术》旧术精密得多.当弓形所对应的扇形大于$\frac{1}{4}$圆时,式(7)的值比真值小;反之,比真值大.若按图1中的θ值考虑有:

(1)$\theta=22.5°$及$\theta=45°$时式(7)无误差.

(2)当$0.172<\frac{h}{a}<0.748$即$9°45'<\theta<36°45'$时,相对误差$E<1\%$.

(3)当$0.182<\frac{h}{a}<0.670$即$10°30'<\theta<33°$时,$E<0.5\%$.

(4)仅当$\frac{h}{a}<0.12$时即$\theta<6°50'$,$E>5\%$.但是,明清数学家大都沿用《九

---

① 宋元数学家受李淳风的影响,大都误把祖冲之的约率$\frac{22}{7}$作为密率用.

章算术》公式，而把朱世杰公式遗忘了.

朱世杰弧田公式的造述问题至今还很少有人讨论过，本文将冒昧地提出如下设想，以就教于数学史界同仁.

我们注意到，朱氏弧田公式与《九章算术》公式比较，朱氏公式多出$(\pi-3)(\frac{a}{2})^2$，因而联想朱氏公式是在《九章算术》公式的基础之上加了一个校正数$(\pi-3)(\frac{a}{2})^2$. 可这个校正数是怎么得来的呢？

考虑在半圆情形下，弧田面积为$S=\frac{1}{2}\cdot\frac{\pi D^2}{4}$（$D$为直径），而旧率下的半圆面积为$S'=\frac{1}{2}\cdot\frac{3D^2}{4}$，故其差为

$$S-S'=\frac{1}{2}(\pi-3)\frac{D^2}{4}$$

取$a=D$，即得如上校正数.

应该指出$\frac{1}{2}(\pi-3)\frac{D^2}{4}$是今天的记法，为叙述简便而采用的. 朱世杰时的圆周率没有统一的记号π，所以朱氏的校正数应分别为$\frac{1}{2}(\frac{157}{50}-3)\frac{a^2}{4}$（或$\frac{7}{200}a^2$）及$\frac{1}{2}(\frac{22}{7}-3)\frac{a^2}{4}$（或$\frac{1}{28}a^2$）.

实际上朱世杰在《四元玉鉴》中既用了他自己所得公式，又使用了《九章算术》原术. 如卷中"拨换截田"第18题，其求方程的过程中弧田面积公式用的是《九章算术》公式，具体推导过程见文献[14]. 说明朱氏视具体情况，而对弧田公式精确程度有不同要求，亦增加了笔者这里对朱氏公式造术设想的可信度.

清谢家禾《弧田问率》中有弧田题，所用公式即朱世杰公式，但谢氏错误地认为式(7)是精确公式，并作证明. 虽然其证明是错误的，他给出了朱世杰公式的一种推求方法，十分巧妙！

近代还有以下三种形式的弓形面积近似公式

$$S\approx\frac{2}{3}ah \tag{8}$$

$$S\approx\frac{2}{3}ah+\frac{h^3}{2a} \tag{9}$$

$$S\approx\frac{2}{3}ah+\frac{8}{15}\frac{h^3}{a} \tag{10}$$

这三个公式如何得来也有几种说法. 如傅种孙先生用正切函数的无穷级数展开式证明式(8)及(9)（见《数学通报》，1953年第6期），丁立恒先生也给出了式(8)的一种初等证法（见《数学通报》1955年6期）. 李俨认为式(8)可以从明王文素

的《古今算学宝鉴》“新证草”中的方法推出.

一般认为这三个式子都可以从刘徽弧田术的公式中推导出来.把刘徽公式变形为

$$S=(\frac{1}{2}+\frac{1}{2^3}+\frac{1}{2^5}+\cdots)ah+$$
$$\frac{3}{2^3}(1+\frac{1}{2^2}+\frac{1}{2^4}+\frac{1}{2^6}+\cdots)\frac{h^3}{a}+$$
$$\frac{3}{a^3}[\frac{1}{2^2}(\frac{1}{2^2})+\frac{1}{2^4}(\frac{1}{2^2}+\frac{1}{2^4})+$$
$$\frac{1}{2^6}(\frac{1}{2^2}+\frac{1}{2^4}+\frac{1}{2^6})+\cdots]\frac{b^3}{a}+\cdots$$

取其第一项得

$$S\approx(\frac{1}{2}+\frac{1}{2^3}+\frac{1}{2^5}+\cdots)ah$$
$$=\frac{2}{3}ah$$

取其前两项得

$$S\approx\frac{2}{3}ah+\frac{3}{2^3}(1+\frac{1}{2^2}+\frac{1}{2^4}+\frac{1}{2^6}+\cdots)\frac{h^3}{a}$$
$$=\frac{2}{3}ah+\frac{h^3}{2a}$$

取前三项有

$$S\approx\frac{2}{3}ah+\frac{8}{15}\frac{h^3}{a}$$

具体推导过程参见文献[18].

《九章算术》弧田公式适用于弧田接近于半圆时;而式(8)适用于弓形所对的圆心角较小时,两者互补;式(9)与朱氏公式适用范围亦不同,但从整体来说,朱氏公式优于式(9).

中算史上一直没有像今天数学上用的由扇形减去一三角形方法而得之弓形面积公式

$$S=\frac{1}{2}r^2(\theta-\sin\theta)$$

究其原因,乃因为中国古代数学中没有平面三角学,无法从弦矢推出弓形所对应的圆心角.

由于中国古代传统数学有寓理于算的特点,古算书中没有记载概念与算法的推导过程,留下了一些算法和公式的造术问题,弧田公式就是一例.对此类问题的探讨有助于认识古代数学家的思想方法,还是具有一定意义的,本文对中算史上两个弧田公式造术的讨论就是在这种想法下所做的探索.

参考资料

[1] 白尚恕:《九章算术》注释,科学出版社,1983,第 56—59 页.

[2][4] 李潢:《九章算术细草图说》卷一,光绪丙申上海文渊山房石印本.

[3] 纪志刚:刘徽《九章算术注》附图的失传问题.

[5] Э. И. Березкина: *Математике в евяти Книгах*, Историко- Математичекие исследования Вышуск X Москва 1957 第 523 页.

[6][8] 中国数学简史编写组:中国数学简史,山东教育出版社,1986,第 79—83 页.

[7] 王荣彬:《九章算术》商功章逻辑性初探 —— 兼论《九章算术》作者对运算律 $ab+ac=a(b+c)$ 的认识,(待发表).

[9] 李继闵:《九章算术》及其刘徽注研究,陕西人民教育出版社,1990,第 286—287 页.

[10] 李迪:中国古代数学家对面积的研究,《数学通报》1956,第 7 期,第 23—25 页.

[11]《夏侯阳算经》卷上,钱宝琮校点《算经十书》下册,第 568 页.

[12]《张邱建算经》卷中,钱宝琮校点《算经十书》下册,第 371 页.

[13] 朱世杰:《四元玉鉴》下卷.

[14] 孔国平:宋元时期的数学思想,中国科学院自然科学史研究所博士论文,1990,第 119—120 页.

[15] 谢家禾:《弧田问率》,《测海山房》第十四册.

[16] 许莼舫:中算家的几何研究,开明书店,1952,第 39—42 页.

[17] 李俨:十六世纪初叶中算家的弧矢形近似公式,《数学通报》1962 年,第 1 期,第 43 页.

[18] 程廷熙:刘徽弧田术及其进展,《数学通报》1963 年,第 1 期,第 40—41 页.

刘徽的几何作图[①]

第十四章

中国古代数学中缺少有关几何作图的研究，即使是零星论述也不多见．可是数学研究不能完全离开图形，甚至在某些工艺上还要求相当精确的图形，例如古代铜镜上的花纹就有这种表现．从流传到现在的古代数学书，如《数书九章》《详解九章算法》《益古演段》和《算法统宗》等书的附图来看，绝大多数都是示意图，或是解说题意或说明解题过程．可以说都是随意的、不讲究图形画法的科学性，同时也就很少考虑图形的数学性质，对画图的工具和使用没有像西方那样给出严格规定．因此，在中国古代数学中就不可能对几何作图方面提出需要解决的问题，当然也不可能出现像古希腊那样的几何作图难题．也许赵君卿和刘徽有点例外．赵君卿的“勾股圆方图”主要是用于推理．刘徽的工作更值得注意，他说：“…… 析理以辞，解体用图，庶亦约而能周，通而不黩，览之者思过半矣．”可见他是把图形作为逻辑推理的辅助物的，事实上几何作图在他的研究中占重要地位．刘徽对图形的绘制，显然需考虑相对应的关系要合乎理论上的要求．

刘徽在注《九章算术》时画了许多几何图形，尽管这些图形早已不复存在，但是却留下了零星文字记载，如“谨按图验”“按图为位”“亦如前图”等．通过考察发现：刘徽的绝大多数图形，在作图时一般不涉及具体数字，注意的是某种性质．

① 本文作者为李迪．

研究几何作图，首先必须涉及作图工具的问题. 在中国历史上，作图使用规和矩两种工具. 对矩的理解和认识，人们基本是一致的，就是带刻度的直角形拐尺.（图 1）对于规的认识则不明确，笔者曾根据一些史科提出一种可能形式的规，不是西方那样的两脚规，而是像图 2 那样的横木（竹）片规. 据推测，可能还有另一种规，就是由于在汉代已经有了卡尺这一事实，当时也许有了两脚自由开合的规. 目前在农村有的木工仍用类似的两脚规 ——“运规”.①（图 3）以此推之，刘徽使用图 3 那样的能自由开合的规也是可能的. 很显然，第二种规系由第一种规演变来的. 以下讨论刘徽的几何作图.

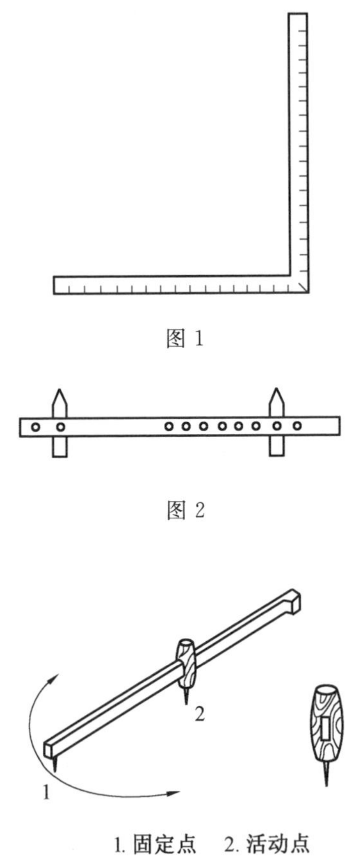

图 1

图 2

1. 固定点　2. 活动点

图 3

刘徽所做的图形包括平面的和立体的两大类，平面图形仅限于直线形和圆，都是简单的初等几何图形. 由于没有留下明确记载，因此下面的讨论实际上

① 此项资料和看法系冯立升所提供，特此申明并致谢意.

是假说，但是笔者相信是最接近真实的假说.

如果我们把刘徽所研究过的平面图形从作图的角度加以分解，使之变成最简单的情形，主要有下列一些：

(1) 过两点连接直线(实际是线段).

(2) 作一线段与一已知线段相等，或者说作相等线段.

(3) 平分已知角.

(4) 过一点向一已知直线作垂线，或者说作直角.

(5) 平分一已知弧.

(6) 平分一已知线段，或者说求作一已知线段的中点.

(7) 过一已知点作一直线平行于一已知直线，或者说作两条平行线.

(8) 已知圆心和半径作圆.

(9) 过圆周上一已知点作此圆的切线.

用规矩进行这些简单作图是很容易的，但是和西方尺规作图有很大不同，在一些问题上显示出优越性.

第一题：把矩的一边放置在要画直线段的地方，按照预定的长度点两个点，两点间连线.(图 4)

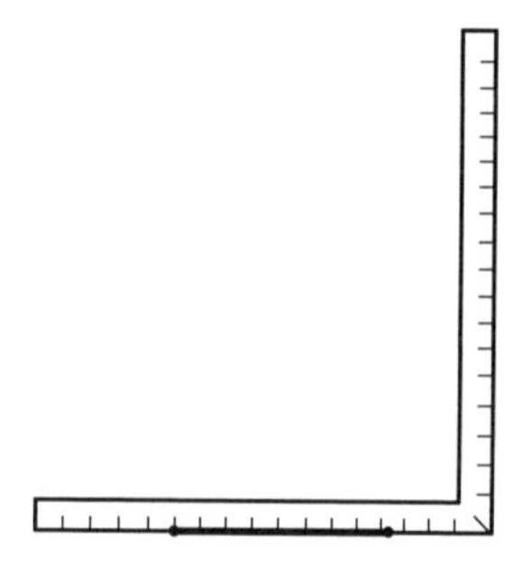

图 4

第二题：利用矩上的刻度进行作图：如果已有一线段，则先量出其长度，然后用第一题的方法做出相等线段；如果两线段都要作，则要定线段的长度，然后按要求的位置两次用第一题的方法做出相等的两线段.

第三题：不能使用规，而是用矩求得分角线上一点，如图 5(a)—(d) 的次序实现作图.

第四题：设 AB 是一已知直线，而 P 是一已知点(可在 AB 上也可在 AB 外).把矩的一边贴紧 AB，另一边贴紧点 P，且沿此边画直线，即垂直于 AB，如图 6 所示.

第五题：有两种方法作图，第一种是通过第三题的方法，等分角的同时即等分它上的弧；第二种是弧的两端连线，过弧所在圆的圆心作弦的垂线(如第四

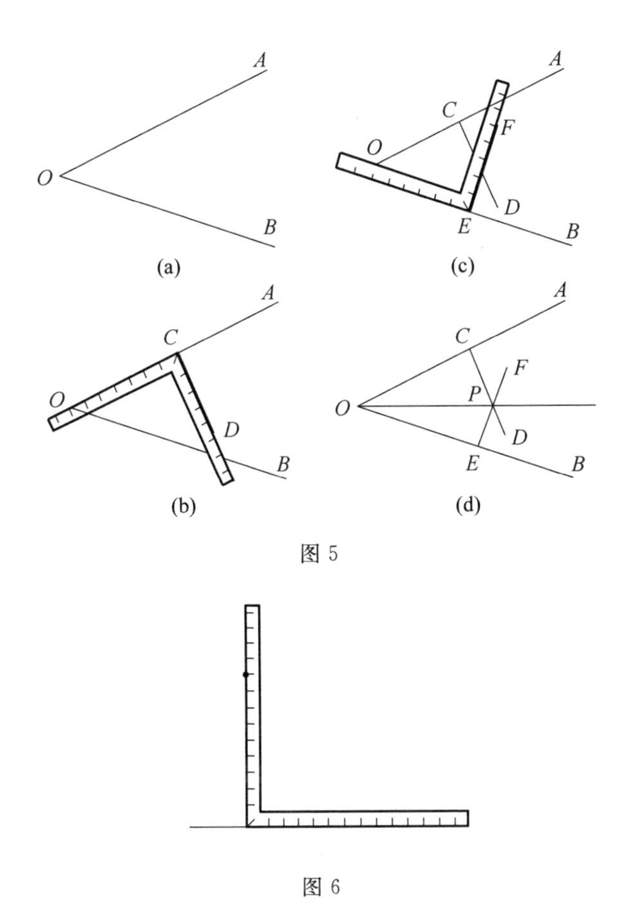

图 5

图 6

题),延长使与弧相交,交点即是所求之点.(图 7)

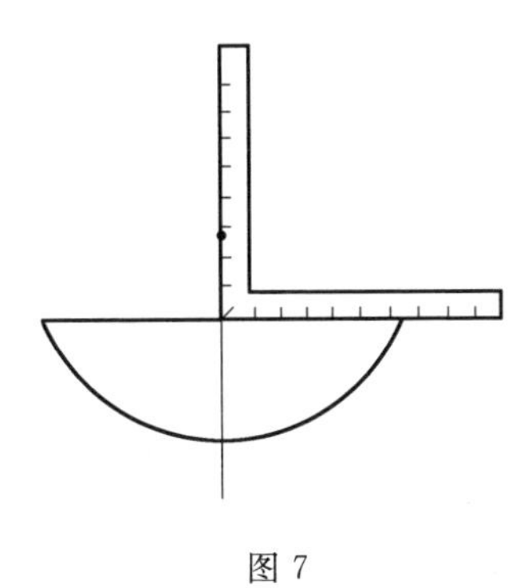

图 7

第六题:有两种方法作图,第一种先量出线段的长度,再把长度用 2 除,在长一半处画点,即把线段平分;第二种是如果是圆周上的弦,则如第五题,等分弧的同时也就等分弦.(图 8)

第七题:这有两种情形,第一是已知直线垂直于一条直线,则利用第四题作

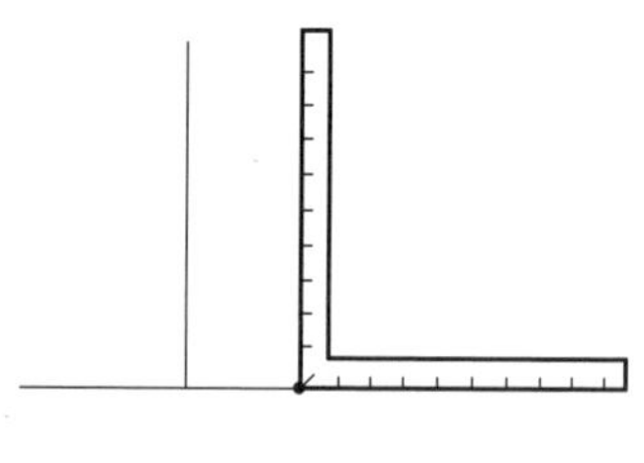

图 8

垂线的方法做出已知直线的平行线. 第二是已知直线不垂直于另一直线，这要先做已知直线 AB 的垂线 CD，再作垂线 CD 的垂线 EF，EF 就与 AB 平行，后一情形，是连续进行两次第四题作图.（图 9）

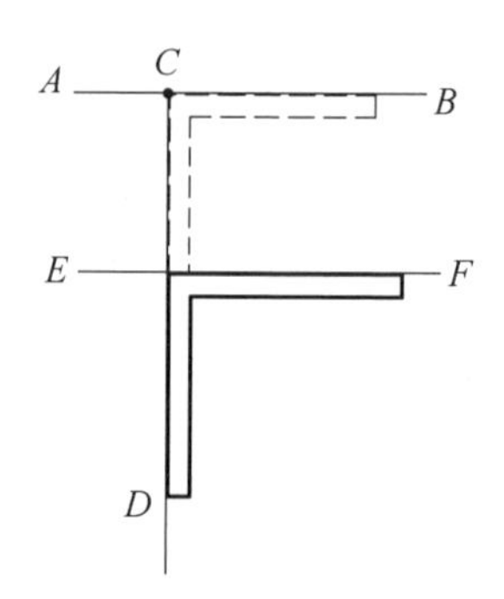

图 9

第八题：圆心的选定是相当容易的，而半径的选择由于中国圆规的特殊而有很大的局限性，即半径不能任意选择，因为是把画圆的笔插进一些特定的孔中，只能是规定了的长度. 如果两脚能自由开合的圆规，画圆的局限性就不存在了.

第九题：把矩的一边贴紧圆心 O，而使矩的顶点在已知点 P 上，过点 P 沿矩的另一边画直线，即为所求.（图 10）

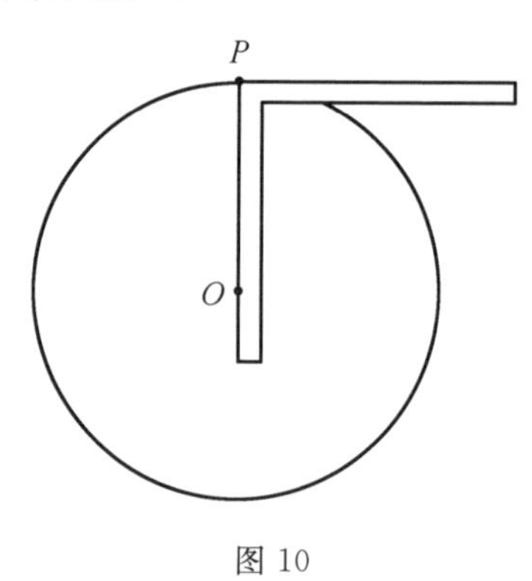

图 10

通过以上几种情形可以清楚地看出：中国的规矩作图具有自己的特色，因为矩能作直角和尺上带刻度，所以许多作图极为方便. 有了这九种简单作图，绝大多数的平面几何作图都可以完成. 正方形、长方形、三角形、梯形、圆、平行线、菱形等在古代已是习见，但是可以断言：绝大多数都是示意性的，实际上不是科学的几何作图. 刘徽的作图要考虑几何性质，必须从理论上保证作图本身的正确性. 下面举几个例子，说明刘徽的具体作图方法.

(1) **割圆术图**. 假定 AB 是圆内接正 n 边形一边，求 $2n$ 边形的一边. 这个问题归结为求弧 AB 的中点. 这可以通过第五题第二种方法实现. 这里刘徽必须证明图 11 中 $\triangle ACD$ 和 $\triangle BCD$ 全等，刘徽并没有明确指出这一点，可是他必定十分清楚. 他知道 DC 垂直于 AB，且 $AD = DB$，因此 $\triangle ACD$ 和 $\triangle BCD$ 是两个勾股形，用现在的观点来看显然相等. 从而 $AC = CB$. 在这样的前提下刘徽两次使用勾股定理求出 AC(或 BC) 之长，也就是正 $2n$ 边形的一边之长. 如果还想求正 2^2n 边形的一边便用同样办法进行，但除第一次要认真作图外，后来就不必了.

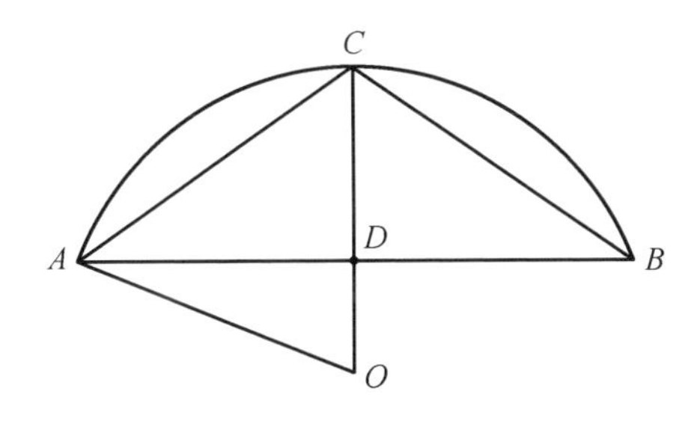

图 11

(2) **勾股形内切圆**. 作三角形内切圆和在他处作圆一样必须知道圆心和半径. 内切圆圆心到切点的半径垂直于三角形的边. 这个性质刘徽是知道的. 他在勾股章第 16 题注文中一开头就断定了内切圆心的位置，并且知道在图 12 中用虚线分开的三对三角形是分别相等的. 而这三条虚线恰是三个角的平分线，刘徽无疑知道内切圆心是角的平分线的交点. 从而他知道以这交点为圆心，以交点到某一边的垂线为半径所做的圆就是内切圆. 刘徽是否真这样做了，是个疑问，因为当时所做的规在确定半径时有所限制. 但按本题的条件和已给出的答案(直径为六步)，则是可作的.

(3) **勾股形"中弦"**. 所谓"中弦"就是过勾股形的内切圆心作一条与弦平行的直线. 先以矩作弦的一条垂线，如过顶点 A，则得垂线 AD，再把矩的一边贴紧 AD，另一边过点 O，过点 O 沿矩边画一直线，即平行于 AC，为所求之"中弦". 画中弦的结果，刘徽指出"勾股之面中央各有小勾股弦". (图 13)

(4) **勾股形内容正方形**. 在《九章算术》勾股章中有一题已知勾股形 ABC 两直角边 a，b，求出其内接正方形 $CDFE$ 的一边之长. 书中给出计算公式

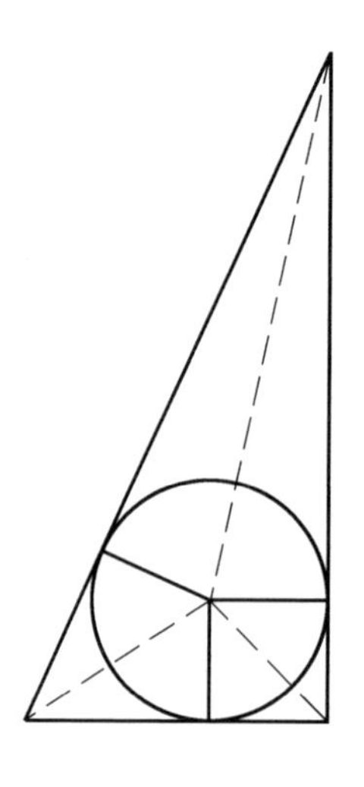

图 12

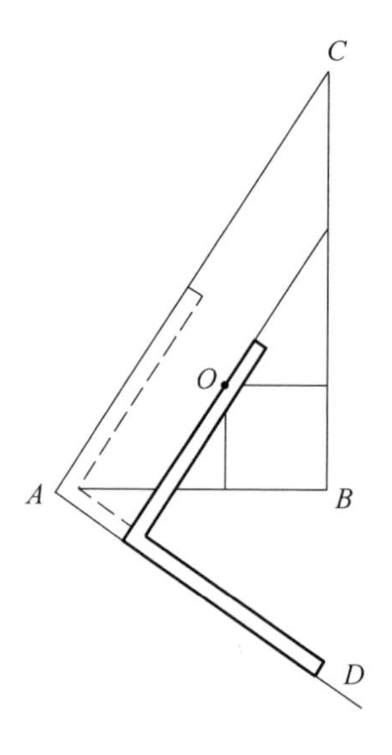

图 13

$$x=\frac{ab}{a+b+c}$$

其中 $c=\sqrt{a^2+b^2}$. 刘徽在假定问题已得解的情况下证明了这个公式的正确性. 他的证明是把面积 ab 转化为以 $a+b+c$ 为一边的等积的长方形,另一边即为所求. 由 $x(a+b+c)=ab$ 就知正确无误. 这作法本身虽是计算一边之长,但很显然也可看作是代数作图法. 把求得的边在勾股形内作内接正方形只须使用两次矩即可完成.(图 14)

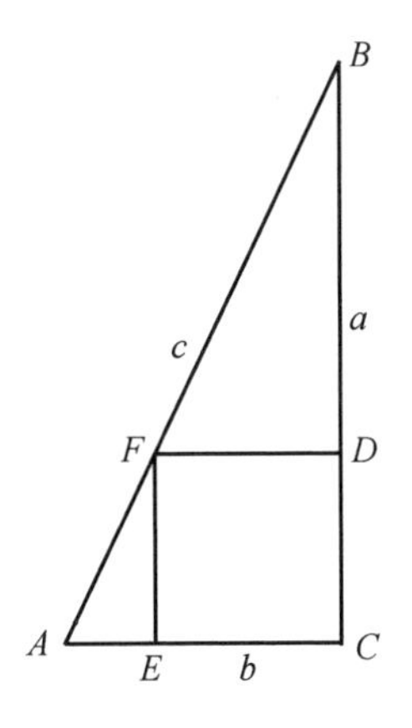

图 14

(5) **城邑问题**. 在勾股章有五个不同形式的城邑问题，归根到底都具有代数做图的性质，刘徽的做法更有此种性质. 现以该章第 17 题为例予以说明. 这题是：

今有邑方不知大小，各中开门. 出北门二十步，有木. 出南门十四步，折而西行一千七百七十五步见木. 问邑方几何.

设 $ABCD$ 为正方形城邑，点 E，F 为南、北门，点 P 为木. 如图 15 所示，《九章算术》的解法，相当于

$$x=\frac{\sqrt{(a+a_1)^2+8ab}-(a+a_1)}{2}$$

这就是二次方程

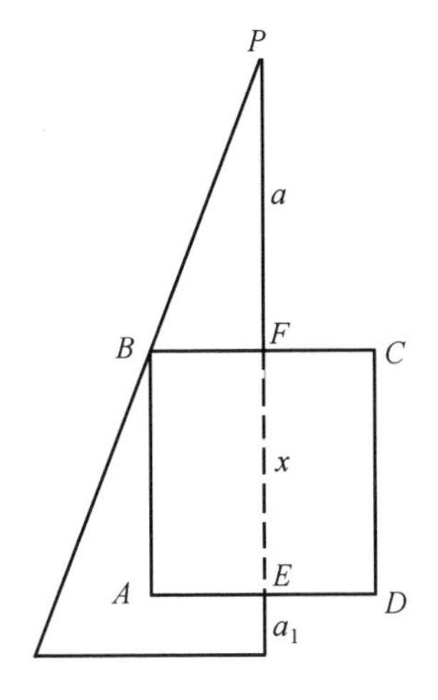

图 15

$$x^2+(a+a_1)x=2ab$$

的一个根.原书没有解释,刘徽对方程的形成给了说明.不过刘徽的说明比较简略,其主导思想是把问题化成某一长方形的面积.根据面积求出一个边长(当然还有一个边),再按题意进行处理,就得到了所求的结果.

刘徽的代数作图,不可能完全都根据代数运算进行,只能是一种半代数的方法.

对于立体几何图形,在中国古代历史上,不可能有科学的作图法,刘徽也不例外.虽然如此,可是笔者断定刘徽能作很漂亮的立体图形.刘徽以前所遗传下来的图形有不少相当于正平行投影的结果.例如长沙马王推出土的西汉帛画都是把立体物画成平面图.但是到了东汉逐渐有了变化,在内蒙古和林东汉墓壁画中,就出现了立体图形,画面上显示出了立体物的三个侧面,近似于现代的斜二侧投影图.立体图形到刘徽时代已经广泛流行,圆形口沿被画成接近椭圆的长圆形,车子的两轮也能前后错开,等等.刘徽肯定是掌握了近似的斜二侧投影图的画法.

刘徽在《九章算术》注中多次提到"棊",如在"开立圆"术中有"取立方棊八枚,皆令立方一寸,积之为立方二寸.规之为圆囷,径二寸,高二寸.又复横规之,则其形有似牟合方盖矣",在"阳马"术注中有"验之以棊,其形露矣",又在"方亭"术注中在引用"说算者"的"立棊三品"之后,他通过"用棊之数,立方三、堑堵、阳马各十二,凡二十七棊",以验证原书中"方亭"体积公式的正确性…….过去笔者不加区别地把这些"棊"一律称作立体模型,这需要仔细斟酌.

刘徽在这方面是分三步处理的,第一步对一批需要用棊而又能用棊的地方则确实使用了棊.推想,他只有三套棊,一套是以立方体为标准,包括立方体、堑堵、阳马、鳖臑(又分两种不同类型)四类.另一套是以底为梯形的棱柱为标准,包括相应的长方体、堑堵(又分不同类型)、阳马三类.第三套是以圆形为底的柱、锥、台.有了这三套棊,几乎《九章算术》中所有的多面体型立体都可以进行组合或分解,借以直观地论证体积计算公式.

但是棊的使用并不是毫无限制的,主要的限制有二:其一是有些立体由于分解之后再分解,尽管形状和原来的一样,可是因其很小而无法制作,如阳马术的第二次分解及以后各次分解就不能继续使用棊;还有像"牟合方盖"若做成棊虽属可能,但实在不易,而要做出其外切正方体(即能与牟合方盖组合成立方体的部分),不用说在刘徽的时代,就是在现今用手工制作也难以办到.其二是棊有增加立体感的一面,然而却不能透视其内部的线和面.因此,刘徽必须用一种更有优越性的方法进行处理,那就是绘制立体图形.

第三步,有些问题画图也有困难,特别是像阳马术那样要无限分解,只有少数一二次画图能够进行,次数多了不仅难画,而且因线条过多而无法分辨各种关系.在这种情况下只好凭推理解决问题了,他说:“数而求穷之者,谓以情推,不用筹算.”计算和图验都不可能,只能通过逻辑推理去认识和发展数学真理.

由以上的分析可知:刘徽所说的“綦”包括真正的綦、立体图形和推理过程中想象的立体三种情形.这无论是对思维推理还是研究方法来说都是特别重要的,表明刘徽高度的数学研究才能.当然,本文主要考虑的是第二步,即刘徽对立体图形的绘制问题.

和平面的图形遭遇一样,刘徽的立体图形也都早已亡佚.但是他绝对作过图形,否则有些推理不借助图形实难进行.

画立体图形首先符合人的观察习惯,这就是要反映物体的实际位置,一般都是要垂直立于地平面.因此,在画图上要解决画垂线和画水平面两个问题,而第二个问题则是关键.如果按正投影画水平面,结果就是一条直线,因此必须采用斜平行投影原理,使平面沿某个方向(不垂直于投影平面)投影于投影平面上,假定原平面用正方形表示,投影的结果成为平行四边形(有一对边为水平),即由图16(a)变为(b),现代斜二侧轴投影图的画法有严格规定,水平线保持实长,另一对线比原长短一半,而与水平线成45°角.刘徽不可能懂得这些,但就当时的图形观察,第一项可能是满足的,第二项更有任意性,一般比原长略短一点,第三项角度接近45°.

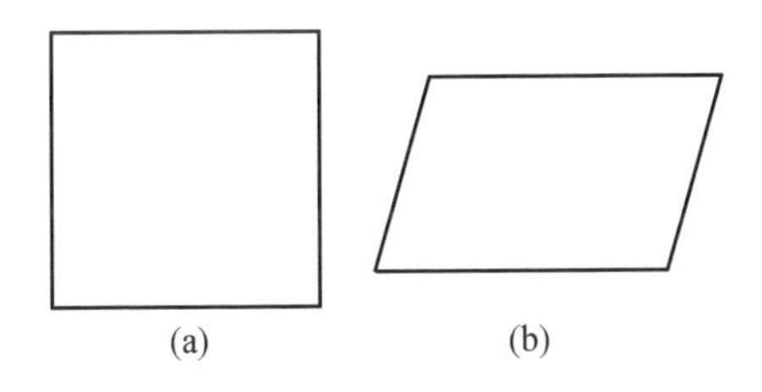

图16

这样画得的平行四边形并没有立体感.如果在适当的位置(如顶点)画垂直于水平线的直线,立体感就呈现出来了.(图17)这一点,刘徽不仅是知道的而且也应当是这样做的.当时的立体图形,基本都如此,刘徽不会例外.

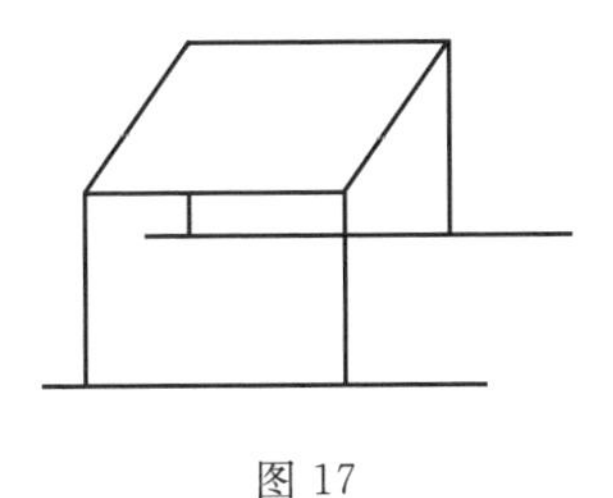

图17

刘徽的立体图形,大约不会用不同的线条(如粗细、实虚等)区别可见轮廓线、不可见轮廓线或立体内部的连线.这是因为立体图形的出现时间很短,不可能考虑得如此细致.实际上直到清初梅文鼎(1633—1721)的著作中才看到线条的区分.

根据以上的讨论,补绘刘徽的立体几何图形如图 18 所示.

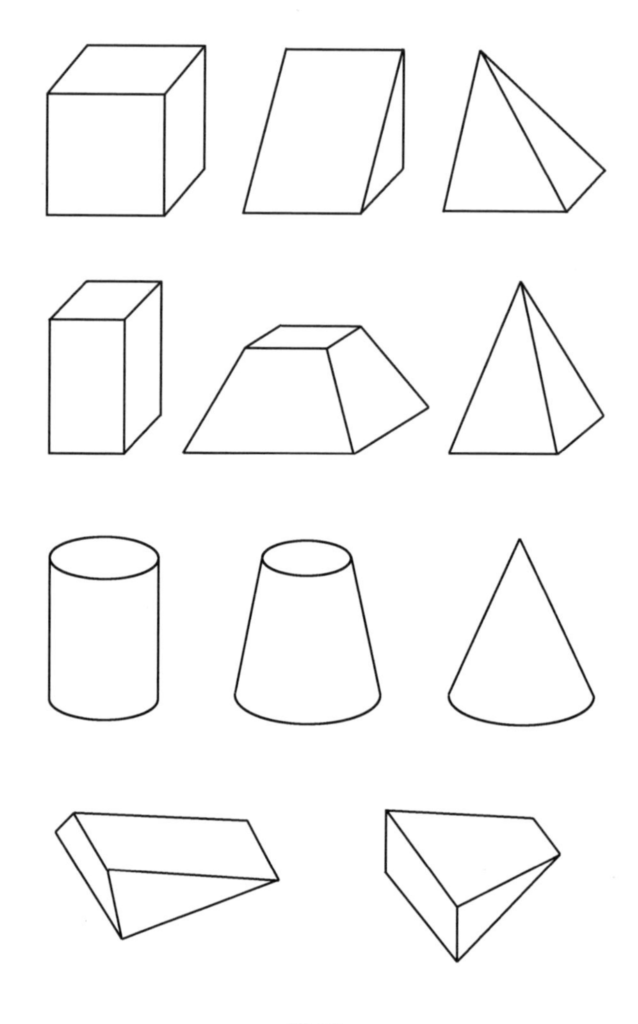

图 18

这类直观的立体图形因其很简单,不需加设其他线条,但若像阳马术那样进行分割的图形便需加分割线,在一次分割的情况下,用同样线条仍能分清两个立方体、两个堑堵、两个阳马和两个鳖臑.(图 19) 再分割,情况与此全同,但图形已很小,线条无法分辨,实无再画必要,只须"情推" 就足够了.

对于像由立方体垂直贯穿两内切圆柱,从而形成"牟合方盖" 其中还包含一个内切球,这种图样的图形,三四层在一起,不用说一千七百多年前的刘徽,就是现在的制图专家也难于不加分解地画出.推测,刘徽能够画出图 20 那样的

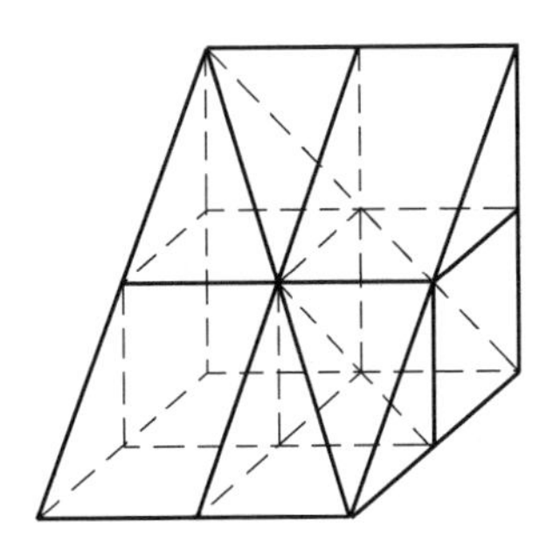

图 19

图形.至于球形,不论如何投影总呈现一个平面圆,只有画出两个不重合的大圆,使其中之一成椭圆时才能有立体感.把圆画成近似椭圆,刘徽是知道的,但把这种画法运用在画球形上则未必能做到.对于球冠形或半球形,因为有切口(是个圆形),刘徽肯定能画出有立体感的图形.(图 21)

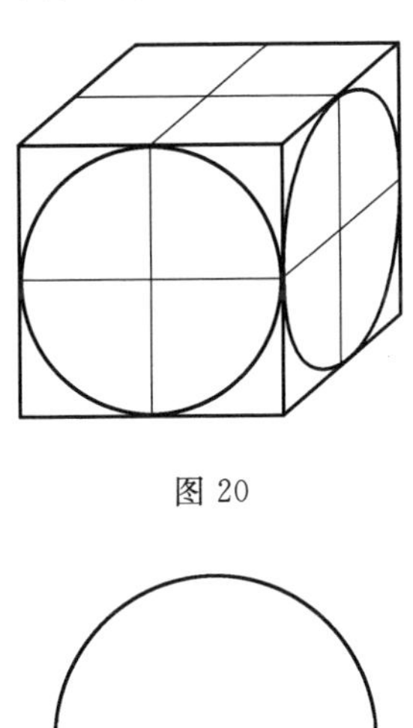

图 20

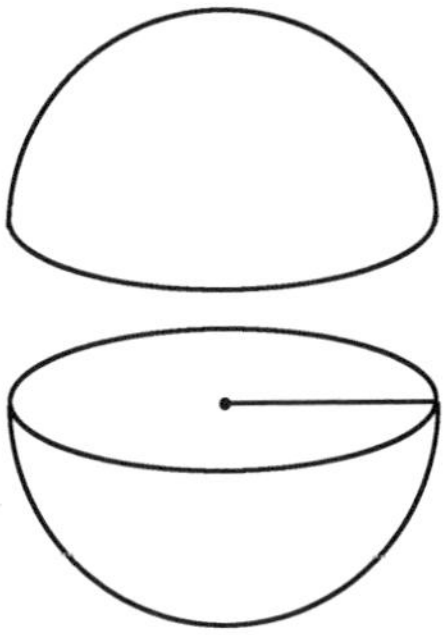

图 21

最后简单论述一下刘徽的"重差图"问题.现传《海岛算经》共九题,没有图形.刘徽在《九章算术》注原序中说:"辄造重差,并为注解,以穷古人之意,缀于勾股之下",未提到图形.然而,这类问题如果没有图形就很难弄清题意,更难找到解题的思路.他必须借助示意图才行.实际上,有的题目相当复杂,即使画示意图也相当困难,更不用说单凭想象解决问题了.例如第 9 题是站在山上向南面的城邑进行测量南北长东西广,使用立矩、偃矩和横矩各一,构成一个立体,很难画得准确.由于这类问题的图形已超出几何作图范围,故不详述.

通过以上的讨论,大体上勾画出了刘徽几何作图的情况,他应当能合乎理论地用规矩做出各种平面图形,且在《九章算术》的基础上能够进行代数作图.推测他能做出大多数立体几何图形.刘徽的几何作图,用现在的观点来看,似乎无何特殊与高明之处,但在中国数学史上可能达到了规矩作图的顶峰.本文所论仅限于刘徽,一般不适用于他人.

参考资料

[1] 李迪:"从古代铜镜上的花纹探讨古代等分圆周方法",《内蒙古师范学院学报》(自然科学版),1977 年第 1 期(1977 年 12 月),第 66—71 页.

[2] 李迪:"我国历史上的一种圆规",《中国数学史论文集》(三),1987 年,山东教育出版社,第 55—57 页.

[3] 刘东瑞:"世界上最早的游标量具 —— 莽新铜卡尺",《中国历史博物馆馆刊》,1979 年第 1 期.

[4] 白尚恕:《〈九章算术〉注释》,1983,科学出版社,第 338 页.

[5] 湖南省博物馆等:《长沙马王堆一号汉墓发掘简报》,1972,文物出版社,图版壹.

[6] 李迪:"中国制图技术的演进",第一届全国中国古代机械史学术讨论会论文,1983,昆明.

[7] 李迪:"刘徽的数学推理方法",《〈九章算术〉与刘徽》,1982,北京师范大学出版社,第 95—104 页.

[8] 梅文鼎:《梅氏历算全书》.

关于刘、祖原理的对话——从牟盒方盖谈起[①]

第十五章

内容提要:本文以对话的形式,深入浅出地介绍了与刘徽所创合盖体有关的历史与数学内容,并将古今算法进行了对比.

本文认为“刘祖原理”是十几年来中算史与刘徽研究的重要进展之一,这一术语较全面地反映了历史认识的原貌;认为刘徽与祖暅的数学工作前后呼应,一脉相承,他们的历史功绩相映生辉.

本文以三分之一篇幅逐条、逐句反驳否定“刘祖原理”提法的观点,认为否定刘徽在这方面的成就的论断不能成立.

甲:中国数学史学十年进展中,《九章算术》与刘徽研究引人注目.其中一重要内容,是关于“刘祖原理”的讨论.作为数学史工作者,不知您对这一讨论有何看法?

乙:和许多数学史爱好者、数学家一样,希望这一讨论更加活泼,如能引起争鸣,则对繁荣学术尤为有益.您作为关心数学史的教师,我也非常乐意听取您的见解.

甲:我对此很感兴趣,但阅历有限,难见全貌.不知讨论是怎样引起的?争论的焦点的哪里?

乙:我同您一样,囿于所见,要想用简短的话来概括,既难全面、恰当,又非力之所及.我们不妨先从牟合方盖谈起——因为与“刘祖原理”有关论文,都要涉及这一具体的数学对象.

① 本文作者为罗见今.

甲:好的,这符合我们的思想方法.可把它简称为“合盖”或“牟”.合盖体是传统数学研究的对象,刘徽是世界上第一个提出合盖体的数学家,他的构思有怎样的背景?

乙:我倒先要问您:牟合方盖在现代数学语言中应怎样定义?

甲:合盖体(图 1)是两等径正交圆柱的重合部分.内含最大正方形为中截面,两边两方盖全等,它们的顶各由四块全等的圆柱面三角形拼成,四棱为椭圆曲线,由斜切圆柱面而获得.

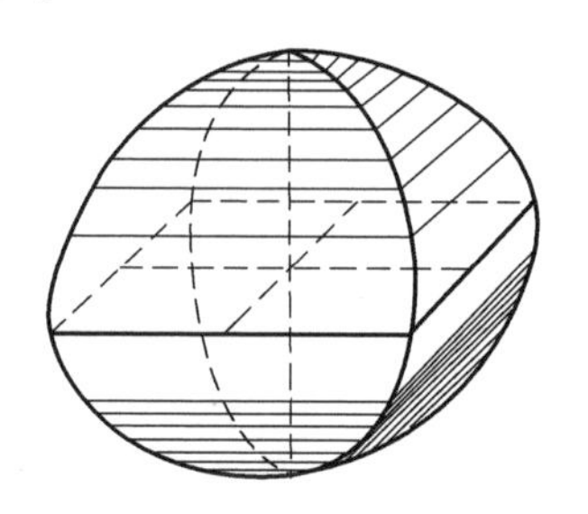

图 1

乙:的确如此.在历史上合盖体的产生有其具体的数学背景.

中国古代算家注重圆与方、立圆(或称“浑”“丸”,即球)与立方(或称“质”,即正方体)的对比关系.东汉张衡说:“方八之面,圆五之面.”即

$$S_{圆} / S_{方} = \sqrt{5} / \sqrt{8} (= \sqrt{10} / 4) \tag{1}$$

常说张衡取 $\pi = \sqrt{10}$,即从式(1)推出.刘徽说:“方周者,方幂之率也;圆周者,圆幂之率也.”即

$$C_{圆} / C_{方} = S_{圆} / S_{方} = \pi / 4 \tag{2}$$

刘徽并用割圆术改进了 π 值.张衡研究了“言质之与中外之浑”,即一正方体的内切球与外接球的体积关系(图 2),得到

$$V_{内球} / V_{外球} = \sqrt{25} / \sqrt{675} \approx 5/26 \tag{3}$$

刘徽则研究了“质言中浑,浑又言质”,即一球的内接正方体与外切正方体的体积关系(图 3),他设内立方边长 $a = 5$ 尺,据球内容立方的几何关系 $d^2 = 3a^2$,算出球直径或外立方边长 $d = \sqrt{75}$ 尺,从而得到

$$V_{内方} / V_{外方} = a^3 / d^3 = \sqrt{25} / \sqrt{675} \approx 5/26 \tag{4}$$

甲:他们的结果与今算值

$$\sqrt{3} / 9 \approx 0.192\ 45$$

全同;以

$$5/26 \approx 0.192\ 307\ 6$$

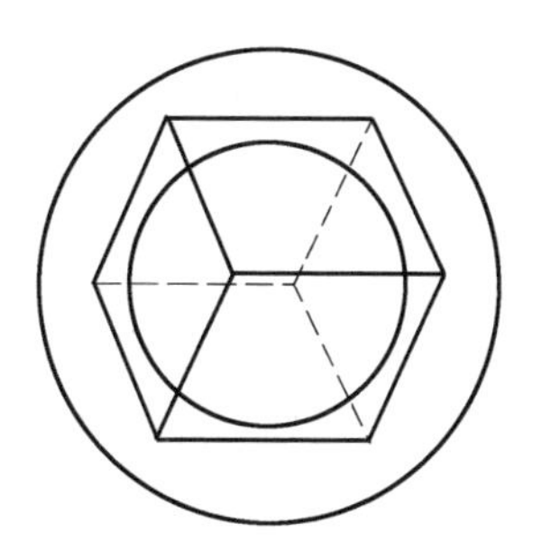

图 2

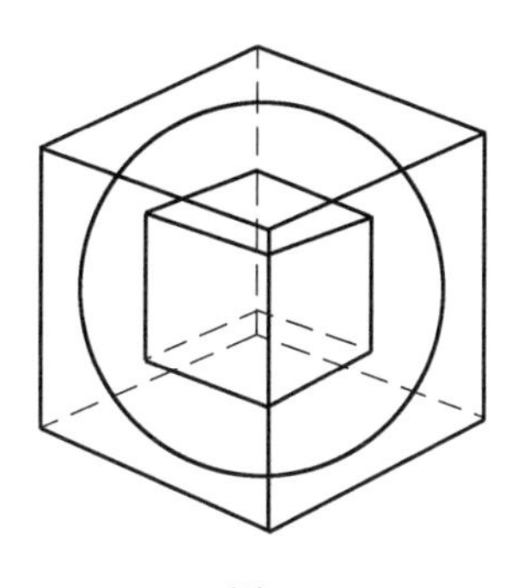

图 3

代替，误差仅 0.074%，十分漂亮. 在不知 $V_{球}$ 的条件下有如此成绩，很不容易.

乙：刘徽说："二质相与之率犹衡二浑相与之率也"，即有

$$V_{内方}/V_{外方}=V_{内球}/V_{外球} \tag{5}$$

但我们不知道为获得式(3)(4)的结果，两位数学家的运算过程是怎样的. 甚至刘徽也不知张衡怎么算的，他推测说："衡盖亦先二质之率推以言浑之率也"，即由式(4)(5)导出(3).

甲：我认为他们计算式(3)(4)(5)的目的，是想方设法找出 $V_{球}/V_{立方}$，再通过由质推浑的途径算出 $V_{球}$ 来. 但这个目的似乎没有达到.

乙：当然可以这样揣测，因在当时求 $V_{球}$ 的确是个难题. 刘徽注意到，不管是球内切、外接于立方，或是立方内接、外切球球，只要几何关系不变，则二浑或二质比例关系不变，这反映了他注重通过特定条件研究不变的比例关系的数学观点. 但他并非用正方体与其内切球体积之比及球与内接正方体体积之比以推算二质之比的，因 $V_{球}$、$V_{球}/V_{立方}$ 均未知；否则，就无必要提出合盖的概念了.

张衡还说："质六十四之面，浑二十五之面，"即他估计

$$V_{球}/V_{立方}=\sqrt{25}/\sqrt{64}=5/8 \tag{6}$$

刘徽批评道："欲协其阴阳奇耦之说而不顾疏密矣. 虽有文辞，斯乱道破义，病也."

甲：的确，式(6) 很不高明，误差在 19.366%. 但张衡式(3) 结果那样精确，对比之下令人不解. 大概张衡以优美的文辞引述了阴阳五行和八卦奇偶的理论，刘徽见到了原文，才这样批评. 所以我推测式(6) 中"5" 是五行的"五""8" 是八卦的"八"，这是一种哲学上的结果而非数学结论.

乙：球体积还有一经验的结果. 古人把黄金炼得极精，制成 1 立方寸的金块，重 16 两；另制成寸径的金球，重 9 两. 春秋末齐国人著的《考工记》中有精炼含锡并权之、准之、量之的记载. 于是古人就以为

$$V_{球}/V_{立方}=9/16 \tag{7}$$

这个经验值未经理论证明.

甲：与标准几何体相比，金块与金球都有误差，而且度量长度和重量时都会产生新的误差. 后者姑且不论，假定寸金是标准的，则金球偏重 7.43%. 从工艺的角度看，那时在所难免.

乙：有趣的是，从一个错误的公式出发也可推出与式(7) 相同的结果.《九章算术》少广章 24 题开立圆术给出由 $V_{球}$ 计算其直径 d 的公式

$$d=\sqrt[3]{16V_{球}/9} \tag{8}$$

即

$$V_{球}=9/16\ d^3(=9/2r^3)$$

刘徽分析了式(8) 的立术之原. 在圆柱内切于方、圆内切于方、球内切于圆柱时，如果认为

$$V_{圆柱}/V_{立方}=S_{圆}/S_{方}=\pi/4\approx 3/4 \tag{9}$$

及

$$V_{球}/V_{圆柱}=\pi/4\approx 3/4 \tag{10}$$

则

$$\begin{aligned}V_{球}/V_{立方}&=(V_{圆柱}/V_{立方})\cdot(V_{球}/V_{圆柱})\\&=3/4\cdot 3/4=9/16\end{aligned} \tag{11}$$

因式(10) 于理不通，故刘徽认为式(8)"此意非也". 式(11) 中若以$\sqrt{10}$ 表示 π 代替 3，则得式(6). 刘徽推测张衡的式(6) 就是这样算出来的，故批评说："失之远矣."

甲：式(10) 当为 2/3，认为是 $\pi/4$ 时造成了 17.81% 的误差. 式(8) 也是取 $\pi=3$，误差为 7.43%；如果将 9 换作 $\pi^2=9.8696$，则误差扩大到 17.81%，远超过工艺误差，已不可取，令人怀疑它是否确由式(11) 推得. 或者式(8) 仅为来自炼金的经验公式？

乙：刘徽说："率生于此(炼金)，未曾验也"，明白道出式(8) 生于式(7)；当然不

排斥式(8) 因式(11) 而立，这同样是可以讨论的. 刘徽指出错误假设式(10)可导出一系列错误结论，即式(11)(8) 均被证伪，这具有理论上的意义. 合盖体的发明即产生于这一批判的背景.

甲：能否认为，刘徽说式(8) 源于式(11) 本身也是一个假说. 按照科学哲学家波普尔(K. P. Poper) 的观点，知识就是由假说构成的，只有可证伪的陈述才是科学的陈述；科学是假说不断被证伪、知识不断增长的动态过程. 在 3 世纪刘徽已具有了科学的批判精神，他的假说可作为古代科学创造的典型例证.

乙：不仅如此，为继续批评式(8)，他依式(8) 计算立方与外接球之比. 这里将他的叙述过程合写成一式，即相当于得到

$$V_{内方}/V_{球}=V_{内方}/V_{外方}\div V_{球}/V_{外方}$$
$$=5/26\div 9/16=40/117 \tag{12}$$

他说："是为质居浑一百一十七分之四十，而浑率犹为伤多也"，导出结果球占比例过大，归于谬误.

甲：此言极是. $V_{球}/V_{外方}$ 今算当为

$$\pi/6=0.523\ 598\ 7,9/16$$

误差 7.43%，$V_{内方}/V_{球}$ 今算当为

$$2\sqrt{3}/3\pi=0.367\ 552\ 6$$

40/117 误差 6.98%，主要由 9/16"伤多"引起. 其实 40/117 尚不及 4/11 好，后者仅差 1%.

乙：要驳倒式(8)，必须驳倒式(10)，刘徽正是从 $V_{球}/V_{圆柱}$ 一定不等于 $\pi/4$ 入手，去寻找球与什么样的体积之比才等于 $\pi/4$ 的. 在此之前，他已有相当的经验，表述出以下诸命题：

命题 1　"令圆幂居方幂四分之三，圆囷居立方亦四分之三"，即式(9).

命题 2　"圆锥见幂(侧面积，记作 $S_{圆锥}$) 与方锥见幂($S_{方锥}$)，其率犹圆幂之与方幂也." 即

$$S_{圆锥}/S_{方锥}=S_{圆}/S_{方}=\pi/4 \tag{13}$$

命题 3　"从方亭(正四棱台) 求圆亭(圆台) 之积，亦犹方幂中求圆幂." 即

$$V_{圆亭}/V_{方亭}=S_{圆}/S_{方}=\pi/4 \tag{14}$$

命题 4　"从方锥中求圆锥之积，亦犹方幂求圆幂." 即

$$V_{圆锥}/V_{方锥}=S_{圆}/S_{方}=\pi/4 \tag{15}$$

命题 5　"圆锥比于方锥，亦二百分之一百五十七." 即式(15) 中取 $\pi/4=157/200$.

有的学者称上述命题为"刘徽定理"或"刘徽诸事"，结果均为 $\pi/4$；命题 3,4,5 还暗示等高层截面比均为 $\pi/4$.

甲：我们以为刘徽依底面积之比推断体积之比的，您所说的暗示有什么根据？

乙：前边说过，刘徽注重通过特定条件研究不变的比例关系，像式(5)那样的关系他都能够发现，他不会认识不到方锥与内切圆锥用平行于底的截面切去小方锥与小圆锥后所余的正是方亭与内切圆亭，据式(14)(15)，比例 $\pi/4$ 保持不变．“底面积”在这里与“横截面积”难以绝对区分，小方锥、小圆锥的底面积也就是大方锥、大圆锥的横截面积．

甲：您所讲的仍然是一些推测和联想．

乙：《九章算术》商功章17题羡除术刘注中提出了相连贯的几个命题，对说明上述问题或许有所裨益．

命题6　中锥鳖臑与外锥鳖臑“虽背正异形，…… 参不相似，实则同也．”

如图4(a)，内接的正四棱锥 $S-EFGH$ 中锥，所余为外锥；如图4(b)取出1/4，分属于中、外锥的称为中、外锥鳖臑．两者体积相等．

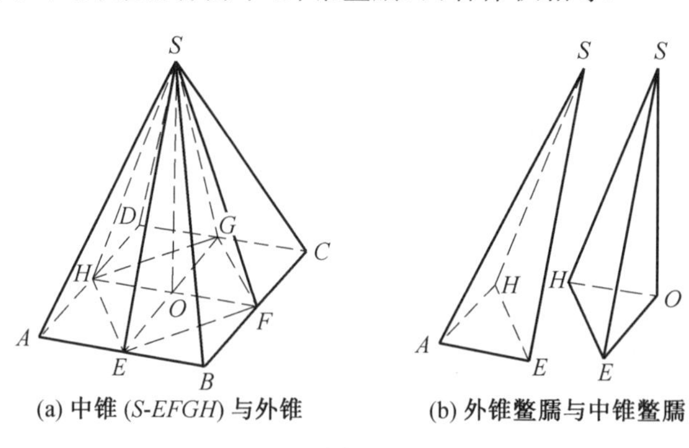

(a) 中锥 (S-EFGH) 与外锥　　(b) 外锥鳖臑与中锥鳖臑

图4

命题7　“角而割之者，相半之势．”

“角而割之”，见图5(b)．命题7将命题6稍加推广．

命题8　“阳马 …… 不问旁角而割之，相半之势．”

图5(a)(b)(c)表示剖分阳马为二等分的三种方法．命题8将命题6，7作了推广，不必一定“旁而割之”或“角而割之”．

命题9　“推此上连无成[层]不方，故方锥与阳马同实．”意谓“据此推知(等底等高的)方锥与阳马同高层没有一处不是相等的方形，故两者体积相等”，如图6所示．

上述四个命题的内涵逐步推广，最后达到依同高层面积的性质判定体积，这种数学观点从命题6，7，8而来，并非仅局限于命题9．

甲：数学家卡瓦列利(B. Cavalieri，1598—1647)在1635年提出，若两物体每一平行截面上的面积均相等，则两物体体积相等．这一截面定积原理较之刘徽的思想要晚1370年．

乙：当然，刘徽尚未将它表述成一般的形式；不过，包括李俨先生在内的许多学

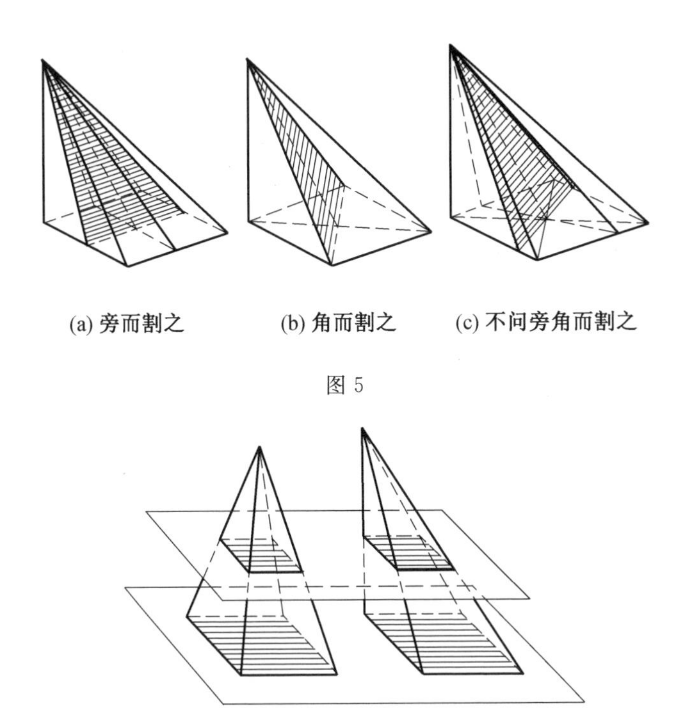

(a) 旁而割之　　(b) 角而割之　　(c) 不问旁角而割之

图 5

图 6

者都认为刘徽已具有了这种截面定积的思想，特别表现在设计合盖体的动机中.《九章算术》开立圆术刘注："取立方棊八枚，皆令立方一寸，积之为立方二寸. 规之为圆囷，径二寸，高二寸. 又复横规之，则其形有似牟合方盖矣. 八棊皆似阳马，圆然也. 按合盖者，方率也；丸居其中，即圆率也. 推此言之，谓夫圆囷为方率，岂不阙哉？"这段话精彩极了，边长为二寸的正方体用同径圆柱面纵横切割两次则得合盖体，球内含其中，两者之比恰合于方圆之率. 在中算史上，合盖体是全新的构思.

甲：这使我联想到割圆术. 圆内接或外切正多边形边数无限加倍时极限为圆周，或者说用来割圆的是直线. 刘徽心目中或许欲将此术推广到三维，用圆柱面不断切割立方体，最终可得球本身(图 7). 从"割圆术"到"规丸术"，不是合乎逻辑的发展吗？

乙：请等一等. 刘徽是以内接而非外切的途径逼近圆的；注文只有"规之""复横规之"，并非无穷切割；而割圆术有"割六觚以为十二觚术""割十二觚以为二十四觚术"等，内容充实、具体，您所说的"规丸"能称得起一术吗？

甲：这是一种合情推理，他用柱面切割两次之后，发现"立方之内，合盖之外，虽衰杀有渐，而多少不掩. 判合总结，方圆相缠，浓纤诡互，不可等正."他困惑了，找不到求 $V_{牟}$ 的方法. 如继续切割，将出现牟合 8 角盖(或称伞)，16 角

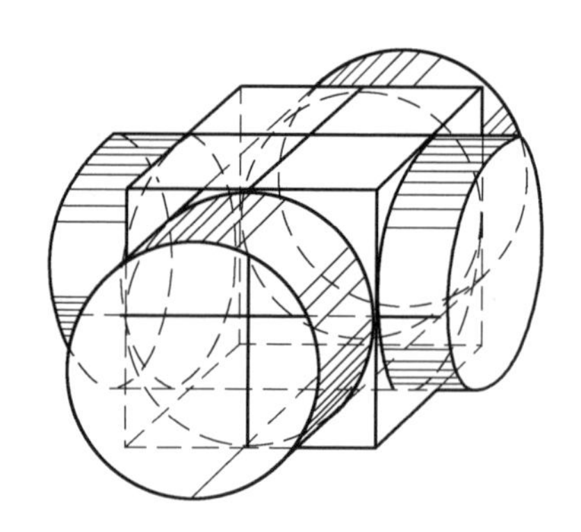

图 7　规之为圆囷，又复构规之

盖，……，2^{n+1} 角盖($n \geqslant 1$)，球仍居中(图 8). 当 n 无限增大时，极限即球. 当然求 2^{n+1} 角盖体积比求正 3×2^n 边形面积复杂得多，故“规丸”没有详细术文是可以理解的.

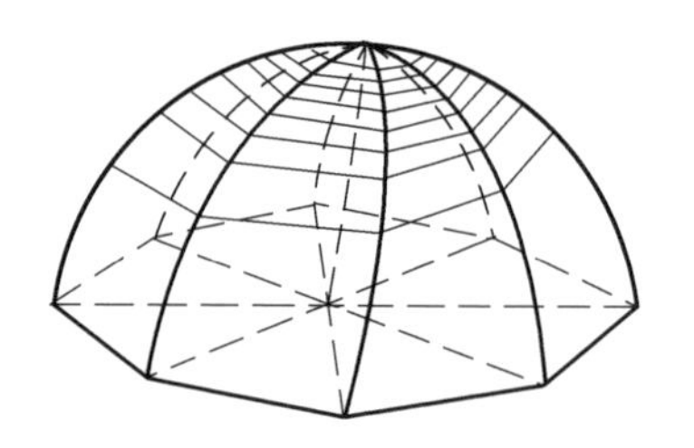

图 8

乙：您的解释也是一种猜测，属于“广义”的一类，可备参考，遗憾的是这尚非史实.

甲：也许搞数学的人比较重视过去的数学思想至今对我们是否仍有启发. 规丸术暗示了求 $V_{球}$ 的新途径. 为说明这个问题，我们先来看今天是怎样计算 $V_{牟}$ 的.

如图 9 所示，设圆柱面半径为 r，两柱面方程为 $x^2+y^2=r^2$ 及 $x^2+z^2=r^2$. 利用对称性，只要求出第一卦限体积即可. 先对 y 后对 x 积分，积分区域为 $D: 0 \leqslant y \leqslant \sqrt{r^2-x^2}, 0 \leqslant x \leqslant r$；曲顶 $z=\sqrt{r^2-x^2}$，故有

$$
\begin{aligned}
\frac{1}{8}V_{牟} &= \iint \sqrt{r^2-x^2}\,\mathrm{d}\sigma \\
&= \int_0^r \mathrm{d}x \int_0^{\sqrt{r^2-x^2}} \sqrt{r^2-x^2}\,\mathrm{d}y \\
&= \int_0^r \sqrt{r^2-x^2}\left(y\Big|_0^{\sqrt{r^2-x^2}}\right)\mathrm{d}x
\end{aligned}
$$

$$=\int_0^r (r^2-x^2)\mathrm{d}x$$

$$=r^2x-\frac{1}{3}x^3\ \Big|_0^r$$

$$=\frac{2}{3}r^3 \tag{16}$$

乙:您要用到二重积分才能算出合盖体积,算法虽具一般性,但缺乏特色;祖冲之的儿子祖暅在约 1 400 年前就出色地解决了这个问题,$2r^3/3$ 也就是他的结论:“三分立方,…… 内棊居二.”

甲:按规丸术,牟合 2^{n+1} 角盖中截面为正 2^{n+1} 边形(图 10),设它的中心角之半为 $\theta=\angle EOB_n=\pi/2^{n+1}$,则 2^{n+1} 角盖能分解成 2^{n+3} 个全等的几何体(图 11 中的 $OAEB_n$;当 $n=1$ 时即半“内棊”,见图 9 中的 $OAEB_1$). 我们来求它的体积.

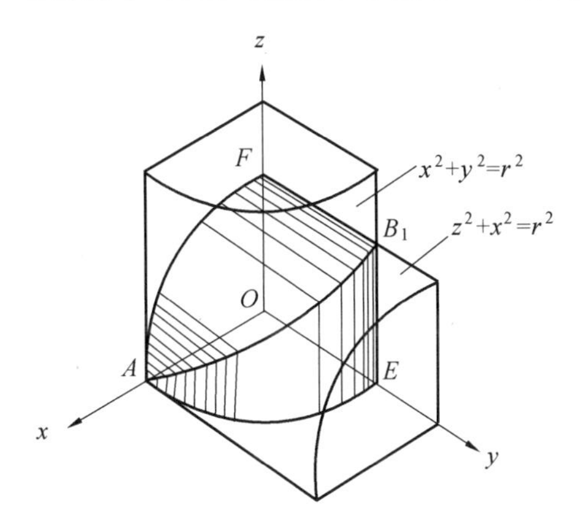

图 9　积分求合盖体

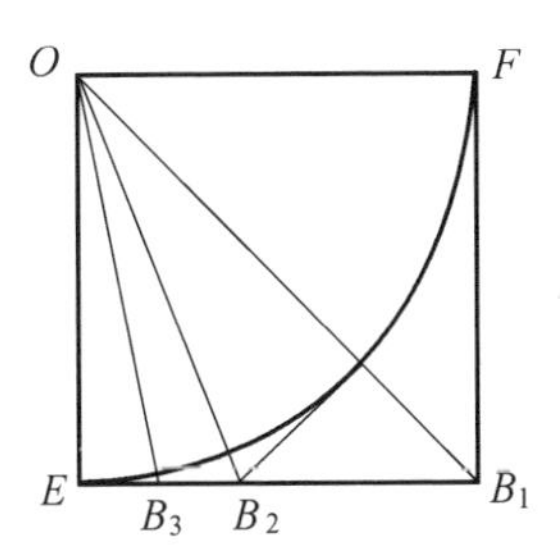

图 10　圆外切正 2^{n+1} 边形边长为 $2EB_n$

设圆柱面方程为 $x^2+y^2=r^2$,柱顶平面为 $y\tan\theta$,积分区域为 D:$0\leqslant y\leqslant\sqrt{r^2-x^2}$,$0\leqslant x\leqslant r$,则

$$V_{OAEB_n}=\int_0^r \mathrm{d}x\int_0^{\sqrt{r^2-x^2}} y\tan\frac{\pi}{2^{n+1}}\mathrm{d}y$$

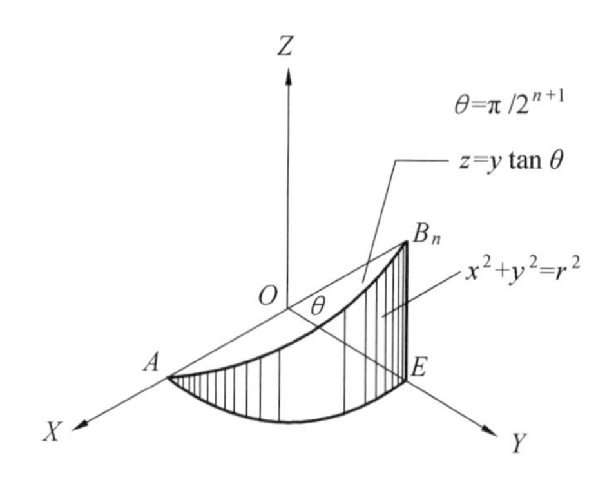

图 11　积分为 2^{n+1} 角盖体积

$$
\begin{aligned}
&=\tan\frac{\pi}{2^{n+1}}\int_0^r \frac{y^2}{2}\Big|_0^{\sqrt{r^2-x^2}}\mathrm{d}x\\
&=\frac{1}{2}\tan\frac{\pi}{2^{n+1}}\int_0^r (r^2-x^2)\mathrm{d}x\\
&=\frac{1}{2}\tan\frac{\pi}{2^{n+1}}\left[r^2x-\frac{x^3}{3}\right]_0^r\\
&=\frac{1}{2}\tan\frac{\pi}{2^{n+1}}\cdot\frac{2}{3}r^3\\
&=\frac{1}{3}\tan\frac{\pi}{2^{n+1}}r^3
\end{aligned}
$$

于是牟合 2^{n+1} 角盖体积 V_n 为

$$V_n=\frac{2^{n+3}}{3}\tan\frac{\pi}{2^{n+1}}r^3 \tag{17}$$

将规丸术无穷进行下去则得极限

$$
\begin{aligned}
\lim_{n\to\infty}V_n &=\lim_{n\to\infty}\frac{2^{n+3}}{3}\tan\frac{\pi}{2^{n+1}}r^3\\
&=\lim_{n\to\infty}\frac{4}{3}\pi r^3\tan\frac{\pi}{2^{n+2}}\Big/\frac{\pi}{2^{n+1}}\\
&=\frac{4}{3}\pi r^3
\end{aligned}
\tag{18}
$$

用圆柱面切割,“割之弥细,所失(视为误差)弥少,割之又割,以至于不可割,则与立圆合体而无所失矣.”您看,规丸与割圆的精神不是完全一致吗?

乙:您改了一个“失”字,加了一个“立”字,可谓发展了刘徽的思想,以今续古,移花接木.可惜只有一点:证据不足.故不能定论.我以为他本没有打算用规丸的办法去算 $V_{球}$;根据命题 1—9 的经验,他已猜到:

命题 10　“合盖者,方率也;丸居其中,即圆率也.”即

$$V_{球}/V_{牟}=S_{圆}/S_{方}=\pi/4 \qquad (19)$$

刘徽提出了从 $V_{牟}$ 计算 $V_{球}$ 的重要途径，他的注意集中在“立方之内，合盖之外”的部分.

甲：您为什么说“猜到”？刘徽叙述命题10语意肯定，并用以批驳式(10)：“谓夫圆囷为方率，岂不阙哉？”显然将命题10作为确切的事实、已明了的定理.

乙：刘徽欲知 $V_{球}$，尚未算出 $V_{牟}$，试问他何以确知两者之比为 $\pi/4$？这是一个无法回避的问题. 命题10比其他的几个命题都复杂，靠直觉不易判断，而作为一个定理则需要证明；或者通过类比、非完全归纳或合情推理，得到一个一般原理，从而导出它. 所以命题10就现有史料而言，是一个猜测. 要解决它，须做到以下两者之一：(Ⅰ)分别独立算出 $V_{球}$ 和 $V_{牟}$，再求两者之比；(Ⅱ)提出类似于卡瓦列利原理的截面定积原理(以下简称原理). 根据中算史发展的路线，我们不能苛求刘徽在3世纪就完成(Ⅰ)的任务；对于(Ⅱ)不少学者指出，我们也注意到命题1—9表明刘徽已达到提出截面定积原理的水平；我们同时注意到，众所周知，刘徽尚无具体表述这类原理的文字. 至于这命题是否作为已知的定理，不取决于陈述的口吻，而取决于它是否的确被证明. 如果达到(Ⅱ)，命题10顺理成章就成立了.

甲：可以假定刘徽已清楚认识到：(Ⅰ)合盖与内切球任一等高层截面圆与方均相切，满足 $\pi/4$ 的比例；(Ⅱ)从而，可确定球与合盖体积之比为 $\pi/4$. 如果没有这样的假定，命题10的提出简直是不可思议的.

乙：您的假定也是一种合情推理，实际上是(Ⅱ)的一种特殊情形. 我从逻辑上相信事情确乎如此，但在史料上却没有找到含有“等高层”“平行截面”意义的论述. 数学史学特别注重史料，并将史实与史论严格区分. 完成(Ⅰ)或(Ⅱ)是后人的工作，也是刘徽有意识的留给后人的难题，他说：“欲陋形措意，惧失正理. 敢不阙疑，以俟能言者.”他的这种科学精神传为历史上的佳话，值得赞誉；更重要的是，他把研究中的困惑和事实上的猜测——命题10作为重大课题，一并留给了后人. 经过二百多年，大数学家祖冲之的儿子祖暅沿着刘徽指出的道路继续前进，提出了完整的截面定积原理，杜石然先生在1954年称之为“祖暅公理”. 这样，祖暅完成了(Ⅱ)的任务，命题10因而得证. 他应用该原理算出(Ⅰ)中之 $V_{牟}$，继而应用命题10算出 $V_{球}$. 这一历史悬案至此结束，祖暅获得了“能言者”的桂冠.

甲：您刚才说祖暅出色地解决了合盖体积问题：“三分立方……内棊居二.”我们用重积分，他用什么方法？愿闻其详.

乙：《九章算术》开立圆术李淳风注中用362字记录了祖暅的方法和结果. 祖暅取边长为 r 的“立方棊”(图12正方体 $A-G$)一枚，按刘徽的方法用圆柱面两次切割后，该棊分成了“内棊”($A-EFGH$)和“外棊”($ABCD-FGH$). 内綦是合盖的 1/8;外綦在切割过程中分成三部分,叫"三綦"或"外三綦"(图 13).

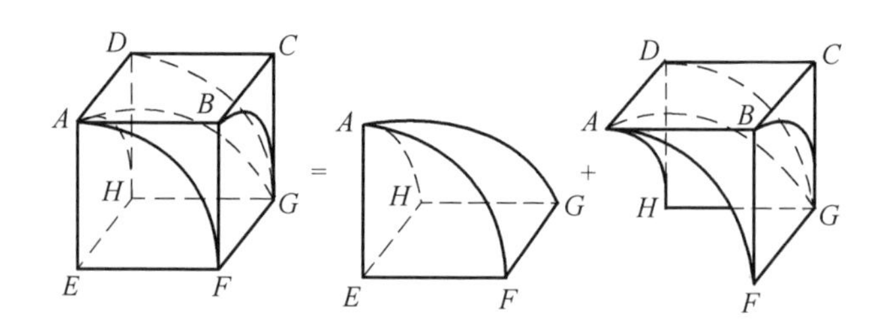

图 12

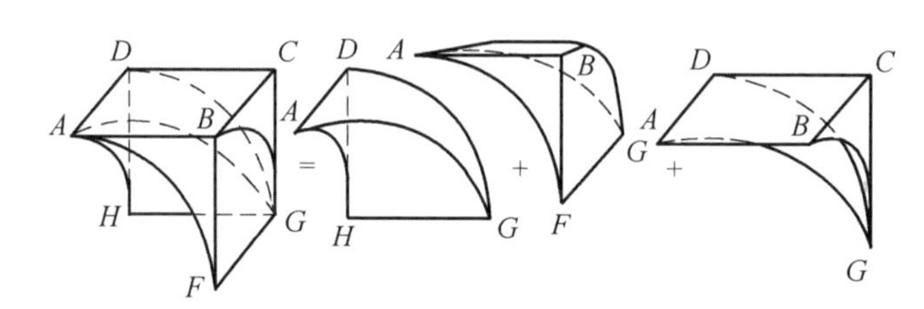

图 13

祖暅定理:"规之外三綦旁蹙为一,即一阳马也."祖暅的证明分做两步:

(i)"阳马方高数参等者,倒而立之,横截去上,则高自乘与断上幂数亦等焉."意即底面方为 r^2,高为 r 的倒立阳马任一高度的截面积与外綦等高层截面积均相等.

图 14 中在距任意高 $a<r$ 处平行于底的截面正方形 $IJKL$ 面积 $=r^2$,截内綦而得的正方形 $INRM$ 面积 $=b^2$,截外綦所得磬折形为 $KLMRNJ$;在距高 a 处平行于底的截面正方形 $WXYZ$ 面积 $=a^2$. 由勾股定理知

$$KMRN=IJKL-INRM=r^2-b^2=a^2=WXYZ \tag{20}$$

(ii)"规之外三暅旁蹙为一,即一阳马也."为证明这一定理,祖暅提出原理:"夫叠綦成立积,缘幂势既同,则积不容异."一种解释是:凡两物体所有等高处截面面积既然都已相同,那么它们的体积不可能相异. 由式(20),立即得到

$$V_{外綦}=V_{阳马} \tag{21}$$

定理因而得证.

推论 1 "三分立方,则阳马居一,内綦居二."即

$$V_{内綦}=V_{立方}-V_{阳马}=2/3\ r^3 \tag{22}$$

推论 2 "合盖居立方亦三分之二."即

$$V_{合盖}=2/3\ V_{立方}=2/3\ d^3 \tag{23}$$

推论 3 "置(立方)三分之二以圆率三乘之,如方幂率四而一,约而定之,以

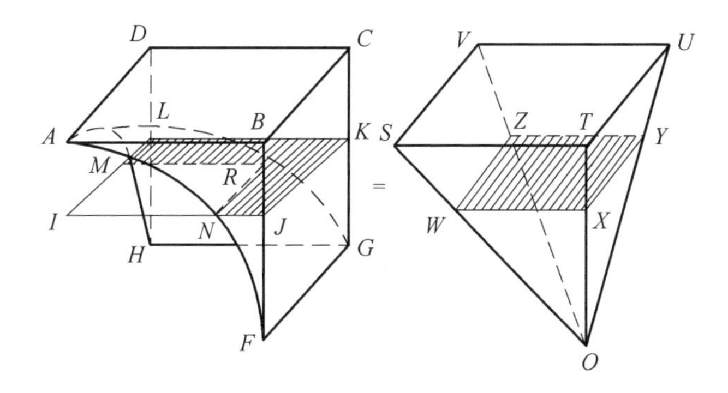

图 14　三棊旁蹩为一,即一阳马也

为丸率."即

$$V_{球}=2/3V_{立方}\times\pi/4=\pi/6\ d^3$$
$$=4/3\ \pi r^3\approx 1/2\ d^3 \tag{24}$$

推论 4　"丸居立方二分之一也."即

$$V_{球}/V_{立方}=\pi/6\approx 1/2 \tag{25}$$

在接下来的 99 字中,李淳风改用 π 值 22/7,得

$$V_{球}/V_{立方}=\pi/6\approx 11/21$$

及

$$d=\sqrt[3]{21/11\ V_{球}} \tag{26}$$

甲:祖暅的全部证明十分精彩,几个推论一气呵成,观点新颖,方法高明,不比积分逊色.他接受了刘徽遗留下来的历史难题,领会了刘徽的困惑与猜测的意义,按照刘徽指示的途径,专注于合盖之外、立方之内的外棊体积,明确提出刘徽意会而未及言传的原理,命题10因而得证,$V_{牟}$ 和 $V_{球}$ 迎刃而解.刘徽与祖暅的数学工作前后呼应,一脉相承.按照一位当代数学家的观点:"发现好的猜想,确切地说就是完成一半工作",刘徽的困惑与猜测是祖暅提出原理的前提,他们两人在解决这些问题中的功绩相映生辉.

乙:所以,许多学者,例如吴文俊、白尚恕、李迪、李继闵等先生提出上述原理应称为"刘祖原理",以表彰两位数学家共同的贡献.当然,也有学者认为:"将祖暅公理改称刘祖公(原)理,不独没有必要,必实在不妥,况且,祖暅公理已被人们所公认,这个名称可以代表我国古代人民在这个领域中的贡献."

甲:我读过这篇论文(文献[14]),是这种观点的代表.它分为三节.第一节"刘徽的论述与祖暅公理之异同",在相异点中着重指出"刘徽仅仅比较方锥与阳马、圆锥与方锥、圆亭与方亭、球与方盖,这些形体都比较简单、规则,且只是其截面积的大小随高度发生变化,而截面的形状却不变.祖暅则用三块立体与一块立体比较(按指图13的三棊与图14的倒立阳马),这三块立体形状都很复杂，不仅其截面积的大小随高度而变化，而且形状也随高度而变化.”“刘徽只就特殊问题立论，祖暅则作了一般性概括，显然，不能认为刘徽已经完全认识了祖暅公理.”

乙：我认为有必要说明以下三点：

(ⅰ)方锥与阳马、圆锥与方锥、圆亭与方亭形体比较简单、规则，但是球与合盖则不然，不能与前三对的简单程度相提并论. 在 $V_{球}$ 与 $V_{牟}$ 未知时，何以知道两者之比为 $\pi/4$? 这是立论者必须回答的一个问题. 假如对原理没有基本认识，则很难做出命题10的猜测；虽然它是原理的特例，但再考虑到命题1－9，已为原理的产生准备了素材.

(ⅱ)内棊和外棊属于同一曲面分割立方体的内外两部分，一凸一凹，一阳一阴，其复杂程度完全属于同一等级，怎么能认为外棊形状比内棊复杂? 由求内棊转向求外棊，复杂程度并未升级. 外棊一分为三是用圆柱面两度切割的结果，而祖暅在计算外棊体积时明白写着“规之外三棊旁蹙为一”，即仅当作一个对象而非三个；他统一考虑外棊截面积 $b^2=r^2-a^2$，而不是将 b^2 分成两矩一方分别处理的. 换言之，祖暅在获得式(20)时着眼点与外三棊各自复杂的形状并无关系. 至于外棊截面虽随高度而变，但总是磬折形 —— 两方形之差，与一方形相比，仍然属于同一复杂等级.

(ⅲ)祖暅得到的式(21)是原理的特例，在提出原理的过程中也可以作为一个根据. 但仅此一端无法获得一般性的原理，原理的产生必须有相当多的素材，作为不完全归纳、类比、合情推理的基础. 从现有史料中我们看不到祖暅做出一般性概括的其他依据，而在刘徽那里却不乏其例，特别是命题1—10，强烈暗示原理的存在. 我们认为祖暅一定从刘徽那里受到这些影响，经过综合、概括、提炼、推广而形成原理的条文. 因此，称原理为刘祖原理，已包含了这样的考虑.

甲：该文第二节主要陈述命题3,4等“不是刘徽所创，而是刘徽记载前人的方法”，理由有五点，第一、二点是：

(ⅰ)刘徽注《九章算术》，一部分是他自己的创造，一部分是记述前人的方法.

(ⅱ)商功章“第13、11题”注的第一部分的论证都采用“周三径一”，但刘徽“对采取周三径一的方法是持完全否定态度的”“可知这不是他的证明”.

乙：先针对以上两点，分别提出以下两点：

(ⅰ)刘徽注《九章算术》既有个人创造又有前人成果这一常识性判断不能作为证明命题3,4等不是刘徽所创的充足理由，它的逻辑作用只是不排除命题3,4等不是刘徽所创的可能性；但这个判断也完全可以用于相反的意义，即不排除命题3,4等确为刘徽所创的可能性. 因此，立论者所提出的第一点理由对于他欲证明的论点是没有用的，即不称其为理由.

（ⅱ）刘徽确如立论者所说“对采取周三径一的方法是持完全否定态度的”吗？今有如下两反例：

反例 1　勾股章 11 题刘徽注：“故曰圆三径一，方五斜七，虽不正得尽理，亦可言相近耳.”此注确切表明刘徽对古率的看法清晰而灵活，并非持完全否定的态度.

反例 2　方田章 36 题弧田术刘注：“圆田旧术以周三径一为率，俱得十二觚之幂，亦失之于少也”，在注末称：“然于算数差繁，必欲有所寻究也. 若但度田，取其大数，旧术为约耳.”此注清楚表明，刘徽对数学应用的目的性十分明确，认为如果只对度量田亩这种不必细究的事而言，只要取其大数即可，应用旧术周三径一比较简约，可避免繁复的数字. 刘徽是如此通情达理，数学观点并无绝对化的痕迹，因此说他完全否定古率与史实不符.

诚然，刘徽创割圆术，计算 π 值更精确了. 但据此不能臆断他一定不用古率. 世事因果差互反复，多有不能以常识推断者. 祖冲之算 π 创纪录，按说中算应多用密率；但中算史上直到清代，用古率者不乏其人；就连他的儿子祖暅，在算 $V_{球}$ 的式(24)(25)中，概用古率. 总不能因此就说式(24)(25)不是祖暅所创吧！同理，李淳风改用 $\pi=22/7$，也不能说式(26)就是李淳风的成果. 所以，是否用古率不能作为判定命题 3，4 等是否为刘徽所创的唯一标准. 因此，理由之二论据不确，推理有误，结论不能成立.

甲：该文论证命题 3，4 等“不是刘徽所创”理由三、四分别为：

（ⅲ）“张衡曾求过球体积公式，其成绩并不高明. 刘徽批评他‘圆浑相推，知其复以圆囷为方率、浑为圆率，失之远矣’. 可知张衡确曾试图通过圆率和方率解决球体积.”

（ⅳ）错误的式(10) $V_{球}/V_{圆柱}=\pi/4$“是通过比较它们的最大截面积(即大圆与大方)得到的. 这个通过比较立体间截面积论证立体体积的方法显然不是刘徽自己揣摩的，而是刘徽前存在的方法，应该说，是得出《九章算术》那个错误公式时就已存在的方法.”

乙：依历史先后顺序，这里先评理由四，再评理由三.

（ⅲ）刘徽注(263)距《九章算术》成书(约前1世纪中期)已逾300年，犹今之注清代数学，“以究古人之意.”《九章算术》球体积公式(8)首先应考虑来源于古老的炼金经验公式(7)，一如刘徽所说“率生于此，未曾验也.”这样考虑时，式(8)的误差决非因式(10)而引起. 刘徽为解释式(8)立术何以有误，设计式(11)，妙在 π 取 3 与式(7)(8)吻合，π 取 $\sqrt{10}$ 与张衡式(6)亦合，认定式(6)(8)之病皆在式(10)，这一假设非常漂亮. 但《九章算术》与张衡是否确信式(10)，今无史料可查，或许仅为刘徽假设. 据此断言式(10)的结果是

“通过比较它们最大的截面积得到的”，接着马上升级，认为刘徽前“显然”已存在“通过比较立体间截面积论证立体体积的方法”—— 马上就要跨入原理的大门 —— 试问，从一个错误的式(10) 居然能分析出如此重大的成果，那么在立论者的前面，还有什么障碍不能跨越呢？如果用同样的方法来分析命题 1—10，直接得出原理又有什么困难呢？

(ⅳ) 承上，再评理由三. 张衡式(1)(6) 原著已不复见，刘徽所引，式(6) 先于式(1). 但两者导出关系似明非明. 前述式(6) 有可能是一个哲学的结果，这样考虑时，认定张衡犯了式(10) 的错误则无根据. 张衡著述晚于《九章算术》成书百余年，π 取$\sqrt{10}$ 虽差强人意，但无疑优于古率；而《九章算术》式(8) 已有较大误差(7.43%)，假令张衡如式(11) 所设仅将π值 3 换为$\sqrt{10}$ 得到式(6)，则误差反而扩大至19.366%，不仅从《九章算术》大退步，连工匠都不能接受. 不要忘记，张衡算二浑之率的式(3) 精度达到误差为零. 同一个张衡，粗疏如此，精明如此，如何解释得了？

以上，立论者的理由三、四忽略了一些应当考虑的可能，在古代假设的基础上又下新的断语，令人疑窦丛生，难以置信. 往事越千年，时间的帷幕将真像与细节同今人隔开，除史实之外，我们的史论，还是少一些“显然”“确曾”，多一些“可能”“假定”为好.

甲：该文论证命题 3,4 等“不是刘徽所创”理由五与结论是：

(ⅴ)《九章算术》商功章编目将方柱与圆柱、方亭与圆亭、方锥与圆锥成对排列，“说明《九章算术》的编纂者认为圆柱、圆亭、圆锥的体积公式是可以从长方体、方亭、方锥推演出来. 当然，这种推演，最简单、最直观的办法就是观察它们的底面积之比.”

该文第二节的结论是：(ⅵ)“这些理由充分说明：刘徽之前，甚至在《九章算术》成书过程中，我们的先民就利用通过观察 …… 截面积来求它们的体积公式，不过，当时考虑最大处的截面积 ……”

乙：(ⅴ) 立论者从《九章算术》商功章编目受到启示，断定编纂者由观察底面积之比推演出体积公式，看起来有一定道理，当然也可进行一番推敲. 首先，由这种编目方式还可做出多种联想，如“中算注重方与圆的对比关系”“注重圆内切于方，忽略方内接于圆” 等. 这些联想的内容正确与否，单靠编目无法证明. 其次，即令编目方式改变了，如方柱、亭、台一并在前，圆柱、亭、台一并在后，也不妨碍立论者提出自己原有的联想，即结论并不随编目而转移. 第三，由类似的编目方式，如《九章算术》少广章开方术与开圆术、开立方术与开立圆术同样一前一后成对排列，后者却不能从前者推出. 这样看来，后者能否从前者推出，主要在于两者的内在性质，并与考察者的水平相关，不取决于排目形式.

(ⅵ)为了论证"刘祖原理"的名称不能成立,立论者认为命题3,4等"不是刘徽所创,而是刘徽记载前人的方法",这似乎是一种方便的假定,五点理由不妥之处已如前述.上文总结了刘徽的10个命题,事实上还有(例如商功13题大方锥求积公式),只"证明"其中两三个非刘徽所创已有争议,要"证明"均非刘创不仅办不到,而且令人不解.不论这种"证明"做到何种程度,有一件基本史实不可忽略:所有这些命题都是刘徽、而非别人总结、书写出来的,这意味着什么,似乎毋庸赘述.发明权的争议充满了科学史,后人的评论可因时而异,但史实却不会因好恶而改变.

其实,为说明是刘徽或是祖暅的成就都不需要割断他们同历史的联系,"刘祖原理"的名称恰恰反映了这种联系.即令刘徽从前人那里受到某些启发,甚至总结了前人的某些成果(这并不奇怪),那仍然不能降低他的数学思想的高度,后人仍然可以不受影响地称为"刘祖原理".刘徽本人在这方面的历史贡献不可泯灭.

甲:该文第三节认为人们对祖暅公理的认识可能经历了《九章算术》、刘徽、祖暅"三个认识阶段"……

乙:按时间顺序划分阶段是通常的做法,关键在于如何评价各个阶段的认识水平.前边的引文和反驳已表明了分歧所在,这里恕不重复了.

甲:您认为使用术语"祖暅公理"与"刘祖原理"主要区别是什么?

乙:首先从字面上看,后者包含前者,但不排斥前者,反映了命题10提出与解决的历史过程.现代常在"公理化""公理体系"的意义下使用"公理"一词,所以"出入相补原理""卡瓦列利原理"等使用"原理"一词而不用"公理",很有道理.

其次,两者反映了20世纪50年代和80年代中算史研究对原理的认识过程.前一时期刘徽研究尚未全面展开;十几年来情况发生了变化.而且,近年来的研究表明,"缘幂势既同,则积不容异"中的"势"字,在古代典籍和《九章算术》中均应理解为关系,该原理应理解成:"因为横截面积的关系已(处处)相同,所以它们的体积(之间的关系)也不能不这样."于是刘祖原理已同原来理解的祖暅公理不是一回事了,它已包括了卡瓦列利原理.

甲:您不认为科学术语应当统一吗?

乙:既存在科学术语的统一问题,也存在由于历史或应用等原因形成多种名称不能硬性取消的问题.例如系数三角形、巴斯加三角形、算术三角形、杨辉三角形、组合数三角形、贾宪三角形等,在不同意义下或不同范围内均有应用.又如,人们可以规定勾股定理不叫勾股弦定理或商高定理,但我们却无法取消毕达哥拉斯定理的名称.再如从"物不知数"到"大衍求一",可以写出20种不同的称谓;名目的繁多说明了历史悠久和流传广远,对科学史并不是一个负担.今后一千年还会有人研究,还会提出各种名目.能否立足,要看有无道理,且"言之无文,行之不远."当然,一切都要经过时间考验.

甲:我感到学术思想的交锋很有必要.理不辩不明,认识总在前进,不会总停在同一水平.

乙:科学的生命在于不断自我更新.科学不是宗教,无须定于一尊;而历史铭记着向科学做出贡献的一切人.

刘徽是我国古代最伟大的数学家,他注重逻辑推理与直观观察,不满足于个别结论,寻求普遍的原理原则,讲究化繁为简与同值变换的技巧,阐述了数学极限的思想.我们特别注意到,刘徽是提出"合情推理"概念的第一人.《九章算术》商功章15题阳马术刘注称:"数而求穷之者,谓以情推,不用筹算.""情推"即合情推理(plausible reasoning),是当代数学家们重视的概念.所以,刘徽猜想的提出绝不是偶然的.在数学史上,刘徽活跃的思想超前了许多世纪,值得我们深入学习研究.

参考资料

[1] 杜石然:祖暅公理,数学通报 3(1954).

[2] 李迪:伟大的数学家刘徽,数学教学月刊(福州)1(1960),第28—31页.

[3] 梅荣照:刘徽《九章算术注》的伟大成就,科学史集刊(六),1963,第1—10页.

[4] 沈康身:纪念刘徽注《九章算术》1700周年(263—1963),数学通报,5(1967),第6—10页.

[5] 李迪:我国历史上伟大的数学家刘徽,《光明日报》,1978,3,第13页.

[6] 李迪:刘徽的数学思想,科技史文集(八),上海科技出版社,1982,9,第67—78页.

[7] 吴文俊:出入相补原理,《〈九章算术〉与刘徽》,北京师大出版社,1982,第58—75页.

[8] 白尚恕:《九章算术》与刘徽的几何理论(出处同上),第137—161页.

[9] 白尚恕:《九章算术》注释,科学出版社,1983,12.

[10] Ho Peng-Yoke(何丙郁):Liu Hui, *Third Century Chinese Mathematician*, American council of learned societies.

[11] 梅荣照:刘徽与祖冲之父子,科学史集刊(十一),地质出版社,1984.

[12] 郭书春:刘徽的体积理论(出处同上).

[13] 白尚恕:《九章算术》中"势"字条析,中国数学史论文集(二),山东教育出

版社,1986,8,第 39—47 页.
[14] 郭书春:从刘徽《九章算术》注看我国古代对祖暅公理的认识过程,辽宁师大学报,1986 年数学史增刊,第 16—21 页.
[15] 刘洁民:“势”的含义与刘祖原理,北京师大学报,1(1988),第 84—88 页.

关于“阳马术注”的注记[1]

第十六章

刘徽的“阳马术注”是中算体积理论的一篇极为重要的文献，近年来，吴文俊、瓦格纳(Wagner)、白尚恕、郭书春、沈康身、李继闵等先生都做过研究. 本文在这些工作的基础上，对“阳马术注”的校勘与理解略陈浅见. 为叙述方便，我们依据白尚恕《〈九章算术〉注释》将《九章算术》及刘徽注原文随文录出，并分段编号.

1.“体势互通”

［**经文**］

今有阳马，广五尺，袤七尺，高八尺. 问积几何.

答曰：九十三尺少半尺. 术曰：广袤相乘，以高乘之，三而一.

［**刘徽注**］

(1) 按此术，阳马之形，方锥一隅也. 今谓四柱屋隅为阳马.

(2) 假令广袤各一尺，高一尺，相乘之，得立方积一尺. 邪解立方得两堑堵. 邪解堑堵，其一为阳马，一为鳖臑，阳马居二，鳖臑居一，不易之率也. 合两鳖臑成一阳马，合三阳马而成一立方，故三而一.

(3) 验之以棊，其形露矣.

(4) 悉割阳马，凡为六鳖臑. 观其割分，则体势互通，盖易了也.

［**注记**］

“体势互通”见于注文第 4 段.

---

① 本文于 1991 年在北京《九章算术》暨刘徽学术思想国际研讨会上宣读，作者为刘洁民.

将立方体割分为六鳖臑，可合并为三阳马. 注文第 2 段取一长、宽、高均相同(各 1 尺) 的立方体进行分割，所得三阳马全等，其体积显然均为原立方体的三分之一. 本段注文沿用前例，将此三阳马分割为六鳖臑，可分为两组，每组含三个全等的鳖臑，两组之间互为镜像，于是，六个鳖臑全等.

仅就此处而言，将“体势互通” 理解为“全等” 或“对称”(互为镜像) 本无不可. 但是有两点值得注意：

(1) 对于三度相等的情形，既然由三阳马全等可直接推出其体积均为原立方体的三分之一，为什么还要再将其分割为鳖臑，并去论证它们“体势互通”? 实际上，只有对于三度不等的立方体，由于所分割拼合而成的三个阳马不全等，全积难以直接确定. 进一步的分割与讨论才是必不可少的.

(2) 纵观刘徽在《九章算术注》中所用的其他 8 个“势” 字，均可一般地解作“关系”，其中有些情形则可直接解作“比”(也是一种“关系”)，尤其是，阳马术注第 7 段有“虽方随棊改，而固有常然之势也” 一句，其中的“势” 字显然应解作“关系” 或“比”. 因此，这里的“势” 字亦当如此理解. 于是，“体势互通” 的含义是：形体(立体图形) 之间的关系是相互通达的. 对此，不应狭隘地理解成形体之间的全等或对称，因为这样一来就不是关系相通，而是简单的形状相似了. 当然，如果把“势” 解释为“状态”，则“体势互通” 确可解作形状相似. 但如此解释，不仅与刘徽对“势” 字使用的习惯相悖，而且也与我们在第 1 条中的分析相矛盾.

我们认为，注文第 4 段虽然承袭前文仍以三度相等的情形为例，但“体势互通” 乃至割分三阳马以为六鳖臑则是为一般情形而设，这与下文(第 7 段) 以三度相同(均为二尺) 的鳖臑与阳马为例，其讨论都是为一般情形(三度不等) 而设是类似的.

对于由三度不等的立方体分割而成的六鳖臑，任取其中两个，所谓二者“体势互通”，首先指它们的三度是对应相等的(均等于原立方体的三度). 其次，适当调整其位置，使它们在竖直方向上高度相同. 在任意等高处与底面平行的平面，所得横截图形的形状与面积都是相同的(形状为全等或对称)，因而二者体积必然相等. 此即下文所说“其形不悉相似，然见数同，积实均也” 的含义. “见数” 即三度的数值. 这一结论对于三度相同的情形而言自然“盖易了也”，对于三度不等的一般情形，要想把这 6 个“其形不悉相似” 的鳖臑每两个之间“体势互通” 的各种情况分析透彻，在当时并非易事，要想清楚地表达，必将十分烦琐，故刘徽虽由横截面积的关系推断出这 6 个鳖臑“积实均也”，但仍采用更为直接的无限分割取极限法以推证一般的阳马体积公式.

2. “纯合”

[刘徽注]

(5) 其棊或修短，或广狭，立方不等者. 亦割分以为六鳖臑，其形不悉相似，然见数同，积实均也．鳖臑殊形，阳马异体．然阳马异体，则不可纯合．不纯合，则难为之矣．

(6) 何则？按邪解方棊以为堑堵者，必当以半为分．邪解堑堵以为阳马者，亦必当以半为分，一纵一横耳．设阳马为分内，鳖臑为分外，棊虽或随修短广狭犹有此分常率．知殊形异体亦同也者，以此而已．

［注记］

“纯合”见于注文第 5 段．

文献[4]将“纯合”释为“比较”(compare)，但“纯合”本无比较之义；上句“不可纯合”，下句“不纯合”，释为“比较”则难以连贯；“不能比较”的具体含义亦欠清晰．

文献[2]将“纯合”释为“重合”，文献[12]释之为“全等”．但是，若如此理解，则互为镜像的情形亦只好归入“不纯合，则难为之矣”之列．但是，由前文可知，互为镜像的两立体图形，由于“体势互通”，其体积相等是毫无疑义的，并无任何难为之处．实际上，“阳马异体”，是因为“鳖臑殊形”，而“殊形”的含义是“其形不悉相似”，这里的相似，显然应包括全等与互为镜像两种情形．

《仪礼注疏·乡射礼》：“二算为纯，…… 一算为奇．”注曰：“纯，犹全也，耦阴阳．”释曰：“云耦阴阳者，阴阳相合，故二算为耦阴阳也．”可见，“纯”可读为“全”，意为成双成对，耦合．刘徽所用的“纯合”亦即“全合”“耦合”“不可纯合”即不可配对，指既非全等，又非互为镜像．对于这样的两个阳马，欲比较其体积，确是“难为之矣．”

3.“每二分鳖臑则一阳马也”

［刘徽注］

(7) 其使鳖臑广、袤、高各二尺，用堑堵、鳖臑之棊各二，皆用赤棊．又使阳马之广、袤、高各二尺，用立方之棊一，堑堵、阳马之棊各二，皆用黑棊．棊之赤墨，接为堑堵，广、袤、高各二尺．于是中效① 其广②，又中分其高，令赤、黑堑堵各自适当一方，高二尺方二尺③，每二分鳖臑则一阳马也④．其余两端⑤，各积本体，合成一方焉．是为别种而方者率居三，通其体而方者率居一，虽方随⑥ 棊改，而固有常然之势也．

［注记］

“每二分鳖臑则一阳马也”见于注文第 7 段，欲理解其含义，必须结合本段全文．前半段注文分别给出长、宽、高均为二尺的一个红色鳖臑与一个黑色阳马，合成一长、宽、高均为二尺的双色堑堵．自“于是中效其广”以下，各种传本及各家校勘互有出入，对其理解也有较大差异，故先据南宋本抄录，并将其中各家校勘、解释互异处分述如下：

① 效，文献[2,4]释为“分”，文献[8]认为可能是“别”字之误，意为分割，文

献[12]释为“调整”.

② 广,文献[2,8]于其下增一“袤”字.

③ 高二尺方二尺,文献[2,4,8]校为“高一尺方一尺”,文献[12]较为“高一尺方二尺”.

④ 第二分鳖臑则一阳马也,文献[4]校为“每分则一鳖臑一阳马也”(Each division then contains one pieh-nao and one yang-ma),文献[7,8]将这一校改引述为“每一分鳖臑则一阳马也”,文献[2,12]认为原文不误.

⑤ 端,文献[1]校为“棊”,文献[2,4,8,12]均认为原文不误.

⑥ 随,文献[4]读之为“椭”,释为拉长.文献[12]对这段注文的文字、顺序均有校改,引录如下:

于是中分其高,又中效其广,令赤、黑堑堵各自适当一方,其余两端各积本体,合成一方焉.高一尺,方二尺,每二分鳖臑则一阳马也.……

我们认为,由于年代久远,辗转流传,阳马术注确有文字错误.在此,参考前述各家之说,对其校勘与解释略作尝试.

(1)“中效其广,又中分其高.”“效”本无“分割”之义,但注文第8段为:

按余数具而可知者有一、二分之别,即一、二之为率定矣,其于理也岂虚矣.若为数而穷之,置余广、袤、高之数各半之,则四分之三又可知也.半之弥少,其余弥细.至细曰微,微则无形.由是言之,安取余哉.数而求穷之者,谓以情推,不用筹算.

可知,第7,8两段注文得到的可知部分都是四分之三.因此,刘徽显然对每次(分割之前或每次分割所得)的双色堑堵(由红鳖臑与黑阳马合成)一致采取了中分其广、袤、高的步骤,在第7段也不例外,故下文有“余广、袤、高”之称,因此,将本句校为“中效其广、袤,又中分其高”,并释“效”为“分”,在算理上是必须的.这里,不排除“效”为误文的可能性,或许原文应是“别”或其他含“分割”之义的形近文字.应该指出,合成最初双色堑堵的红鳖臑与黑阳马虽均由更小的立体模型拼成,但既已视为一连贯的整体,如不经分割,已不能将这些小模型单独取出.本段既言“令赤、黑堑堵各自适当一方”,必已对最初的双色堑堵的广、袤、高均进行了分割,如图1所示.

文献[12]的校订“于是中分其高,又中效其广”,释“效”为“调整”,释“中效其广”为“将上层之棊内、外两堑堵位置交换,以便同类棊相拼合.”但基于我们前面的表述,若释“效”为调整,则此时“广”尚未被割分,内外交换是无法实现的,“高一尺、方二尺”的几何体亦无法按所要求的条件实现.若释“效”为“分”,则此句校为“高一尺方一尺”是显然的.

(2)“每二分鳖臑则一阳马也.”在此,应该首先强调,本段注文,是以一特殊的、三度相等的立方体为例,表达对于三度不相等的一般情形的证明过程,因

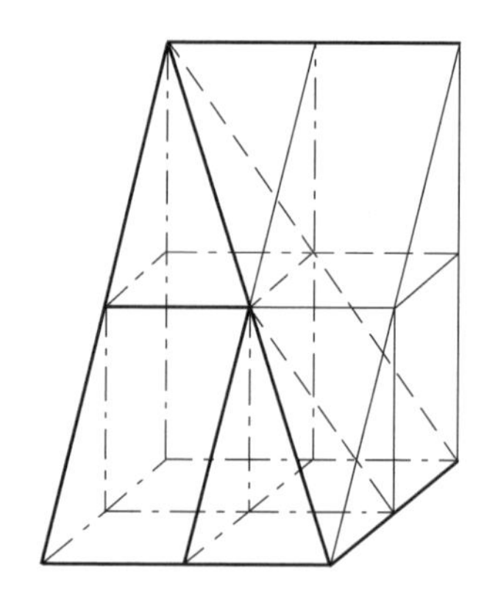

图 1

此，对于命题的成立，长、宽、高三度的具体数值是无关紧要的.

本句注文的含义，应是表明，在“赤、黑堑堵各自适当一方”的部分，加以原来的阳马被割分后自然得到的一个黑色立方体，黑、红体积之比恰为 2∶1，此为可以由图形的分割拼合直接判定的部分.“其余两端，各积本体”，虽可“合成一方”，却需另做处理，即继续割分下去.但就总体而言，黑、红体积之比为 2∶1 不论最初的阳马、鳖臑的三度如何选取(当然，二者的大小应该相配)，都是恒定的.

文献[4]将本句校为“每分则一鳖臑一阳马也”，含义为“剩下的每一部分都包含了一个鳖臑与一个阳马”，与下文“其余两端，各积本体，合成一方焉”含义相同，似成赘文，语气上却又不能贯通.

文献[7,8]所引述的“每一分鳖臑则一阳马也”之不能成立，应是显然的.

注文的最后一段(第 9 段)为：

鳖臑之物，不同器用.阳马之形，或随修短广狭.然不有鳖臑，无以审阳马之数，不有阳马，无以知锥亭之类，功实之主也.

十分明确地强调了阳马、鳖臑在中算体积理论中的相互关系与奠基作用.

纵观刘徽“阳马术注”全文，虽然是以三度相等的情形为例展开论证，但其证明过程完全是基于三度不等的一般情形而设计的，是具有一般性的，整个论证逻辑严谨，层次分明，方法独到，体现了娴熟的证明技巧与深刻的数学思想，是古代体积理论中不可多得的力作.

参考资料

[1] 钱宝琮校点，《算经十书》，中华书局，1963 年 10 月.

[2] 白尚恕,《〈九章算术〉注释》,科学出版社,1983 年 12 月.
[3] 吴文俊,出入相补原理,《中国古代科技成就》,中国青年出版社,1978 年 3 月,第 80—100 页:又载《〈九章算术〉与刘徽》,第 58—75 页,《吴文俊文集》,第 74—93 页.
[4] Wagner, D. B, *An Early Chinese Derivation of the Volume of a Pyramid: Liu Hui, Third Century A. D*, Historia Mathematica 6(1979),第 164—188 页,中译文见《科学史译丛》1980 年第 2 期,第 1—5 页,郭书春译.
[5] 白尚恕,《九章算术》与刘徽的几何理论,《〈九章算术〉与刘徽》,北京师范大学出版社,1982 年 11 月,第 137—161 页.
[6] 白尚恕,刘徽对极限理论的应用,《〈九章算术〉与刘徽》,第 295—305 页.
[7] 郭书春,关于刘徽研究中的几个问题,《自然科学史研究》2 卷 4 期(1983),第 289—294 页.
[8] 郭书春,刘徽的体积理论,《科学史集刊》11 期,1984 年 1 月,第 46—62 页.
[9] 白尚恕,《九章算术》中“势”字条析,《中国数学史论文集(二)》,山东教育出版社,1986 年 8 月,第 39—47 页.
[10] 刘洁民,“势”的含义与刘祖原理,《北京师范大学学报(自然科学版)》,1988 年第 1 期,第 84—88 页.
[11] 沈康身,鳖臑与合盖 —— 微积分学前史探索,《自然杂志》12 卷 8 期(1989),第 612—622 页.
[12] 李继闵,《东方数学典籍〈九章算术〉及其刘徽注研究》,陕西人民教育出版社,1990 年 3 月.

Annotation About “Commentary On Yang-ma Formula”

Liu Jiemin
(Beijing Normal University)

Abstract

Liu Hui's commentary on Yang-ma Formula has been discussed profoundly. This paper puts forward some new opinions.

第章

刘徽的几何成就与几何逻辑系统[①]

刘徽在数学上的成就是多方面的，几何方面的成就也是非常突出. 在中国数学史上，几何学的内容比较薄弱，唯独刘徽的几何研究大放异彩. 他对《九章算术》中的几何定理几乎都进行了论证，在论证中建立了一些原理，充分利用了“等积变换”原理等以几何论证了几何定理，同时也使用了大量新几何定理. 刘徽到底使用过多少条几何原理和定理，证明了多少条定理，至今缺乏全面研究，因此对他的几何水平也很少给总的评价. 本文将对刘徽的几何成就进行清理和归纳出他的几何逻辑系统. 他在几何作图方面的成就已另为文，此处不赘. 为了叙述上的方便和表达的确切，文中不得不使用现代初等几何语言，否则难以说明.

第一节　两个概念

在讨论刘徽的几何成就时不能不首先讨论他所知道的几何概念. 可以肯定地说，刘徽所知道的几何概念相当多，至少《九章算术》中已有者他都特别清楚，通过他给《九章算术》所写注文就可以证实这一点. 这里不准备罗列这些前人已知的几何概念，只准备对两个有争议的概念——一般三角形和平行线，提出一些

① 本文作者为李迪.

看法.笔者认为,这两个概念在刘徽之前,人们已经很清楚,只是缺少明确记载罢了.虽然刘徽也没有明确提出,但是由于他注意作图,在认识上应当更深刻更确切.

(1) 一般三角形.《九章算术》"方田"章有"圭田"二题,其术为"半广以乘正从",是为求三角形面积问题.这个三角形必须是等腰的,否则"半广以乘正从"在古代是不容易论证的.按等腰三角形就是理所当然,如图 1 所示那样把半个三角形补成一个长方形,其面积为"半广以乘正从",即是原来那个"圭田"的面积.古代有一种玉制礼器,上尖下方,称为"圭",其上"尖"为一等腰三角形(图 2)."圭田"就是根据这种礼器取的名称.但是作为真正田块的圭田,等腰三角形仅是罕见的特例,大量的应是一般三角形.在汉代已有了"四不等田"面积的近似公式,而一般三角形面积的计算要简明得多,和等腰三角形面积的计算完全相同."四不等田"的一条对角线就将其分为两个一般三角形.其实在《九章算术》中一些拟柱体的某个侧面就是一般三角形,只不过未去单独研究而没有突出出来罢了.刘徽对几何问题进行了大量深入研究,他对"圭田"的认识不可能仍停留在等腰三角形.对"圭田"面积的一种证明适用于一般三角形,这一点他一定很清楚.在他的重差术研究中,如果画出图形(我们认为他肯定画了图形),那么其中有不少三角形既不是等腰的也不是直角的(勾股形),而是一般三角形.不过他和他的前辈一样,没有对一般三角形进行单独研究.他在研究中如果遇到一般三角形,就会立即把它分为两个勾股形,按勾股形进行处理.这也是中国几何学史上的一种传统处理方法.笔者在这里要强调的是,刘徽知道一般三角形的存在,因而一般三角形不会成为他在几何研究中的一种障碍.

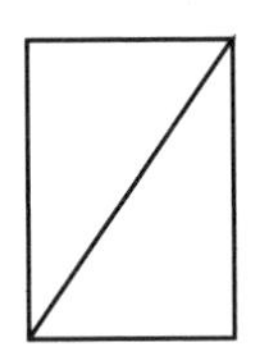

图 1

(2) 平行线.平行线是几何学中的重要概念之一,但是在中国从来没有把它放在重要位置上,甚至没有明确提出过.种种迹象表明,中国数学家对平行线概念并不陌生.我们曾在许多出土的文物上看到平行线,例如半坡出土的陶器上就有不少这类图形,汉代的画像砖上则更多见.《九章算术》中的许多问题离开平行线是不行的,最简单的图形长方形、正方形都是由两对平行线所构成.各类棱柱的侧棱都是平行线.这使得刘徽在研究数学中经常与"平行"打交道,并且多次直接使用.例如对勾股章第 16 题"勾中容圆"所做的注中有"又画中弦以观其会",这个"中弦"就是过勾股形内接圆圆心所作平行于弦(斜边)的直线

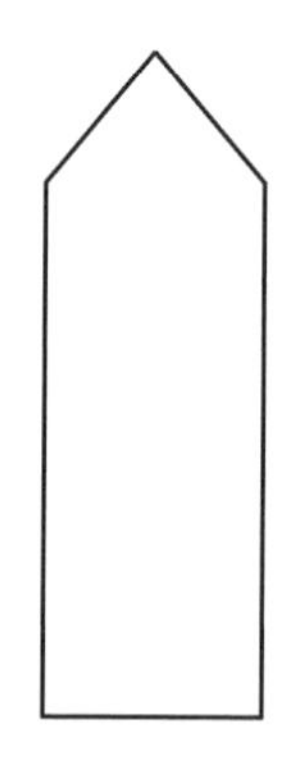

图 2

(图 3). 可以肯定地说,刘徽已经能够毫无阻碍地使用平行概念和平行线.

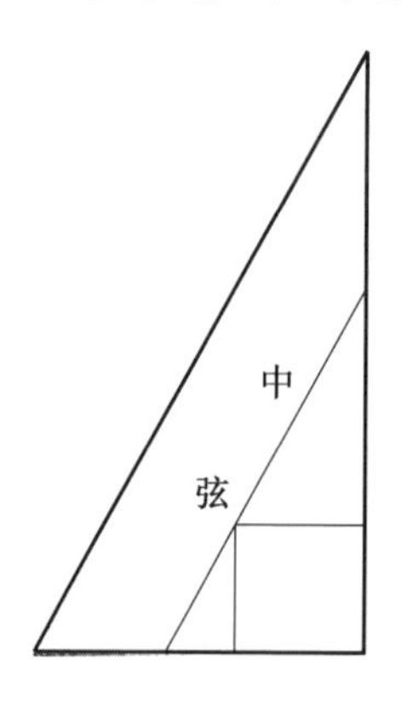

图 3

基于上述的观点,笔者在以下的讨论中将不加限制地使用平行线概念,并且把“圭田”画成一般三角形.

值得特别注意的是,刘徽多次使用“角”这个词,但其含义和现代几何学中的“角”完全不同,“角,隅也”“勾股”下注说:“短面曰勾,长面曰股,相与结角曰弦”,都是指的角落,有时是立体的,又有时是平面的.

第二节　一般原理

所谓“一般原理”是指刘徽在几何论证中所使用的、有较广适用性的正确几何命题,而对这些命题则不加论证. 笔者在20世纪50年代曾就刘徽对面积和体积的研究归纳出一些相当于公理的命题,现分别列于下:

关于面积的有三条:

(1)“以盈补虚”,这相当于现在初等几何中的分解等积;

(2) 矩形面积等于长宽之积;

(3) 各部之和等于全体.

关于体积的有五条:

(1) 长方体体积等于长、宽、高之积;

(2) 将立体分成若干部分,其各部分体积之总和等于原立体之体积(可加性);

(3) 体积的大小不因立体位置的不同而改变,即相等的立体的体积也相等(不变性);

(4) 将一立体分解成若干(有限的) 部分,然后再用所有这些部分组成一个新的立体,则这个新立体的体积和原立体的体积相等;

(5) 全体大于其部分.

上列之八条,可以在较高的层次上进行归纳和概括,有 2 条就够了,包括:

(1′) 直角有限形(平面的和立体的) 之度量(面积和体积) 等于各边之乘积. 这是由平面的 2 和立体的 1 合成的.

(2′)“等积变换” 原理,“出入相补” 原理为其特例. 这是由平面的 1 和立体的 4 合成并推广的结果,实际上前所列八条中或是“等积变换” 的特例,或能由此推出(如立体的 5).

仅有以上两条原理还不足以能解决《九章算术》中所有的度量问题,因此刘徽还使用过以下三条:

(3′) 圆或其部分(如弧田) 的面积为其内接正多边形(或折线) 当边数无限增加时面积的极限.

(4′) 截面原理(刘祖原理). 两等高立体的任何横截面之比为一常数 C,其体积之比也是 C. 由此可得一条推论:

推论　“幂势既同,则积不容异.” 这个推论即是$C=1$ 的情形,刘徽本人已经知道,但没有这样明确的叙述,此种清楚地表述是在他二百多年后的祖暅.

(5′) 刘徽原理. 斜截长方体,所得阳马和鳖臑的体积之比恒为 2 ∶ 1.

这后三条原理主要是用来解决那些不能用“等积变换” 原理解决的问题.

以上所有这些原理还必须建立在线段长度是可测的基础上的. 但是这在古代数学家的思想上是不言而喻和不可怀疑的真理,因此不予讨论,我们也就没有把它明确提出.

这些原理对于解决面积和体积的计算问题已经够用. 在刘徽所处的时代,世界上极少有其他数学家在这方面达到这样高的水平.

第三节　大量的几何定理

在解决几何面积和体积计算过程中，问题并不那样简单，能直接套用某一原理的问题并不多，而是要通过一些几何性质的研究转化成可用原理计算的情形，或转化成已知的定理.所谓性质相当于定理，但大多数定理刘徽没有证明，有些也没有明显表述，他确实用过则无疑问.我们以现代的观点，把刘徽所用到的某些定理列为另外某些定理的推论，以明确定理之间的关系.刘徽所得到的和用到的几何定理和推论有下面一些，《九章算术》中已有的一般不予收录.

第一部分：平面

第一组：面积关系

1.1.1　与三角形同底等高的矩形的面积是三角形面积的二倍.（圭田术注）

推论 1.1.1.1　同底等高的三角形的面积相等.

1.1.2　同底等高的平行四边形和矩形等积.

1.1.3　梭形的面积等于其对角线乘积的一半.（圆田术注）

推论 1.1.3.1　菱形的面积等于其对角线乘积的一半.

1.1.4　矩形和正方形的对角线将它们的面积二等分.（勾股容圆注）

1.1.5　设 S_n，S_{2n} 为圆内接正 n 边形及正 $2n$ 边形的面积，S 为圆面积，则有

$$S_{2n} < S < S_{2n} + (S_{2n} - S_n)\quad（圆田术注）$$

1.1.6　正方形与内切圆的面积之比为 $4:\pi$.（开立圆术注、圆锥术注）

推论 1.1.6.1　圆与其外切正方形的面积之比大于 $\frac{3}{4}$.

第二组：对称性与垂直关系

1.2.1　等腰三角形顶角的平分线垂直于底且平分底边.逆命题也成立.（圆田术注）

1.2.2　弓形的中点与圆心的连线垂直于弦，且将弦平分.（如图 4，C 是 $\overset{\frown}{AB}$ 的中点，则 $OC \perp AB$，$AD = DB$.圆田术注）

推论 1.2.2.1　$\triangle AOC = \triangle BOC$.

推论 1.2.2.2　弦 AC = 弦 BC.

推论 1.2.2.3　$\angle AOD = \angle BOD$，$\angle ACD = \angle BCD$.这条定理及其推论的逆命题都成立.刘徽在割圆术研究中不加声明地反复使用了这些正逆命题.

1.2.3　梭形的对角线互相垂直.图 4 中的 $OACB$ 就是梭形.（圆田术注）

1.2.4　菱形的对角线互相垂直且平分.

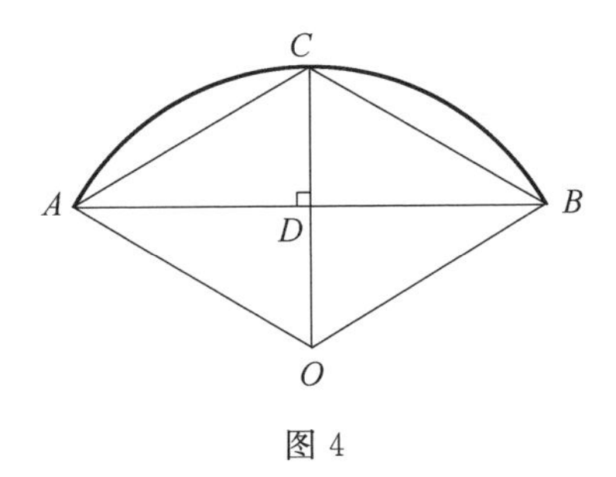

图 4

第三组:平行与相等关系

1.3.1　三角形的中位线平行于底边.(圭田术注)

1.3.2　三角形的中位线等于底边的一半.

1.3.3　梯形的中位线平行于上、下底.

1.3.4　梯形的中位线等于上、下底之和的一半.

1.3.5　如两三角形的对应边平行,则对应边成比例.(勾股章,影差问题)

1.3.6　垂直同一条直线的两条直线平行.

1.3.7　过弓形中点的切线平行于弓形的弦.(圆田术注)

1.3.8　平行四边形的对角线互相平分.

第四组:与圆有关的性质

1.4.1　圆内接正六边形的边等于半径.(圆田术注)

推论 1.4.1.1　正六边形六个顶点与圆心连线,分成六个相等的正三角形.

1.4.2　三角形的内切圆的圆心在此三角形的分角线上.(勾股容圆术注)

1.4.3　勾股形内接于圆.(这一定理早已被发现,因有特殊重要性,故列出)

推论 1.4.3.1　勾股形的弦是其外接圆的直径.

推论 1.4.3.2　勾股形的弦上的中线等于弦的一半.

推论 1.4.3.3　长方形内接于圆.

1.4.4　过切点的直径垂直于切线.(圆田术注)

第二部分:立体

第一组:体积关系

2.1.1　平行六面体的每一对角面都把原体分为体积相等的两部分.

2.1.2　同底等高的平行六面体的体积相等.

2.1.3　通过正四棱锥不相邻两个侧棱的平面把锥体分为体积相等的两部分.

2.1.4　等底等高的锥体的体积相等.(圆锥术与方锥术)

第二组:平面与直线的关系

2.2.1　两个平面相交成一条直线.(方锥、方亭术注)

2.2.2　垂直于同一平面的直线互相平行.

2.2.3　垂直于第三平面的两个平面的交线也垂直于第三平面.(方亭术注、方锥术注)

2.2.4　两条平行或相交的直线在一个平面上.反之,过两相交或平行的直线可作一平面.

2.2.5　正锥体的高通过底的中心.(方锥术注、圆锥术注)

第三组:平截体的性质

2.3.1　圆柱、圆锥和球的平截口均为圆.(圆锥术注、"牟合方盖")

推论 2.3.1.1　过球心的平面截口为大圆.("牟合方盖")

2.3.2　通过球的截口中心的直径垂直于截面.("牟合方盖")

2.3.3　两直径相等的圆柱垂直贯穿,其公共部分平截口为正方形.("牟合方盖")

推论 2.3.3.1　"牟合方盖"的水平截口为正方形.

第四组:相切关系

2.4.1　立方体内存一内切球.其逆也成立.张衡已知此定理.

2.4.2　圆锥外存在底为正方形的外切四棱锥.(实际上可以是任意棱数的,不过刘徽说的是四棱锥)

2.4.3　"牟合方盖"含一内切球,而且切点构成球面上互相垂直相交的两个大圆.

2.4.4　过平面与球的切点的直径垂直于此平面.("牟合方盖")

2.4.5　圆锥与其外切棱锥的切线是圆锥的母线.(圆锥术注)

第四节　论证过的几何定理

上面列举的定理是刘徽论证《九章算术》中的几何定理时使用过的定理,没有明确地进行论证.这里把论证过的《九章算术》的定理提出来,并略举其论证.刘徽的论证,从本质上看有两类,一类属于逻辑证明,另一类是讨论《九章算术》中某些计算公式的精确性问题,其中有些给出论证的途径,但未能获证,有的是一种科学的定义.以下的讨论不加这种区分,而把对象分为三类,并按《九章算术》的顺序和略加关键性的论证文字.

第一部分:平面面积

(1) 方田(长方形):"凡广从相乘谓之幂."这是定义,未予证明.

(2) 圭田(三角形):"半广者,以盈补虚为直田也.亦可半正从以乘广."

(3) 邪田(梯形):“并而半之者,以盈补虚也.”

(4) 箕田(磬折形):“中分箕田则为两邪田,故其术(与邪田) 相似. 又可并踵舌,半正从以乘之.”(图 5)

(5) 圆田(圆):刘徽通过割圆术解决圆面积的问题.

(6) 弧田(弓形):刘徽通过割圆术给出了科学的定义,但他无法给出精确的计算公式.

(7) 环田(同心圆所夹成的圆环):“此田截齐中外之周为长. 并而半之者,亦以盈补虚也.”

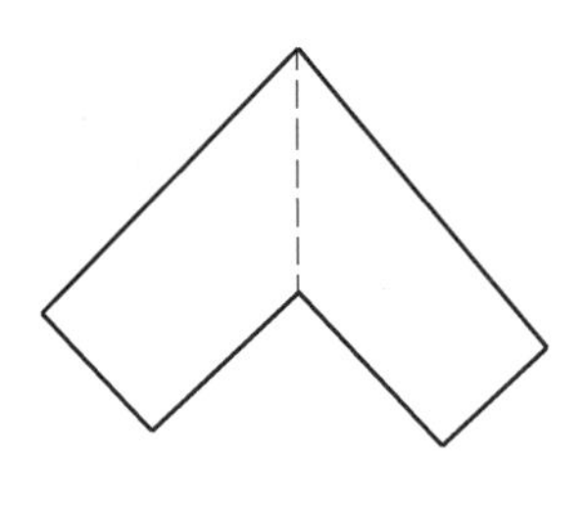

图 5

第二部分:勾股形

(1) 勾股定理:刘徽明确指出:勾股定理“将以施于诸率,故先具此术以见其源也.” 就是下面要用到这条定理,所以必先证明. 其证明是“勾自乘为朱方,股自乘为青方,令出入相补,各从其类,因就其余不移动也. 合成弦方之幂,开方除之即弦也.” 可是怎样“出入相补,各从其类”,刘徽没有进一步说明,肯定有图形配合,而图已佚.

(2) 勾中容方(求直角三角形内接正方形一边之长):“勾股相乘为朱、青、黄幂各二. 令黄幂连于下隅,朱、青各以类合,共成修幂. 中方黄为广,并勾股为袤”,以“并勾股为法”,除勾股之积得所求之结果.

(3) 勾中容圆(求直角三角形内切圆的直径):“勾股相乘为图之本体,朱、青、黄幂各二,倍之则为各四. 可用画于小纸,分裁邪正之会,令颠倒相补,各以类合,成修幂. 圆径为广,并勾股弦为袤. 故并勾股弦以为法. 又以圆之大体言之,股中青必令立规于横广勾股又邪三径均而复连规从横量度勾股必合而成小方矣. 又画中弦以观其会,则勾股之面中央各有小勾股弦. 勾面之小股、股面之小勾、皆小方之面、皆圆径之半. 其数故可衰. 以勾股弦为列衰,副并为法. 以勾股乘未并者各自为实,实如法而一,则勾面之小股可知也. 以股乘列衰为实,则股面之小勾可知.” 接着刘徽又提出了四种证法:“又可以股弦差减勾为圆径. 勾弦差减股为圆径. 又弦减勾股并,余为圆径. 以勾弦差乘股弦差而倍之,开方除之,亦圆径也.”

第三部分:立体体积

(1) 穿地积(底为梯形的直棱柱):“按此术并上下广而半之者,以盈补虚,得中平之广.以高若深乘之,得一头之立幂.又以袤乘之者得立实之积.”

(2) 方垛壔(直四棱柱):未证明.

(3) 圆垛壔(直圆柱):未证明.

(4) 方亭(正四棱台)与圆亭:“从方亭求圆亭之积,亦犹方幂中求圆幂.乃令圆率三乘之,方率四而一,得圆亭之积.”

(5) 圆锥(正圆锥):“圆锥比于方锥,亦二百分之一百五十七.令径自乘者,亦当以一百五十七乘之,六百而一.其说如圆亭也.”

(6) 堑堵(以对角面斜截立方体之一半):“邪解立方得两堑堵,虽复椭方,亦为堑堵,故二而一.”

(7) 阳马(正方锥的四分之一):“邪解立方得两堑堵.邪解堑堵,其一为阳马,一为鳖臑,阳马居二,鳖臑居一,不易之率也.…… 其使鳖臑广、袤、高二尺,用堑堵、鳖臑之棊各二,皆用赤棊.又使阳马之广、袤、高各二尺.用立方之棊一,堑堵、阳马之棊各二,皆用黑棊.棊之赤黑,接为堑堵,广、袤、高各二尺.于是中效其广.又中分其高,令赤、黑堑堵各自适当一方,高二尺方二尺,每二分鳖臑则一阳马也.其余雨棊各积本体,合成一方焉.是为别种而方者率居三,通其体而方者率居一.虽方随棊改,而固有常然之势也.按余数具而可知者有一、二分之别,即一、二之为率定矣.其于理也岂虚矣.若为数而穷之,置余广袤高之数各半之,则四分之三又可知也.半之弥少,其余弥细.至细曰微,微则无形.由是言之,安取余哉?”这就是有名的“阳马术”.刘徽还指出了阳马和另几种立体的体积关系:“然不有鳖臑,无以审阳马之数,不有阳马,无以知锥亭之类,功实之主也.”

(8) 鳖臑(阳马之半):“中破阳马得两鳖臑,鳖臑之见数即阳马之半数.数同而实据半,故云六而一,即得.”就是立方体的六分之一.

(9) 羡除(楔形体):刘徽首先用特殊的棊进行论证,找出规律,然后推到一般情形,做法是把羡除分解为一个堑堵在中间,其旁有鳖臑各一个,体积分别相等.其论证是:“中央堑堵广六尺,高三尺,袤七尺.末广之两旁各一小鳖臑,皆与堑堵等.令小鳖臑居里,大鳖臑居表,则大鳖臑出椭皆方锥,下广三尺,袤六尺,高七尺.分取其半,则为袤三尺,以高广乘之,三而一,即半锥之积也.邪解半锥得此两大鳖臑,求其积亦当六而一.合于常率矣.”

(10) 刍甍(楔形体):刘徽给出定义:“正斩方亭两边,合之即刍甍之形也.”接着提出两种论证方法:①“假令下广二尺、袤三尺,上袤一尺,无广,高一尺,其用棊也,中央堑堵二,两端阳马各二.倍下袤,上袤从之为七尺,以广乘之得幂十四尺,阳马之幂各居二,堑堵之幂各居三.以高乘之,得积十四尺.其余本棊也,皆一而为六，故六而一，即得.”②“亦可令上下袤差乘广，以高乘之，三而一，即四阳马也；下袤乘上袤而半之，高乘之，即二堑堵，并之，以为甍积也.”

(11) 刍童(楔形平截体)：刘徽先做出假定和分解："假令刍童上广一尺、袤二尺，下广三尺，袤四尺，高一尺，其用棊也，中央立方二，四面堑堵六，四角阳马四.”接着给出三种论证：①“倍下袤为八，上袤从之为十，以高广乘之，得积三十尺，是为得中央立方各三，两边堑堵各四，两旁堑堵各六，四角阳马亦各六.复倍上袤，下袤从之为八，以高乘之，得积八尺，是为得中央立方亦各三，两端堑堵各二.并两旁三品棊，皆一而为六，故六而一，即得.”②“又可令上下广袤差相乘，以高乘之，三而一，亦四阳马.上下广袤互相乘，并而半之，以高乘之，即四面六堑堵.与二立方并之为刍童积.”③“又可令上下广袤互相乘而半之，上下广袤又各自乘，并以高乘之，三而一，即得.”

(12) 丸(球)：刘徽在“开立圆术”注中建立了著名的“牟合方盖”概念，并且发现“牟合方盖”体积与球体之比等于 $4:\pi$，把求球体积的问题转化为求“牟合方盖”体积的问题.但是，刘徽并没有获得解决.

以上所列举的资料是刘徽几何定理论证的全部精华，其中仅有割圆术等人们熟知的少数资料未详细列出.

在上面的讨论中，除刘徽的论证部分引用原始资料外，其余全用现代形式予以叙述.这些工作已涉及初等几何的绝大部分.由此可知，刘徽的几何学程度已达到很高水平.

第五节　几何逻辑系统

刘徽的几何学研究成果和思想分散在他所做的《九章算术注》之中，严重地影响了他在逻辑方面的发挥，初看之下似无逻辑结构之可言，但经仔细分析不难发现，他的几何学有较为严谨的逻辑系统.

刘徽的逻辑系统从两个基本的平面图形，即长方形和勾股形出发，并通过长方形面积等于长、宽之积和勾股定理，推导出其他平面定理，从而建立立体几何定理.这两个基本图形之间并不是无关的，勾股定理是两个正方形面积之和等于另一个正方形面积，而长方形的一个特例就是正方形，就和勾股定理挂上了钩.但是，这要和“出入相补”原理结合起来才能进行逻辑推理.由直线(平面)型进到圆(曲)型的问题还要借助于无限的思想，有直接使用“刘徽原理”解决问题，实际上仍然没有摆脱掉无限观念，只是不直接提到而已.

如果把刘徽所论证过的几何命题从逻辑关系加以排列的话，就能够看到他的几何逻辑体系.(图 6)

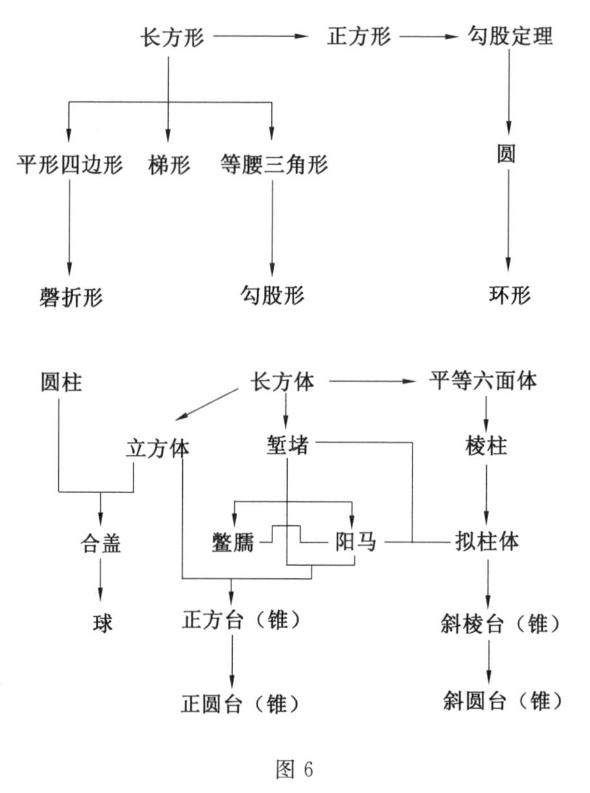

图 6

这个体系是一个度量的论证体系，仅仅限于解决面积和体积的计算问题，例如由正方形到勾股定理是因为勾股定理的证明利用了正方形的面积，而在解决圆面积时，刘徽通过割圆术，这种方法就要反复使用勾股定理，等等. 目的就是为了解决求积问题，而不是明确地要建立一个几何逻辑体系. 我们所排列出来的逻辑关系是经过分析得到的. 显而易见，刘徽的逻辑体系有很大的局限性和缺陷，这完全是由《九章算术》所决定的. 该书的中心问题是计算，其中对于几何问题归根到底是计算面积和体积. 刘徽无法跳出这个圈子，就是他以后的中国数学家不仅和他一样，而且绝大多数数学家在这方面呈现出极大的倒退. 实在是限制了刘徽在逻辑上的发挥，假如他要自己写一本几何学方面的著作，尽管不能跳出计算这个圈子，也一定会建立一个较为明确而完善的(计算) 几何逻辑体系.

参 考 资 料

[1] 李迪："刘徽的几何作图"，载本书.

[2] 李迪:《中国数学史简编》,1984,辽宁人民出版社,第 85 页.
[3] 同[2],第 18 页.
[4] 白尚恕:《〈九章算术〉注释》,1983,科学出版社,第 332—333 页.
[5]《九章算术》商功章第 25 题注,勾股章第 3 题注.
[6] 李迪:"中国古代数学家对面积的研究",《数学通报》1956 年第 7 期,第 25—27 页.
[7] 李迪:"中国古代的体积算法",《数学教学》1957 年第 8 期,第 3—6 页.
[8] 吴文俊:"出入相补原理",《中国古代科技成就》,1978,中国青年出版社,第 80—100 页.
[9] 李迪:"《九章算术》与《几何原本》",《〈九章算术〉与刘徽》,1982,北京师范大学出版社,第 105—119 页.

刘徽与欧几里得的逻辑[①]

第十八章

1. 摘要

本文对欧几里得与《九章算术》的逻辑进行了比较. 以前,中国传统数学一直被认为是计算及应用化的,从而与逻辑及理论化的西方数学形成对立. 本文作者指出,虽然中、西古代数学的传统大有不同,但欧几里得运用构造性或可化为构造性的逻辑方法与刘徽的方法在许多方面是一致的.

2. 序言

以前对于中国传统数学与西方数学本质的研究一般认为:中国数学是计算化与应用化的,而西方数学则是逻辑与理论化的,本文之中,通过对刘徽《九章算术》注中一重要成果与欧几里得《几何原本》卷十二的比较,我们希望能清楚地表现出东、西方两种数学研究方法的相似之处.

首先我们简单介绍一下算法与证明,特别是构造性证明. 然后,将针对刘徽与欧几里得关于棱锥体积的计算,指出两者的不同与相似及其各自的长处与不足. 最后我们将给出一个对现代数学发展非常有用的观点.

3. 证明与算法

一个完美的算法应包括两项:(1) 运算过程. (2) 正确答案. 当然,在一些简单情况中,其算法是不证自明的. 例如,如果我们已知加法法则且以递推的方式,$a_* 0=0$,$a_*(b+1)=a*b(a^b)+a$ 定义乘法. 则上述等式与乘法的定义是完全一致的,于是这样

---

① 本文曾于1991年在北京《九章算术》暨刘徽学术思想国际研讨会上宣读,作者为郭树理,伦华祥(澳大利亚维多利亚省穆民士大学).

的算法自然地给出正确的答案.相反,要证明一个复杂的计算机程序所得的结果确实与我们所需一致,则是相当困难的.在此领域还有许多问题有待研究,(ⅰ)程序检验;(ⅱ)此程序语言的理论与设计正确无误.

证明也有两个方面.如果我们要证明一个判断,$\forall x \exists y A(x,y)$,那么是否可以找到一个函数 f,使得,$\forall x A(x,f(x))$.从所谓经典数学纯抽象观点出发,这样的函数是存在的.而此证明却无法指导我们去寻找这个 f.

实际上,19 世纪中叶以前的大多数数学家所作出的证明是可以算出这样的 f.然而,19 世纪数学的高速发展使人们过分依赖于排中律,即"A 成立"或"非 A 成立".此定律的优点在于能很快得出一般性结论,而其不足在于,人们无法找出类似上述的 f.

与此相反,布劳威尔(Brouwer)及其创建的直觉主义学派,反对无限制地使用排中律及其他非构造性证明方法.指出如果能够对判断 $\forall x \exists y A(x,y)$ 提供一个直观上可接受的证明,则从其证明本身就可以得出一个函数 f 使得:$\forall x, A(x,f(x))$.

这个首先源于哲学思考的方法对计算机科学的发展有着深远的影响,并被认为是计算机程序发展的有益的理论模式.即为求得满足:$\forall x, A(x,f(x))$ 的函数 f,必须首先构造一直觉上可接受的证明,$\forall x, \exists y, A(x,y)$,然后由此证明得出一求 f 的计算程序.

出于求解函数的重要性,直觉论促使人们重新检验旧有的证明方法,以找出其中对计算有实际指导作用的部分.

古代中国的数学本身已被限定在能够给出正确答案的算法.对中国传统的证法,不需再进行检验,它们几乎全是构造性的.然而在某些情形下,这一点并不是很清楚.特别是我们所考虑的例子需要一个深入的研究.而这在 19 世纪中叶之前也不是普遍可能的,因为那时还没有精确的概念.

现在让我们看一个简单的非构造性证明的例子.传统观念认为:给出两个(实数或有理数)数 x,y,于是或者 $x<y$,或者 $x \geqslant y$.令 $y=0$ 定义 $x=\frac{1}{2^n}$.当所有大于或等于 n 的指数是使费马大定理不成立或 $x=0$ 的其他 n.从构造性观点来说,我们只能在有了 $x<y$ 或 $x \geqslant y$ 的证明后才能说 $x<y$ 或 $x \geqslant y$.(在本文写作时)由于关于费马大定理的问题尚未解决,虽然我们知道 $y=0$,但我们无法确定 x($=\frac{1}{2^n}$ 对某些 n)究竟是大于 0 还是等于 0.由此我们无法构造性地证明 $x<y$ 或 $x \geqslant y$.

此例说明,无限制使用排中律与构造性证明是不相容的,在下面的讨论中可以看出,欧几里得以及阿基米德运用排中律,但他在计算棱锥体积时运用这一定律是没有必要的,而刘徽则根本没有运用这一定律.

我们还应以构造性观点看一下收敛问题. 借助于现代观念和毕晓普(Bishop) 及布里奇斯(Briages,1985,18 页) 所使用的符号. 定义一个实数为有理数列$\{x_n\}$, $\forall m,n \in \mathbf{N}$. 有

$$|xm - xn| < \frac{1}{m} + \frac{1}{n}$$

(假设具备有理数概念,且没有理数均可表为$\pm\frac{p}{q}$,其中$p,q\in\zeta$, $p\geqslant 0$, $q>0$)于是一个实数可由一有理柯西列构造而成.

两个实数$\{x_n\}$, $\{y_n\}$是相等的,若对所有的正整数n,有: $|x_n - y_n| \leqslant \frac{2}{n}$, 如此所定义的等价概念具有通常的性质,可以得到毕晓普及布里奇斯(1985), 莱马(Lem ma)2,3(18 页) 两个实数, $\{x_n\}$, $\{y_n\}$是相等的充要条件为如果给是一个正整数j,可以找到一个正整数N. 便得当$n \geqslant N_j$时

$$|x_n - y_n| \leqslant \frac{1}{j}$$

利用这一实数等价的定义(及有理数减法),我们可以定义$|x_n - y_n|$. 其中$\{x_n\}$, $\{y_n\}$为两实数列,而每个x_n不可表为一有理数列$\{x_n^i\}_i^\infty = 1$类似地

$$y_n = \{y_n^i\}_i^\infty = 1$$

于是$|x_n - y_n|$为实数

$$\{z_m\}_m^\infty = 1$$

其中

$$y_m = |x_m^m - y_m^m|$$

我们定义一个实数列$\{x_n\}$收敛于一实数y,如果对任意正整数k,可以找到一正整数N_R,使得

$$|x_n - y| = \frac{1}{R} \quad \forall n \geqslant N_R$$

特别地,一个有理数列$\{x_n\}_{n^n}^\infty = 1$收敛于一个数a,如果给定有理数ε,我们可以找到一个自然数N. 使得$\forall n \geqslant$有$|x_n - a| < \varepsilon$.

很幸运,在刘徽的情形,我们只涉及一个简单的情况,即一个每个元都具有形式$\frac{2x_n + \partial_n}{K_n + \beta_n}$的实数列,而这个特殊数列收敛于 2.

4. 棱锥的体积

欧几里得的《几何原本》与《九章算术》都是在前人著作的基础上形成的.《几何原本》作为一标准的数学著作流传至今,虽然在流传过程中加入了许多注释与改写.《九章算术》是以极其简捷的古典笔法写成的古代数学重要课本. 它共有两种保存很好的注释(约于 3 世纪的刘徽与唐李淳风(? —714) 的注释, 祖冲之(425—500) 的注释已佚,1983 年出版的白尚恕《九章算术注释》内容丰

富并有校证.对于东、西方现代读者来说，阅读和理解《几何原本》是比较容易的.而白尚恕的著作与瓦格纳(D. B. Wagner)精彩的注释与翻译(1979)部分刘徽注对我们理解《九章算术》则有很大帮助.本文利用瓦格纳(1979)的刘徽注英译与白尚恕的注释(1983)作为标准参考文献).

刘徽利用棊进行证明.基本的棊有三种.阳马是以正方形或矩形为底的直棱锥.鳖臑是一个四面体.将鳖臑斜面与阳马的斜面相合，就形成一堑堵.(瓦格纳，1979，175页；白尚恕，1983，142页).刘徽定义的鳖臑其各表面均为直角三角形；而吴文俊(1982)将该词赋于一更为一般的四面体(见下文).在本文中，我们按照刘徽的定义.欧几里得研究的棱锥也是以三角形为面的四面体.

我们容易通过基本立体将这两种学说联系起来.过阳马垂直底面的棱和底面对角线作一截面则将一阳马截为两个四面体.另一方面，从四面体的一个顶点D(称之为上顶点)出发，作底面的垂线交底面于O，联结O和底面三顶点并从O向三边作垂线，垂足分别为F，G，H(图1)，则$DAOH$等六个四面体为六个鳖臑.吴文俊(1982，71页)以类似方法等分了一个任意四面体并产生了六个小四面体，只是他向底面的三边所做的并非垂线，故得到的不是刘徽定义的鳖臑.

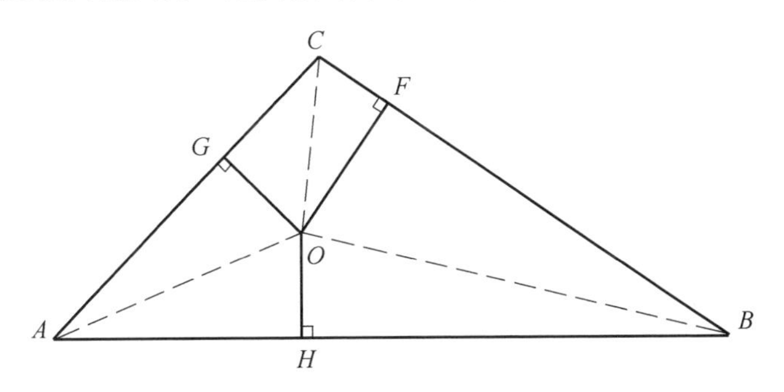

图1　四面体的底面

由于刘徽与欧几里得都给出鳖臑的体积为底面积乘高的三分之一，因此将$DAOH$等六个鳖臑并起来，就可以得到一般四面体的上述体积公式.

鉴于刘徽精于运用棊，设想他已得到上述结论是不无道理的.

另一个决定性问题是一个阳马等于两个鳖臑，若阳马与鳖臑相结合便构成一三棱柱.而正如德恩(Dehn，1900，1902)所证明的，此证明需用无穷小理论.我们将在后文进行详细介绍.

我们可以像刘徽一样假定这一事实成立(在白尚恕注释本(1983)§5.15，150等页可以找到刘徽的全部注文).刘徽指出一个立方体(或长方体)可被分割成6个体积相等的鳖臑(由体积公式).欧几里得在命题Ⅻ.7(希斯(1956)Vol. 3，394页)也给出了同样的结论，只是他是将一三棱柱分成三个四面体.(当然一个三棱柱是长方体的一半)

欧几里得仔细地陈述了这些四面体的底高都是相等的理由;而刘徽只简练地说:“验之以棊,其形露矣.”(瓦格纳(1979),175 页) 显然,刘徽也意识到,此处并不一定需要立方体.任何一个平行六面体均可.因为他说:“其棊或修短或广狭,立方不等者,亦割分以为六鳖臑.其形不悉相似,然见数同,积实均也.”(瓦格纳(1979),176 页)

至此,刘徽与欧几里得的讨论都是构造性的.

而当问题转入如何实际计算一鳖臑、阳马或四面体的体积时,欧几里得可能受到无理数问题的影响;而刘徽则选择一特例进行考虑,并因此得出了前面提及的一般性结论.

现在我们来看剩下的一环.刘徽证明阳马体积是与其互补的鳖臑体积的二倍.再利用前面的结论即一个阳马与一个鳖臑合成一三棱柱,由此我们得到(具有任意面角) 阳马的体积为三分之一底面积乘高.(实际上刘徽使用的公式为 $V_{阳马}=\frac{1}{3}长\times宽\times高$) 过阳马的顶点及底面对角线作截面可分阳马为两个相同体积的鳖臑或四面体.由此得到一四面体的体积为三分之一底乘高(同样独立于面角).此结论本质上即欧几里得命题 Ⅻ.5.

“具有相同高度及底面为三角形棱锥体积之比等于底面积之比.”

另一方面欧几里得在命题 Ⅻ.5 与 Ⅻ.7,即一个三棱柱可分为三个底面积相等(且高亦相等) 的四面体,亦即给出四面体为三分之一底乘高.最后结论实际上是卷 Ⅻ 题 7 的推论.而把两个鳖臑即四面体,合成一个阳马就得到刘徽的结论.

虽然初看之下这两种论述与证明似乎不同,但这两个结果是等价的.下面我们就对这两种证明进行比较分析.

欧几里得首先需要一个推理即命题 Ⅻ.3,他将一四面体用平行于表面的平面进行分割(图 2) 产生相似于原四面体的 $ABCD$ 的两个小四面体 $AEGH$ 与 $HKLD$,两个三棱柱 $HKLCGF$ 与 $BKFGEH$.新的四面体的棱长是原四面体棱长的一半.尤为重要的是两三棱柱的体积和大于原四面体体积的一半.(实际上为其四分之三,虽欧氏未给出证明)

刘徽以一类似的方法将阳马与鳖臑(瓦格纳(1979),178 等页) 进行分割,如图 3,其中切成小阳马,鳖臑等体积的棱长均为原形棱长的一半.刘氏为其染上赤黑两色.

黑棊:大阳马 = 一个小立方体,两个小棱柱,两个小阳马.

红棊:大鳖臑 = 两个小三棱柱,两个小鳖臑.

显然,从体积上,两个小棱柱等于一个小立方,故:

大阳马 = 两个小立方;两个小阳马.

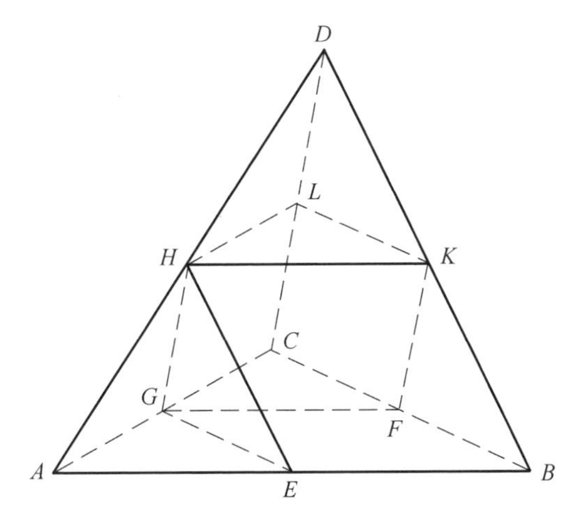

图 2　希斯(1956)Vol. 3,378 页

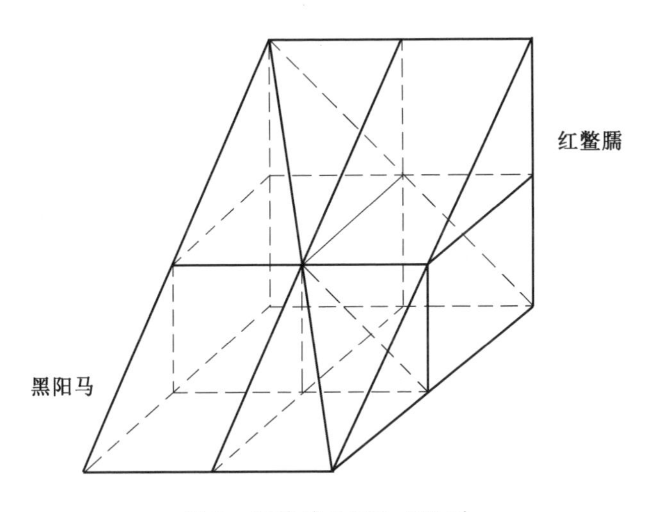

图 3　瓦格纳(1979),179 页

大鳖臑 = 一个小立方;两个小鳖臑.

进而,小方体的体积已知($\frac{1}{8}$ 原底面积 × 高).

刘徽指出:

“令赤黑堑堵各自适当一方,高一尺方一尺. 每一分鳖臑则一阳马也. 其余两基各积本体,合成一方焉. 是为别种而方者率居三,通其体而方者率居一.”

由于刘徽使用了直棱柱,他完全可算出立方体的体积. 而欧几里得却还无法得此结论.

现在刘徽重复分割,而每一次剩下的小阳马与小鳖臑的体积,都减少为前一次的四分之一. 由此观点他简单地说:

"半之弥少,其余称弥细,至细曰微,微则无形.由是言之,安取余哉?"(瓦格纳(1979),181页)

可以看出,刘徽此时之思想与阿基米德的公理思想一致.关于这一点,欧几里得的命题 Ⅹ.1 表达为:

"任意两个不等的量,如果从较大的中减去一大于一半的量,从剩余的量再减去大于余量一半的量,如果继续下去,总可以得到某个余量小于原较小量."(希斯,Vol.3,14页)

这正是刘徽上述证明中所用到的.刘氏希望剩下的量少于任何一个事先给定的量.(参见白注本,1983)

刘徽所做的是,通过几次分割,有比例

$$\text{阳马}:\text{鳖臑}=(\partial+y_n):(1+b_n)$$

其中 y_n 与 b_n 越来越小.事实上,由于刘徽将其证明限制于阳马而非任意棱锥.故依本文定义,阳马:鳖臑趋于$=2:1$之事实,完全是构造性的.如果我们可以利用现代的表述,那么刘徽棱锥体积的推导是一个完全的构造性证明.

而欧几里得则毫无必要地使用了并非完全构造性的方法.在命题 Ⅻ.5 的证明中,他也使用了重复分割,在此命题中他证明了等高的棱锥体积与其底面积成正比.(我们使用希斯注解中的符号(希斯,Vol.3,388页))与刘徽考虑立方体不同,欧氏考虑的是三棱柱(图2)且他已知三棱柱的体积为底乘高的一半.

设两个棱锥的体积分别是 P 与 P',其底面积分别为 B 与 B'.他希望证明

$$P:P'=B:B'$$

他设此非真以引出矛盾.于是他设

$$B:B'=P:W$$

首先设,$W<P'$,将 P' 分割足够次使得

$$P'>(P'\text{ 中所含小棱柱})>W$$

"足够次"见于运用阿基米德公理处.因小棱柱的体积大于原棱锥的一半,经"足够次"应用命题 Ⅻ.2,故可应用表述为命题 Ⅹ.1 的阿基米德公理.其后叙述为(引用希斯,Vol.3,388页).

同样的分割 P 同样次数有

$$\begin{aligned}(P\text{ 的棱柱}):(P'\text{ 的棱柱})&=B:B'(\text{Ⅻ}.4)\\&=P:W\quad(\text{由假设})\end{aligned}$$

又

$$(P\text{ 的棱柱}):P=(P'\text{ 的棱柱}):W$$

但(P 的棱柱)小于 P,故(P' 的棱柱)小于 W,但(P' 的棱柱)大于 W,故 W 不能少于 P'.

类似可证，$W > P'$ 亦不成立. 既已证得 $P' > W$ 及 $W > P'$ 不真，于是欧几里得利用排中律得出，$W = P'$.

正如我们指出的，排中律是非构造性原理. 事实上，欧氏本可避免使用这一定律.

不去假设 $P : P' \neq B : B'$，只是进行分割即可得到

$$(P \text{ 的棱柱}) : (P' \text{ 的棱柱}) = B : B'$$

且($P - P$ 棱柱)与($P' - P'$ 棱柱)体积很小. 于是类似于刘徽的证法我们有 $P : P'$ 收敛于 $B : B'$. 这一证明是构造性的，因为由《几何原本》命题 Ⅻ.2，我们知道小棱柱的体积大于原棱锥体积的一半. 我们甚至可以计算出需要多少次分割才能保证($P - P$ 棱柱)与($P' - P'$ 棱柱)均小于任意小量 ε. 于是我们构造性证明了这一收敛问题.

为什么欧几里得没有选择这一方法呢？一个可能的原因是他没有必要注意到不可公度的量. 而实际上，其底面积是否可公度(即 $B : B'$ 是否有理解)以及($P - P$ 的棱柱)与 ε(类似地对 P')的公度性是不必考虑的.

欧几里得还利用了阿基米德的穷竭法.(希斯(1953)，尤其是其补充)穷竭法是一完全一般性结论，并不依赖于所考虑物体的精密的几何性质. 且阿基米德的方法可以适用于圆锥、圆柱和球体. 虽然刘徽给出了圆锥，圆柱体的正确体积计算公式，但他却没能解决球体体积问题. 一直到祖冲之和他的儿子(6 世纪)此问题才得以解决.

5. 结论

欧几里得的方法比刘徽的方法更为抽象和一般. 而一般性的探讨可以给出非构造性的证明，而无法直接用于运算. 事实上，欧几里得在其推导棱锥体积时本不必要使用非构造性方法. 与其相反，刘徽将此问题简化为对一特例求解，并由此得出一般性结论. 这使其证明非常优美. 从中我们可以清楚地看到其假设(类似阿基米德公理)及其使用. 不仅如此，刘徽证明完全是构造性的，其计算问题的叙述与欧几里得比较也更为清楚. 其唯一缺憾在于没能给出一套数学语言，如我们今天那样用以精确表达其工作.

现在，我们可以综合地使用欧几里得的抽象的方法和刘徽的算法及实用方法. 用这种方法，现代的数学家就可以同时进行深入的证明与准确的计算. 这对于写出正确的计算机程序是必要的. 这也仅反映出东、西方两种数学思想结合在一起极为有用.

致谢：

J. 斯蒂尔威尔细心阅读本文并为描图，作者谨致谢意.

本文由田淼译，李兆华校.

参考资料

[1] 白尚恕(1982)《九章算术》与刘徽的几何理论,《〈九章算术〉与刘徽》吴文俊主编,北京师范大学出版社.

[2] 白尚恕(1983)《九章算术》注释,科学出版社.

[3] Errett Bishop and Douglas Bridges(1985), *Constructive Analysis*. Grurdlehren der mathematischen Wissenschaften 279. Springer-Verlag.

[4] Mall Dehn (1900), *Ueber raumgleiche polyeder*, *Nachrichten von der konigl*. Gesellschaft der Wissenschafter zu Gottingen Mathematisch-physikalischen Klasse, 第 345—354 页.

[5] Mall Dehn(1902), *Ueber den Rauminhalt*, Math, Ann, 55,第 465—478 页.

[6] Sir Thomas L. Heath(1956), *The Thirteen Books of Euehid's Elements*, *Vol*. Ⅲ, second edition Dover Publications, Inc. , New York.

[7] Sir Thomas L. Heath (1953), *The works of Archimedes*, Dover Publications, Inc, Now York.

[8] 李俨、杜石然(1987),*Chinese Mathematices A concise history*, Transl. by J. N. Crossley and A. W. C. Lun. Clarenden Press, Oxford.

[9] Donald B. Wagner (1979), *An early Chinese derivation of the volume of a pyramid: Lin Hui, Third Century A. D.*, Historia Mathematica 6. 第 164—188 页.

[10] 吴文俊(1982) 出入相补原理,《〈九章算术〉与刘徽》. 吴文俊主编,北京师范大学出版社.

刘徽与欧几里得对整勾股数公式的证明[①]

第十九章

整勾股数，即不定方程

$$x^2 + y^2 = z^2 \tag{1}$$

的正整数解，几何意义为边长均是正整数的直角三角形，在古代，有时也取正有理数解. 有关定理在现代初等数论中表述为：

不定方程(1) 的适合

$$x > 0, y > 0, z > 0$$
$$(x, y) = 1, 2 \mid x$$

的解，必可表示为

$$\begin{cases} x = 2ab, y = a^2 - b^2, z = a^2 + b^2 \\ (a, b) = 1, a > b > 0 \\ a, b \text{ 一奇一偶} \end{cases} \tag{2}$$

的形式，且如此的(x, y, z) 与(a, b) 一一对应.

寻求边长均为正整数或正有理数的直角三角形，这一问题在数学发展的早期曾先后引起过巴比伦、希腊、中国、印度，可能还有埃及等各古代民族的注意. 巴比伦人最先发现了具有某种一般性的推求方法，因而在这一问题的探索史上据有辉煌的地位. 希腊人和中国人给出了整勾股数公式的证明，其严格性和一般性在今天看来几乎也是无可指责的，其杰出代表分别是欧几里得和刘徽. 相比之下，印度人，也许还有埃及人在这方面的努力差不多已

① 本文于 1991 年在北京《九章算术》暨刘徽学术思想国际研讨会上宣读，作者为刘洁民.

是无足轻重的了.

本文旨在就刘徽与欧几里得对整勾股数公式的证明作一点比较,借以说明在数学发展的早期,机械化的算法体系与公理化的演绎体系对于数学成果的推进,在逻辑基础、研究目的、论证方式、发展趋向等方面,都有着深刻的差异,从而决定了彼此整体面貌的不同.本文还试图澄清欧几里得整勾股数研究的某些误解,从而重新评价其历史地位.

第一节　欧几里得对整勾股数公式的证明

1.渊源及前此基础

众所周知,希腊数学继承了古巴比伦、古埃及数学的成果,在属于古巴比伦时期(前1894—前1595)的普林顿(Plimpton)322号泥板上,给出了15组勾股数,表现出极大的一般性,例如,其中像(72,65,97),(3 456,3 367,4 825),(13 500,12 709,19 541)这样的勾股数,如果不用一般公式来解释,是很难归入某种特殊模式的.

至迟在公元前5世纪,早期毕达哥拉斯(Pythagoras,约前572—前497)学派基于他们对"形数"的研究,给出过一个特殊公式:

若 $a>1$,是任意奇数,则

$$a^2+\left(\frac{a^2-1}{2}\right)^2=\left(\frac{a^2+1}{2}\right)^2$$

即

$$\begin{cases}x:y:z=a:\dfrac{a^2-1}{2}:\dfrac{a^2+1}{2}\\ a=2k+1,k=1,2,3,\cdots\end{cases}\tag{3}$$

其后,对于任意整数 $a>1$,柏拉图(Plato,前427—前347)学派给出了一个互补的公式

$$x:y:z=2a:(a^2-1):(a^2+1)\tag{3'}$$

2.欧几里得的证明

以毕达哥拉斯学派的"形数"理论为基础,欧几里得在其划时代巨著《几何原本》(简称《原本》)中给出了整勾股数公式的一般叙述与严格证明.这是数学史上最早记载的关于整勾股数公式的完整的一般性处理.

对于欧几里得的这一工作,国内数学史界至今尚未承认其一般性,国外对此的评论,或过于简略,或不够准确,因而造成了一些误解,因此,有必要对这一问题详加论述.

欧几里得关于整勾股数公式的叙述与证明,见于《原本》第10卷第29命题

的引理 1,其预备知识则已在第 7 卷及第 9 卷中给出,我们将有关内容引述如下:

第 7 卷定义 16:"两数相乘得出的数叫作平面(数),它的边就是进行相乘的那两个数."

即:若 a,b 均为正整数,则 $S=a\cdot b$ 称为平面数,a,b 称为 S 的边.

第 7 卷定义 21:"相似的平面数或立体数是它们的边成比例的数."

即:若 $S_1=a_1\cdot b_1,S_2=a_2\cdot b_2$,且 $a_1:a_2=b_1:b_2$.

则称 S_1 与 S_2 为相似的平面数.

第 9 卷命题 1:"两个相似平面数之积是平方数."

第 9 卷命题 2:"如果两个平面数之积是平方数,则它们是相似的平面数."

即:$s_1\cdot s_2=n^2\Leftrightarrow s_1$ 与 s_2 是相似的平面数.

请注意上述重要结论.

第 10 卷第 29 命题引理 1:"求两个平方数,使它们的和也是平方数.

"设两个数 a,b 已取定,令它们同奇或同偶.

"于是 $a-b$ 是偶数.取$\frac{a-b}{2}$.

"设 a,b 也是相似的平面数,或均为平方数.

"$ab+(\frac{a-b}{2})^2=(b+\frac{a-b}{2})^2$.

"由第 9 卷第 1 命题:两个相似的平面数之积是平方数,故 ab 是平方数.

"于是我们就得到了两个平方数 ab 和$((a-b)/2)^2$,其和是另一个平方数$(b+\frac{a-b}{2})^2$.

"很明显:$(b+\frac{a-b}{2})^2-(\frac{a-b}{2})^2=ab$.

"当 a,b 是相似的平面数时(上式右端)是平方数.

"当 a,b 不是相似的平面数时(上式右端)不是平方数."

欧几里得的上述论证,给出了整勾股数一般公式及其证明,即:

当 a,b 同奇或同偶,且为相似的平面数时

$$\sqrt{ab},\frac{a-b}{2},\frac{a+b}{2} \qquad (*)$$

给出了方程(1)的正整数解.

注意到原问题中的第二个条件:a,b 均为平方数时,即取

$$a=m^2,b=n^2$$

则式($*$)直接化为

$$mn,\frac{m^2-n^2}{2},\frac{m^2+n^2}{2} \qquad (**)$$

恰与中国《九章算术》勾股章中给出的整勾股数公式相同.由于要求了 a,b 同奇或同偶,保证了式(*)或式(**)中的三个数均是整数.

可见,欧几里得的公式实际上已经包括了现代初等数论中的相应公式,其一般性是毫无疑问的,即由它可以得到全部可能的整勾股数,其形式也与现代初等数论中的相应公式基本一致,并无烦琐之处.

由于刘徽的证明已为数学史界所熟知,不再赘述.

3. 关于对欧几里得证明的评价

根据现有文献(参见文献[2-11]),西方学者一般认为欧几里得已给出了整勾股数的一般公式,只是在其具体形式上略有出入,而且论述过于简略,许多西方数学史著作甚至根本未提及欧几里得这一工作,例如文献[10]以及 M. 克莱因的名著《古今数学思想》,而 H. 伊夫斯的 *An Introduction to the History of Mathematics*(中译名《数学史概论》)在谈到《原本》第 10 卷时对此仅用"本卷书还有生成毕达哥拉斯三数的公式"一句带过.中国学者或认为欧几里得尚未得到一般公式,如文献[2,5,6],或认为欧几里得的公式过于烦琐,"还没有获得恰到好处的通解",如文献[4].而对于《九章算术》与刘徽的相应工作,近年来已获了普遍的高度评价.

本文认为,首先,对东、西方的同类工作进行评价,必须使用相同的标准,不应有所偏爱.其次,古代的数学工作,由于年代久远,叙述方式与现代有很大差异,尤其是由于没有通用的数学符号而多借助于文辞,翻译成现代数学语言时难免有不同的理解,加之有些工作受当时数学体系或著述体例的限制,为了准确理解这些工作的本来意义,必须结合上下文或同书相关内容详加辩证.

第二节　刘徽与欧几里得整勾股数工作的比较

我们的比较,以刘徽与欧几里得的工作为核心,但是,由于需要考虑其渊源和影响,实际上将涉及中国与希腊整勾股数早期工作的全部发展过程.

1. 渊源

文献[6]指出:"整勾股形与勾股定理可谓是一对孪生兄弟.据德国数学史家康托(Cantor)之考证,埃及人在公元前 2000,已经知道三角形三边之比为 3∶4∶5 者,必为直角三角形.无独有偶,据《周髀》记载,相传在大禹治水之时(约为公元前 21 世纪.——原注),人们便已发现勾三股四弦五的勾股形.3,4,5 是最简单的一组勾股数,它们之间简单的数量关系 $3^2+4^2=5^2$ 为勾股定理的发现提供了契机.在一般的数学史论著中,大都将'勾三股四弦五'视为勾股定理的特例.这意味着,古代算家似乎是在对整勾股数的研究中发现了勾股定理的.看来，古代整勾股数的研究早在勾股定理发现之时便已开始了.”

在古巴比伦(约前 1900— 前 1600 年)、古印度(约前 800— 公元 200 年)数学发展的早期，均曾注意过三边之比为 3∶4∶5 的直角三角形，希腊数学受古巴比伦与古埃及影响极深，对上述内容亦应早已熟悉.

然而，在古埃及，除 3，4，5 之外，再无可考的整勾股数，在中国，《周髀算经》中也仅此一组，《九章算术》中整勾股数虽有八组之多，但勾股章内容公认为晚出. 古印度人的同类内容时间较晚，很难说不曾受过其他民族的影响，唯有古巴比伦的早期资料较为丰富，但当时对整勾股数的研究已有相当高的水平，属于勾股定理范围的几何问题也多用三边之比为整数(有理数)的直角三角形，显然是经过认真选择的. 因此，我们或可推测整勾股数与勾股定理的早期发展是交织在一起的，但其中的渊源关系尚有待进一步的研究与史料证实.

2. 成果年代及前此基础

根据普林顿(Plimpton)322 号泥板以及其他数学泥板中保留下来的有关内容，我们认为早在公元前 1900— 公元前 1600 年间，古巴比伦人已经获得了具有某种一般性的整勾股数推求方法，很可能与一般公式是等价的.

在希腊，整勾股数研究是一个延续了数百年的重要主题，其一般公式首次出现于欧几里得的《几何原本》中(约前 300 年)，同时给出了严格的证明. 毕达哥拉斯学派与柏拉图学派的一对互补公式显然给欧几里得以深刻的启发.

在中国，整勾股数公式首次出现于《九章算术》中(约前 1 世纪 — 公元 1 世纪)，其预备性工作尚不清楚，严格证明最早由刘徽于 3 世纪后期给出.

3. 所属范围与逻辑基础

文献[3] 指出：“考察术文及徽注造术之意，乃用今有衰分求解.《九章算术》勾股章第 14 题至第 24 题刘徽注都用这个方法来说明. 这一方法的要点是，先利用两个相似勾股形对应边成比例(即刘徽所谓的‘不失本率’)的性质，从另一相似勾股形中找出勾、股、弦三边的比率，然后按比例算法由已知边求得未知边. 我国古代由勾弦并率和股率而求勾、股、弦三率的方法：显得特别简单而自然. 刘徽所作的论证巧妙而严谨，而且具有鲜明的几何特色，表现出我国古代数学的独特风格和高度水平.”

在对整勾股数公式的证明中，刘徽是以传统数学中的下列内容为论据的：

(1) 勾股定理；

(2) 相似勾股形的性质：不失本率原理；

(3) 比例与连比例：今有、衰分；

(4) 图形的分、合、移、补：出入相补原理.

其出发点是勾股定理，思想核心是出入相补原理与比率理论的结合，形数结合. 从范围而论，中国古代的整勾股数公式是勾股定理的自然延伸，属于几何学. 在有关的工作中,并无明显的求解二次不定方程的意图,更进一步说,二次以上的不定方程在中国传统数学中是不存在的.

另一方面,在希腊,整勾股数问题虽然最初也有可能是与勾股定理交织在一起,但从毕达哥拉斯时代开始,它已经成为一个独立的问题. 其逻辑基础是毕达哥拉斯学派的形数理论,虽然也使用了与图形有关的平面数概念,但本质上是典型的数论方法. 尽管其几何背景对应于勾股定理,但在逻辑上已不存在必然联系. 欧几里得的工作,从命题的叙述到证明过程,二次不定方程的意义已十分明显,实际上,以研究不定方程著称的丢番图,其绝大多数二次不定方程都是以同样的形式叙述和求解的.

4. 目的

在《九章算术》及刘徽注中,研究整勾股数的目的在于解勾股形. 勾股章第6—10题及第13题,均是已知勾(或股)及股(或勾)弦差(或和),求股(或勾)及弦的问题,第14题与21题,则是已知股与勾弦和之比,在第14题中又已知勾,在第21题中是已知与所求勾股形相似的另一勾股形之股. 显然都是定解问题,从这些问题的排列顺序来看,作者的意图是十分明显的.

在欧几里得的工作中,研究整勾股数的直接目的是为了对不可公度比(或称不可通约量)进行分类,进一步说,是为了研究形如$\sqrt{a^2+b^2}$的不可通约量,因此,与第10卷命题29引理,同时给出的还有引理2:"求两个平方数,使其和不是平方数."

至于丢番图,则是为了形式地研究各种不定方程.《算术》第二卷命题8为:"把一给定平方数分成两个平方数." 即

Ⅱ.8 $$x^2+y^2=a^2$$

由于丢番图所说的平方数可以是有理数而未必是整数,故上述问题与

$$x^2+y^2=z^2$$

十分接近,因为a可成比例地变化,一般所说丢番图对整勾股数的研究,正是在这一命题中,接下去的一个命题是:"已给一数为两个平方数之和. 把它分为另外两个平方数之和." 即

Ⅱ.9 $$x^2+y^2=a^2+b^2$$

其他类似的问题,还可举例如下:

Ⅱ.10 $$x^2-y^2=a^2$$

Ⅱ.11 $$x+a=u^2, x+b=v^2$$

Ⅱ.12 $$a-x=u^2, b-y=v^2$$

Ⅱ.13 $$x-a=u^2, y-b=v^2$$

Ⅱ.16 $$x=my, a^2+x=u^2, a^2+y=v^2$$

Ⅱ.19 $$x^2-y^2=m(y^2-z^2)$$

Ⅱ.20　　$x^2+y=u^2, y^2+x=v^2$

Ⅱ.28　　$x^2y^2+x^2=u^2, x^2y^2+y^2=v^2$

Ⅱ.14

$$x^2+y^2+z^2=(x^2-y^2)+(y^2-z^2)+(x^2-z^2)$$
$$(x>y>z)$$

Ⅴ.5

$$\begin{cases} y^2z^2+x^2=r^2, y^2z^2+y^2+z^2=u^2 \\ z^2x^2+y^2=s^2, z^2x^2+z^2+x^2=v^2 \\ x^2y^2+z^2=t^2, x^2y^2+x^2+y^2=w^2 \end{cases}$$

Ⅴ.29　　$x^4+y^4+z^4=u^2$

5. 一般性

《九章算术》及《几何原本》中的整勾股数公式，以现代数学的眼光来看，均是整勾股数的一般公式，即：由它们所推出的三元数组必然是整勾股数组，反之，任一整勾股数组亦必可由这些公式得到，从刘徽及欧几里得各自所作的证明看，对前一点他们显然都是确信无疑的，对后一点他们又都未明确指出. 这或许是因为他们对这种一般性尚无认识，或许是推测到了这种一般性却又没有能力证明，但无论如何，二者在这一问题上的认识层次是没有什么区别的，实际上，对一般性的认识及其解决是一件十分困难的工作，直到19世纪后期才得以完成.

6. 严格性及约束条件

刘徽与欧几里得对整勾股数公式的证明，即使以现代的观点来考察，其严格性几乎也是无可指责的，其公式均等价于

$$x=m\cdot n, y=\frac{m^2-n^2}{2}, z=\frac{m^2-n^2}{2}$$

由于欧几里得假定了 m,n 同奇同偶，故所得全为整数，与现代的约束条件相比，仅少了 m,n 互素这一要求. 相比之下，刘徽或《九章算术》对这类约束条件则完全没有考虑，其原因可能亦在于中算家是由几何背景出发考虑这类问题的.

7. 证明技巧，简捷性及可推广性

如前所述，刘徽的证明，以勾股定理，出入相补原理及中算比率理论为基础，具有鲜明的几何特色，由几何直观来看，推导过程极为自然，所需要的预备知识较少，且几乎在证明中已全部包括，作为一个完整的工作，刘徽的证明是简捷的，然而，由于其对几何直观的强烈依赖，难以推广到更一般的二次不定方程研究.

欧几里得的证明，奠基于毕达哥拉斯学派的形数理论，是纯粹数论的，所需

预备知识较多，若考虑其全部思路，过程是相当复杂的，但仍不失其自然. 其可推广性则远远超过了刘徽的工作.

8. 系统性、相关内容及影响

在中国，整勾股数公式的发现与证明，已是勾股理论的极致内容之一，作为解勾股形的一种方法，它的地位是从属性的，作为一个独立的数学成果，它与勾股类的其他问题，并无十分紧密的、必然的联系，可以说是一项漂亮的孤立成果，如前所述，又由于它对几何直观的强烈依赖，使其难以向更一般的高次不定方程理论发展，因而不论在几何上，数论上还是代数上，都没有产生深远的影响，以至于被长久忽视和埋没；在希腊，这一问题前与形数理论密切相关，后经丢番图的引申成为高次不定方程研究的重要组成部分，与之相应的成果十分丰富，可以说它是一系列重要问题中的重要一环，其对后世的影响也是显而易见的.

9. 历史地位

如前所述，整勾股数一般关系的最早发现者当推古巴比伦人，而最先对一般公式给出严格证明的是欧几里得，他对这一公式的表述，实际上已经包含了《九章算术》公式的内容，其在理论上的严格与完备，应用上的便利与简捷，都丝毫不比《九章算术》及刘徽的工作逊色，因此，在这一问题上，我们不应该过高评价中国古代数学家的工作，当然，这也不意味着贬低他们的工作. 中国虽然在发现这一公式及证明它的时间上都晚于希腊，但全部工作是独立的、严格的、完备的，其形数结合的论证是独具特色的，精巧的，显示出极大的广泛性和深刻的理论价值. 虽有欧几里得的证明在先，但二者是无法互相取代的.

以上对比分析的进一步引申，就导致我们对中国传统数学一个二重缺陷的认识.

众所周知，中国传统数学的主流特征是算法，希腊数学的主流特征是演绎. 演绎数学体系在应用上固有其先天的弱点，但在理论上却有考虑最广泛的可能性、完备性的趋向，它所重视的主要是过程，而论证过程的每一个中间结果都可能给人以启发，从而孕育出新的成果来，其意义和价值往往超过了最初要解决的问题. 其成果是发散型(面型) 发展，注重大跨度的内在关联. 由形数到勾股数，到高次不定方程，到费马大定理的发展，正是一个典型的例子. 反之，算法数学体系关注的是结果，是如何快速准确地导出结果，追求方法的普遍有效和统一，不重视中间结果的启发，改造与推广，因而其思想是相对贫乏的，其成果呈单线型发展，加之传统数学过分强调实用，忽视了抽象的理论研究，更加剧了前述趋向. 整勾股数公式没有成为新研究的起点，却成了旧体系的终结，恰好在这一点上启发了我们.

参考资料

[1] 白尚恕,《〈九章算术〉注释》,科学出版社,1983 年 12 月.
[2] 钱宝琮,中国数学中之整数勾股形研究,《数学杂志》1 卷 3 期(1937 年):又载《钱宝琮科学史论文选集》,第 287—303 页.
[3] 李继闵,刘徽对整勾股数的研究,《科技史文集》第 8 辑,上海科学技术出版社,1982 年 9 月,第 51—53 页.
[4] 郭书春,《九章算术》中的整数勾股形研究,《科技史文集》第 8 辑,第 54—66 页.
[5] 吴文俊,对中国传统数学的再认识,《百科知识》1987 年第 7 期,第 48—51 页,第 8 期,第 43—46 页.
[6] 李继闵,《东方数学典籍〈九章算术〉及其刘徽注研究》,陕西人民教育出版社,1990 年 3 月.
[7] Heath, T. L. *History of Greek Mathematics*, Vol. 1,1921,第 397—411 页.
[8] Heath, T. L. *The Thirteen Books of Euclid's Elements*, 2nd ed., 3Vols, 1926.
[9] Dickson, L. E., *History of the Theory of Numbers*, Vol. 2,1952.
[10] van der Waerden, B. L, *Science Awakening*, tr. by A. Dresden, 1961.
[11] Weil, A., *Number Theory, An Approach Through History, From Hammurapi to Legendre*, 1984.

刘徽消息衍义[①]

第二十章

第一节　刘徽消息与关孝和定周定积

刘徽于 263 年注释《九章算术》,使中国古典数学进入演绎推理阶段,刘徽在直径为 2 尺的圆内从内接正 6 边形开始倍增边数,至192边形止,他建立公式,说明半径为R的圆内接正n边形,边长 a_n,面积 A_n 间关系

$$a_{2n}=\sqrt{(R-\sqrt{R^2-(\frac{a_n}{2})^2})^2+(\frac{a_n}{2})^2} \tag{1}$$

$$A_{2n}=\frac{n}{2}a_nR \tag{2}$$

他还一一计算有关数据,有效数字有达十二位者(表 1).刘注说:“以十二觚之幂为率消息,当取[六百二十五]分寸之三十六,以增于一百九十二觚之幂以为圆幂:三百一十四寸二十五分寸之四.”这里刘徽所说的消息是何意,一直是数学界之谜,业师钱宝琮先生说:

“以十二觚之幂为率消息”十个字应该怎样解释,现在还没有定论.从具体数据分析,我们认为刘徽所说的是指从 A_{12},A_{24},A_{48},… 相邻两数之差发现后一个差与前一个之差之比趋近于常

① 本文作者为沈康身,韩祥临.

数$\frac{1}{4}$，于是作出判断，圆面积

$$\begin{aligned}A&=A_n+(A_{2n}-A_n)+(A_{4n}-A_{2n})+\\&\quad(A_{8n}-A_{4n})+\cdots\\&\approx A_n+(A_{2n}-A_n)(1+\frac{1}{4}+\frac{1}{4^2}+\cdots)\\&=A_n+\frac{4}{3}(A_{2n}-A_n)\\&=A_{2n}+\frac{1}{3}(A_{2n}-A_n)\text{①}\end{aligned}\tag{3}$$

刘徽既已求得

$$A_{96}=313.934\ 4=313\ \frac{584}{625}(\text{方寸})$$

$$A_{192}=314.102\ 4=314\ \frac{64}{625}(\text{方寸})$$

从公式(3)刘徽估计圆面积为

$$\begin{aligned}A&\approx A_{192}+\frac{1}{3}(A_{192}-A_{96})=314\ \frac{64}{625}+\frac{1}{3}\times\frac{105}{625}\\&\approx 314\ \frac{4}{25}\end{aligned}$$

含 π 有五个有效数字，较之 A_{96}，A_{192} 本身，精度已有提高.

表 1

n	A_{2n}/方尺	$A_{4n}-A_{2n}$/方尺	$\frac{A_{4n}-A_{2n}}{A_{2n}-A_n}$
6	3.000 000	0.105 828	
12	3.105 828	0.026 796	$\frac{1}{3.949\ 395}$
24	3.132 624	0.006 720	$\frac{1}{3.987\ 5}$
48	3.139 344	0.001 680	$\frac{1}{4}$
96	3.141 024		

① 刘徽在商功章阳马术注中已有类似认识.当堑堵分为阳马、鳖臑，后者继续分割，每次所取出的体积分别为原堑堵的$\frac{1}{4}$，$\frac{1}{4^2}$，$\frac{1}{4^3}$，…，从刘徽原理，可知他已认识到

$$\frac{1}{4}+\frac{1}{4^2}+\frac{1}{4^3}+\cdots=\frac{1}{3}$$

日本关孝和从计算直径为1尺的圆内接正方形开始，倍增边数至2^{17}边形止，他也运用公式(1)计算半周长P_{2^n}. 他以计算所得最后三个数据P_{2^n}，$P_{2^{n+1}}$，$P_{2^{n+2}}$取组合

$$P=P_{2^{n+1}}+\frac{(P_{2^{n+2}}-P_{2^{n+1}})(P_{2^{n+1}}-P_{2^n})}{(P_{2^{n+1}}-P_{2^n})-(P_{2^{n+2}}-P_{2^{n+1}})} \tag{4}$$

作为定周——进一步精密的半周长近似值. 关氏推导定周公式的思路与刘徽消息是一脉相承的，而且这一公式的出现，正是破译刘徽消息之谜的有力旁证. 关孝和还计算直径1尺的球体积，他$2m$等分直径. 通过等分点用垂直于直径的平面截割球体. 然后倍增等分数，他曾逐一计算出相邻两截面间所含圆台体体积(取上下底平均为底，以均匀间隔为高的圆柱作为近似值)，把所求得的体积的和作为球体体积近似值

$$V_{2m}=\frac{\pi}{4}\cdot\frac{2}{3}(1-\frac{1}{4m^2})$$

当他发现倍增等分直径数，倍增前后圆台体组合的近似体积和之差之比趋近于常数$\frac{1}{4}$时①，又仿照刘徽消息以计算所得最后三个数据V_{50}，V_{100}，V_{200}取组合

$$V=V_{100}+\frac{(V_{200}-V_{100})(V_{100}-V_{50})}{(V_{100}-V_{50})-(V_{200}-V_{100})} \tag{5}$$

作为定周——进一步精密的球体积公式.

第二节　刘徽消息理论分析

1. 圆内接正多边形面积(周长)差之比的极限

刘徽消息估计

$$\frac{A_{4n}-A_{2n}}{A_{2n}-A_n}\approx\frac{1}{4}$$

关孝和定周估计

$$\frac{P_{4n}-P_{2n}}{P_{2n}-P_n}\approx\frac{1}{4}$$

事实上，其一，$\frac{A_{4n}-A_{2n}}{A_{2n}-A_n}=\frac{P_{4n}-P_{2n}}{P_{2n}-P_n}$是显然的.

其二，可以证明$\lim\limits_{n\to\infty}\frac{A_{4n}-A_{2n}}{A_{2n}-A_n}=\frac{1}{4}$.

① 对于任意m，这个比是常数$\frac{1}{4}$，见下文.

证明

$$\lim_{n\to\infty}\frac{A_{4n}-A_{2n}}{A_{2n}-A_n}=\lim_{n\to\infty}\frac{P_{4n}-P_{2n}}{P_{2n}-P_n}$$

$$=\lim_{n\to\infty}\frac{4\sqrt{2-\sqrt{2+\sqrt{4-a_n^2}}}-2\sqrt{2-\sqrt{4-a_n^2}}}{2\sqrt{2-\sqrt{2-a_n^2}}-a_n}$$

(取$\sqrt{4-a_n^2}=y$)

$$=\lim_{y\to 2}\frac{4\sqrt{2-\sqrt{2+y}}-2\sqrt{2-y}}{2\sqrt{2-y}-\sqrt{4-y^2}}$$

(取$\sqrt{2+y}=v$)

$$=\lim_{v\to 2}\frac{4\sqrt{2-v}-2\sqrt{4-v^2}}{2\sqrt{4-v^2}-v\sqrt{4-v^2}}$$

(取$\dfrac{1}{\sqrt{2+v}}=t$)

$$=\lim_{t\to\frac{1}{2}}\frac{4t-2}{2-(\frac{1}{t^2}-2)}=\frac{1}{4}$$

证明完毕.又易于证明数列$\{\dfrac{A_{4n}-A_{2n}}{A_{2n}-A_n}\}$是单调上升的,因此刘徽消息公式(3),关孝和定周公式(4)的精度随n的增大而提高,但是式(3)中把相邻二项差之比都取作$\dfrac{1}{4}$,因此只是近似公式.同样式(5)把相邻二项差之比都取作$\dfrac{P_{4n}-P_{2n}}{P_{2n}-P_n}$,因此也只是近似公式.

2.精度估计

命题1　取$P_{m\cdot 2^{n+1}}$作为π的近似值,至少有$[\lg 3+2(n+1)\lg 2+2\lg m-3\lg \pi]+1$位有效数字;取$P_{m\cdot 2^{n+1}}+\dfrac{1}{3}(P_{m\cdot 2^{n+1}}-P_{m\cdot 2^n})$作为$\pi$的近似值,则至少有$[\lg 3+\lg 5+4(n+1)\lg 2+4\lg m-5\lg \pi]+1$位有效数字.

证明　内接于单位圆内的正$m\cdot 2^n$边形,每边长为$a_{m\cdot 2^n}=2\sin\dfrac{\pi}{m\cdot 2^n}$,如取$\pi\approx P_{m\cdot 2^n}$,其绝对误差

$$\delta_1=\pi-P_{m\cdot 2^n}=\pi-m\cdot 2^{n-1}a_{m\cdot 2^n}$$

$$=\pi-m\cdot 2^n\sin\frac{\pi}{m\cdot 2^n}$$

把正弦函数按泰勒级数展开,我们有

$$\delta_1=\pi-m\cdot 2^n\left\{(\frac{\pi}{m\cdot 2^n})-\frac{1}{3!}(\frac{\pi}{m\cdot 2^n})^3+\cdots+\right.$$

$$\frac{(-1)^k}{(2k+1)!}\left(\frac{\pi}{m\cdot 2^n}\right)^{2k+1}+\cdots\Big\}$$

$$=\frac{\pi^3}{3!}\left(\frac{1}{m\cdot 2^n}\right)^2-\sum_{k=2}^{\infty}\frac{(-1)^k\pi^{2k+1}}{(2k+1)!}\left(\frac{\pi}{m\cdot 2^n}\right)^{2k} \tag{6}$$

而

$$\frac{1}{3}(P_{m\cdot 2^{n+1}}-P_{m\cdot 2^n})$$

$$=\frac{1}{3}(m\cdot 2^n a_m\cdot 2^{n+1}-m\cdot 2^{n-1}a_{m\cdot 2^n})$$

$$=\frac{m\cdot 2^n}{3}\left\{2\sin\left(\frac{\pi}{m\cdot 2^{n+1}}\right)-\sin\left(\frac{\pi}{m\cdot 2^n}\right)\right\}$$

$$=\frac{\pi^3}{3!}\left(\frac{1}{m\cdot 2^{n+1}}\right)^2+\sum_{k=2}^{\infty}\frac{(-1)^{k+1}\pi^{2k+1}\cdot 2^n}{(2k+1)!\ (m\cdot 2^n)^{2k+1}}\left(1-\frac{1}{2^{2k}}\right) \tag{7}$$

从(7)(8) 两式得

$$\delta_2=\pi-\left\{P_{m\cdot 2^{n+1}}+\frac{1}{3}(P_{m\cdot 2^{n+1}}-P_{m\cdot 2^n})\right\}$$

$$=(\pi-P_{m\cdot 2^{n+1}})-\frac{1}{3}(P_{m\cdot 2^{n+1}}-P_{m\cdot 2^n})$$

$$=\frac{1}{4}\cdot\frac{\pi^5}{5!}\left(\frac{1}{m\cdot 2^n}\right)^4-$$

$$\frac{\pi}{3}\sum_{k=3,k\text{是奇数}}^{\infty}\left\{\frac{1}{(2k+1)!}\left(\frac{1}{m\cdot 2^n}\right)^{2k}\left(1-\frac{1}{2^{2k-2}}\right)-\right.$$

$$\left.\frac{1}{(2k+3)!}\left(\frac{\pi}{m\cdot 2^n}\right)^{2k+2}\right\}$$

（花括号内的数都大于零） (8)

从有效数字定义：如果绝对误差δ不超过π的某一位上的半个单位，那么在π的近似值中，从这一数位往左，除去最左面第一个非零数字前的零以外，所有数字都是有效数字，我们从式(8) 径取

$$\delta_1\approx\frac{\pi^3}{3!}\left(\frac{1}{m\cdot 2^n}\right)^2=\frac{1}{2}10^{\lg\frac{\pi^3}{3}\left(\frac{1}{m\cdot 2^n}\right)^2}$$

$$=\frac{1}{2}^{10^0-(\lg 3+2n\lg 2+2\lg m-3\lg\pi)}$$

我们从式(7) 径取

$$\delta_2\approx\frac{1}{4}\cdot\frac{\pi^5}{5!}\left(\frac{1}{m\cdot 2^n}\right)^4$$

$$=\frac{1}{2}10^{-(\lg 3+\lg 5+4(n+1)\lg 2+4\lg m-5\lg\pi)}$$

证明完毕.

我们可以验证：$A_{192}=P_{96}\approx P_3\times 2^{4+1}$，应含有效数字

$$[\lg 3+10\lg 2+2\lg 3-3\lg \pi]+1=4(个)$$

由公式(3) 得

$$A_{192}+\frac{1}{3}(A_{192}-A_{96})=P_{96}\ \frac{1}{3}(P_{96}-P_{48})$$
$$\approx 3.141\ 592\ 5$$

精确到七位，而刘徽取$\frac{1}{3}\times\frac{105}{625}=\frac{35}{625}\approx\frac{36}{625}$，因此精度降低（只含 π 有效数字五位）. 这些结果都符合题 1，又如关孝和计算

$$P_2^{17}=3.141\ 592\ 653\ 288\ 992\ 775\ 9$$

含 π 十位有效数字. 而 $P_2^{17}=P_2\cdot 2^{15+1}$，按命题 1 前半所说至少有

$$[\lg 3+2(15+1)\lg 2-3\lg \pi+2\lg 2]+1=10$$

也相符合.

命题 2　取 $P_{2^n}+\frac{(P_{2^{n+1}}-P_{2^n})(P_{2^n}-P_{2^{n-1}})}{(P_{2^n}-P_{2^{n-1}})-(P_{2^{n+1}}-P_{2^n})}$ 作为 π 的近似值，至少有 $[\lg 5+(4n+7)\lg 2-\lg 3-5\lg \pi]+1$ 位有效数字..

证明

$$\delta_3=\pi-\{P_{2^n}+\frac{(P_{2^{n+1}}-P_{2^n})(P_{2^n}-P_{2^{n-1}})}{(P_{2^n}-P_{2^{n-1}})-(P_{2^{n+1}}-P_{2^n})}\}$$
$$=(\pi-P_{2^{n+1}})-\frac{(P_{2^{n+1}}-P_{2^n})^2}{(P_{2^n}-P_{2^{n-1}})-(P_{2^{n+1}}-P_{2^n})} \tag{9}$$

从 δ_1 的结果取 $m=1$，就是式(9) 等号右端第一项值，又

$$p_{2^{n+1}}-p_{2^n}=2^n\sum_{k=1}^{\infty}\frac{(-1)^{k+1}}{(2k+1)!}(\frac{\pi}{2^n})^{2k+1}(1-\frac{1}{2^{2k}})$$

代入式(10)，我们径取

$$\delta_3\approx\frac{9\pi^5}{5!}\cdot\frac{1}{2^{4n+4}}=\frac{1}{2}10^{0-(\lg 5+(4n+7)\lg 2-\lg 3-5\lg \pi)}$$

证明完毕.

可以验证综合 P_2^{15}，P_2^{16}，P_2^{17} 数据，代入第一节公式(4)

$$P=3.141\ 592\ 653\ 589\ 793\ 238\ 4$$

含 π 二十位有效数字，而从命题 2，公式(4) 至少应含$[\lg 5+(64+7)\lg 2-\lg 3-5\lg \pi]+1=20$(位) 有效数字，也完全相合.

3. 球内接圆台体组合近似体积和之差之比

在单位球内直径取 $2m$ 等份，通过各分点作垂直于直径的平面，相邻两截面间圆台取近似体积：以上下底平均面积作为底面积，以均匀间隔作为高的圆柱体积，这些体积和

$$V_n = V_{2m} = \frac{\pi}{4} \cdot \frac{2}{3}(1 - \frac{1}{4m^2})$$

对于任意自然数 m

$$\frac{V_{4n} - V_{2n}}{V_{2n} - V_n} = \frac{V_{8m} - V_{4m}}{V_{4m} - V_{2m}}$$

$$= \frac{1 - \frac{1}{4(4m)^2} - 1 + \frac{1}{4(2m)^2}}{1 - \frac{1}{4(2m)^2} - 1 + \frac{1}{4(m)^2}}$$

$$= \frac{1}{4}$$

关孝和考虑球体积从 V_{2m} 开始

$$V_{球} = V_{2m} + (V_{4m} - V_{2m}) + (V_{8m} - V_{4m}) + \cdots$$

$$= V_{2m} + (V_{4m} - V_{2m})(1 + \frac{1}{r} + \frac{1}{r^2} + \cdots) \quad (从增约术)$$

$$= V_{2m} + (V_{4m} - V_{2m})\frac{1}{1-r} \quad (取\ r = \frac{V_{8m} - V_{4m}}{V_{4m} - V_{2m}})$$

$$= V_{4m} + \frac{(V_{8m} - V_{4m})(V_{4m} - V_{2m})}{(V_{4m} - V_{2m}) - (V_{8m} - V_{4m})}$$

由于 r 是常数($\frac{1}{4}$)[①],可以把 m 取得最小,例如 $m=1$,则 $V_2=\pi, V_4=\frac{5}{9}\pi, V_8=\frac{21}{16}\pi$,于是 $V=\frac{4}{3}\pi$,不妨碍一般性,对于任意半径 R

$$V = \frac{4}{3}\pi R^3$$

第三节　刘徽消息与外推法

古世界历史都记录倍增单位圆内接(外切)正多边形边数,直接取圆面积或半周长作 π 的近似值,阿基米德在《量圆》一书记从正六边形开始,依次算出内接(外切)正 12,24,48,直到正 96 边形边长,算出

$$P_{96} > \frac{66 \times 96}{2\,017\frac{1}{4}}$$

---

① 这里与公式(3)(4)不同.不是近似值,对任意,$m, r=\frac{1}{4}$,因此即使取 $m=1$,球积不变.

外切正 96 边形半周长

$$P_{96} < \frac{153 \times 96}{4\ 673\ \frac{1}{2}}$$

各自取近似值，于是得著名不等式

$$3\ \frac{10}{71} < \pi < 3\ \frac{1}{7}$$

西方从惠更斯(C. Huygens) 开始，设想(1654) 取 π 的某些近似值 p_n, q_n，作适当组合，以计算精度更高的 π 近似值，有的取

$$\sqrt[3]{p_n q_n^2} = A_n < \pi < B_n = \frac{3p_n q_n}{p_n + 2q_n} \tag{10}$$

以达到这一目的.

举例说，当阿基米德算得

$$p_{12} > \frac{780 \times 12}{3\ 013\ \frac{3}{4}} \approx 3.105$$

$$q_{12} < \frac{153 \times 12}{571} \approx 3.215$$

前者仅含 π 二位有效数字，后者则仅含一位，如按式(10) 计算

$$A_{12} = 3.141\ 473\ 5 < \pi < B_{12} = 3.141\ 892\ 1$$

含 π 四位有效数字，将是算到 p_{96} 的直接结果. 这种通过对数到某些项的适当组合来推算数列极限的更精确近似值的计算方法称为外推法，其全称是外推极限法(extrapotation to the limit)，20 世纪初开始绀作系统研究，1910 年黎卡逊(L. F. Richardson) 曾提出线性外推法，直至1955年隆贝格(C. Rom berg) 发表线性外推法一般法则，以后随着计算机科学的突飞猛进，外推法迅速得到发展.

隆贝格外推法大意：取 $T(h) = p_n, h = \frac{1}{n}$，并设

$$T_o^{(i)} = T(hi) \quad (i = 0, 1, 2, \cdots)$$

$$T_m^{(i)} = T_{m-1}^{(i+1)} + \frac{T_{m-1}^{(i+1)} - T_{m-1}^{(i)}}{(\frac{hi}{h^{i+m}})^2 - 1} \tag{11}$$

数列$\{T_o^{(i)}\}, \{T_1^{(i)}\}, \{T_2^{(i)}\}, \cdots$ 竖行排列，则

$$\lim_{\substack{i \to \infty \\ m \to \infty}} T_m^{(i)} = \pi \tag{12}$$

有人解释刘徽消息可能就是隆贝格外推法(文献[5])：使 $T_0^{(10)} = A_{96}, T_0^{(1)} = A_{192}$，于是

$$T_1^{(0)} = T_0^{(1)} + \frac{T_0^{(1)} - T_0^{(0)}}{(\frac{1}{96} / \frac{1}{192})^2 - 1}$$

这就是公式(3),由于我国古代没有类似于公式(12)的构思,所以这种可能性是否存在,很值得商榷,另一方面根据外推法的定义,刘徽设想从数列$\{A_n\}$取出A_{96},A_{192}二项,关孝和定周从$\{P_n\}$取出P_1^{15},P_2^{16},P_2^{17}三项,适当组合以推算π的更精确近似值,无疑这些都是外推法,这是东方人领先的创见.刘徽是外推法的最早运用者,对关孝和求定周、求定积主导思想有影响,在数学史上应记下他的功勋.

参考资料

[1] 沈康身,关孝和求积术,本书.

[2] 钱宝琮,中国数学史,科学出版社,1964.

[3] T. L. Heath, *The Works of Archimeder*, Oxford University, 1895.

[4] 邓建中,外推法,《中国大百科全书·数学卷》,中国大百科全书出版社,1988.

[5] 邓建中,外推法及其应用,上海科技出版社,1984.

刘徽与《海岛算经》[①]

第二十一章

中国数学传统开始于《九章算术》，这部书分为九章，包括二百四十六道问题及其解法. 其概括了对国家及社会事务管理中的一些数学观念的理解和运用. 这部书并非某一特别或特定时代的著作，而是汉(前 221— 公元 220) 及汉以前历代的数学成就的集大成之作. 在许多个世纪中，中国及东亚许多国家一直将《九章算术》作为数学入门的标准课本. 16 世纪以前的中国数学著作在风格及问题的表达形式上，都大大沿袭了这部著作. 其后的数学家们认真研究了这部著作，并对其内容和方法做了许多注释，当然，也就围绕其中的问题进行了他们自己的研究工作. 在这一数学传统的众多著名追随者中，有一位是刘徽.

刘徽对中国数学的主要贡献是他对《九章算术》的注解，这些注解作于 263 年. 在他的前言中，他提到"幼习《九章算术》，长再详览." 很显然，这些注解反映了他对《九章算术》的理解. 在他的注解中，刘徽给书中问题作了理论上的证明，丰富和发展了这部书. 特别是，他发现第九章直角三角形的内容不够充分，不能适应直角三角形的实际应用. 这促使他写了一部新的内容，以补充原书的不足. 这部分讨论了在测量中运用直角三角形的方法. 他称这一方法为"重差术"，并随后指出这并非新的方法. 在《周髀算经》(关于圭表及天体圆形轨道的算术经典著作) 中，这一方法已被用来求到太阳的距离. 但是，"重差" 这一术语不是来于《周髀算经》，而是来于张衡《灵宪》. 刘徽解释说"凡望极高，测绝深而兼

① 本文曾于 1991 年在北京《九章算术》暨刘徽学术思想国际研讨会上宣读，作者为洪天赐(马来亚大学汉学系).

知其远者必用重差”(刘徽《九章算术》序 —— 译者),为说明重差原理,他列举了一个问题,这一问题得自于对《周髀算经》中太阳测量的定量讨论的概括.

“立两表于洛阳之城,令高八尺.南北各尽平地,同日度其正中之景.以景差为法,表高乘表间为实,实如法而一,所得加表高,即日去地也.以南表之景乘表间为实,实如法而一,即为从南表至南戴日下也.”

由于当时的计算是以算(筹)布毡而进行的,因而,算法有很强的机械性,书中对此算法之正确性未提出任何数学理由.运用现代数学分析方法,很易对此问题进行分析.在图1中,以 AS,CN 代表两表,其高均为 h,设两表间距离 SN 为 x,南表影长 SB 为 a_1,北表影长 ND 为 a_2.过点 C 作 $CE \parallel AB$,$CR \parallel QD$.设日高为 y,南表至日下点 Q 的距离为 z,运用两组相似三角形 $\triangle PRA$ 与 $\triangle CNE$ 及 $\triangle PAC$ 与 $\triangle CED$,可得

$$RP/NC = RA/NE = PA/CE = AC/ED$$

或

$$(y-h)/h = z/a_1 = x(a_2-a_1)$$

从这里可得

$$y = hx/(a_2-a_1)+h$$

$$z = a_1x/(a_2-a_1)$$

这里 x 是两表间距离,a_2-a_1 是两表影长之差.

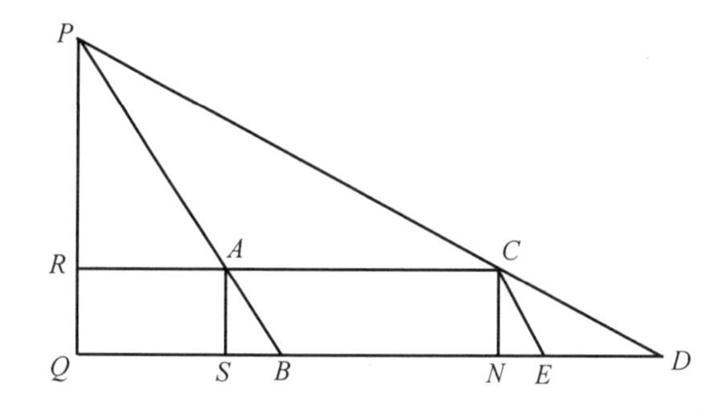

图1

在《周髀算经》中,y 与 z 的表达式是在对直角三角形的性质作了讨论之后直接给出的,它们通过高与距离之比直接用于大地与天体的测量.生活于3世纪左右的赵爽是《周髀算经》的第一位注解者,他试图使 y 与 z 的表达式标准化.他作了一幅“日高图”,并给出了一个由彩色图块构成的证明.但是,现传《周髀算经》上的“日高图”(图2)有很大错误,这可能是由于抄写者的疏忽而造成的.钱宝琮根据赵爽的注解重画了一幅“日高图”(图3),但图中多出一条由后表之顶点而引的平行线.

刘徽理解了重差原理,而且,发现通过用两表或两圭这一方法可以对一有

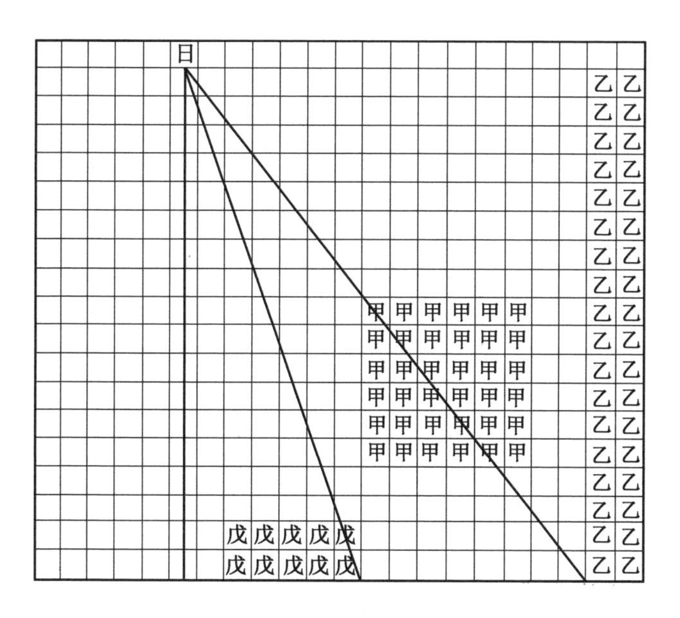

图 2

不可接近的高度、深度或距离的物体进行三次或四次测量.因此,为解释这种三角学方法的运用,发展《周髀算经》中的直角三角形理论,刘徽设计了九道题,并通过图解给出了其解法.这些问题是:(1) 从大陆测量一海岛高度.(2) 测量远处一山上树的高度.(3) 测量远处城的大小.(4) 测量山涧的深度.(5) 从山上测量一塔高.(6) 测量远处一河口之宽度.(7) 测量水池之深度.(8) 从山上测量一河之宽度.(9) 从山上测量一远处城的大小.第一题作为样板给出了两个表达式,这两个表达式与前面所提到的《周髀算经》所给出的表达式相同,只不过在这里是由对海岛之高远的测量而来.测量需要两表或两矩,从两表或两矩之位置对远处一物体进行两次连续的观测.问题(3)(4) 是这类问题的变形.第二类问题要求出远处一不知高度之山上的松树之高.如果将山之高度与树之高度一同考虑,那么,此问题的计算就与问题(1) 相同了.但在这个问题中,由于树在山上,就必须先有一次测量找出山的高度.属这类问题的还有问题(5)(6)(原文为问题(3)(4),有误 —— 译者)及问题(8).第三类问题要求四次测量以建立运用重差术所需的关系式.问题(7)(9) 属于此类.刘徽很清楚,虽然这些问题建立在重差术的基本原理之上,但它们都大大地复杂化了,他不得不为此给一些说明与理论解释.这引出了他为他自己的书而作的无比精彩的注释.但是,很不幸,大概在唐(618—906) 初,这些注解与图解就失传了.当李淳风为刘徽所设的问题写注时他既未提到任何图解,也未说明刘徽如何得到计算的规则,他只是依据所介绍的方法求出问题的数值解.大约也是在这个时期,这些原打算附于《九章算术》之后作为一章的问题被提出来,形成一部独立的数学著作《海岛算经》.这个书名来源于它的第一个问题,即海岛测量问题.

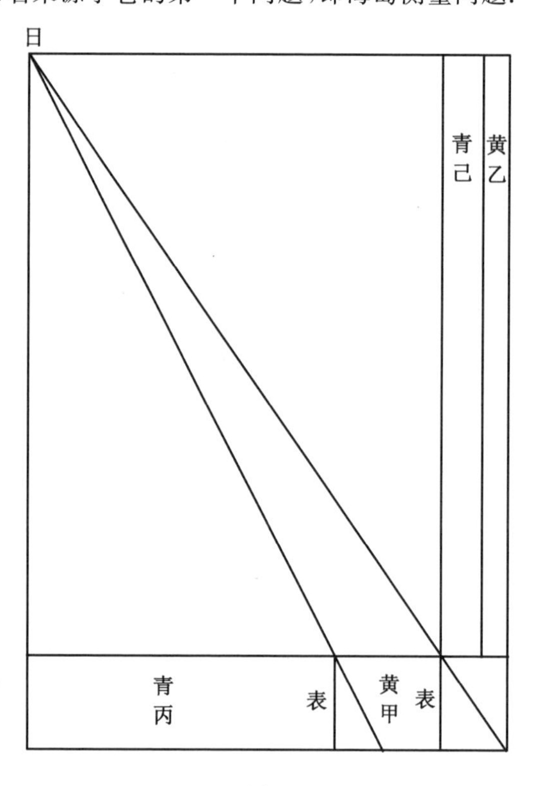

图 3

656 年,当唐朝政府在国子监设立明算科时,《九章算术》与《海岛算经》均被列入《算经十书》.《算经十书》是准备科举考试的经典.李淳风在作注解时也向投考人作了一些解释,按国家教育计划规定,其中大部分书用一年时间读完,而《九章算术》与《海岛算经》则要用三年.这多加的时间说明了它们在唐代数学教育中的重要地位.8 世纪日本建立正规学校时,《九章算术》与《海岛算经》成为数学课程中的指定教科书.

宋代(960—1278),于 1084 年和 1213 年,刊印了《海岛算经》的两个版本,但到清(1644—1911)初则失传了.

在被认为是"中国数学的黄金时期"的宋元时期(960—1368),重差术引起了著名数学家们的莫大兴趣.秦九韶将《海岛算经》中的第一个问题摘入其《数书九章》(1247),但将观测者眼睛的位置由地面提高到五尺高.秦九韶的同时代人杨辉,特别提到海岛测量问题,并为之作了一个分析.秦九韶的另一位同时代人朱世杰,也将《海岛算经》中的问题收入他于 1303 年写成的《四元玉鉴》.至此,刘徽最早给出的《海岛算经》中的问题在流传中变得很珍贵了.因而,在 15 世纪初,编辑《永乐大典》时,这些问题也被收入此百科全书.是学者戴震

(1724—1777)将《海岛算经》中问题由《永乐大典》中摘出,并将之复原到我们现在所知的形式.这个重编本后来又翻版为1794年左右刊出的武英殿版本与孔继涵编的《算经十书》微波榭版本,以及屈曾发的《九章算术》版本,在后一版本中,它作为一个附录.

清代(1644—1911)李潢(卒于1811年)写他的《海岛算经细草图说》时,还能找到刘徽最早为海岛问题作的图解.这部书出版于他死后八年.但是,与图解一起由刘徽给出的理论及证明肯定已失传了,这可由李潢的解释得到证明,这个解释后来由沈钦裴于1802年在其《重差图说》一书中作了补充.在这两部书中都用了相似三角形的性质来证明最初的书中所用的方法.但是,李潢与沈钦裴所给的图解中有许多增加的线段,而且,这些书用了刘徽所不知的方法.1879年,另一位数学家李绋写了《海岛算经纬笔》,在这部书中他用了天元术来解题.天元术产生于宋元时期(960—1368),此方法能否为刘徽所用实在令人怀疑.

在《九章算术》序中,刘徽主张他的数学方法论是"析理以辞,解体用图",他接着解释了提出重差术的重要性,并附加了他对重差术的注解.《海岛算经》最初的本子是一部内容十分广泛的著作,即有图解,又有论证,还有作者的注解.但到了13世纪时,所流传下来的只有问题和解答了.甚至于如杨辉这样一位伟大的数学家,也对《海岛算经》中的问题与方法感到疑惑.当他打算将《海岛算经》中的问题收入他于1275年写成的《续古摘奇算法》时,他不得不"在面前摆一幅海岛图来进行研究,以便能对前人的方法有一些理解."但很难说杨辉所用的图是刘徽的原图,还是他自己画的.但在他对有关问题的讨论中,他确实对重差术给出了一个理论证明.

自从1926年,李俨发表他对重差术的起源与运用的研究成果开始,《海岛算经》这部书引起了中国数学史家的极大关注.李俨对刘徽所给公式的解释,是立足于相似三角形性质的.这一解释成为其后近半个世纪里中国人研究《海岛算经》的方法基础.

白尚恕在他最近对《海岛算经》问题的研究中,考察了宋元(960—1368)以来历代中国数学家对重差术的解释,在此基础上,他相信,刘徽是采用相似直角三角形比例理论而得到《海岛算经》中问题的解答的.与此相反,吴文俊提出一种几何学的观点,来解释刘徽的著作.吴文俊认为中国古代数学家不可能在他们的理论中绌用角及平行线的概念,所以,就把他对刘徽方法的理解建立于对《周髀算经》中赵爽"日高图"的分析上.他推测:刘徽在研究"日高图"过程中领悟到一给定矩形的对角线将矩形分为两个成对的相等部分.吴文俊并引用刘徽为《九章算术》第五、六章所做的注解作为此推测的证据.进一步,吴文俊提出,杨辉在其《续古摘奇算法》一书中所用的"海岛小图"大概就是刘徽的原图.因此,吴相信他所重述的对《海岛算经》中公式的几何证明,与杨辉所提是一致的.

在西方只有个别人对《海岛算经》作了很少的研究工作.三上义夫发表了前三道题的英文译本.第一部西文(法文)的包括所有问题的全译本,是赫师慎完成的,他曾于1920年发表《海岛算经》前三题的译本.赫师慎对这些问题的讨论是简短的,几乎未涉及其中所用之方法.最近,何丙郁翻译了第一、第四、第七题.别列兹金娜用俄文发表了所有问题的全译本,并对其中公式作了证明.在她最近的另一部著作中,她对第一、第三、第四、第八题作了细致的讨论.

作为《九章算术》中九个章节问题的回顾与发展,构成《海岛算经》的九个问题在直角三角形理论的概念化方面显然更进一步.因而,它们从《九章算术》中分离出来,成为一部独立的著作也就不足为奇了.

《九章算术》中涉及直角三角形的二十四道题是直角三角形理论的基础,其中介绍了勾股定理及其运用,并由一些假想的问题丰富了其内容.这二十四个问题的部分问题的解法要采用由直角三角形相似性得来的简单比例式.与此相反,《海岛算经》中每一问题的解法都要求有两组相似三角形.得到成组的比例式是使用重差术的关键.从"重差"一词的表面词意,及刘徽的序和其所给第一题的解法公式来看,列于重差类的问题应是那些解法需要得到和使用两个数据差的问题.但情况并非完全如此,并不是《海岛算经》中所有问题的解法中都有这样两个数据差,这说明"重差"一词有着更广泛的含义.因此,三上义夫将"重差"译为"比例式的两次运用或重复运用";而赫师慎对"重差"一词的字面含义有疑惑,认为重差是"两个比例式的运用";别列兹金娜将"重差"译为"两个水平差",意思是指两个不同水平位置的两次测量,或在同一直线上两不同位置的两次测量——这种测量当然会得到两个比例式的运用.甚至于中国的注解者们也对刘徽所给"重差"一词所概括之范围有疑问,杨辉在13世纪对刘徽著作进行考察时说:"前人随问题之异而易其方法之名."如果情况确实如此,"重差"一词就是指涉及直角三角形的一般问题.

《九章算术》中最后六个问题是关于陆地测量的,在对《九章算术》第九章的最初扩展中,刘徽也只用了这几个问题.《海岛算经》中所有问题都涉及了测量计算:其中四道题要求使用表,另五道题则用矩.这两种工具在与中国科学和数学建立相关的神话传说中都已提到.在刘徽时代以前,它们已被使用了很久了.将数学与测量相联系,刘徽研究了他那个时代运用数学的一个重要的相关方面.精确的测量及其公式是处理国家和军队事务的基本需要.但作为测量技术的指导,《海岛算经》中的问题与其说有实用性,不如说更有学术性:在问题(1)中,两表必须设立在海平面上,才能保证依所给公式计算所得岛高及距离的准确性;在问题(1)及(2)中,观测者必须从地面的位置,而非眼睛的位置来测量;在问题(5)中,观测是对一堵绝对垂直的墙而进行的,这种建筑风格在3

世纪的中国是很罕见的. 在问题(7)中，忽略了水的折射率，这导致峡谷测量的不准确. 这些例子说明刘徽从用这些测量中得来的问题表述了一套更有用的直角计算理论. 因此，我们可以得出结论，刘徽的著作最初是作为数学研究的论文，而非测量技术的说明. 很容易将重差计算方法与三角学思想联系起来，确实，《海岛算经》的第一位注释者伟烈亚力就将它的内容描述为"实用三角学的九个问题". 李约瑟是最近对这部书评论说:"重差是一种三角函数在测量上的替代品. 任何探讨刘徽数学思想的努力都要求考察现有问题的由来，但很不幸，这种由来已不存在了. 现存的《海岛算经》未提供任何其方法由来的情况，同时，也没有哪位刘徽思想的中国注解者解开其方法论. 李俨、吴文俊等现代学者认为刘徽对《海岛算经》问题的详细阐述或许能提供一条解开刘徽数学方法之途径."

注　　解

[1] 钱宝琮校点《算经十书》，北京，1963年，第92页.

[2] 同上，第24页.

[3] 吴文俊，"我国古代测望之学重差理论评价兼评数学史研究中某些问题"，载《科学史文集》第8辑，1982年，北京，第17页. 吴文俊指出：钱宝琮所画平行线是不必要的，而且与赵爽注不合. 他强调平行线是在17世纪初欧几里得几何传入中国之后才被使用的. 他研究了宋元以前的中国数学著作，发现其中均未用平行线.

[4] 如果大地是平的，那么，由重差术所求得的从大地上一观测点测得的太阳高及远是准确的. 传统的中国天文学认为大地是平的. 虽然，一些早期天文学者提出大地球形说，但直到17世纪后半叶，这种理论才流行开. 应注意一点，在被测物体与观测点距离较近时，运用重差术所得结果才是正确的. 刘徽选用《周髀算经》中一例只是来说明重差原理.

[5]《丛书》，四部丛刊版，第34章，第112页，说刘徽作了"九章重差图".

[6]《唐六典》，钦点四库全书版，第21章，第106页.

[7] Lam Lay Yong, *A Critical Study of the Yang Hui Suan Fa*, Singapore, 1977，第344—348页.

[8] 刘操南，"《海岛算经》源流考"，载《益世报・文史副刊》，1942年，第21期.

[9] Lam Lay Yong，见前引书，第14页.

[10] 同上，第179页. 杨辉批评李淳风只是对这部书作了补充，而未说明其中所用方法的理由.

[11] 李俨的关于重差术的文章最初发表于《学艺》(1926 年第 7 期，第 1—15 页)，随后收入其《中算史论丛》(一)(1933 年).

[12] 例如许莼舫在李俨著作之基础上对《海岛算经》中问题做了更细钆的研究. 见《中算家的几何学研究》，北京，1954 年，第 15—25 页.

[13] 白尚恕，“刘徽《海岛算经》造术的探讨”，载《科技史文集》，北京，1982 年，第 8 辑，第 79—87 页.

[14] 同(3). 另见吴文俊“海岛算经古证探源”，载《九章算术与刘徽》，北京，1982 年，第 162—180 页.

[15] Mikami, Y(三上义夫), *The Development of Mathematics in China and Japan*, Leipzing, 1912.

[16] Van Hee, L.(赫师慎), *Le Hai-Tao Souan-King de Lieou*, T'oung Bao, 1920, 20, 第 51—60 页.

[17] Ho Peng Yoke (何丙郁), *Liu Hui in Dictionary of Scientific Biography*, New York, 1972, Vol. 8, 第 418—425 页.

[18] Berezkina, E. I. (别列兹金娜), *Dva taksta Lyu Khueya po geometrii*, Istoriko-Matematicheskie Issledovaniya, Moscow, 1980.

[19] 见 Lam Lay Yong 前引书，第 345 页.

[20] 鼎盛期与刘徽同时的裴秀(224—271)，被称为“中国地图之父”，他与魏国的邓艾一样，在画一幅图或在地图上填写某一位置之前，总用手指来测量，估算高与远. 见李约瑟，*Science of Civilisation in China*, Cambridge, 1959, Vol. 3, 第 572 页.

[21] Wylie, A.(伟烈亚力), *Notes on Chinese Literature*, Shanghai, 1867.

[22] 李约瑟，见前引书，第 109 页.

本文由尚智丛译，李迪校.

刘徽重差术探源[①]

第二十二章

刘徽的《海岛算经》原称《重差》，是一部关于重差测量术的专著．根据刘徽《九章算术注》序中的有关说明和《隋书·经籍志》的记载，刘徽原著有注也有图，但现传本《海岛算经》诸题只有计算公式和结果，刘徽的原注和附图在宋代已经失传，使得后世难以获悉刘徽建立重差术的过程．宋代以来有不少人对刘徽重差公式补过证明，但大多与刘徽造术原意不符．近年来一些学者对此问题做了深入研究，纠正了过去的许多错误解释，但某些分歧依然存在，似乎仍未找到十分令人信服的解释．因此对于这一问题，仍有进一步探讨的必要．本文试图通过讨论刘徽重差术的来源问题，考察刘徽重差术与古代早期天文测量术及勾股测量理论的关系，从而说明刘徽的造术思想．

第一节　刘徽重差术的来源

刘徽重差术来源于古代早期测日影求高远之术．刘徽本人在九章注序中对此作过说明："周官大司徒职，夏至日中立八尺之表，其景尺有五寸，谓之地中．说云：南戴日下万五千里．夫云尔者，以术推之．按《九章算术》立四表望远及因木望山之术，皆端旁互见，无有超邈若斯之类．…… 徽寻九数有重差之名，原其指趣乃所以施于此也．凡望极高、测绝深而兼知其远者，必用重差勾

① 本文作者为冯立升．

股，则必以重差为率，故曰重差也. 立两表于洛阳之城，令高八尺. 南北各尽平地，同日度其正中之景. 以景差为法，表高乘表间为实，实如法而一，所得加表高，即日去地也. 以南表之景乘表间为实，实如法而一，即为从南表至南戴日下也. …… 徽以为今之史籍且略举天地之物，考论厥数，载之于志，以阐世术之美. 辄造重差，并为注解，以究古人之意，缀于勾股之下.”这说明刘徽的重差术是在他深入研究古代经典著作中有关测望术记载的基础上建立的. 他认为，古代测日影求高远的方法依据的便是重差术的原理. 他的重差术是在阐明古来已有的学说的基础上又有进一步的发挥. 他的重差术是作为测量日高日远方法的推广而提出的.

为了说明刘徽重差术与古代测日影求高远之术的关系，有必要将刘徽以前一些典籍的有关记载作一介绍.

《周礼》“地官·司徒”载：“以土圭之法，测圭深，正日景，以求地中. …… 日至之景，尺有五寸，谓之地中.”郑众注称：“土圭之长，尺有五寸，以夏至之日，立八尺之表，其景与土圭等，谓之地中.”郑玄注《周礼》称：“景尺有五寸者，南戴日下万五千里.”又称：“凡日影于地，千里而差一寸.”

《周髀算经》载：“周髀长八尺，夏至之日晷一尺六寸. 髀者，股也，正晷者，勾也. 正南千里，勾一尺五寸. 正北千里，勾一尺七寸 …… 候勾六尺 …… 从髀至日下六万里而髀无景. 从此以上至日，则八万里.”又曰：“周髀长八尺，勾之损益寸千里.”

《淮南子·天文训》称：“欲知天之高，树表高一丈，正南北相去千里，同日度其阴，北表二尺，南表尺九寸，是南千里阴短寸，南二万里则无影，则直日下也. 阴二尺得高一丈者，南一而高五也，则置从此南至日下里数而五之为十万里，则天高也.”

以上所引内容，刘徽无疑作过研究.《周礼》所载的虽是一表测影的方法，但注释者将影长与表至南戴日下距离联系起来，并指出存在着两地相距千里而影差一寸的关系，实际上已涉及重差术的概论.《周髀算经》和《淮南子》记述的都是立重表测日影求高远的问题，应用的就是重差术的方法. 从《周髀算经》和《淮南子》本文看，并没有明确给出重差公式，但二者都给出了“南北相去千里而影差一寸”的影差关系式，并在计算中加以应用. 这两部书都是依据影差关系并运用相似勾股形比例关系推求日之高远. 刘徽对经典著作中的测影求高远之术作了理论概括，他在九章注中总结出了两个基本的测量公式. 即

$$\text{日去地}=\frac{\text{表高}\times\text{表间}}{\text{景差}}+\text{表高}$$

$$\text{南表至日下}=\frac{\text{南表景}\times\text{表间}}{\text{景差}}$$

上边的两个公式便是典型的重差公式. 刘徽通过“究古人之意”，发现了隐

含在测量日影求日高远之术中的一般性的数学原理，因而建立了一整套用于解决地面目标物测量问题的方法，其中包括使用重表、累矩、索表进行二望、三望或四望的重差测量方法. 这些方法主要用于解决目标物不能靠近（或难以到达）情况下的测高与测远问题. “寸差千里”的关系式是中国古代早期宇宙结构的理论模型中的一条重要公式，刘徽对这一影差关系式并不怀疑，这大概由于他认为《周髀算经》等典籍中的影长数据是实测所得的，而将有关的影长数据代入刘徽重差公式，便可得到影差关系式. 刘徽“辄造重差”是为了“以阐世术之美”，因此他的重差理论实际上是对蕴涵在古代测日高远之术中的数学原理的说明与论证. 我们探讨刘徽重差术的造术思想，应从讨论测影求高远之术的算理及其与刘徽重差术的关系入手. 这正是下面重点讨论的内容.

第二节　勾股测量术、影差原理与重差术

《周髀算经》和《淮南子》测日高远之术依据的勾股测量术和影差关系式. 勾股测量术由来已久，到汉代应用已十分普遍. 勾股测量术的数学原理主要是相似勾股形相对边成比例的关系及勾股定理. 影差关系式是汉代宇宙结构理论中的一条关系式，它长期以来被古代天文学家作为天文大地测量的一条重要依据.

相似勾股形理论在古代一直是测量术的理论依据，无疑也是重差测量术的理论基础. 影差关系式作为早期宇宙结构的一条计算法则，其影响也相当深远. 除前面提到的有关记载外，《尚书·考灵曜》有“日永影尺五寸，日短一十三尺. 日正南千里而减一寸”的说法；张衡《灵宪》云：“用重差勾股，悬天之景，薄地之仪，皆千里而差一寸. ”后来的天文学家王蕃、陆绩、葛洪、祖暅等也都以影差关系式为推理的出发点. 这一关系式是以某些理论假设和测量数据为基础，应用数学上的原理推得的. 按张衡的说法，影差关系式所应用的数学原理就是重差术的原理. 刘徽实际上也有类似看法，他认为传统的结论是“以术推之”，而所用的“术”就是重差术. 这说明重差术的原理与影差关系式的数学原理是一致的.

影差关系式不是由实际观测结果总结出的一个经验公式，它是以理论假设和观察结果相结合为基础，用数学方法推导得来的. 尽管它得到的结果是错误的，但所应用的数学原理却是正确的. 按照《周髀算经》中保存的有关早期宇宙结构理论的记载，大地被认为是平面的，太阳等天体在与大地平行的平面上运行. 太阳运行的轨道随季节的不同是有变化的. 夏至时，日在内衡轨道上运行，这一天中午日影长度最短；冬至那一天日在最外衡轨道，中午日影长度最长. 在不同季节的中午测量影长，夏至时日在最北，冬至时日在最南，中影长度随日的

位置而变化.影差关系式具有两方面的含义,对于八尺高的表杆来说,其一是指如果在同一地点不同季节所测中影长度相差一寸,那么两次测量时太阳所在的位置相距一千里;其二是指如果两地南北距离一千里,那么两地同一天的中影长度相差一寸.即张衡概括的“悬天之景,薄地之仪,皆千里而差一寸.”两种含义反映了两种不同的情况,前者用于天体测量,后者用于大地测量.两种情况依据的是一条统一的原理:当日的高度固定不变时,两次测量时立表点距日下点的距离之差与中影长度之差的比值为定值.这一原理可称之为“影差原理.”如图1所示,设 s,s' 为太阳的位置,l_1,l_2 分别为第一次和第二次测量所得影长,x_1,x_2 分别为两次测量时立表点到日下点的距离;又设表高为 h_o,日高为 y_o+h_o,y_o 为表的上端与日的高差.影差原理可用公式表示为下面的形式

$$\frac{x_2-x_1}{l_2-l_1}=\frac{y_o}{h_o}=k \tag{1}$$

上式中 y_o 与 h_o 均为定值,因而其比值为定值.

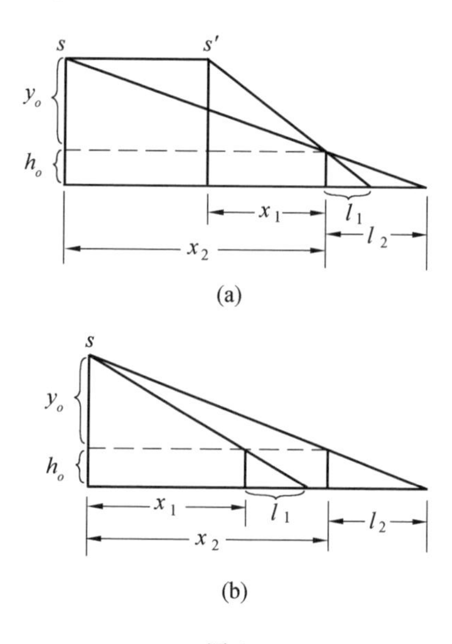

图 1

应该指出,中影值和南北距确有一定关系.在夏至日的“日中”测影,地区愈南,表影愈短,到北回归线上阳光直射地面,表无影.影差关系式即是古代早期对这种关系所做的理论概括,但是它以大地为平面和日的高度固定不变的假设为前提,所得结论显然有误.夏至日中午的“日下”在实际观测中与北回归线上的某地点是相合的,对于古代的理论模型来说,如果知道某地的中影长度和此地点到日下点(即北回归线上某点)的南北距离,则可以确定 y_o 与 h_o 的比值的具体数据,同时也可确定日的高度.设夏至日某地中影长度为 l_o,立表点至日

下点的距离为 x_o，则由相似勾股形比例关系可得

$$\frac{y_o}{h_o}=\frac{x_o}{l_o}=k \tag{2}$$

《周礼》给出了周都"地中"点影长值 $l_o=1$ 尺5寸；按汉代注释者的传统说法，x_o 的值为1万5千里.《周髀算经》给出的数据为 $l_o=1$ 尺6寸，$x_o=1$ 万6千里. 由此两组数据都可得到"寸差千里"的比率关系. 影长值1尺5寸是一个实测的准确值，但 x_o 的值取1万5千里要比周都（洛阳）到正南方北回归线上的地点的实际距离要大许多. 由于距离很远，道路曲折，取得定数据的准确值在古代早期是相当困难的. 这一数据可能是凭徒步旅行的经验估计得来的，或许只是主观假设的结果.

根据影差原理，如果在两地正中午测影，只要已知表间距、影差以及表影长，便可求得日去地和表至日下的距离. 由公式(1)可得

$$y_o=\frac{h_o(x_2-x_1)}{l_2-l_1} \tag{3}$$

式(3)中 y_o 为日去地与表高之差，h_o 为表高，x_2-x_1 与表间相等，l_2-l_1 为影差，由此可得重差公式

$$\text{日去地}=\frac{\text{表高}\times\text{表间}}{\text{影差}}+\text{表高}$$

又设 x_i 为任一立表点至日下点的距离，l_i 为日中影长度，因日下点影长及距离都为零，由影差原理可得

$$\frac{x_i}{l_i}=k=\frac{x_2-x_1}{l_2-l_1} \tag{4}$$

如果取 x_i 为南表到日下的距离，l_i 为南表影长，则有

$$\frac{\text{南表至日下}}{\text{南表影}}=\frac{\text{表间}}{\text{影差}}$$

或

$$\text{南表至日下}=\frac{\text{南表影}\times\text{表间}}{\text{影差}}$$

这就是刘徽给出的另一个重差公式.

"重差"概念来源于影差关系式. 其含义是指两次测量中的两对数据的差数，即公式(1)(3)(4)中的 x_2-x_1 和 l_2-l_1. 影差关系式以这两个差数之比作为固定不变的比率. 刘徽重差术中"重差"一词的含义与此是一致的.

进一步考察影差原理，可以发现重差术与勾股测量术有着内在的联系. 按古人的观点，太阳的高度固定不变，而它与表的水平距离可以变化. 在南北两地立表测量中影长度可得到一影差值，如果在两地连线方向上的某地立表测得的中影长恰好为这一影差值，那么按影差原理可知，此表在测量时至日下的距离必然与原来南北两地的距离（即表间）相等. 日去地与表间和影差的关系可用

图 2 来表示. 假设太阳可以从两立表点的南方运动到南表的正上方，那么此时南表影长度为零，而北表影长则恰好等于原来日在表南时两表的影差. 很显然，按照图 2，重差问题可以转化为普通的勾股测量问题.《周髀算经》在计算日高、日远时采用的便是把重差问题转化为普通勾股测量问题的方法.

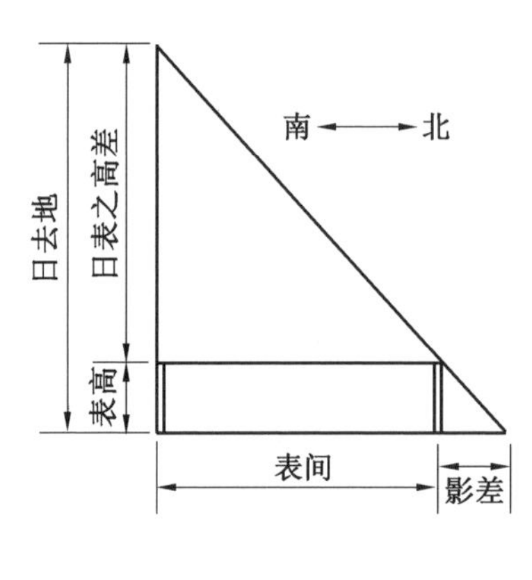

图 2

刘徽在《九章算术》序文中说明重差术的基本含义时指出："凡望极高、测绝深而兼知其远者，必用重差勾股，则必以重差为率，故曰重差." 这里的"重差勾股" 指的就是重差术的方法，说明重差术本身包涵着勾股测量术的方法. 重差术实际上全称应为重差勾股术，所处理的是一类特殊的勾股测量问题. 在测量方式上它是勾股测量的重复进行，而测量计算所依据的原理也是相似勾股形对应边成比例的关系."重差勾股" 的含义可用图 2 所示的勾股形的相似关系来解释. 过去一般将刘徽的序文断句为："凡望极高、测绝深而兼知远者必用重差，勾股则必以重差为率，故曰重差." 这里"则" 应为连词，这样断句似不符合这一虚词的用法. 此外，这样断句从数学意义上也无法解释清楚. 实际上，"重差勾股" 一词并非刘徽所创，张衡在论述影差关系式时已明确指出依据的是"重差勾股" 的数学方法. 刘徽序文中此词的含义也当与张衡的提法一致.

根据以上所述，我们可以给出刘徽重差图的一个复原图(图 3). 此图中，y 为日去地，y_o 为日表之高差，h_o 为表高，l_1，l_2 分别为南北表之表影长，x_1，x_2 分别为南、北两表至日的距离，$d=x_2-x_1$ 为表间，$\Delta l=l_2-l_1$ 为影差. 根据图 3，由相似勾股形比例关系可得

$$\frac{y_o}{h_o}=\frac{d}{\Delta l}=\frac{x_1}{l_1} \tag{5}$$

这比例式可称之为"重差勾股" 比例关系. 由此式可自然地直接获得刘徽重差公式. 这也可以作为此图基本上符合刘徽原意的一个佐证. 按照刘徽之意，重差术显然是勾股测量术的自然发展和延伸，所以他把《重差》作为《九章算术》勾

股章的续篇缀于其下.刘徽把重差术的方法称之为“重差勾股”,说明重差术与勾股测量术有相同之处,重差问题可转化为一般勾股问题进行计算.

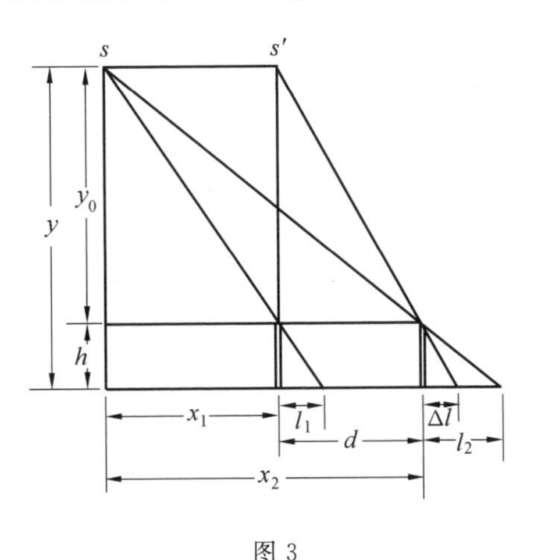

图 3

“重差勾股”比例关系的正确性可以从理论上得到证明,对于图3所示的重差图,只要从理论上证明了 Δl 即为南北两表影长之差,那么重复使用勾股测量公式便可推导出上述比例关系,也就自然得到了重差公式.而证明 $\Delta l=l_2-l_1$ 对刘徽来说并不困难.由相似勾股形比例关系有

$$\frac{y_o}{h_o}=\frac{x_2-x_1}{\Delta l}=\frac{x_1}{l_2}=\frac{x_2}{l_2}$$

应用比例性质可得

$$\frac{x_2-x_1+x_1}{\Delta l+l_1}=\frac{x_2}{l_2}$$

由此可得 $\Delta l+l_1=l_2$,即 $\Delta l=l_2-l_1$.证明的关键一步要运用比例性质:“若$\frac{a'}{a}=\frac{b'}{b}$,则$\frac{a'}{a'}=\frac{a'+b'}{a+b}$.”这一性质在《九章算术》衰分术中已有应用,而刘徽在《九章算术》“勾股容方”题注中也明确给予过说明并加以运用.

应用“重差勾股”比例关系求日之高远,无论是求日高还是求日远,都要以表至日下之差($d=x_2-x_1$)和影差($\Delta l=l_2-l_1$)为确定的比率入算,这正与刘徽“必以重差为率”之意相符.

综上所述,刘徽重差术是以相似勾股形对应边成比例原理为立术之根据的,在论证过程中还要用到比例性质,因此它是以我国古代独特的相似勾股形理论和比例算法为基础的.

第三节　《海岛算经》造术的探讨

《海岛算经》的成书标志着古代测量术的重大发展. 刘徽把重差术看作是一种具有普遍性的方法加以推广和应用，创立了一套适应于普通测量的测量术. 他在《九章算术》序中说："度高者重表，测深者累矩，孤离者三望，离而又旁求者四望，触类而长之，则虽幽遐诡伏，靡所不入. 博物君子，详而览焉." 这是对测量方法的一般性概括和总结.《海岛算经》九问通过实例说明了不同和条件下所用的测算方法，无论地形、地物条件如何，总可以设计出具体的测量方案来解决问题.《海岛算经》不仅限于推广应用了原始的重表法，而且还创造性地使用了累矩法和索表法，这使得重差术成了一种广泛应用的测量方法.

按照刘徽"触类而长之" 的思想，《海岛算经》九问的造术方法是由最初的重表测高远之术类推衍化而来的. 其计算的理论依据无疑与测日术的重表两测法是一致的. 关于《海岛算经》诸问的推证过程，吴文俊、白尚恕、李继闵诸先生曾作过深入研究，提出了不同的古证复原方案. 这鵝我们依据吴先生提出的古证复原的原则，提出另一套复原方案，以期有利于此问题的进一步探讨.

考察《海岛算经》九问的测量方法，只有重表、索表和累矩三种. 其中，第一问测望海岛是最基本的重表法，第三问望邑是最基本的索表法，第四问望谷是最基本的累矩法. 这三问都是由重表测日术直接推衍变化而来的，其理论依据主要是相似勾股形对应边成比例原理，其造术过程中要通过"重差勾股" 的关系将重差问题转化为普通的勾股测量问题.《海岛算经》其他几问又是以这三问为基础，"角类而长" 得来的，下面具体加以分析和讨论.

《海岛算经》第一问是典型的重表法，与测日术的重表两测法完全一致. 视岛高为日高、岛远为日远，前、后两表却行分别为南北两表之影长，直接套用日高、日远公式便可得岛高、岛远公式.

第三问望邑题云："今有南望方邑，不知大小. 立两表东、西去六丈(f)，齐人目，以索连之. 令东表与邑东南隅及东北隅参相直. 当东表之北却行五步(a)，遥望邑西北隅，人索东端二丈二尺六寸半(h). 又却北行去表十三步二尺(g)，遥望邑西北隅，适与西表相参合. 问邑方(y) 及邑去表(x) 各几何."(图 4)

术文给出的公式可表示为

$$y=\frac{h(g-a)}{\dfrac{gh}{f}-a}$$

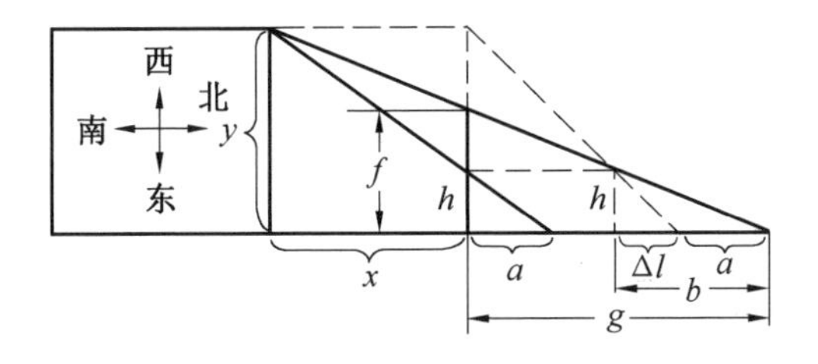

图 4

$$x=\frac{a\left(g-\frac{gh}{f}\right)}{\frac{gh}{f}-a}$$

现传本《海岛算经》此问术文将$\frac{gh}{f}$作为“景差”值，这与刘徽原序论述测日术所用“景差”之义不符. 清代学者李锣和现代数学史家钱宝琮曾校改此问术文. 校正后术文的前段为：“以入索乘后去表，以两表相去除之，所得以前表减之不尽为景差，以为法. 置后去表，以前去表减之，余以乘入索为实，实如法而一，得邑方.”

在图 4 中作一定的辅助线(虚线)，如设 a，b 分别为日高图中前后表影长，h 为表高，则此图与前面复原的测日重差图正好相合. 图中 $\Delta l=b-a$ 应为影差. 按照术文，此题分步计算，先根据相似勾股形关系求得 b，即

$$b=\frac{hg}{f}$$

因而有

$$\Delta l=b-a=\frac{hg}{f}-a$$

又因图中以 $g-a$ 为勾，y 为股的勾股形与以 Δl 为勾 h 为股的勾股形相似(即“重差勾股”关系)，则有比例关系

$$\frac{y}{g-a}=\frac{h}{\Delta l}=\frac{h}{\frac{gh}{f}-a}$$

由此自然可得到术文给出的邑方公式. 邑方公式可表示为如下形式

$$\text{邑方}=\frac{\text{入索}\times(\text{后去表}-\text{前去表})}{\text{景差}}$$

$$=\frac{\text{入索}\times(\text{后去表}-\text{前去表})}{\frac{\text{后去表}\times\text{入索}}{\text{两表相去}}-\text{前去表}}$$

邑去表公式可直接套用日远公式获得.

对于邑方公式，一般的补证方法是，求出 b 值后直接套用日高(或岛高)公式. 但这样得出的邑方公式形式为

$$y=\frac{h(g-b)}{b-a}+\frac{h\left(g-\frac{gh}{f}\right)}{\frac{gh}{f}-a}+h$$

这与术文给出的公式在形式上还有所不同，还须经过某些运算变化才能得出最后公式.

第四问望谷题为："今有望深谷，偃矩岸上，令勾高六尺(a). 从勾端望谷底，入下股九尺一寸(h). 又设重矩于上，其矩间相去三丈(d). 更从勾端望谷底，入上股八尺五寸(k). 问谷深(x)几何."(图 5)

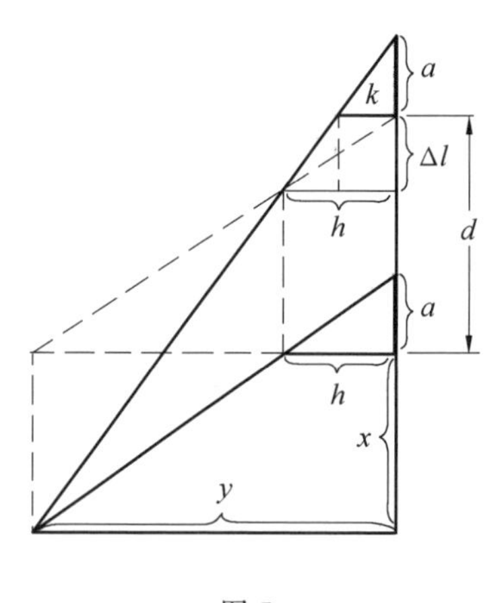

图 5

术文给出的谷深公式为

$$\text{谷深}=\frac{\text{矩间}\times\text{上股}}{\text{下股}-\text{上股}}-\text{勾高}$$

或

$$x=\frac{dk}{h-k}-a$$

如图 5，作一定的辅助线(虚线)，设 y 为日高，x 为前表至日，a 与 $a+\Delta l$ 分别为前后表影，h 为表高，则此问可转化为重表测高远问题. 其中 Δl 为影差.

由相似勾股形对应边的比例关系得

$$\frac{a}{\Delta l}=\frac{k}{h-k}$$

由图中"重差勾股"之关系得

$$\frac{d}{\Delta l}=\frac{y}{h}$$

此外又由相似勾股形对应边比例得

$$\frac{x+a}{a}=\frac{y}{h}$$

则有

$$\frac{x+a}{a}=\frac{d}{\Delta l}$$

故得

$$x+a=\frac{a}{\Delta l}\cdot d=\frac{kd}{h-k}$$

由此即得术文给出的谷深公式

$$x=\frac{kd}{h-k}-a$$

《海岛算经》第二问是一个重表三次测望求松高和山去表的问题. 在图 6 中,已知 h 为两表高度,a,b 为前后两表退行,d 为前后两表相去,k 为松本入前表,x_a 为所求山去表,y_s 为松高. 术文给出的公式为

$$松高\ y_s=\frac{d\cdot k}{b-a}+k$$

$$山去表\ x_a=\frac{d\cdot a}{b-a}$$

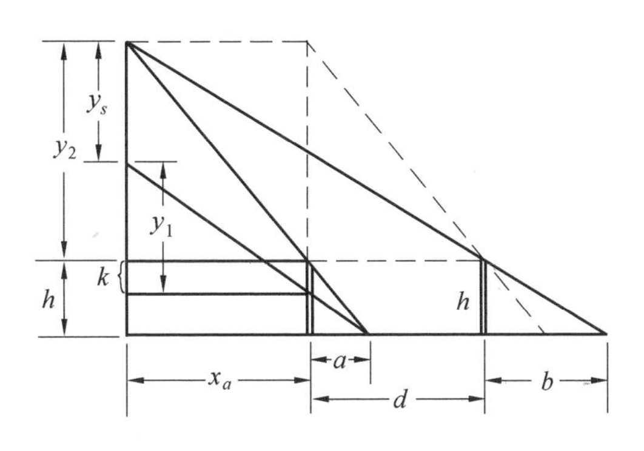

图 6

山去表公式可表接套用第一问岛去表公式获得.

又由山去表公式可得

$$\frac{x_a}{a}=\frac{d}{b-a}$$

由图中相似勾股形比例关系有

$$\frac{y_1}{h-k}=\frac{x_a}{a}$$

因此有

$$\frac{y_1}{h-k}=\frac{d}{b-a}$$

$$y_1=\frac{d(h-k)}{b-a}$$

由图中“重差勾股”之关系可得

$$y_2=\frac{dh}{b-a}$$

因图中 $y_s+k=y_2-y_1$，故得

$$y_s+k=\frac{dh}{b-a}-\frac{d(h-k)}{b-a}$$

由此得松高公式

$$y_s=\frac{dk}{b-a}-k$$

《海岛算经》第六问望波是一个利用索表法三次测望求波口广的问题. 在望波口图(图 7) 中，y_b 为波口广，d 为两表相去，l_a 为前去表，h 为入索，k 为入索望表里，l_c 为后去表. 此题术文给出的公式为

$$y_b=\frac{k(l_c-l_a)}{\frac{h\cdot l_c}{d}-l_a}$$

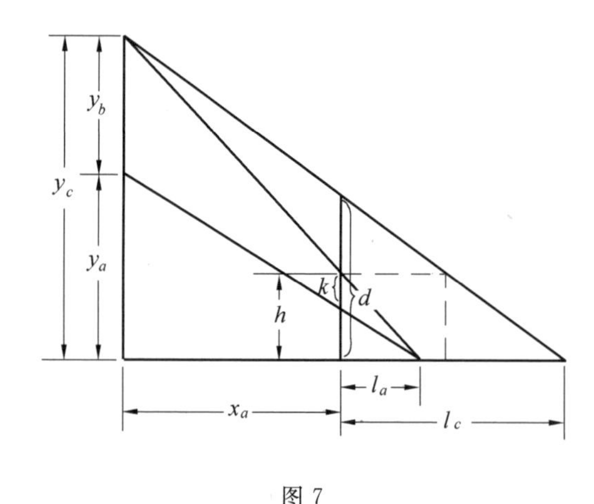

图 7

作辅助线(虚线) 后可将此问题转化为邑方问题. 设 y_c 为邑方值，则由邑方公式得

$$y_c=\frac{\text{入索}\times(\text{后去表}-\text{前去表})}{\text{景差}}$$

又由图中相似勾股形比例得

$$\frac{y_a}{h-k}=\frac{x_a+l_a}{l_a}$$

由邑去表公式(或岛去表有公式)得

$$\frac{x_a}{l_a}=\frac{\text{表间}}{\text{景差}}$$

或

$$\frac{x_a+l_a}{l_a}=\frac{\text{表间}+\text{景差}}{\text{景差}}=\frac{\text{后去表}-\text{前去表}}{\text{景差}}$$

所以有

$$\frac{y_a}{h-a}=\frac{\text{后去表}-\text{前去表}}{\text{景差}}$$

故得

$$y_a=\frac{(\text{入索}-\text{入所望表里})(\text{后去表}-\text{前去表})}{\text{景差}}$$

波口广 $y_b=y_c-y_a$,即

$$y_b=\frac{\text{入所望表里}(\text{后去表}-\text{前去表})}{\text{景差}}$$

式中景差与前面给出的邑方公式一致,即

$$\text{景差}=\frac{\text{入索}\times\text{后去表}}{\text{表相去}}-\text{前去表}$$

第八问累矩望津术是由望波口术演变而来的. 在望津图(图 8) 中,a 为勾高,m 为前望津南岸时所得入下股,k 为入前望股里,d 为上登高度(两矩高差),n 入上股,h 为北却行(两矩水平距离). y 为所求津广.

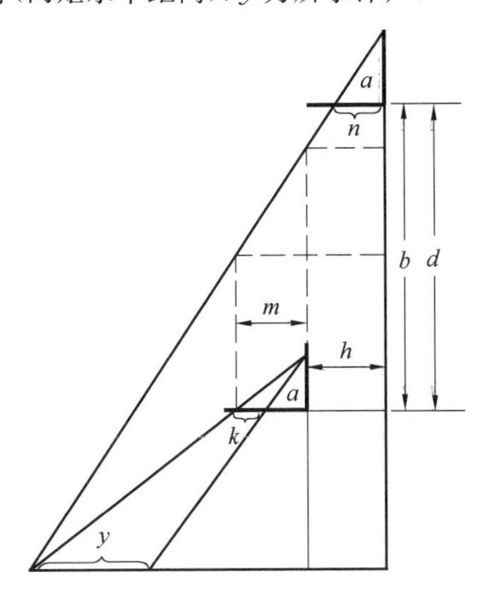

图 8

本文给出的望津公式为

$$津广=\frac{入股里(上登-\frac{北行\times勾高}{上股})}{\frac{下股\times勾高}{上股}-勾高}$$

或

$$y=\frac{k(d-\frac{ha}{n})}{\frac{ma}{n}-a}$$

如将望津图与望波口图比较，设 y 为波口，前矩勾高 a 为前去表，入股 k 为所望表里，b 为后去表．套用望波口公式得

$$y=\frac{k(b-a)}{\frac{ma}{n}-a}$$

又因图 8 中 $b-a=d-e$，所以有

$$y=\frac{k(d-e)}{\frac{ma}{n}-a}$$

e 可由相似勾股形比例关系求得

$$\frac{e}{a}=\frac{h}{n},e=\frac{ha}{n}$$

代入上面的公式即可获得望津公式．

以上具体讨论了《海岛算经》九问中之六问的造术过程，推证过程简便而自然，又合于《海岛算经》术文，其他三问也可用类似的一些方法推导论证，限于篇幅，这里不再赘述．作为本文的结束，我们仅给出一个表示《海岛算经》诸术推衍关系的一个图表(图 9)．

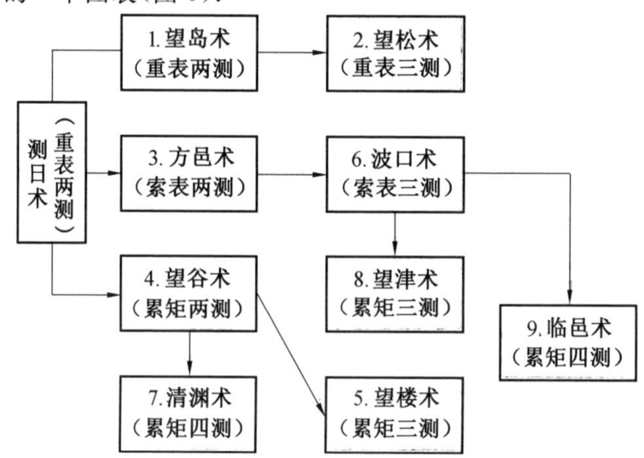

图 9 《海岛算经》诸术推衍关系表

参考资料

[1] 吴文俊:《〈海岛算经〉古证探源》,《〈九章算术〉与刘徽》,北京师范大学出版社,1982.

[2] 白尚恕:《刘徽〈海岛算经〉造术的探讨》,《科技史文集》第 8 辑,上海科技出版社,1982.

[3] 李继闵:《从勾股比率论到重差术》,《科技史集刊》第 11 期,地质出版社.

[4] 李镠:《海岛算经纬笔》.

《九章算术》的新研究①

第二十三章

《九章算术》是流传至今的一部重要经典数学著作，它汇总了秦汉以来的数学成就，它开拓了中国数学的研究道路，它是中国数学也是东方数学的代表作．它与欧几里得《几何原本》这部西方数学代表作两相辉映，形成鲜明的对照，成为世界数学两大名著．

《九章算术》尤其是刘徽注文源远流长，对东方数学的发展有巨大的作用，对世界数学的发展也有不可低估的影响．

近年来，在国内、外虽然发表并出版了不少有关《九章算术》及刘徽研究的学术论著，但是要想弄清它的历史源流、数学思想、社会关系以及对后世的影响，绝非一朝一夕之功所能完成．因此，有必要对《九章算术》及刘、李注文再度进行深入而细致的探索与研究．

一

在《九章算术》有关分数的运算中，是采取逐步约分的方法，还是采取最后约分的方法，或是无有一定之规？这是一个值得探讨的问题．毋庸讳言，逐步约分可使运算简洁，最后约分将使运算繁芜，如无一定之规，则需要见事行事．

① 本文曾于1988年在美国圣迭戈中国科学史第五届国际会议上宣读，作者为白尚恕．

分数概念及其运算法则在中国形成很早，尤其是分数运算法则在《九章算术》成书之前已然达到规范化的程度，因此《九章算术》方田章才能系统而完备地阐述了分数的概念、性质及其运算法则. 对于约分必然约定俗成形成法则，决不能仍然处于无一定之规的境地. 由于这些约分法则不见诸记载，所以必须在字里行间进行推敲，以便窥测古人的原意.

《九章算术》把约分术列于分数算法之首，足见古人对约分术的重视，认为在运算中“分之为数，繁则难用”. 并认为“约省为善”. 所以古人主张“为术者，先治诸分.”如果分数比较繁杂，先约分可以起事半功倍的作用，可以使运算简洁；如果最后约分，虽然运算比较复杂，但可以得到简洁的结果.

通过大量例证，不难发现古人对简单的如两数相除的计算，采用最后约分的方法进行处理.

例如方田章第 18 问，按术计算，得

$$\left(6\frac{1}{3}+\frac{3}{4}\right)\div 3\frac{1}{3}=\frac{76+9}{12}\div\frac{10}{3}=\frac{85}{12}\times\frac{3}{10}=2\frac{1}{8}$$

根据经分术、大广田术及刘注可知，由$\frac{85}{12}\times\frac{3}{10}$到$2\frac{1}{8}$的运算，当是

$$\frac{85}{12}\times\frac{3}{10}=\frac{255}{120}=2\frac{15}{120}=2\frac{1}{8}$$

即是采用最后约分的方法处理的.

又如商功章第 13 问，按术计算，得

$$\frac{35\times 35\times 51}{36}=\frac{62\ 475}{36}=1\ 735\frac{15}{36}=1\ 735\frac{5}{12}$$

很明显，这一计算也是采用最后约分的方法处理的.

凡是遇到只有乘除的运算时，为了避免运算中间有除不尽余数，刘徽则经常表示“先除后乘或有余分，故术反之.”便主张“今此术先乘而后除也.”等作完除法之后，刘徽又表示“实如法而一，……，不尽者，等数约之而命分.”

可见，对于简单的计算问题古人采用最后约分的方法处理是无所非议的. 但是，对于较复杂的计算问题的处理方法仍需进行探讨. 今举例说明如下：

例如粟米章第 26 问，因粝米：粝饭＝30：75，以粝米求粝饭，当为$64\frac{3}{5}\times 75\div 30$，但李淳风注称：“术欲从省，先以等数十五约之，所求之率得五，所有之率得二，故五乘二除，义由于此.”故得

$$64\frac{3}{5}\times 75\div 30=64\frac{3}{5}\times 5\div 2=161\frac{5}{10}=161\frac{1}{2}$$

又如均输章第 2 问，按术求得列衰为

$$\frac{1\ 200}{30}:\frac{1\ 550}{31}:\frac{1\ 280}{32}:\frac{990}{33}:\frac{1\ 750}{35}$$

$$=40:50:40:30:50$$

$$=4:5:4:3:5$$

其和为21,各县所出人数为

$$\frac{1\ 200\times 4}{21}=228\frac{12}{21}=228\frac{4}{7}$$

$$\frac{1\ 200\times 5}{21}=285\frac{15}{21}=285\frac{5}{7}$$

$$\frac{1\ 200\times 4}{21}=228\frac{4}{7}$$

$$\frac{1\ 200\times 3}{21}=171\frac{9}{21}=171\frac{3}{7}$$

$$\frac{1\ 200\times 5}{21}=285\frac{5}{7}$$

然后“上下辈之”,即得各县人数为229,286,228,171,286.

根据以上所述,古人计算较复杂的问题尤其计算涉及有关比率的问题时,往往采用逐步约分的方法.关于今有术问题,多是先以等数约简所求率及所有率,然后再先乘后除进行计算;关于“方程”问题,多是先以等数约简两行相减之差,再进行计算;关于衰分或反衰术的问题,多是先以等数约简列衰,再进行计算.正如刘注所称:“列衰,相与率也.重迭,则可约.”总之,对于有关比率的问题,则是采用逐步约分的方法,而逐步约分是不见诸记载的算法,也是不成文的法则.研讨古算,必须按照古人的算法进行核证,切不可以今人之法代替古人之说.

关于少广术的计算,也是采用不成文的逐步约分法.少广术术文为:“置全步及分母子,以最下分母遍乘诸分子及全步,各以其母除其子,置之于左.命通分者,又以分母遍乘诸分子及已通者,皆通而同之,并之为法.置所求步数,以全步积分乘之为实.实如法而一,得从步.”其大意为:将整数、分数排列在一起,以最下分母遍乘各数,约分,置之于左.再以分母遍乘各数,约分,若皆为整数,则并之作为除数.…….其中“各以其母除其子”,即是约分;“命通分”,即是分母遍乘各数后以其分母命分,也即约分:“皆通而同之”,即是皆化为整数.例如少广第10问,其计算步骤为

1	11	110	990	3 960	27 720
$\frac{1}{2}$	$\frac{11}{2}$	$\frac{110}{2}=55$	495	1 980	13 860
$\frac{1}{3}$	$\frac{11}{3}$	$\frac{110}{3}$	$\frac{990}{3}=330$	1 320	9 240

$\frac{1}{4}$	$\frac{11}{4}$	$\frac{110}{4}=\frac{55}{2}$	$\frac{495}{2}$	$\frac{1\ 980}{2}=990$	6 930
$\frac{1}{5}$	$\frac{11}{5}$	$\frac{110}{5}=22$	198	792	5 544
$\frac{1}{6}$	$\frac{11}{6}$	$\frac{110}{6}=\frac{55}{3}$	$\frac{495}{3}=165$	660	4 626
$\frac{1}{7}$	$\frac{11}{7}$	$\frac{110}{7}$	$\frac{990}{7}$	$\frac{3\ 960}{7}$	$\frac{27\ 720}{7}=3\ 960$
$\frac{1}{8}$	$\frac{11}{8}$	$\frac{110}{8}=\frac{55}{4}$	$\frac{495}{4}$	$\frac{1\ 980}{4}=495$	3 465
$\frac{1}{9}$	$\frac{11}{9}$	$\frac{110}{9}$	$\frac{990}{9}=110$	440	3 080
$\frac{1}{10}$	$\frac{11}{10}$	$\frac{110}{10}=11$	99	390	2 772
$\frac{1}{11}$	$\frac{11}{11}=1$	10	90	360	2 520

不难看出，这部分算法就是推求1，2，…，11的最小公倍的方法. 在计算中，必然用到不成文的逐步约分法. 如果没有逐步约分法，少广前11问中，将是无法求得某些数最小公倍数，反过来说，既然有9问能正确无误地算出最小公倍数，就说明这一算法是完整的，只不过尚未规范化就是了. 但是，有人认为这一算法是不完整的，其中缺少"能约则约"一语，这种见解，值得商榷. 如果不关解古人的不成文逐步约分法，不仅无法解释这9问的运算，即使对今有术问题、衰分问题、"方程"问题，甚至两数相除问题都无法解释. 可见，最后约分法、逐步约分法是不见诸记载的重要方法.

二

在《九章算术》经文及刘徽注文中，经常发现当明确了基础理论的原理以后，为了便于计算和使用，往往把基础理论变换成计算技巧. 在运算中只要强调计算技巧就相当于强调基础理论，也就是寓基础理论于计算技巧之中.

刘徽在方田章注称："凡数相与者谓之率." 又称："等除法实，相与率也." 这是给比率概念下了明确的定义. 也给出比率的性质："率者，自相与通." 其中"通"，即是贯通，通达的意思. 而"率者，自相与通" 即是说每一组比率与每一组比率之间都可以相通. 在均输章刘徽注称："络得四，练得三，此其相与之率. ……，练得三十二，青得三十三，亦其相与之率. 齐其青丝、络丝，同其二练，络得一百二十八，青得九十九，练得九十六，即三率悉通矣. ……，凡率错互不通者，皆积齐同用之. 放此，虽四、五转不异也. 言同其二练者，以明三率之相与通耳. 于术无以处也.”这一段注文，具体说明了率是如何“自相与通”的. 今以 x_1 表示络丝，x_2 表示练丝，x_3 表示青丝，即由

$$\frac{x_1}{x_2}=\frac{4}{3},\ \frac{x_2}{x_3}=\frac{32}{33}$$

推得

$$x_1:x_2:x_3=(4\times 32):(3\times 32):(33\times 3)=128:96:99$$

推而广之，设若

$$\frac{x_1}{x_2}=\frac{a_1}{a_2},\frac{x_2}{x_3}=\frac{b_1}{b_2},\frac{x_3}{x_4}=\frac{c_1}{c_2},\cdots,\frac{x_{n-1}}{x_n}=\frac{e_1}{e_2}$$

则得 $x_1:x_3:\cdots:x_{n-1}:x_n=(a_1b_1c_1\cdots e_1):(a_2b_1c_1\cdots e_1):\cdots:(a_2b_2c_2\cdots e_1):(a_2b_2c_2\cdots e_2)$.

很明显，上述的式子是依据齐同原理推导的，而刘徽则总结为技巧：“齐其青丝，络丝，同其二练.”或“凡率错互不通者，皆积齐同用之.”

又如衰分章的列衰是整数，而所列之返衰则为分数，为了把所列之返衰化为整数，必须依据齐同原理使之化为整数. 如刘徽注称：“今此令高爵出少，则当使大夫五人共出一人分，不更四人共出一人分，故谓之返衰. 人数不同，则分数不齐，当令母互乘子，母互乘子则动者为不动者衰也. 亦可先同其母，各以分母约其同，为返衰.”

设 $5:4:3:2:1$ 为列衰，而 $\frac{1}{5}:\frac{1}{4}:\frac{1}{3}:\frac{1}{2}:\frac{1}{1}$ 则为反衰. 按齐同原理得

$$\begin{aligned}&\frac{1}{5}:\frac{1}{4}:\frac{1}{3}:\frac{1}{2}:\frac{1}{1}\\&=\frac{24}{120}:\frac{30}{120}:\frac{40}{120}:\frac{60}{120}:\frac{120}{120}\\&=12:15:20:30:60\end{aligned}$$

一般说，设返衰为 $\frac{a_1}{b_1}:\frac{a_2}{b_2}:\frac{a_3}{b_3}:\cdots:\frac{a_{n-1}}{b_{n-1}}:\frac{a_n}{b_n}$ 按齐同原理可得

$$\begin{aligned}&\frac{a_1}{b_1}:\frac{a_2}{b_2}:\frac{a_3}{b_3}:\cdots:\frac{a_{n-1}}{b_{n-1}}:\frac{a_n}{b_n}\\&=(a_1b_2b_3\cdots b_n):(b_1a_2b_3\cdots b_n):\\&\quad(b_1b_2a_3\cdots b_n):\cdots:(b_1b_2b_3\cdots b_{n-1}a_n)\\&=\frac{a_1}{b_1}B:\frac{a_2}{b_2}B:\frac{a_3}{b_3}B:\cdots:\frac{a_n}{b_n}B\end{aligned}$$

其中 $B=b_1b_2b_3\cdots b_n$.《九章算术》及刘徽把 $a_1b_2b_3\cdots b_n$，$b_1a_2b_3\cdots b_n$，$b_1b_2b_3\cdots a_n$ 称为“动者”，把 $\frac{a_1}{b_1},\frac{a_2}{b_2},\frac{a_3}{b_3},\cdots,\frac{a_n}{b_n}$ 称为“不动者”，于是把这一经过齐同原理的运算

化为计算技巧,称为“动者为不动者衰.”

再如方程章的损益之说,刘徽结合第 2 问从损益的意义上做了说明:“今按实云 …,‘损之曰益’,言损一斗余当一十斗. 今欲全其实,当加所损也.‘益之曰损’,言益实一斗乃满一十斗. 今欲知本实,当减所加即得也.”其实,这相当于现今移项变号法则. 刘徽进一步为第 4 问注称:“故互其算,令相折除,以一斗一升为差. 为差者上禾之余实也.”又于第 5 问称:“故亦互其算,而以一斗八升为差实. 差实者上禾之余实.”还于第 15 问注称:“互其算,令相折除,而以一石为之差实. 差实者,如甲禾余实,故置算相与同也.”所谓“互其算,令相折除.”即是正、负两数相互交换,并使之相互折合抵消. 也即是所谓移项变号.“互其算,令相折除.”就是刘徽的计算技巧.

再如,刘徽在合分术明确了不失本率原理之后,使之变为计算技巧. 如刘徽注称:“法不可半,故倍其实.”“法里有分,实里通之.”“二母既同,胡相准折”等即是不失本章原理的计算技巧.

研究《九章算术》,必须了解《九章算术》的特点;研究刘徽,也必须了解刘徽惯用计算技巧的做法. 如果不了解上述特点、作法,只凭一己之见研究古籍与古人,轻则以今人之见代替古人之说,造成误解;重则谬种流传,贻害无穷. 所以,研究古籍与古人不可不慎重从事.

平分术为“母互乘子,副并为平实,母相乘为法. 以列数乘未并者各自为列实. 亦以列数乘法. 以平实减列实,余,约之为所减. 并所减以益于少,以法命平实,各得其平.”

在“亦以列数乘法”下,传本《九章算术》刘注为:“此当副置列数除平实.”足可证明此处刘注只注释“亦以列数乘法”一句. 因为“平实”实际是“平均数分子的列数倍,这里本当以列数除平实,为了避免出现繁分,便根据计算技巧“实里有分,法里通之.”反以列数乘法. 故知刘注只注释“亦以列数乘法”一句. 但是有人却认为刘注是注释“以列数乘未并者各自为列实. 亦以列数乘法”两句. 持注释两句之说者,既无证据,又无法解释刘注与前一句术文有何必然联系. 这一说法,值得探究.

既然刘注只注释术文一句,传本刘注“故反以列数乘同齐”之“齐”字,按理当删. 这段刘注可表示成下式,设平实为 A,法为 B,列数为 n,即

$$\frac{a \div n}{B} = \frac{A}{B \times n}$$

但有人认为刘注之“齐”字不可删,若删则违背齐同原理. 刘徽使用计算技巧乃其一惯作法,如上述“法不可半,故倍其实”“法里有分,实里通之”“二母既同,故相准折”都可表示为算式,即

$$\frac{A}{B \div 2} = \frac{2A}{B}$$

$$\frac{A}{B \div n} = \frac{nA}{B}$$

$$\frac{A \div n}{B \div n} = \frac{A}{B}$$

很明显，根本没有违背齐同原理.

三

研究《九章算术》及刘、李注文，必须一字一句深入考察，探究其原意.

《九章算术》及刘注使用有关“乘”的术语计算有：“乘”“相乘”“相命”“维乘”“互乘”“互相乘”“交互相生”，这些术语各有明确含义，不能混为一谈.

“乘”“相乘”是指两数相乘或多数连乘；“相命”是“相乘”的另一种说法；“互乘”“互相乘”既包括四数交错相乘，也包括六、八、十等多数交错相乘；“互乘”是“互相乘”的简称，而“交互相生”是“互相乘”的另一说法.

在《九章算术》中，“相乘”“互乘”到处可见，独“维乘”一词只出现在盈不足章术文及注文中.

如盈不足术文为：“置所出率，盈不足各居其下，令维乘所出率，并以为实.”刘徽注称：“盈朒维乘两设者，欲为齐同之意.”其中“维乘”二字如何理解，应深入探讨.

“维”是联结或联系的意思，“乘”是两数相乘. 就字面而论，似是联结相乘. 就算法而论，实为交错相乘. 维乘虽属于互乘，但在盈不足术何故只用维乘而不用互乘？令人疑虑.

《管子》称：“四维张，则君令行.”又称：“何谓四维？一曰礼，二曰义，三曰廉，四曰耻.”可见“维”字既含有四的意思，又表示四种道德. 因此，“维乘”可理解为四数交错相乘. 但是在《九章算术》及刘注中，除盈不足章以外，凡四数交错相乘则未必一定使用“维乘”. 如减分术、课分术术文皆为：“母互乘子，以少减多，余为实.”只用互乘而不用维乘. 若是两个分数相减或相课，也只用互乘而不用维乘.

《淮南子》称：“日冬至，日出东南维，入西南维.”又称：“夏至，出东北维，入西北维.”可见“维”表示东北、西北、东南、西南四方位. 将四数摆成正方形，“维乘”乃表示正方形四隅之数交错相乘. “维乘”固是“互乘”，而“互乘”则未必是“维乘”. 正如杨辉在《详解九章算法》中称：“四维而乘”. 因此，盈不足术必须将四数摆成正方形，而减分术、课分术不必将四数摆成正方形. 所以，盈不足术则用维乘，其他则用互乘.

杨辉在其《详解九章算法》中，于“盈不足”“法曰”下，解释“维乘”为“四维

而乘”,并于“置所出率,盈不足各居其下”下列出四数图示为

所出率　盈
所出率　朒

又在“盈不足相与同其买物者”下,增加“置位”一词,列出六数图示为

所出率　人数　盈率
所出率　人数　不足

同时于“今有共买牛”一问算草中列出六数图示为

出一百九十　七家　亏三百三十
出一百七十　九家　盈三十

而其演算过程为

$$\begin{pmatrix}190 & 7 & 330\\270 & 9 & 30\end{pmatrix}$$

$$\Rightarrow\begin{pmatrix}190\times 9 & 7\times 9 & 330\\270\times 7 & 9\times 7 & 30\end{pmatrix}$$

$$\overset{\text{一次维乘}}{\Rightarrow}\begin{pmatrix}(190\times 9)\times 30 & 7\times 9 & 330\\(270\times 7)\times 330 & 9\times 7 & 30\end{pmatrix}$$

$$\overset{\text{二次维乘}}{\Rightarrow}\begin{pmatrix}(190\times 9)\times 30 & 7\times 9 & 330\times 9\times 7\\(270\times 7)\times 330 & 9\times 7 & 30\times 7\times 9\end{pmatrix}$$

其“所出率,以少减多”之余为

$$270\times 7-190\times 9=180$$

“实为”

$$(190\times 9)\times 30+(270\times 7)\times 330=675\ 000$$

“法”为

$$330\times 9\times 7+30\times 7\times 0=22\ 680$$

故得牛价为

$$[(190\times 9)\times 30+(270\times 7)\times 330]\div[270\times 7-190\times 9]=3\ 750$$

家数为

$$[330\times 9\times 7+30\times 7\times 9]\div[270\times 7-190\times 9]=126$$

可见,杨辉所解释“维乘”的意义及其演算过程虽然完全正确,但其所列图示既不是四数,又不是一次维乘.显然杨辉的演算过程与《九章算术》的原意不相符合.

在这里,明确了“维乘”及“互乘”的意义及其异同,可是,还有人以为“维乘”即是“互乘”,更有人认为“互相乘”即是“相乘”.可见,弄清一些基本概念是非常必要的.

四

《九章算术》方田章有宛田两问，其一为“今有宛田，下周三十步，径十六步.问为田几何.”“答曰：一百二十步.”另一为：“又有宛田，下周九十九步，径五十一步.问为田几何.”“答曰：五亩六十二步四分步之一.”“术曰：以径乘周，四而一.”刘徽注称：“此术不验.……，今宛田上径圆穹，而与圆锥同术，则幂失之于少矣.然其术难用，故略举大较，施之大广田也.…….”

有人以为“宛田”并非球冠形，而是扇形或优扇形；也有人以为是凸月形、抛物线旋转面、馒头形等.

《九章算术》所论平面图形有直田、圭田、邪田、箕田、圆田、弧田及环田，第9章还涉及勾股形.如理解“宛田”为扇形的或凸月形的田，就平面图形较为完备而论，这一看法是可取的.

但是，商功章城，垣、堤、沟、堑、渠之“上广”“下广”之“上”“下”，应理解为在上者为上，在下者为下.又如方亭之“下方”“上方”，圆亭之“下周”“上周”，羡除之“下广”“上广”，刍童之“下广、下袤”“上广、上袤”，盘池之“上广、上袤”“下广、上袤”，冥谷之“上广、上袤”“下广、下袤”，其中之“上”“下”都应理解为在上者为上，在下者为下.再如方锥之“下方”，圆锥之“下周”，堑堵之“下广”，鳖臑之“下广”“上袤”，刍甍之“下广”，委粟平地之“下周”，委菽依垣之“下周”，委米依垣内角之“下周”，其中之“上”“下”，也应理解为在上者为上，在下者为下.

在宛田两问中，如理解在下者为下，则宛田下周即是在下之周，而宛田必是球冠形无疑.有人把宛田“下周”理解为“下余之周”.也即在宛田两问中，先说明其径是多少，再说明其周是多少，也就是下余再说明周是多少.这种理解，不仅无法避免牵强附会之嫌，而且在《九章算术》经文中也难找到例证.

况且宛田两问，都是先说明“下周”是多少，后说明径是多少.显然，这里的下周是无法解释为“下余之周”.可见，宛田并非是扇形或优扇形.

有人在优扇形之上画一任意弧线，以优扇形之圆弧，称为是宛田之“下周”，优扇形之两半径，看作是宛田的“径”，在优扇形之上任画之弧线，则以刘徽注文“上径圆穹”来解释.这种凸月形未必是宛田之形，因为《九章算术》宛田两问，只给出“下周”及“径”的数据，在优扇形之上所画的弧必然是任意的，也就是说凸月形实际就是不定形.这种不定的凸月形，显然不合《九章算术》及刘注的原意.

有人依据“中央隆高”，以为宛田是抛物线旋转面.这种见解虽然符合生产实际，也可以有一定的算法，但却超越了《九章算术》及刘徽的时代.

有人以为宛田是馒头形或丘陵形的田地，这种形状的田地在黄土高原地区并不少见，可是由于其形状无一定之规，而其算法则无所遵循. 无法计算其面积的田地，在《九章算术》中似是少见的.

如按李潢之说，若理解宛田为球冠形的田地，虽有一定的计算方法，但《九章算术》所列宛田两问中，都是超过半球的球冠形. 这种大于半球的球冠形田地，在实际中是不存在的. 可见，究竟如何理解宛田，应该进一步探讨.

五

刘徽割圆术是由圆内接正 6 边形起算，使边数倍增，分别计算出圆内接正 12，24，48，96，192 边形的面积为

$$S_{12}=300,\cdots,S_{96}=313\frac{584}{625},S_{192}=314\frac{64}{625}$$

又取“差幂”

$$S_{192}-S_{96}=314\frac{64}{625}-313\frac{584}{625}=\frac{105}{625}$$

然后刘徽注称：“以十二觚之幂为率消息，当取此分寸之三十六，以增于一百九十二觚之幂以为圆幂，三百一十四寸二十五分寸之四.” 即

$$S=S_{192}+\frac{36}{625}=314\frac{64}{625}+\frac{36}{625}=314\frac{4}{25}$$

但是刘徽如何由“差幂”$\frac{105}{625}$中求得$\frac{36}{625}$，只说“以十二觚之幂为率消息”，文字过于简略，揣测不一.

钱宝琮以为：刘徽计算 $S_6=150\sqrt{3}=259.8$，$S_{12}=300,\cdots$，及其 $S_{192}=314.1$，并以 S_{192} 作为圆面积近似值，可得

$$\frac{S-S_{12}}{S_{12}-S_6}=\frac{14.1}{40.2}\approx 0.350\ 7$$

又假定

$$\frac{S-S_{192}}{S_{192}-S_{96}}\approx\frac{S-S_{12}}{S_{12}-S_6}$$

于是有

$$S\approx S_{192}+\frac{S-S_{12}}{S_{12}-S_6}(S_{192}-S_{96})$$

$$=314\frac{64}{625}+0.350\ 7\left(\frac{105}{625}\right)$$

$$=314\frac{64}{625}+\frac{36}{625}=314\frac{4}{25}$$

三上义夫以为:刘徽求得

$$S_{12}=300$$

$$S_{24}=310\frac{364}{625}$$

$$S_{48}=313\frac{164}{625}$$

$$S_{96}=313\frac{584}{625}$$

$$S_{192}=314\frac{64}{625}$$

又求得

$$S_{24}-S_{12}=\frac{6\ 614}{625}$$

$$S_{48}-S_{24}=\frac{1\ 675}{625}$$

$$S_{96}-S_{48}=\frac{420}{625}$$

$$S_{192}-S_{96}=\frac{105}{625}$$

并发现前一面积差是后在面积差的 4 倍,即

$$\frac{S_{24}-S_{12}}{S_{48}-S_{24}}\approx 4$$

$$\frac{S_{48}-S_{24}}{S_{96}-S_{48}}\approx 4$$

$$\frac{S_{96}-S_{48}}{S_{192}-S_{96}}=4$$

$$\vdots$$

又得

$$S_{384}-S_{192}=\frac{105}{625}\times\frac{1}{4}$$

$$S_{768}-S_{384}=\frac{105}{625}\times\frac{1}{4}\times\frac{1}{4}$$

$$\vdots$$

将上式依次相加,即得圆面积

$$\begin{aligned}S&=S_{192}+(\frac{1}{4}+\frac{1}{4^2}+\cdots)(S_{192}-S_{96})\\&=314\frac{64}{625}+(\frac{1}{4}+\frac{1}{4^2}+\cdots)(\frac{105}{625})\\&\approx 314\frac{64}{625}+\frac{36}{625}\end{aligned}$$

$$=314\frac{4}{25}$$

钱宝琮之说,虽然涉及“以十二觚之幂为率”,但其算法未必符合刘徽原意.

三上之说,虽未及“以十二觚之幂为率”一语,但其算法说明刘徽了解后一面积之差是前一面积之差的$\frac{1}{4}$,至于$\frac{1}{4}+\frac{1}{4^2}+\cdots=\frac{1}{3}$,中国古算书并无正式记载,不过由“一尺之棰”及阳马术的推导来看,刘徽当了解这一算法.因此这一算法可改写为

$$S=S_{192}+(\frac{1}{4}+\frac{1}{4^2}+\cdots)(S_{192}-S_{96})$$

$$=314\frac{64}{625}+\frac{1}{3}\times\frac{105}{625}$$

$$=314\frac{64}{625}+\frac{36}{625}$$

$$=314\frac{4}{25}$$

如果此说不谬,在“以十二觚之幂为率”之中似应校补成“以一百九十二觚之幂为率”.

六

《九章算术》方程章所用解法一般为直除法,但于章末,刘徽提出“方程新术”,用现今术语来说“方程新术”就是消去其他各项,使每一方程“二物正负相借”,求得两未知数之比,用代入法即可求得“方程”的解.

方程章第9问为五雀六燕问题,按题意应得“方程”为

$$4x+y=5y+x$$
$$5x+6y=16$$

但术文为:“如方程.交易质之,各重八两”,则有“方程”为

$$4x+y=8$$
$$x+5y=8$$

其中x表示雀重,y表示燕重.

刘徽除对$4x+y=8$,$x+5y=8$按直除法注解外,又称:“按此四雀一燕与一雀五燕其重等,是三雀四燕重相当,雀率重四,燕率重三也.”刘徽这一说法,可能根据上式$4x+y=x+5y$推导出来的,即由$4x+y=x+5y$导出$3x=4y$,从而得$x:y=4:3$,虽然刘注最后称:“诸再程之率,皆可异术求之.”但是“方程新术”未必不受五雀六燕问题的启发.而五雀六燕也可能受到盈不足章第18问

黄金银白的启发.

盈不足章第 18 问若用“方程术”解之,则得

$$9x=11y$$

$$7x-9y=-13$$

其中 x 表示金重,y 表示银重. 由 $9x=11y$,可得

$$x:y=11:9$$

即金率重十一,而银率重九.

在方程章第 8 问有刘注“盈不足章黄金白银与此相当. 假令黄金九,白银十一,称之重适等. 交易其一,金轻十三两. 问金银一枚各重几何. 与此同.”按上述分析,这段注文当置于方程章第 9 问五雀六燕之后,但传本《九章算术》却置于第 8 问之后. 因此,可能传抄者误抄于第 8 问之末.

在“方程新术”之后,刘徽又提出“其一术”“其一术”就是列衰法. 即是先消去常数项,再求得各未知数的比率,将比率列成连比,按列衰法即可得各未知数的解.

方程章第 13 问为五家共井,因经文未给出井深的单位,所以只能求得各家绠长与井深的比率,即

甲绠:乙绠:丙绠:丁绠:戊绠:井深

$$=265:191:148:129:76:721$$

所以刘注称:“举率以言之”.

由五家共井与“其一术”对比来看,其中或有一些因果关系.

七

《九章算术》中使用“势”字者十一处,刘注九处,而李注两处. 经过查考,刘注使用“势”字之九处,可分别解释为“数值”“比率”“关系”.“数值”是“比率”之特例,而“比率”则从属于“关系”,三者用词虽异,而实质则相一致. 李注使用“势”字之两处,一为“不问高卑,势皆然也.”另一为“缘幂势既同,则积不容异.”前者应为:不拘高低如何,其关系都一样. 后者则应为:若两立体截面面积之间关系都相同,则两立体体积之间也必有同样的关系. 表示以现代形式,即

$$\text{若 } f(s_1)=\varphi(s_2)\text{,则 } f(v_1)=\varphi(v_2)$$

其中,s_1,s_2 及 v_1,v_2 分别为两立体之截面面积和体积.

古无“势”字,“势”字形成于春秋战国时期,经人查阅古籍《诗》《说文解字》《考工记》《孙子兵法》《孟子》《易》《庄子》《管子》《孙膑兵法》《荀子》《韩非子》《左传》《淮南子》等书,无一处释“势”为高. 但是,在研讨《九章算术》中,有

人却将“缘幂势既同，则积不容异”之“势”字释之为高.

这种释“势”为高的说法，不仅在《九章算术》甚至古籍中难以找到例证，而且也难符合古人原意. 这种解释，值得商榷.

《九章算术》方田章第38问经文中，刘注称：“此田环而不通匝. 故径十二步三分步之二. 若据上周求径者，……，盖为疏矣.”接着刘注又称：“于徽术当径八步六百二十八步之五十一.”李注称：“依周三径一考之，合径八步二十四分步之一十一. 依密率，合径八步一百七十六分步之一十三.”依据刘注可知，此问环田实为环缺形. 既是环缺形，经文所给环径，与刘、李注所求得之环径理应相差不大；但刘、李所求之环径分别为$8\frac{51}{628}$步、$8\frac{11}{24}$步、$8\frac{13}{176}$步，与经文所给之环径为$12\frac{2}{3}$步相差很大；因而阅读之余，不能不使人产生疑窦.

在答文“答曰：四亩一百五十六步四分步之一”下，刘注称：“于徽术，当为田二亩二百三十二步五千二十四分步之七百八十七也. 依周三径一为田，三亩二十五步六十四分步之二十五.”李注称：“谨按密率，为田二亩二百三十一步一千四百八分步之七百一十七也.”若按环田术推求其面积，好像无须使用圆周率，但刘、李注文却分别以“徽术”“周三径一”“密率”入算，而且与答案相差很大. 因而怀疑其中必有误算之文.

根据以上所述，有必要对《九章算术》环田问题作一深入研究，借以澄清一些疑虑.

以上所述，是近来重读《九章算术》及刘李注文的一些心得，如逐步约分的法则、计算技巧的使用、互乘与维乘的异同、宛田的意义、割圆术的校补、“方程新术”的来源以及环田问题等，此外，还有一些见解，这里就不一一列举了. 看来，研究这种经典的原著，只有逐步深化，使之日臻完善，渐臻佳境.

第二十四章

刘徽齐同术雏议[①]

作为数学用语的“齐同”，始见于三国时代，但这种思想方法却早已形成.《尚书·舜典》有记载：“在璇玑玉衡，以齐七政”，谓视北斗七星之动向，以定日月五星之方位(见文献[2]). 这里的“齐”可以理解为调整：求出七政(日、月、金、木、水、火、土星)的公共周期. 到秦汉时期，这种思想日臻成熟，《九章算术》的作者对此运用已十分自如. 在这样的基础上，杰出数学家刘徽注释《九章算术》，其中提出了齐同术的严格定义，并加以推广应用，于是齐同术成为“算之纲纪”.

齐同术首先是分数通分的一种方法. 在《九章算术》中，整数的四则运算已熟练应用，畅行无阻，而分数运算则是新课题. 刘徽运用齐同术把关于分数的问题转化成关于整数的问题.

刘徽“方田·合分术”注云：“众分错杂，非细不会. 乘而散之，所以通之，通之则可并也. 凡母互乘之谓之齐，群母相乘谓之同. 同者，相与通同共一母也. 齐者，子与母齐，势不可失本数也.”用现代数学语言来描述，分数齐同术可表为：

某一关于 n 个分数$\frac{b_1}{a_1},\frac{b_2}{a_2},\cdots,\frac{b_n}{a_n}$的问题，可通过“同”和“齐”两个方面的变换转化成关系整数的问题

$$同:a_i \rightarrow A=a_1a_2\cdots a_n \quad (i=1,2,\cdots,n)$$

$$齐:b_i \rightarrow B_i=\frac{Ab_i}{a_i} \quad (i=1,2,\cdots,n)$$

从而有

① 本文作者为何文炯.

$$\frac{b_i}{a_i} \to \frac{B_i}{A} \quad (i=1,2,\cdots,n)$$

此术之实质是依照分数基本性质，设法使各分数的分母相同，进而在问题中可以暂时不考虑分母，于是成为整数之间的运算. 例如合分术就是将分数的加法分解为整数的乘法、加法和除法，经分术则使分数除法通过整数的乘法、加法和除法来完成. 因此有了齐同术，分数的问题便得到了圆满的解决.

我们进一步注意刘徽在齐同术定义后的这段话："方以类聚，物以群分，数同类者无远，数异类者无近. 远而通体者，虽异位而相从也；近而殊形者，虽同列而相违也."（合分术注）这表明刘徽已具有数的分类的思想，认为只有同类数才可比较和进行直接运算. 事实上，这一思想已远远超出了分数问题的范围. 当刘徽引进率的概念（经分术注）后，齐同术便由分数的通分方法发展成为解决率相通问题的基本工具，分数齐同术则被推广成更为一般的率的齐同术.

下面根据所述问题中率的组数及其所含率之个数，分三种情况讨论齐同术的应用. 为方便计，我们称具有 n 个率的一组率为 n 率组.

第一节　凫雁与矫矢

均输章第 20—26 题是令人感兴趣的. 刘徽在注释此诸术时，运用了下面的二率组齐同术：

设 $(a_1,b_1),(a_2,b_2),\cdots,(a_n,b_n)$ 是 n 组二率组，经"同"和"齐"两个方面的变换后，则诸二率组相通

$$同：a_i \to A \quad (i=1,2,\cdots,n)$$

$$齐：b_i \to B_i \quad (i=1,2,\cdots,n)$$

于是

$$(a_i,b_i) \to (A,B_i) \quad (i=1,2,\cdots,n)$$

此即依照率的基本性质设法使各组率的第一个率取相同的值(A)，从而使问题转化.

至于"同"和"齐"的具体方法，刘徽给出了两种.

第一种

$$同：a_i \to A=a_1a_2\cdots a_n \quad (i=1,2,\cdots,n)$$

$$齐：b_i \to B_i=\frac{Ab_i}{a_i} \quad (i=1,2,\cdots,n)$$

第二种

同：$a_i \to A = a_I$　（$i=1,2,\cdots,n$；I 是 $1,2,\cdots,n$ 中选定的某一个）

$$齐：b_i \to B_i = \frac{a_I b_i}{a_i} \quad (i, I \text{ 同上})$$

显然，分数是一种特殊的二率组，因此二率组的齐同术可以看成是分数齐同术的直接推广．然而，这种推广使得齐同术有了更广阔的用武之地．

先来看第 20 题“凫雁共至”：

今有凫起南海，七日至北海；雁起北海，九日至南海．今凫雁俱起，问几何日相逢．

答曰：三日十六分日之十五．

术曰：并日数为法，日数相乘为实，实如法得一日．

刘徽用齐同术解释术文，把日数和至数看作一组率，这样便有凫雁两组率．由

$$\begin{matrix} 日 \\ 至 \end{matrix} \overset{\text{凫}\quad\text{雁}}{\begin{pmatrix} 7 & 9 \\ 1 & 1 \end{pmatrix}} \xrightarrow[\text{齐}]{\text{同}} \begin{matrix} 日 \\ 至 \end{matrix} \overset{\text{凫}\quad\text{雁}}{\begin{pmatrix} 63 & 63 \\ 9 & 7 \end{pmatrix}} \xrightarrow[\text{并齐}]{} \begin{matrix} 日 \\ 至 \end{matrix} \overset{\text{凫雁共至}}{\begin{pmatrix} 63 \\ 16 \end{pmatrix}}$$

知 63 日凫雁共飞 16 至，于是相逢时间为$\frac{63}{16}=3\frac{15}{16}$（日）．

紧接着的第 21 题“甲发长安”也是这样

今有甲发长安，五日至齐；乙发齐，七日至长安．今乙发已先二日，甲乃发长安，问几何日相逢．

答曰：二日十二分日之一．

术曰：并五日、七日以为法，以乙先发二日减七日，余以乘甲日数为实，实如法得一日．

为说明术文之正确性，刘徽先用齐同术转换看问题的角度：“置甲五日一至、乙七日一至，齐而同之，定三十五日甲七至、乙五至，并之为十二至者用三十五日也，谓甲乙与发之率耳”，即

$$\begin{matrix} 日 \\ 至 \end{matrix} \overset{\text{甲}\quad\text{乙}}{\begin{pmatrix} 5 & 7 \\ 1 & 1 \end{pmatrix}} \xrightarrow[\text{齐}]{\text{同}} \begin{matrix} 日 \\ 至 \end{matrix} \overset{\text{甲}\quad\text{乙}}{\begin{pmatrix} 35 & 35 \\ 7 & 5 \end{pmatrix}} \xrightarrow[\text{并齐}]{} \begin{matrix} 日 \\ 至 \end{matrix} \overset{\text{甲乙与发}}{\begin{pmatrix} 35 \\ 12 \end{pmatrix}}$$

若问甲乙同发相向而行何日相逢，即问一至所需时间，相除$\frac{35}{12}$即得甲乙相

逢日数，这与凫雁术同.但现在问题是，甲乙不同时出发，而乙已先发 2 日，因此需要把问题转化为甲乙同时出发.

“今以发为始发之端”，刘徽把乙所行后 5 日路程作为一个新全程，在其中甲乙同发、相向而行.而乙由齐至长安全程需 7 日，故其 5 日“于本道里则余分也.”

假若乙行“余分”5 至，则需(7 日 －2 日)×5 至＝25(日)，而在这 25 日中，甲则行“余分”7 至.故 25 日甲乙共行“余分”12 至(即“言甲七至、乙五至更相用此二十五日也”)，而今问几何日相逢，即考虑 1 至，因此需 $25/12=2\frac{1}{12}$(日)，甲乙可相逢.

刘徽解释此二术及第 22 题“为瓦”、第 24 题“假田”、第 25 题“程耕”诸术采用二率组齐同术，其“同”和“齐”的具体方法属第一种，而第 23 题“矫矢术”用的则是第二种了.

> 今有一人一日矫矢五十，一人一日羽矢三十，一人一日筈矢十五.今令一人一日自矫、羽、筈，问成矢几何.
>
> 答曰：八矢少半矢.
>
> 术曰：矫矢五十，用徒一人；羽矢五十，用徒一人太半人；筈矢五十，用徒三人少半人.并之得六人，以为法，以五十矢为实，实如法得一矢.

刘徽注：“按此术，言成矢五十，用徒六人一日工也.此同工共作，犹凫雁共至之类，亦以同为实，并齐为法.可令矢互乘一人为齐，矢相乘为同.”即此题也可照第一种(即凫雁类)方法用齐同术，由

$$\begin{array}{c}\text{矢}\\ \text{徒}\end{array}\begin{pmatrix}\overset{\text{矫}}{50} & \overset{\text{羽}}{30} & \overset{\text{筈}}{15}\\ 1 & 1 & 1\end{pmatrix}$$

$$\xrightarrow[\text{齐}]{\text{同}}\begin{array}{c}\text{矢}\\ \text{徒}\end{array}\begin{pmatrix}\overset{\text{矫}}{50\times30\times15} & \overset{\text{羽}}{50\times30\times15} & \overset{\text{筈}}{50\times30\times15}\\ 30\times15 & 50\times15 & 50\times30\end{pmatrix}$$

$$\xrightarrow[\text{并齐}]{}\begin{array}{c}\text{矢}\\ \text{徒}\end{array}\begin{pmatrix}\overset{\text{自矫羽筈}}{22\ 500}\\ 2\ 700\end{pmatrix}$$

可得结果.但这样做不仅算繁，而且也没有解释术文原来解题意图.他认为“今先令同于五十矢，矢同则徒齐”，即由

$$\begin{array}{c}\text{矢}\\ \text{徒}\end{array}\begin{pmatrix}\overset{\text{矫}}{50} & \overset{\text{羽}}{30} & \overset{\text{箬}}{15}\\ 1 & 1 & 1\end{pmatrix}$$

$$\xrightarrow[\text{齐}]{\text{同}}\begin{array}{c}\text{矢}\\ \text{徒}\end{array}\begin{bmatrix}\overset{\text{矫}}{50} & \overset{\text{羽}}{50} & \overset{\text{箬}}{50}\\ 1 & 1\dfrac{2}{3} & 3\dfrac{1}{3}\end{bmatrix}$$

$$\xrightarrow[\text{并齐}]{}\begin{array}{c}\text{矢}\\ \text{徒}\end{array}\begin{pmatrix}\overset{\text{自矫羽箬}}{50}\\ 6\end{pmatrix}$$

得知一人一日成矢 $50/6=8\dfrac{1}{3}$(矢).

事实上,“凫雁共至”也可用这种方法解:“以此术为凫雁者,当雁飞九日而一至.凫飞九日而一至七分至之二,并之得二至七分至之二,以为法,以九日为实,实如法而一,得凫雁相逢日数也”(矫矢术注),即由

$$\begin{array}{c}\text{日}\\ \text{至}\end{array}\begin{pmatrix}\overset{\text{凫}}{7} & \overset{\text{雁}}{9}\\ 1 & 1\end{pmatrix}\xrightarrow[\text{齐}]{\text{同}}\begin{array}{c}\text{日}\\ \text{至}\end{array}\begin{bmatrix}\overset{\text{凫}}{9} & \overset{\text{雁}}{9}\\ 1\dfrac{2}{7} & 1\end{bmatrix}\xrightarrow[\text{并齐}]{}\begin{array}{c}\text{日}\\ \text{至}\end{array}\begin{bmatrix}\overset{\text{凫雁共至}}{9}\\ 2\dfrac{2}{7}\end{bmatrix}$$

可得结果.

再来看第 26 题“五渠注池”.

> 今有池,五渠注之.其一渠开之,少半日一满,次一日一满,次二日半一满,次三日一满,次五日一满.今皆决之,问几何日满池.
>
> 答曰:七十四分日之十五.
>
> 术曰:各置渠一日满池之数,并以为法,以一日为实,实如法得一日.

刘徽认为,“此犹矫矢之术,先令同于一日,日同则满齐.”按题意可列出五个二率组,用齐同术,由

$$\begin{array}{c}\text{日}\\ \text{满}\end{array}\begin{pmatrix}1 & 1 & 5 & 3 & 5\\ 3 & 1 & 2 & 1 & 1\end{pmatrix}$$

$$\xrightarrow[\text{齐}]{\text{同}}\begin{array}{c}\text{日}\\ \text{满}\end{array}\begin{bmatrix}1 & 1 & 1 & 1 & 1\\ 3 & 1 & \dfrac{2}{5} & \dfrac{1}{3} & \dfrac{1}{5}\end{bmatrix}$$

$$\xrightarrow[\text{并齐}]{}\begin{array}{c}\text{日}\\ \text{满}\end{array}\begin{bmatrix}1\\ 4\dfrac{14}{15}\end{bmatrix}$$

知 $1\div 4\dfrac{14}{15}=\dfrac{15}{74}$(日)满池.

但《九章算术》又给出“其一术”：

> 列置日数及满数，今日互相乘满，并以为法，日数相乘为实，实如法得一日.

刘徽认为，此“亦如凫雁术也”，即由

$$\begin{matrix}日\\满\end{matrix}\begin{pmatrix}1 & 1 & 5 & 3 & 5\\3 & 1 & 2 & 1 & 1\end{pmatrix}$$

$$\xrightarrow[齐]{同}\begin{matrix}日\\满\end{matrix}\begin{pmatrix}75 & 75 & 75 & 75 & 75\\225 & 75 & 30 & 25 & 15\end{pmatrix}$$

$$\xrightarrow[并齐]{}\begin{matrix}日\\满\end{matrix}\begin{pmatrix}75\\370\end{pmatrix}$$

可得同样结果.

这里，《九章算术》所给两术，刘徽用齐同术的两种方法解释，而且明确指出：“自凫雁至此，其为同齐有二术焉，可随率宜也.”其中刘徽所指“二术”就是说二率组齐同术中求“同”和“齐”的具体方法有两种，且分别以凫雁和矫矢两术为代表.

第二节　盈朒与方程

设有两组率排成二列矩阵，欲去其中某一位，刘徽用的是 n 率组齐同术：

设 $(a_1,a_2,\cdots,a_n)$ 和 $(b_1,b_2,\cdots,b_n)$ 是两组率，经“同”和“齐”两个方面的变换，则此两组率相通（I 是 $i=1,2,\cdots,n$ 中选定的某一个）

$$同：a_I \to a_I b_I, b_I \to a_I b_I$$

$$齐：a_i \to a_i b_I, b_i \to a_I b_i \quad (i \neq I)$$

此术容易推广到多组率的更一般情形.

刘徽用这一互乘相消的思想来解释盈不足和方程二术.

盈不足章第1题：

> 今有共买物，人出八，盈三；人出七，不足四.问人数、特价各几何.
>
> 答曰：七人，物价五十三.
>
> 术曰：置所出率，盈不足各居其下，令维乘所出率，并以为实；并盈不足为法，实如法而一.……

刘徽深知,关键是要去盈朒之位.他认为,“盈朒维乘两设者,欲为齐同之意.”此问为例,“齐其假令,同其盈朒,盈朒俱十二,通计齐则不盈不朒之正数,故可并以为实,并盈不足为法.齐之三十二者,是四假令,有盈十二;齐之二十一者,是三假令,亦朒十二.并七假令合为一实,故并三、四为法.”他把购物件数、出钱数和盈(朒)看作一组率,按题意可得(1,8,3)和(1,7,4)两组率.于是由

$$\begin{matrix}\text{物数}\\\text{出钱}\\\text{盈(朒)}\end{matrix}\overset{\begin{matrix}\text{盈率} & \text{朒率}\end{matrix}}{\begin{pmatrix}1 & 1\\8 & 7\\3 & 4\end{pmatrix}}$$

$$\xrightarrow[\text{同}]{\text{齐}}\begin{matrix}\text{物数}\\\text{出钱}\\\text{盈(朒)}\end{matrix}\overset{\begin{matrix}\text{盈率} & \text{朒率}\end{matrix}}{\begin{pmatrix}4 & 3\\32 & 21\\12 & 12\end{pmatrix}}$$

$$\xrightarrow{\text{并之}}\begin{matrix}\text{物数}\\\text{出钱}\\\text{盈(朒)}\end{matrix}\overset{\text{不盈不朒}}{\begin{pmatrix}7\\53\\0\end{pmatrix}}$$

可得,每人应付$\frac{53}{7}=7\frac{4}{7}$(钱).

方程术由盈不足术发展而来,是中算代数学发展的一个高峰,而其中消元是最关键的.但这一步也是依靠了齐同思想.

方程术曰:置上禾三秉、中禾二秉、下禾一秉、实三十九斗于右方,中左行列如右方.以右行上禾遍乘中行而以直除.又乘其次,亦以直除.

……

刘徽把方程的每一行当作一组率.他认为,“先令右行上禾乘中行,为齐同之意.为齐同者,谓中行上禾亦乘右行也.”即欲消去中行首位,应先设法使右中两行首位相同,因此以右行上禾之数遍乘中行,再以中行上禾之数遍乘右行.这样,首位“同”而其余各位则“齐”,且可相减,一次即可去中行首位.而相减的理论依据是:“举率以相减,不害余数之课也.”

这里,刘徽认为互乘相消与遍乘直除实际上是一回事,皆齐同之意.显然,遍乘后所进行的右行与中行相减(即直除)次数正好是中行上禾之数,如用互乘相消法则相减仅一次.然而在筹算中用遍乘直除更为简便,因为一般方程多于两行,若两两用互乘相消则数字会越来越繁.所以刘徽说:“从简易虽不言齐同,以齐同之意观之,其义然矣.”兹以矩阵表示如下.

遍乘直除的方法

$$\begin{pmatrix} c_1 & b_1 & a_1 \\ c_2 & b_2 & a_2 \\ \vdots & \vdots & \vdots \\ c_n & b_n & a_n \end{pmatrix} \xrightarrow{\text{遍乘}} \begin{pmatrix} c_1 & a_1 b_1 & a_1 \\ c_2 & a_1 b_2 & a_2 \\ \vdots & \vdots & \vdots \\ c_n & a_1 b_n & a_n \end{pmatrix} \xrightarrow{\text{直除}}$$

$$\begin{pmatrix} c_1 & a_1 b_1 - a_1 & a_1 \\ c_2 & a_1 b_2 - a_2 & a_2 \\ \vdots & \vdots & \vdots \\ c_n & a_1 b_n - a_n & a_n \end{pmatrix} \rightarrow \cdots \xrightarrow{\text{直除 } b_1 \text{ 次}}$$

$$\begin{pmatrix} c_1 & a_1 b_1 - a_1 b_1 & a_1 \\ c_2 & a_1 b_2 - a_2 b_1 & a_2 \\ \vdots & \vdots & \vdots \\ c_n & a_1 b_n - a_n b_1 & a_n \end{pmatrix} =$$

$$\begin{pmatrix} c_1 & 0 & a_1 \\ c_2 & a_1 b_2 - a_2 b_1 & a_2 \\ \vdots & \vdots & \vdots \\ c_n & a_1 b_n - a_n b_1 & a_n \end{pmatrix} \rightarrow \cdots$$

互乘相消的方法

$$\begin{pmatrix} c_1 & b_1 & a_1 \\ c_2 & b_2 & a_2 \\ \vdots & \vdots & \vdots \\ c_n & b_n & a_n \end{pmatrix} \xrightarrow[\text{互乘}]{\text{同齐}} \begin{pmatrix} c_1 & a_1 b_1 & a_1 b_1 \\ c_2 & a_1 b_2 & a_2 b_1 \\ \vdots & \vdots & \vdots \\ c_n & a_1 b_n & a_n b_1 \end{pmatrix} \xrightarrow[\text{相消}]{}$$

$$\begin{pmatrix} c_1 & 0 & a_1 \\ c_2 & c_1 b_2 - a_2 b_1 & a_2 \\ \vdots & \vdots & \vdots \\ c_n & a_1 b_n - a_n b_1 & a_n \end{pmatrix} \rightarrow \cdots$$

对二列矩阵(两组率)则用互乘相消法更便.

方程章第 7 问:

今有牛五、羊二、直金十两;牛二、羊五,直金八两.问牛、羊直金各几何.

答曰:牛一直金一两二十一分两之一十三;羊一直金二十一分两之二十.

刘徽用互乘相消法解此问:"假令为同齐,头位为牛,当相乘左右行定.更置右行牛十、羊四、直金二十两；左行牛十、羊二十五、直金四十两. 牛数等同，金多二十两者，羊差二十一使之然也. 以少行减多行，则牛数尽惟羊与直金之数见，可得而知也.”即由

$$\begin{matrix}牛\\羊\\金\end{matrix}\begin{pmatrix}2 & 5\\5 & 2\\8 & 10\end{pmatrix}\xrightarrow[\text{互乘}]{\text{同齐}}\begin{matrix}牛\\羊\\金\end{matrix}\begin{pmatrix}10 & 10\\25 & 4\\40 & 20\end{pmatrix}\xrightarrow[\text{相消}]{}\begin{matrix}牛\\羊\\金\end{matrix}\begin{pmatrix}0 & 10\\21 & 4\\20 & 20\end{pmatrix}$$

知羊一直金$\frac{20}{21}$两，再推求牛直金之数.

接着他还指出，“以小推大，虽四五行不异也”，即此互乘相消之法可以运用到一般多于两行的方程之求解.

第三节　重　今　有

刘徽认为，“凡率错互不通者，皆积齐同用之.”（络丝术注）事实上，他在注释《九章算术》时已运用了更为一般的率的齐同术.

两组率的齐同术：

设$(a_1,a_2,\cdots,a_n)$和$(b_1,b_2,\cdots,b_m)$是两组率，通过“同”和“齐”两个方面的变换，则此两组率相通（下述I是$i=1,2,\cdots,n$中选定的某一个，J是$j=1,2,\cdots,m$中选定的某一个）：

同：根据题设要求，各选一率a_I和b_J，经过变换（一般是二者相乘）使彼此取相等的值：$a_I\to a_Ib_J$，$b_J\to a_Ib_J$.

齐：其余各率在原相关关系不变的条件下随之相应变化

$$a_i\to a_ib_J\quad(i\neq I)$$

$$b_j\to a_Ib_j\quad(j\neq J)$$

不难将此术推广到多组率的情形.

我们先来看均输章第10题“络丝术”.

> 今有络丝一斤为练丝一十二两，练丝一斤为青丝一斤十二铢. 今有青丝一斤，问本络丝几何.
>
> 答曰：一斤四两一十六铢三十三分铢之十六.
>
> 术曰：以练丝十二两乘青丝一斤十二铢为法. 以练丝一斤铢数乘络丝一斤两数，又以青丝一斤乘之为实，实如法得一斤.[①]

① 传本“以青丝一斤铢数乘练丝一斤两数，又以络丝一斤乘之为实”有误，今依刘徽注校改.

刘徽认为，原术是两次运用今有术所得到的."置今有青丝一斤，以练率三百八十四乘之为实，实如青丝率三百九十六而一，所得青丝一斤用练丝之数也.又以络率十六乘之所得为实，以练率十二为法，所得即练丝用络丝之数也.是谓重今有也.虽各有率，不问中间，故令后实乘前实，后法乘前法而并除也."

今有术是比率的一种基本算法."重今有"，则表明所述问题中存在两组（或以上）比率关系，若使之相通，即诸率"悉通"，则问题得以简化.于是他提出了一种新的方法：

> 一曰，又置络丝一斤两数与练丝十二两，约之，络得四，练得三，此其相与之率.又置练丝一斤铢数，与青丝一斤十二铢约之，练得三十二，青得三十三，亦其相与之率.齐其青丝、络丝，同其二练，络得一百二十八，青得九十九，练得九十六，即三率悉通矣.

这里刘徽先将两组比率约简成"相与之率"：（络，练）＝(16,12)＝(4,3)；（练，青）＝(384,396)＝(32,33).

接着用齐同术使两组率相通."同其二练"：$3\to96$，$32\to96$；"齐其青丝络丝"：$4\to128$，$33\to99$.

于是（络，练，青）＝(128,96,99)，三率因之悉通，进而有（络，青）＝(128,99)，一次运用今有术，即知青丝一斤用络丝之数.

此两次运用今有术转为一次运用今有术，其关键是利用齐同术将简单比化为连比.一般地设有两个简单比即两组率(a_1,b_1)和(a_2,b_2)，依齐同术

$$b_1,a_2\ \text{同}:b_1\to b_1a_2,a_2\to b_1a_2$$

$$a_1,b_2\ \text{齐}:a_1\to a_1a_2,b_2\to b_1b_2$$

故

$$(a_1,b_1)\to(a_1a_2,b_1a_2)$$

$$(a_2,b_2)\to(b_1a_2,b_1b_2)$$

从而这两组率相通即有a_1a_2,b_1a_2,b_1b_2三率相通而成新的一组率（即连比）(a_1a_2,b_1a_2,b_1b_2).

事实上，这种方法可以推广.刘徽指出，"放此，虽四五转不异也."

进一步考察三个简单比(a_1,b_1)，(a_2,b_2)，(a_3,b_3)，如前述，(a_1,b_1)，(a_2,b_2)可化为连比(a_1a_2,b_1a_2,b_1b_2)，因此馆要考虑化连比(a_1a_2,b_1a_2,b_1b_2)和简单比(a_3,b_3)成新的连比.

令 b_1b_2 和 a_3“同”

$$b_1b_2 \to b_1b_2a_3, a_3 \to b_1b_2a_3$$

其余各率“齐”

$$a_1a_2 \to a_1a_2a_3, b_1a_2 \to b_1a_2a_3, b_3 \to b_1b_2b_3$$

故得连比$(a_1a_2a_3, b_1a_2a_3, b_1b_2a_3, b_1b_2b_3)$.

更一般地，设$(a_1,b_1),(a_2,b_2),\cdots,(a_n,b_n)$是 n 个简单比，依照刘徽的思想，通过齐同术可得连比$(a_1a_2\cdots a_n, b_1a_2a_3\cdots a_n, b_1b_2a_3\cdots a_n, \cdots, b_1b_2\cdots b_{n-1}a_n, b_1b_2b_3\cdots b_n)$.

下面来看均输章第 28 题.

> 今有人持金出五关，前关二而税一，次关三而税一，次关四而税一，次关五而税一，次关六而税一.并五关所税，适重一斤.问本持金几何.
>
> 答曰：一斤三两四铢五分铢之四.
>
> 术曰：置一斤，通所税者以乘之为实，亦通其不税者以减所通，余为法，实如法得一斤.

按术文，本持金之数为

$$\frac{1\times(2\times3\times4\times5\times6)}{2\times3\times4\times5\times6-1\times2\times3\times4\times5}=\frac{1\times6}{5}=1\frac{1}{5}(\text{斤})$$

刘徽认为，“此亦重今有之义.”为术先求末关余金与本金之比例关系.各关余金与其前关余金之关系为五个简单比：(1,2),(2,3),(3,4),(4,5),(5,6).化作连比：$(1\times2\times3\times4\times5, 2\times2\times3\times4\times5, 2\times3\times3\times4\times5, 2\times3\times4\times4\times5, 2\times3\times4\times5\times5, 2\times3\times4\times5\times6)$五率悉通，首尾二率也通.故末关余金与本金之比为$(1\times2\times3\times4\times5, 2\times3\times4\times5\times6)=(1,6)$，于是税金是本金的$\frac{5}{6}$.所以本金为

$$\frac{1\times6}{5}=1\frac{1}{5}(\text{斤})$$

在中国古典数学中，数量关系方面的问题多用率的概念来表征.而由上述讨论可知，刘徽用齐同术已彻底解决了率的相通问题.因此他深有体会：“错综度数，动之斯谐，其犹佩征解结，无往而不理焉.乘以散之，约以聚之，齐同以通之，此其算之纲纪乎.”(合分术注)

参考资料

[1] 白尚恕,《九章算术》注释,科学出版社,1983 年.
[2] 刘操南,《楚辞》札记四则,杭州大学学报(人文科学版),1962 年第 1 期.
[3] 李继闵,《九章算术》中的比率理论,《九章算术》与刘徽,北京师范大学出版社,1982 年.

略论李淳风等对《九章算术》及其刘徽注的注[1]

第二十五章

唐初，为了满足国子监明算科教学所需，李淳风、梁述、王真儒等人奉敕整理注解了《十部算经》，为《九章算术》和《海岛算经》写了不少注文.这些注文（以下简称“李注”）虽然不若刘徽注那样成果丰富，光彩照人，但也是颇有价值的数学文献，对于研究《九章算术》及其刘徽注十分重要.全面彻底的清理、研究李注是十分必要的.

第一节　李注的分辨

李淳风等已经注意到不同作者的注文可能混在一起，因而凡写注即加说明.他们用“臣淳风等谨按”“臣淳风等谨依密率”等明确的标记来说明哪些文字是自己所写的.尽管如此，随着时间的推移，原作辗转相传，产生了一些差错，或脱、或衍、或前后倒置、或经文与注文相混，等等.虽自清代就有不少人为恢复其原貌做了大量工作.但目前仍有个别段落的归属没有定论.因而，首要的任务是分辨清楚哪些是刘注，哪些是李注.

现传《九章算术》注中带有“臣淳风等”字样的共有 97 条，《海岛算经》中有 12 条，它们是李注已成定论.另有四条用圆周率 $\frac{22}{7}$ 入算修改答案者，即：

① 本文曾于 1991 年在北京《九章算术》暨刘徽学术思想国际研讨会上宣读，作者为郭世荣.

(1) 少广章第 23 题答案后注："依密率，立圆径二十尺，计积四千一百九十尺二十一分寸之一十."

(2) 少广章第 24 题答案后注："依密率，为径一万四千六百四十三尺四分尺之三."

(3) 商功章第 11 题答案下刘徽后注："按密率，为积五百三尺三十三分尺之二十六."

(4) 商功章第 13 题答案下刘徽后注："依密率，为积一千六百五十六尺八十八分尺之四十七."

这四条注文也是李注，前面脱掉了"臣淳风等谨"字样.《九章算术》他处还有同样性质的李注 18 条.

此外，还有几段文字的归属问题目前仍存在争议，有认为是李注者，有认为是刘注者，还有认为是祖冲之注者，争论相当激烈，这里仅在前人论述的基础上提出一些补充看法.

第一，"圆田术"下关于圆周率$\frac{3\ 927}{1\ 250}$的一段注文应为李注. 这是过去争论最大的地方. 刘徽在圆田术下写了大段注文，用割圆术得出圆周率$\frac{157}{50}$，接下的一段注文给出了圆周率$\frac{3\ 927}{1\ 250}$，再下是李注. 笔者同意关于$\frac{3\ 927}{1\ 250}$的注文是李注的观点，并补充几点理由如下：

(1) 李注说："今者修撰，攗摭诸家，考其是非，冲之为密. 故显之于徽术之下，冀学者之所裁焉."这里"显之于徽术之下"的内容是什么？有两种看法，主张刘注说者一般认为是指与$\frac{22}{7}$相关的那些注文，主张李注说者认为是指关于$\frac{3\ 927}{1\ 250}$的这段文字. 其实二者都对，但都不全面. 李注既引用了祖冲之的论述，又进行了校算. 李淳风等"显之于徽术之下"的包括二者，而他们"冀学者之所裁"的主要是祖冲之的论述，不是自己的校算. 因为一旦确定了圆周率，校算便是十分自然的事.

(2) 李注云："徽虽出斯二法，终不能究其纤毫也."这里说刘徽给出二法，也有的版本为"一法"，从语法和用语习惯上看，"出斯一法"不若"出斯二法"自然，若是一法，就直写"斯法"了. 一般认为"二法"即指圆周率$\frac{157}{50}$和$\frac{3\ 927}{1\ 250}$，值得怀疑. 李注明确指出，"考其是非，冲之为密，故显之于徽术之下."这里所说"冲之为密"的是$\frac{22}{7}$和$\frac{3\ 927}{1\ 250}$二者. 把后者看成是刘注就很难释通李注. 李淳风等所谓的"密率"确实比$\frac{157}{50}$稍精一些，但比$\frac{3\ 927}{1\ 250}$却差得多. 他们不会认识不到这一点.因此，应该重新分析徽所出“二法”.刘徽在获得圆内接正 192 边形的面积后，总结道：“故还就一百九十二觚之全幂三百一十四寸，以为圆幂之定率，而弃其余分…… 方幂二百，其中容圆一百五十七也.圆率犹为微少……周得一百五十七，径得五十，则其相与之率也，周率犹为微少也.”刘徽得到了两个结论，一是正方形和其内容圆的面积比是 200∶157，或圆和其内容正方形的面积比是 157∶100.另一是圆周和半径之比为 157∶50.这就是李注所说的徽所出的二法，即方圆之率和周径之率.刘徽对方圆之比特别重视，他说：“方圆之率，诚著于近，则虽远可知也.由此言之，其用博矣.”李淳风等也把它和周径之比看得同样重要，故称二法.

(3) 这段注文的结尾处说：“当求一千五百三十六觚之一面，得三千七十二觚之幂，而裁其微分，数亦宜数，重其验耳.”这里，“裁其微分”表示舍去奇零部分，用语与刘徽明显不同.刘徽在其割圆术中连续九次使用“余分弃之”，最后结语时用“弃其余分”.又，在开平方术注中也有“则朱幂虽有所弃之数，不足言之也.”这表明刘徽用“弃”，不用“裁”，也是此段注文不是刘徽所写的一个证据.

上述注文应是李淳风等人所引祖冲之的论述，它可能来源于《缀术》.

第二，关于商功章第 28 题圆囷术末注文的归属.这段注文共分三部分，第一部分是徽注，第二部分从“晋武库中有汉时王莽铜斛”开始，第三部分从“臣淳风等谨依密率”开始.其中第二部分与前面所述的那段注文有联系，它的归属同样有很大的争论.

本文同意它是李注的观点.它的前面脱掉了“臣淳风等谨按”六字，而下面的“臣淳风等谨”五字为衍文.《九章算术》注中有三处涉及王莽铜斛，第一处是前述圆田述的注文，第二处是商功章第 25 题的注文，此为最后一处.第二处被公认为是刘注.细察三段注文，可知其原文出自三人之手，而非一人之作.第一、三两处所引铜斛铭文，有些字不相同.圆田术注文为“内方尺而圆其外”，圆囷术注文为“方一尺而圆其外”.如果是一人所写，不会对同一段铭文有不同的写法.又，第二处的注文中所说“庣旁”，实为“减旁”，与另两处意义不同，这也说明三段注文非一人所为.事实上，前段为李淳风等引述祖冲之的论述，中段为刘注，末段为李注.

第三，方田章第 38 题环田术下不存在李注.

另外，《海岛算经》第七题除原术外还有“又术”及注文.因“又术系偶合，非通率也”，自清代以来，不少人认为它是后人妄加窜入的，非刘徽之作.至于是谁、何时加上的，则未见有人论及.这是否与李淳风等有关，有待进一步讨论.

总之，李注《九章算术》共 101 条，在各卷中的分布如下：

卷次	卷一	卷二	卷三	卷四	卷五	卷六	卷七	卷八	卷九
条数	24	27	5	14	16	12	0	0	3

其中卷七、卷八无注，钱宝琮认为此二卷中原来也应有李注，他说："此二章李注或历久失传，或已与刘注相混，不能复辨别矣."所论正确.

第二节　李注的内容

刘徽"幼羽九章，长再详览."以自己长期的心得体会和研究成果写成注文，内容丰富，硕果累累.李淳风等奉敕注释《九章算术》等书，首先是为了满足国子监数学教学的需要，提供教科书，因而注释以初学者为对象，重点在于解释题意和算法，并且要在较短的时间内完成任务.这是刘、李二家作注的不同情况.现将李注的内容概述如下：

1.对于概念的定义及对分数的理解的阐述

中国古代的分数理论十分发达，《九章算术》及刘注作了全面的总结.李注对分数理论有不少阐述，对算法和概念进行了界说和定义，指出它们在干什么，解决什么问题.李注下定义的方式多种多样.如：

> 合分者，数非一端，分无定准，诸分子杂互，群母参差，粗细既殊，理难从一，故齐其众分，同其群母，令可相并，故曰合分.
>
> 诸分子母数各不同，以少减多，欲知余几，减余为实，故曰减分.
>
> 分各异名，理不齐一，校其相多之数，故曰课分也.
>
> 平分者，诸分参差，欲令齐等，减彼之多，增此之少，故曰平分.
>
> 经分者，自合分已下，皆与诸分相齐，此乃直求一人之分，以人数分所分，故曰经分也.

以上五条对合分、减分、课分、平分、经分的定义，都直接指出所定义的对象要解决什么问题.与刘徽一样，李淳风等也特别重视齐同术，认为合分、减分、平分、课分等术都离不开齐同，"皆与诸分相齐"，这是因为不同分母的分数基准不同，"分无定准""诸分子杂互，群母参差"，所以"理难从一".只有"齐其众分，同其群母"，才能进行运算.

李注比较了减分与课分，强调二者的区别.《九章算术》减分术为："母互乘子，以少减多，余为实，母相乘为法，实如法而一."课分术只多"即相多也"四字.表面上二者区别不大，李注说："此术母互乘子，以少分减多分，与减分意同.惟相多之数，意与减分有异.减分者求其余数有几，课分者以其余数相多也."

这就是说，二者的运算公式相同，但意义有别，前者求两分数以小减大后的余数是多少，后者则是通过相减后的余数来比较大小，并说明大者比小者多多少，即“以其余数相多也.”李注是对两个定义的补充说明.

李注给“乘分”所下定义为：“乘分者，分母相乘为法，子相乘为实，故曰乘分.”这是从运算方式出发的，因分数乘法规则是分子相乘，分母相乘，所以称为乘法.

李注对反其率的定义又是一种新的类型.注云：“其率者，钱多物少，反其率者，钱少物多，多少相反，故曰反其率也.”这是通过比较给出的定义.李注还从算法上做了比较：“其率者以物数为法，钱为实.反之则以钱数为法，物为实.”

李注“大广田术”云：“大广田者，初术直求全步而无余分，次术空有余分而无全步，此术先见全步复有余分，可以广兼三术，故曰大广.”这里“初术”指方田术，适用于广、从均为整数步的田；“次术”指乘分术，适用于广、从均为纯分数的田；“此术”即大广田术，广、从不受限制.就算法而言，初术为整数乘法，次术为纯分数乘法，大广田术则为带分数乘法.李注指出后者“可以广兼三术”，把方田、乘分、大广田诸术统一起来了，从而对分数的乘法有了更深刻的认识.

少广为《九章算术》篇名，刘徽指出其适用范围是：“以御积幂方圆”，这是统帅少广全章的定义.李注对狭义的少广下了定义：“一亩之田广一步，长二百四十步.欲令截取其从多，以益其广，故曰少广.”按照这个定义，少广就是把已知的面积截割成适当长宽的方田，易言之，已知长方形的面积和边长，求另一边.这种截长补短不一定通过几何图形的割补实现，可由计算获得.李淳风对亩法的注释说明了这一点：“一亩之田，广十五步，从而疏之，令为十五行，即每行广一步而从十六步.又横而截之令为十六行，即每行广一步而从十五步.此即从疏横截之步，各自为方，凡有二百四十步.一亩之地步数正同.”已知圆的面积求圆径，已知立方体体积求边长等都是这个意思的推广.

李注特别强调区别不同的概念，要求名实相符，批评刘徽“积”“幂”不分.李淳风等认为：“幂是方面单布之名，积乃众数聚居之称.”并以亩法为例说明二者的区别.但是，李注有时也难以区分积、幂的用法.

2. 对今有术及均输术的认识和研究

今有术在中国古代数学体系中独具特色，《九章算术》第一次对它作了总结.刘徽把它看成“都术”，并说：“因物成率，审辨名分，平其偏颇，齐其参差，则终无不归于此术也.”他充分发挥了今有术，把它贯穿于全书之中.李淳风等对此术也十分重视，他们的注文约有30条与此术有关，讲述在具体题目中今有术是如何实现的.例如，粟米章第一题注云：“都术以所求率乘所有数，以所有率为法.此术以粟求米，故粟为所有数.三是米率，故三为所求率.五是粟率，故五为所有率.粟率五十，米率三十，退位求之，故唯云三、五也.”注文清楚地解释了利用今有术解题的思路和过程.

李注还以今有术解释了“经率术”和“经术术”. 刘注“经术术”称:“此术犹经分”,并不全面,李注云:“今有之义,出钱为所有数,一斗为所求率……所买为所有率……”比较符合《九章算术》把“经术术”安排在粟米章的用意. 李注还用今有术注解了衰分和均输.

总之,李注对今有术十分重视.

均输也是《九章算术》篇名,刘注曰:“以御远近劳费”,即解决均匀摊派输赋的问题. 均输章以前四题为核心,条件层层深入,算法由易到难. 刘注着重说明何为均、何为输,即摊派赋的计量依据是什么. 这是解题的要领所在,把“均”“输”搞清楚了,问题也就迎刃而解了. 如第一题,“令户率出车,以行道日数为均,发粟为输.”李注对均输论述较多,也较深刻. 兹以第三题为例予以说明. 原题为:

> 今有均赋粟,甲县二万五百二十户,粟一斛二十钱,自输其县;乙县一万二千三百一十二户,粟一斛一十钱,至输所二百里;丙县七千一百八十二户,粟一斛一十二钱,至输所一百五十里;丁县一万三千三百三十八户,粟一斛一十七钱,至输所二百五十里;戊县五千一百三十户,粟一斛一十三钱,至输所一百五十里. 凡五县赋,输粟一万斛. 一车载二十五斛,与僦一里一钱. 欲以县户输粟,令劳费等. 问县各粟几何.

今分别记各县一里僦价为 J_i,至输所里数为 L_i,一斛粟价为 P_i,户数为 H_i. 其中 i=甲、乙、丙、丁、戊.《九章算术》解法可表示为:

先求列衰 $C_i=\dfrac{H_i}{K_i}$,其中 $K_i=\dfrac{J_i\times L_i}{25}+P_i$ 为各县致一斛之费,分别是 20,18,18,27,19. 次求各县应输数:$A_i=\dfrac{C_i\times 10\ 000}{\sum C_i}$.

李注包括下列内容:(1) 用刘徽的观点解释了各步骤的实际意义. (2) 用今有术解释了求 A_i 的过程,$\sum C_i$ 为所有率,C_i 为所求率,10 000 为所有数. (3) 均输的最重要的二率,即户算之率和远近贵贱之率,“各自相与通”. 对本题有:$20\ 520:12\ 312:7\ 182:13\ 338:5\ 136=20:12:7:13:5$. (4) 列衰也可由钱率约户率得到

$$\frac{20}{20}:\frac{12}{18}:\frac{7}{18}:\frac{13}{27}:\frac{5}{19}=\frac{1\ 026}{1026}:\frac{684}{1\ 026}:\frac{399}{1\ 026}:\frac{492}{1\ 026}:\frac{270}{1\ 026}$$
$$=1\ 026:684:399:492:270$$

(5) 求列衰又一法:$C_i=\dfrac{1}{K_i}\times H_i$. (6) 用返衰求 C_i,先以 K_i 为列衰而返衰之,再

乘户率即得 C_i.

李注对均输的分析比较深入，综合应用了今有、衰分、返衰、齐同、率、分数运算等多方面的内容，有一定新意．他们对均输章其他题的注文也十分精彩．如第六题中对算法的分析，第四、八、九、二十五、二十六等题中对速度及类似问题的论述，都值得注意．其中第八题“负笼行返”中特别提出要从实际出发．原题为：“今有负笼重一石一十七斤，行七十六步，五十返．今有负笼重一石，行百步，问返几何．”计算公式为

$$
\begin{aligned}
\text{今返} &= (\text{故笼重} \times \text{故行步} \times \text{返数})/(\text{今笼重} \times \text{今行步}) \\
&= (137 \times 76 \times 50)/(120 \times 100) \\
&= 43\frac{23}{60}(\text{返})
\end{aligned}
$$

李淳风等认为，人的负重能力是有限的，行路的速度也是有限的，如果把此题推广到一般，则会出现“使其有限之力随彼无穷之变”的情况，因而“此术率乖理也．”他们加上了新的限制：“假令空行一日六十里，负重一斛行四十里，减重一斗进二里半，负重二斗以下与空行同．”并设了新题．李注给原题添加了新的含义．这种注意可行性的思想是值得称道的．

3. 对于圆周率的注

圆周率及球的体积公式是刘、李两家注释的重点．李注有关的内容共 33 条．刘徽获得了圆周率 $\frac{157}{50}$，并用它校算相关的算题，李注用正六边形和六个“圭形”说明了“径一周三，理非精密．”李淳风等还引述了祖冲之的圆周率 $\frac{3\ 927}{1\ 250}$ 和 $\frac{22}{7}$，用后者校算算题 22 处，除方田章第三十八 题环田的核算是不必要的以外，全部正确．方田章第三十八题为：“又有环田，中周六十二步四分步之三，外周一百一十三步二分步之一，径一十二步三分步之二．问为田几何．”刘氏已注意到“此田环而不通匝”，即圆环有一个缺口，但仍按完整的环校算，取圆周率 $\frac{157}{50}$，得径 $8\frac{51}{628}$ 步．李淳风等也作了同样的校算，当圆周率为 3 时，得径 $8\frac{11}{24}$ 步，当圆周率取 $\frac{22}{7}$ 时，得径 $8\frac{13}{176}$ 步．今设原题中环田的圆心角为 $2\pi-\theta$，则有公式

$$
\text{外周} - \text{内周} = (2\pi - \theta) \times \text{径}
$$

原题中 $\pi=3$，故 $\theta=\frac{303}{152}$．据此可得，$\pi=\frac{157}{50}$ 时，径为 $11\frac{1\ 953}{2\ 327}$ 步，$\pi=\frac{22}{7}$ 时，径为 $11\frac{3\ 761}{4\ 567}$ 步．可见刘、李二注都不当．

李注又用 $\frac{22}{7}$ 修改了一些公式，共 10 处．同时还对个别公式作了造术研究．

4. 对祖氏工作的引述

李注在两处引述了祖冲之父子的工作，具有十分重要的史料价值. 这两项内容就是对圆周率$\frac{3\ 927}{1\ 250}$的有关论述及对球体积公式的注解.

在圆田术刘徽注下，李淳风引述了祖冲之的一段论述. 在这段文字中，祖氏在刘徽割圆术的基础上进一步得出了圆周率$\frac{3\ 927}{1\ 250}$. 他所用的方法是所谓"以十二觚之幂消息"，但因论述十分简略，"消息"难以理解，今人做出了各种试解. 同时，祖氏也指出，也可以将割圆术的方法继续下去，求得圆内接正 1 536 边形的面积后，便可得到同样的圆周率.

又，在开立圆术徽注下，李注引用了祖暅的有关论述. 祖暅在刘注的基础上进一步研究了牟合方盖，通过两次"规"圆之后，他把一立方寸的立体分割成四块，其中"内棊"一枚，"外棊"三枚，并用比较截面积方法和"缘幂势既同，则积不容异"的原理得到了合盖差与倒阳马的关系，从而彻底解决了刘徽遗留下来的难题，最终获得了球体积公式.

祖冲之父子的这两段论述十分重要，是《九章算术》注文中最有价值的内容之一. 它们正是通过李注保存下来的. 祖氏著有《缀术》，可惜未能流传至今，而李注引用的可能就是此书的内容.

最后，李淳风等对《海岛算经》的注释主要是补草，宋代杨辉说"唐李淳风而续算草，未闻解白作法之旨"是完全正确的. 另外，关于开方的注文全部引述刘注，没有新意. 而对勾股的注释仅三条，且两条有缺佚或错误，无法读通，另一条不重要.

第三节　简短的结语

总的来说，李注不能和刘徽的工作相比. 但是，决不能因此而否定这项工作的价值. 且不说唐代整理《十部算经》对于这些著作的流传和保存有多么大的意义，李注本身的贡献就是值得注意的. 首先，它是唐代的仅次于王孝通《缉古算经》的数学文献. 其次，李注在数学上也有一些独到之处. 再次，它为后世算家校订数学经典提供了依据，从杨辉、戴震、李潢直到今人，在整理校订《九章算术》时都利用了李注. 最后，李注中保存了祖冲之父子对于圆周率和球体积的部分论述，史料弥足珍贵.

参考资料

[1] 李迪:"《九章算术》争鸣问题概述",《〈九章算术〉与刘徽》,北京师范大学出版社,1982 年.

[2] 白尚恕:《九章算术注释》,科学出版社,1983,第 178 页.

[3] 王荣彬:"《九章算术》方田章第三十八问初探","《九章算术》暨刘徽学术思想国际学术研讨会" 论文,1991 年 6 月,北京.

[4] 李潢:《九章算术细草图说》.

[5] 钱宝琮:"方程算法源流考",《钱宝琮科学史论文选集》,科学出版社,1983 年,第 11 页.

[6] 同[2],第 14 页.

第二十六章

刘徽《九章算术注》附图的失传问题[1]

《九章算术》正经内仅载成法，一无图式. 魏人刘徽为阐释世术之美，是以考论厥数，探赜索隐，为之作注. 刘注《九章算术》的鲜明特色，是其“析理以辞，解体用图”. 特别地，图形对刘徽推阐数理起着非常重要的作用. 如“割圆术”“开方术”“勾股术”，以至“出入相补”原理的提出，皆与“解体用图”有密不可分的关系. 遗憾的是刘注原图，今已不存. 有关数学史著述皆称其早已亡佚，对其失传年代则付之阙如.

《隋书·律历志》称“魏陈留王景元四年刘徽注九章”，兹后至唐，见过刘注本《九章算术》者应有南北朝祖氏父子、隋末王孝通与唐李淳风等人. 唐立算学于学官，李淳风等因注十部算经，从现传本《九章算术》的李淳风注中，可以找到充分的证据表明李淳风注释十部算经时，刘注原图仍存于世. 例如：

“方田章·圆田术”刘注称：“谨按图验，更造密率. 恐空设法，数昧而难譬.”李注则称：“恐此犹以难晓，今更引物为喻.”

“勾股章·勾股术”刘注说：“勾自乘为朱方，股自乘为青方，令出入相补，各从其类，因就其余不移动也.”李注为：“此术以勾股幂合成弦幂. 勾方于内，则勾短于股.”戴震认为据李注所释，“可推见刘徽旧图之意.”

① 本文作者为纪志刚.

隋唐时期，中算东传日本. 大宝二年(702)，日本学校中讲授数学，采用教科书就有《九章算术》. 宽平时代(889—897)，藤原佐世奉敕所撰《日本国见在书目》，其算学书籍列有:《九章算术》九卷[刘徽注]、《九章算术》九卷[祖中注]、《九章图》等. 但据《南齐书》称:“祖冲之注《九章算术》，造《缀术》数十篇”，故藤原氏所言“祖中”，当是“祖冲之”之误. 值得注意的是《九章图》一书，虽未详撰人，估计其内容可能就是刘注原图或在此基础上的进一步补图所成之书.

这大概是史料所载刘注附图存世的下限. 宋代虽有几次刻印《九章算术》，但其图至此时已濒亡佚了. 南宋嘉定六年(1213)，鲍澣之刊刻古本《九章算经》时，在序言中写道:

“…… 南渡以来，此学既废，非独好之者寡，而九章正经亦几泯没无传矣. 近世民间之本，题之曰黄帝九章，岂以其为隶首之所作欤? 名已不当，虽有细草，类皆简捷残缺，懵于本原，无有刘徽、李淳风之旧注者，古人之意，不复可见，每为慨叹. 庆元庚申(1200)之夏，余在都城与太史局同知算造杨忠辅论历，因从其家中得古本九章，乃汴都之故书，今秘馆所定著，亦从此以写本送官者也. ……，观其序文以谓析理以辞，解体用图，又造重差于勾股之下. 辞乃今之注文，其图至唐犹在，今则亡矣. …….”

鲍氏序中所言“汴都古本九章”，是北宋元丰七年(1084)秘书省的刻本，“黄帝九章”则是北宋贾宪(约11世纪)的《黄帝九章细草》. 从鲍氏序中可知，此二本中的刘注附图，在鲍氏刻书时皆不存世了.

稍后于鲍澣之的南宋杨辉，在《详解九章算法》(1261)的序言中也说道:

“黄帝九章，备全奥妙，包括群情，谓非圣贤之书不可也. 靖康(1127)以来，古本浸失，后人补续，不得其真，致有题重法阙，使学者不得其旨. 辉虽慕此书，未能贯理，妄以浅也，聊为编述，择八十题以为矜式，自余一百六十六问，无出前意，不敢废先贤之文，删留其次. 习者可以闻一知十，恐隐而添题解，见法隐而续注释，…… 凡题法解白不明者，别图而验之.”

从杨辉的“别图而验”，可知杨辉亦未见到刘注附图.

如上所述，刘注附图至南宋鲍氏刻书时就已亡佚，自是无疑. 可据史籍所载，元丰七年校刻古算典籍是非常郑重的，如各书之后皆附有秘书省校书郎，进呈批准校定镂板的秘书少监、秘书丞等姓名. 因此，所选的版本一定是当时所见最完善的本子.附图本《九章算术》传至北宋,那么北宋刻书时必将择而刻之,这样,进一步的问题是:两宋科学可谓盛矣,雕版印刷术也发展到了它的黄金时代.宋代刻书北宋时以中央为主,南渡之后则转以地方为多.此外,各地书院、私人书坊也颇为兴盛.可唯独何时,刘注的附图为什么未能保存下来呢?南宋初年临安府汴阳荣棨所刻《九章算术》的序言,则为我们揭示了这一问题的社会背景:

> "……自靖康以来,罕有旧本,间有存者,狃于未习,不循本意,或隐问答以欺众,或添歌彖以衒己,乖万世益人之心,一时射利之具.以至真术淹废,伪本滋兴,学者泥于见闻.伥伥然入于迷望,可胜计耶."

宋代商业空前繁荣,商品经济的发展刺激当时的数学发展转向实际应用.李迪先生在文献所统计宋代数学书目中,浅显实用者居多,便表明了这一倾向.荣棨所言"或添歌彖""射利之具"正说明了影响数学发展的社会因素.这样,书商在刊刻算经时,为了迎合时尚,当择取其便于实用者.因此,与实用关系不大的刘注附图便可能在传刻中渐次失传了.

荣棨此序作于宋绍兴十八年(1148),荣棨所见的《九章算术》亦是北宋刻本(1084),但经杨辉辨证,认为"殊不知所传之本,亦不得其真矣."据此推得,刘注附图的失传年代最大可能应在1084至1148年之间.而其主要因素是书商以实用为"射利之具"所致.

刘图佚世后,再给《九章算术》补图者有杨辉、戴震、李潢等.这些补图多数与经文及刘注相合,但也有几处存歧义,今对此择要评注如下:

1."圭田图"

"圭",古代玉制礼器,形见图1,故李籍《音义》称"圭田者,其形上锐,有如圭然."

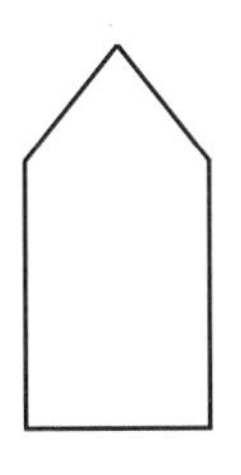

图1

"圭田术"曰:"半广以乘正从."刘注云:"半广者,以盈补虚为直田也,亦可半正从以乘广."显见刘徽是用图形验证术文的.可是,刘徽所绘"圭田图"是一般的三角形,还是等腰三角形呢?文献认为"圭田"为一般三角形,文献则以北宋李籍《音义》、元朱世杰、明程大位、清屈曾发等人所论“圭形”是等腰三角形，推测“按认识的规律以此追溯，《九章算术》可能也以圭形为等腰.”事实上，“圭形为等腰三角形”之说较有说服力的旁证，可以李淳风“圆田术”注文得之. 李氏为了补充说明“周三径一”之率只合于“用之求六觚之田”，便引物为喻：“设令刻作圭形者六枚，枚别三面，皆长一尺. 攒此六物悉使锐头向里，则成六觚之周，角径亦皆二尺.”再者，从《算法纂要》(1598)所列田亩计算图例(图2)可见，程大位已明确把“圭田”绘为等腰三角形，“三角”绘成等边三角形，而把“斜圭”绘成一般三角形. 因此，考虑到李氏见过刘徽原图，加之李注在使用数学词彙上基本与刘徽一致，以及历代算家的一贯用法，我们认为引用《九章算术》中的“圭田”或再绘刘注“圭田术”的补图，应以等腰三角形较为妥当.

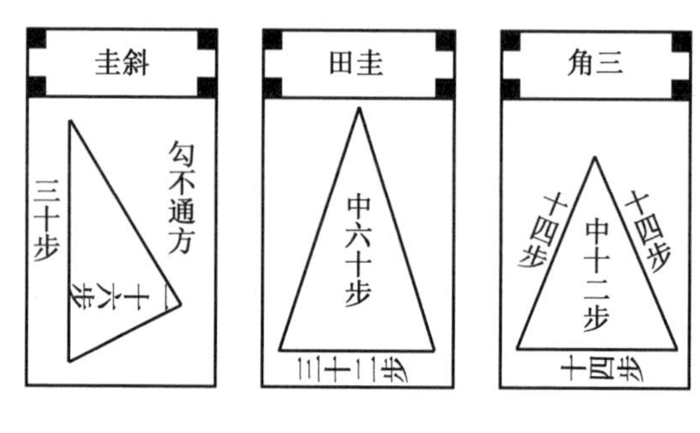

图 2

2.“弧田图”

《九章算术》给出弧田面积公式为

$$S = \frac{1}{2}(\text{弦} \times \text{矢} + \text{矢}^2)$$

刘徽以半圆核验弧田术仅是一近似公式，戴震所补“弧田图”有两种，图 3 取自《丛书集成》本的《九章算术订讹补图》，其底本是武英殿聚珍本，图 4 取自孔继涵所刻微波榭本《算经十书》. 两图虽本意相同，但在绘制细节及注文中却有明显差异. 图3没有标明如何移黄乙黄丙幂去补觚外空角，图4则补出了这一细节，但其注文中“旧以十觚之幂为圆幂”，当应校改为“旧以十二觚之幂为圆幂”. 查刘注所用“割补法”诸例，皆是将图形分成简单图形，如三角形或矩形. 再看戴氏图 4 的分法. 便觉曲折难明. 故若将黄幂一分为三(图 5)，其皆是“圭形”，则更易明关. 这样似乎较近于刘徽本意.

3.“勾股图”

勾股章勾股术曰：“勾股各自乘，并而开方除之，即弦”，刘徽以图注解勾股术，注云：“勾自乘为朱方，股自乘为青方，令出入相补，各从其类，因就其余不移动也，合成弦方之幂.”后人为了复原其图，作了很多猜测，最早的补图为杨辉

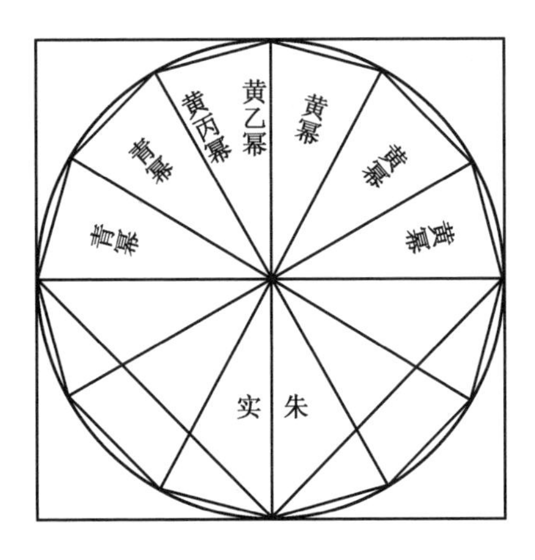

图 3

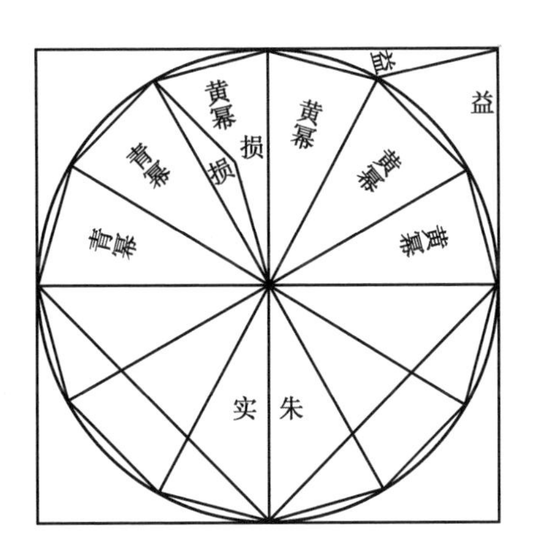

图 4

给出(图 6),后为戴震因之(图 7).李俨先生曾批评戴震“以整数敷衍,补成一图.”其实,戴氏是受了杨辉的影响的.一般认为李锐《勾股算术细草》(1806) 篇首所设之图(图 8) 较近于刘徽原意,有关这一课题的详细论述,可见李俨《中算家的毕达哥拉斯定理研究》一文,此处仅就华蘅芳的工作作几点说明.

华蘅芳《算草丛存》之四“青朱出入图说”(1893) 中,较为系统地讨论了勾股定理的补图问题,给出了 22 幅勾股图,而且“皆能以青朱出入记其移补之迹.”22 幅图中包括了梅文鼎、陈杰、李锐、李潢等人所补之图,余皆是华氏本人新的创见,其中值得注意的是图 9 — 12 四图.这四幅图有一个共同特点,就是“勾方含于股方之内”,华氏对此特别指出“其青朱两方均有相俺之处,须作两层观之,方能明其出入之迹.所以未删去者,无此不足以穷其变.”

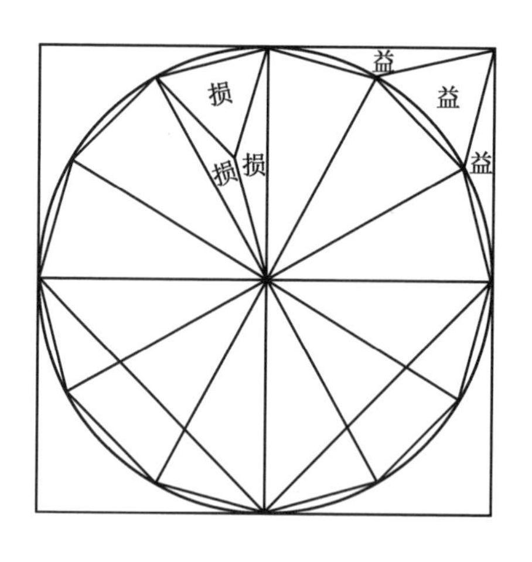

图 5

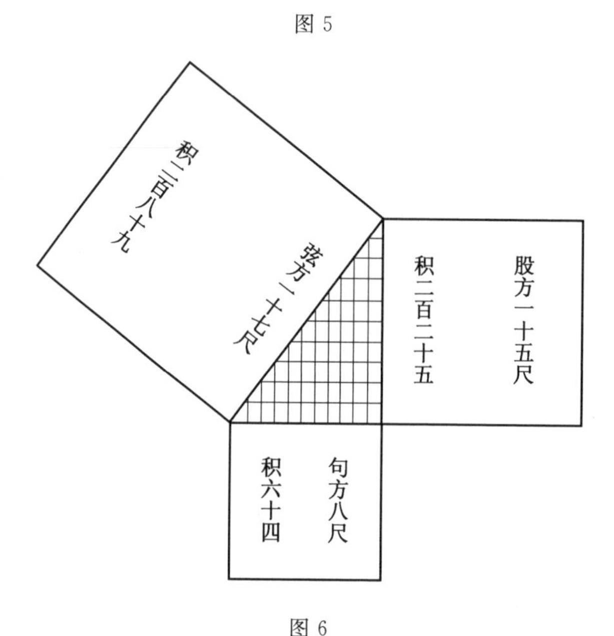

图 6

李淳风在补注勾股术时，曾云“此术以勾、股幂合成弦幂．勾方于内，则勾短于股．”戴震认为据李氏此注“可推见刘徽旧图之意”，并补有一图（即图 6）．遗憾的是戴氏本人所补之图全乖刘、李之意．对李注究作何解释，目前尚无确论．文献认为李注“于意欠通，无法注释”“因而疑为衍文”．不过，我们看到，华氏四图则给李注“勾方于内”这样一种解释：即“勾方含于股方之内．”诚然，华氏此论能否就是李注本意，不便强为之说，但华氏从一个新的角度揭示了勾股之幂的又一种位置关系，指出了戴氏道而未明之理，故应视为一说．所以，在探讨如何复原刘注勾股图时，华氏“青朱相掩”四图是不应忽视的．

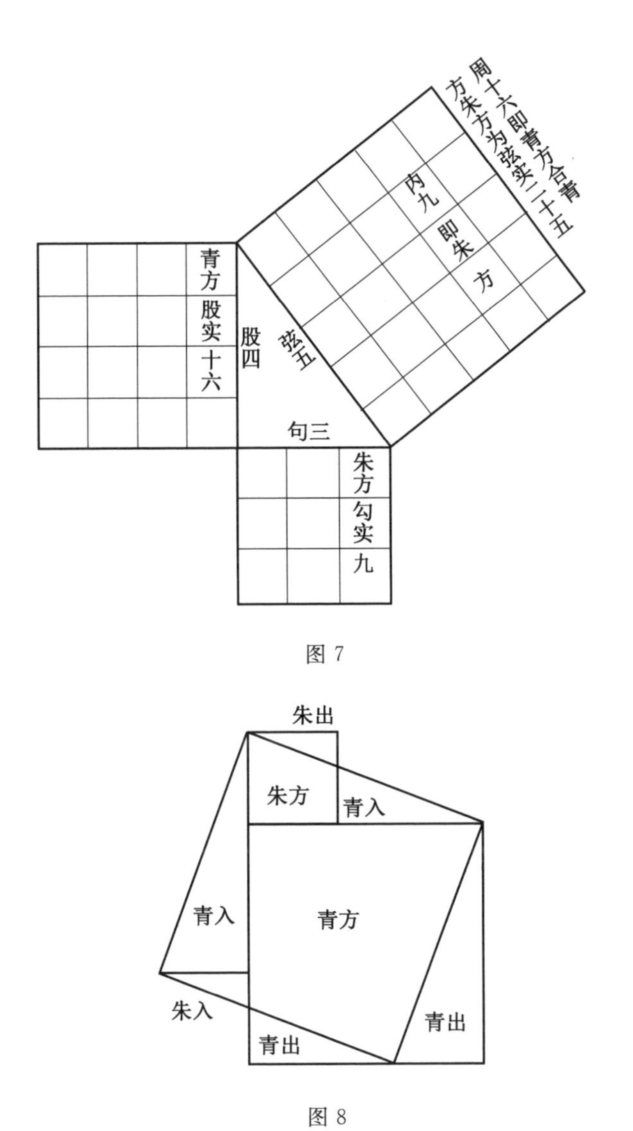

图 7

图 8

刘徽《九章算术注》附图的失传，曾是中算史上的一件憾事．可也正因如此，才引起了历代算家为之研注补图．仅以“勾股图”为例，明清算家就补出了34个图式（从文献[14]中统计），形成了中算家证明勾股定理所特有的演段证法，同时也丰富了世界数学史中这一古老的课题．“失之东隅，收之桑榆”，历史的辩证法就是如此．

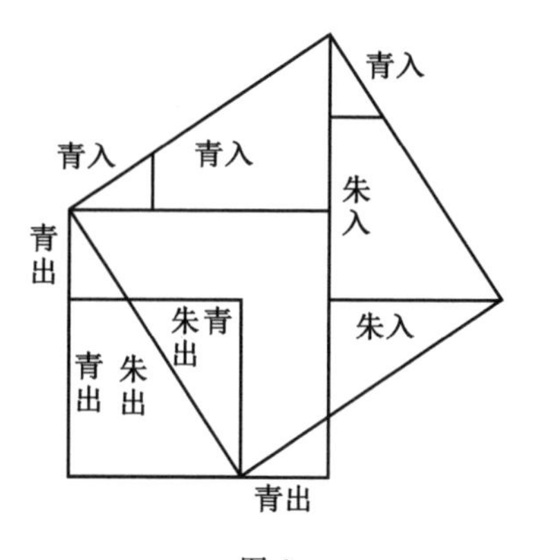
青入
青入
青入
朱
入
青
出
朱入
朱青
出
青
出
朱
出
青出

图 9

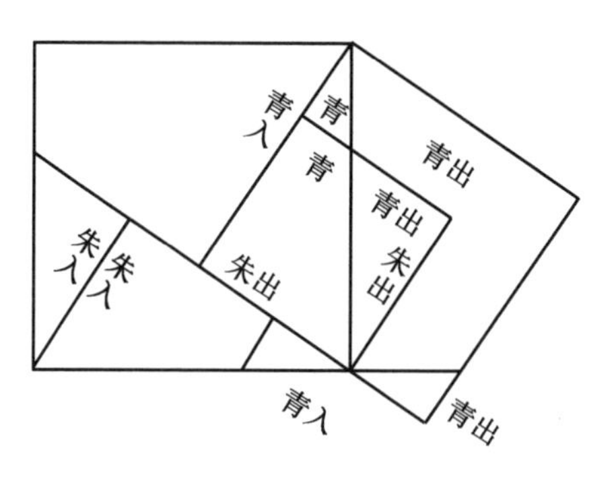
青
入
青
青
青出
青出
朱
入
朱
入
朱出
朱
出
青入
青出

图 10

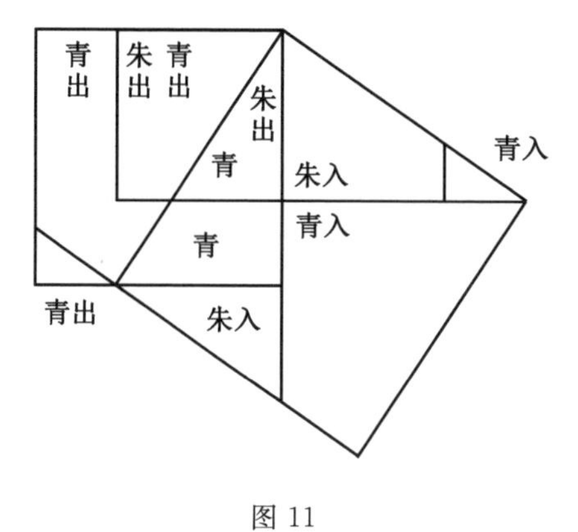
青
出
朱
出
青
出
朱
出
青
青入
朱入
青入
青
青出
朱入

图 11

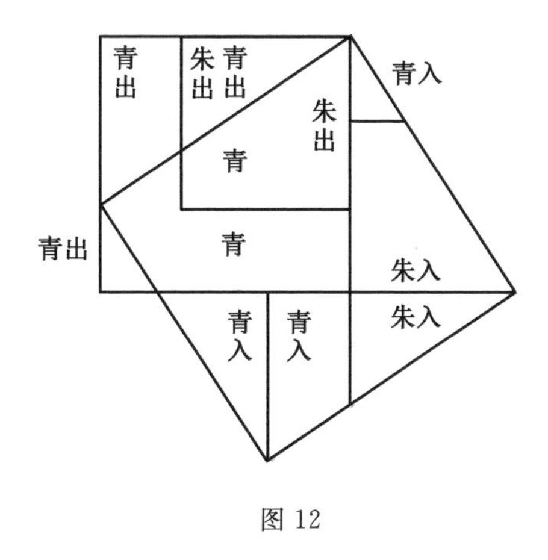

图 12

参考资料

[1][13] 戴震:《九章算术订讹补图》,微波榭本.
[2] 李俨:《中算输入日本的经过》,载《中算史论丛》(五),科学出版社,1957 年,第 168 页.
[3] 鲍澣之:刻《九章算术》序.
[4] 杨辉:《详解九章算法》序.
[5] 钱宝琮:“校点《算经十书》序”.《算经十书》(钱校本),中华书局版,1963 年,第 2 页.
[6] 刘国钧著,郑如斯订补:《中国书史简编》,书目文献出版社,1981 年,第 67 页.
[7] 荣棨:刻《九章算术》序.
[8] 李迪:《中国数学史简编》,辽宁人民出版社,1984 年,第 149—151 页.
[9] 杨辉:“九章互见书目”,《详解九章算法纂类》.
[10] 沈康身:《中算导论》,上海教育出版社,1986 年,第 114 页.
[11][12][18][19] 白尚恕:《〈九章算术〉注释》,科学出版社,1983 年,第 31,32,37,307,308 页.
[14] 李俨:《中算家的毕达哥拉斯定理研究》,载《中算史论丛》(一),科学出版社,1954 年,第 63 页.
[15] 李锐:《勾股算术细草》.
[16][17] 华蘅芳:“青朱出入图说”,《算草丛存》(四).

《九章算术》及其刘徽注对运动学的深邃认识[①]

第二十七章

运动学(Kinetics)是力学的组成部分,通过对位移、速度、加速度等物理量的描述以研究动体位置与时间变化的关系,它有区别于动力学(dynamics),运动学不考虑导致物体改变运动状态的原因.

古希腊阿基米德在静力学流体力学中有过开创性工作,至今仍是力学圭臬;但在运动学方面没有什么建树.

人们对运动学知识的最初理解是匀速度(v)运动中速度与距离(s)、时间(t)的关系,即

$$s = vt \tag{1}$$

在外国有系统的文献记录最早当推印度数学家Aryabhata(476—500)文集*Aryabhatiya*中的数学卷命题.命题说:"相反方向运动体间距离除以二者速度的和,相同方向运动体间距离除以二者速度的差,这两个商分别是二者从出发到相遇所需时间或从相遇到出发前已经过的时间."如果两动体同时启动,速度分别是v_1,v_2,则上面命题相当于说

$$t = \frac{s}{v_1 + v_2} \quad \text{(相反方向运动)} \tag{2}$$

$$t = \frac{s}{v_1 - v_2} \quad \text{(相同方向运动)} \tag{3}$$

西方在运动学方面系统认识起步较迟,我们只能从散见于各种数学手稿中看到零星记录.

---

① 本文作者为沈康身.

例 1 英国学者 Alcuin(730—804) 著《益智题》(*Problems for the Qickening of the Mind*)设题:"狗追一兔.兔在狗前面150英尺,已知狗跳一次9英尺,兔跳一次7英尺.问:狗跳几次才追到兔子?"(1米=3.280 8英尺)

例 2 意大利教士 L. Pacioli(1445—1509)《算术大成》(*Summa*)有题:"鼠在树顶,离地60英尺.猫伺树下,鼠白天下降$\frac{1}{2}$英尺,夜间回升$\frac{1}{6}$英尺.猫白天爬高1英尺,夜间降$\frac{1}{4}$英尺.在鼠与猫之间那段树白天长$\frac{1}{4}$英尺,夜间缩短$\frac{1}{8}$英尺.问:几天后猫能捉到鼠?"

例 3 德国 A. Riese(1489—1559) 著《商业算术》(1552) 有题:"井深20英尺,蜗牛在井底,白天爬上7英尺,夜间回降2英尺.问:几天后蜗牛爬到井口?"

例 4 直到19世纪著名数学家法国 J. C. F. Sturm(1803—1855) 还拟题:"邮递员甲从 A 城出发,初速每日10黎约①,以后每日增速$\frac{1}{4}$黎约,三日后邮递员乙从距 A 城40黎约的 B 城与甲同向前进,初速每日7黎约,以后每日增速$\frac{2}{3}$黎约,问:自甲出发后两邮递员几日相遇?"

值得注意的是上引四例都是从已知条件求相遇时间.上三例都是匀速运动,动体方向有时同向,有时异向,都可归结为 Aryabhata 公式(2)(3).第4例则为匀加速运动.

意大利科学家伽利略(1564—1642) 是动力学创建人.他在比萨大教堂及其近旁斜塔分别做过摆体和落体实验,而且还作了精密计算.他指出:"摆体周期不依赖于摆的质量和材料,而是随着它的长度的平方根而改变.""自由落体下落距离与时间平方成正比."显然这二命题都属于运动学范畴.伽利略还在《关于两门新科学的对话》(1638) 中给出许多演绎推理,其中关于运动学的论述有:

其一,"在匀加速(a) 运动中,速度(v) 正比例于通过的距离",或"速度正比例于经过的时间".伽利略通过实验证实这两命题没有矛盾,也就是说

$$v=at \tag{4}$$

其二,"动作从静止开始以匀加速运动,经过一个给定的距离(s) 所需时间(t),和这个动体以相当于它的实际末速度(v_1) 的一半的匀速运动同样距离所需时间相等."这相当于说,从公式(4),$v_1=at$,而

① 1黎约约合9里.

$$s = \frac{v_1}{2}t = \frac{1}{2}at^2 \tag{5}$$

我们回过头来考察《九章算术》及其刘徽注中有关运动学的丰硕材料十分感人：中华学者先声夺人，定量地、正确无误地论述了有关问题．除匀速运动外还有变速运动：匀加速、匀减速，等比加速；同向和异向；同时启动或异时启动．彪炳历史成果不减西方，胜似西方．

第一节　匀速运动

1. 同向

《九章算术》均输章第12题："今有善行者行一百步，不善行者行六十步．今不善行者先行一百步．善行者追之．问：几何步及之？"第13题："今有不善行者先行一十里，善行者追之一百里，先至不善行者二十里．问：善行者几何里及之？"第14题："今有兔先走一百步，犬追之二百五十步，不及三十步而止．问：犬不止，复行几何步及之？"三个题的解都属于公式(3)同一类型，题材则与Alcuin所拟题相仿佛，而第14题犬追兔则完全相同而先于西方一千多年．第14题二动体同时启动，第12，13两题启动有先有后：前者题意与Alcuin所拟题完全相同，后者则更多一思考层次．

2. 相向

《九章算术》盈不足章第10题："今有垣高九尺．瓜生其上，蔓日长七寸．瓠生其下，蔓日长一尺．问：几何日相逢，瓜瓠各长几何？"术文及刘徽注都运用相当于公式(2)解题．

3. 异向

《九章算术》均输章第16题："今有客马日行三百里．客去忘持衣，日已三分之一，主人乃觉．持衣追及，与之而还．至家视日四分之三．问：主人马不休，日行几何？"本题两动体当运动开始时同向．主人马追及客人马之后就背向．《九章算术》术文相当于两次运用公式(1)．

其一，计算主人马从出发到追及客人马所需时间

$$t_2 = \frac{\frac{3}{4} - \frac{1}{3}}{2}$$ ①

客人马从出发到被主人追及所需时间

① "置四分日之三，除三分日之一，半其余以为法．"

$$t_1=\frac{1}{3}+t_2$$①

于是客人马被主人马追及时已行距离 $s=v_1t_1=300t_1$. ②

其二，从公式(1)所算主人马速 $v_2=\frac{s}{v_1}$. ③

刘徽注简化《九章算术》原术，他认为二动体在相同距离内速度与时间成反比："然则主人用日率(t_2)者，客马行率(v_1)也；客用日率(t_1)者，主人马行率(v_2)也"，这就是

$$t_2:v_1=t_1:v_2$$

"从今有术，三百里为所有数，十三为所求率，五为所有率，而今有之，即得."刘徽从上面比例式进行变换，得

$$v_2:v_1=t_1:t_2=13:5$$

由于 v_1 为已知，就轻而易举地从今有术得主人马速. 这样深邃的理解是值得称道的.

第二节　变　速　率

1. 同向

《九章算术》盈不足章第11题："今有蒲生一日，长三尺，莞生一日，长一尺. 蒲生日自半，莞生日自倍. 问：几何日而长等？"这里相同初速、同向运动两动体(指蒲、莞生长点). 二者按日按几何数列变速，前者递降，后者递增. 对本题距离、初速、加速度与时间的关系，《九章算术》及其刘徽注所见很是精到.

2. 相向

《九章算术》盈不足章第12题："今有垣厚五尺，两鼠对穿. 大鼠日一尺，小鼠亦日一尺. 大鼠日自倍，小鼠日自半. 问：几何日相逢，各穿几何？"对照Pacioli，Riese所拟题与《九章算术》所引两题相仿佛，都是匀速运动，而此两题则为初速不为零的变速运动，设题在前且难度大.

按《九章算术》术文及刘注原意我们解释第12题及其解法如下：

其一，两种水草增长速度与日数关系(图1).

---

① "副置法，增三分日之一."

② "以三百里乘之(法)，为实."

③ "实如法，得主人马一日行."

$$v=\begin{cases}3, & t\in[0,1)\\ 3\times\frac{1}{2}, & t\in[1,2)\\ 3\times\frac{1}{2^2}, & t\in[2,3)\\ \vdots\end{cases}$$

$$v=\begin{cases}1 & (0\leqslant t<1)\\ 2 & (1\leqslant t<2)\\ 2^2 & (2\leqslant t<3)\\ \vdots\end{cases}$$

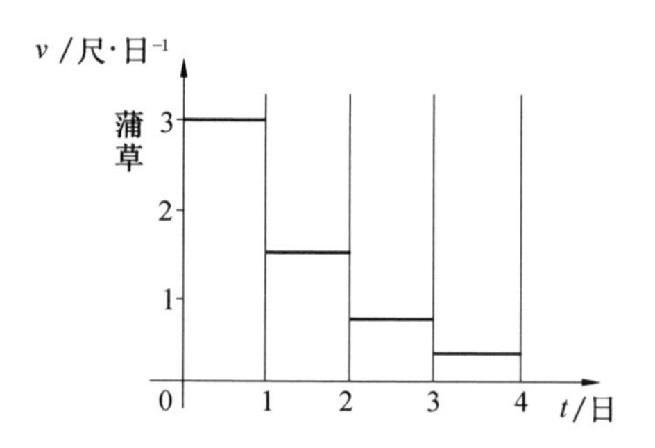

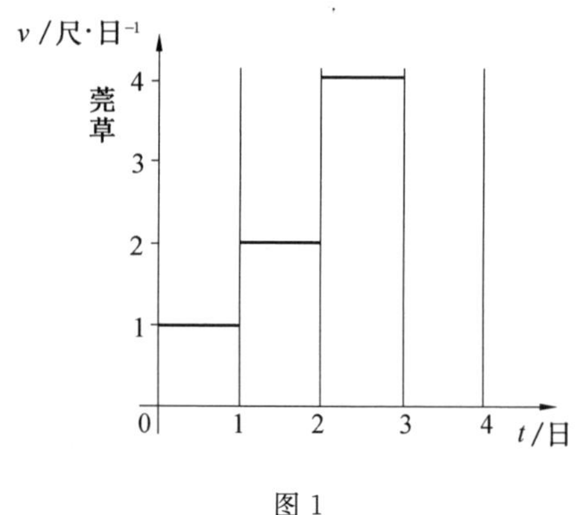

图 1

因此二者增长长度与日数关系(图 2)是

$$y=\begin{cases}3t, t\in[0,1)\\ 3+\frac{3}{2}(t-1), t\in[1,2)\\ 3+\frac{3}{2}+\frac{3}{2^2}(t-2), t\in[2,3)\\ \vdots\end{cases}$$

$$y=\begin{cases} t,\ t\in[0,1) \\ 1+2(t-1),\ t\in[1,2) \\ 1+2+2^2(t-2),\ t\in[2,3) \\ \vdots \end{cases}$$

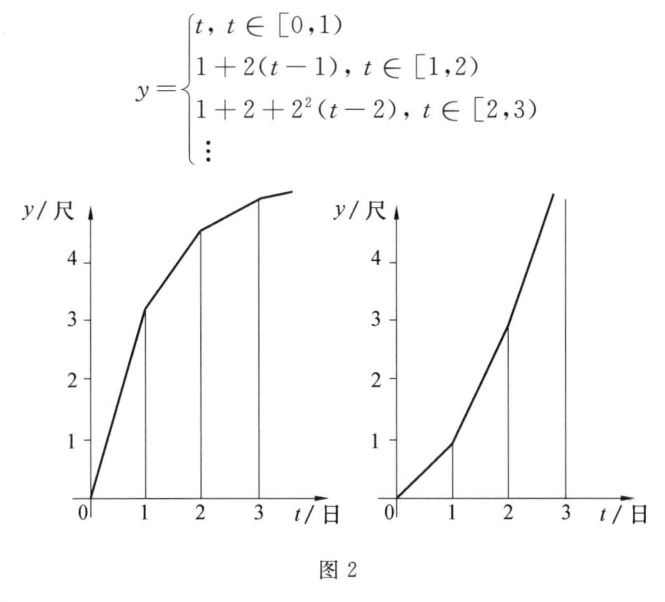

图 2

3. 异向

《九章算术》盈不足章第 19 题:"今有良马与驽马发长安至齐. 齐去长安三千里. 良马初日行一百九十三里(v_0),日增十三里(a). 驽马初日行九十七里(u_0),日减半里(b). 良马先至齐,复还迎驽马. 问:几何日相逢及各行几何?"上文所引 Sturm 邮递员题与本题仿佛. 两动体初速不同且均有加速度,而本题一为加速,一为减速;运动前期同向,后期为相向,设题更为复杂. 本题又是在 Sturm 前二千年所立,尤其令人叹为观止.

从本题原术及刘徽注所论变速运动都是按日变化:在同一日内动体视为匀速,古人以一日为时间间隔,描述动作"瞬时"速度,是可以理解的. 我们据原意解释良马运动状态如下(图 3)

$$v=\begin{cases} 193,\ t\in[0,1) \\ 193+13,\ t\in[1,2) \\ 193+2\times 13,\ A\in[2,3) \\ \vdots \\ 193+13[t], t\in([t],[t]+1) \end{cases}$$

$$s=\begin{cases} 193t,\ t\in[0,1) \\ 193+(193+13)(t-1),\ t\in[1,2) \\ 193+193+13+(193+2\times 13)(t-2),\ t\in[2,3) \\ \vdots \\ \{193+\dfrac{13([t]-1)}{2}\}[t]+(193+13[t])(t-[t]), \\ t\in[t],[t]+1) \end{cases}$$

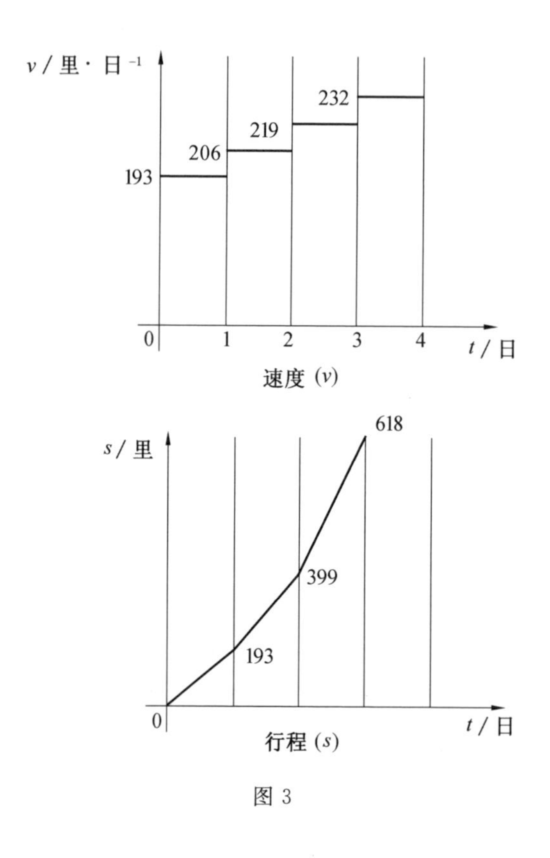

图 3

一般说

$$v = v_0 + ([t] - 1) \tag{6}$$

$$s = v_0[t] + \frac{a[t]([t]-1)}{2} + (v_0 + a[t])(t - [t]) \tag{7}$$

我们发现本题刘注早于伽利略 13 个世纪对运动学有关问题有较好认识.
其一,公式(7) 描述了行程 s 与初速(v_0),匀加速度 a 与时间$[t]$ 的关系.[①]
其二,描述行程 s 与初速(u_0),匀减速度 b 与时间的关系

$$s = u_0[t] - \frac{b[t]([t]-1)}{2} + (u_0 - b[t])(t - [t]) \tag{8}$$

其三,行程与末速度的关系,以良马行程为例,刘注视总行程 s 为整日数行

① "求良马行者(s),十四($[t]-1$) 乘益疾里数(a) 而半之,加良马初日之行里数(v_0),以乘十五日($[t]$),得十五日之凡行(s_1). 又以十五日乘益疾里数,加良马初日之行,以乘日分子(c),如日分母而一(d),所得(s_2) 加良马凡行里数,即得(s)."这相当于说

$$s = s_1 + s_2 = (\frac{a([t]-1)}{2} + v_0)[t] + (a[t] + v_0)\ \frac{c}{d}$$

这里刘徽用不足一日的分数$\frac{c}{d}$ 表示 $t-[t]$,可见这就是公式(7).

程 s_1 与分数日数行程 s_2 之和,而

$$s_1 = v_0[t] + \frac{a([t]-1)}{2}[t]$$

前一项刘徽称为之平行数,即由初速运动所形成的行程,①后者称为中平里,由加速运动所形成的行程.②由此可见求中平里的计算,即伽利略的设想公式(5),是刘徽思想的再现.

其四,速度与匀加速度的关系从求中平里的刘注中:"日以十四($[t]-1$)乘,…… 又令益疾里数(a) 乘之"说明刘徽已认识到经过$[t]-1$ 日的匀加速运动,速度 $v=a([t]-1)$,这与伽利略公式(4) 又是一致的.

参考资料

[1] Aryabhata, *Aryabhatiya*, Delhi, 1976.

[2] F. Cajori, *A History of Mathematics*, New York, 1893.

[3] H. Eves, *An Intoduction to the History of Mathematics*, New York, 1990.

[4] 高希尧,世界数学历史名题一百例,西安,1980.

[5] F. Cajori, *A History of Physics*, New York, 1928(戴念祖中译本,呼和浩特,1982).

① "初日所行里(v_0) 乘十五日($[t]$),为十五日平行数."

② "求初末益疾 …… 之数者,并一与十四($[t]-1$),以十四乘而半之,为中平之积. 又令益疾 …… 里数乘之,为 …… 中平里."

《九章算术》与刘徽注中的度量衡及力学知识①

第二十八章

《九章算术》是传统数学的重要典籍，有东方《几何原本》之称．由于内容大都来源于实际，因此它对于考察汉代的社会经济生活、典章制度、土木工程等具有较高的参考价值．关于《九章算术》与刘注中的物理学知识，近来也引起重视．戴念祖先生研究了加速度问题；王燮山先生提到了比重问题．本文从度量衡和力学知识两个方面全面介绍其中的物理内容．

第一节　度　量　衡

度量衡制在我国起源甚早．《资治通鉴》"黄帝命隶首作数，以率其羡，要其会，而度量衡由是而成焉．"但汉以前度量衡实物很少流传至今，有关王莽改量以前度量衡制正史又很少记载，这样成书于公元前50年左右的《九章算术》，对我们考察秦商鞅变法统一度量衡后到王莽改量之前这一时期的度量衡情况，就具有较高的价值．魏刘徽263年注《九章算术》，其注文也涉及度量衡的内容，这对我们了解魏晋的度量衡制，提供了史料和佐证．

① 白尚恕《〈九章算术〉注释》，科学出版社，1983年．以下引《九章算术》原文均出自白本．本文作者为徐义保．

1. 步、亩制

方田章第 1 题“今有田广十五步,从十六步. 问为田几何. 答曰:一亩. 方田术曰:广从步数相乘得积步. 以亩法二百四十步除之,即亩数. 百亩为一顷.”由术文和计算结果我们知道 1 亩 =240 平方步,1 顷 =100 亩. 方田章第 3 题“今有田广一里,从一里. 问为田几何. 答曰:三顷七十五亩. 里田术曰:广从里相乘得积里. 以三百七十五乘之,即亩数.”由此可知,当时 1 里 =300 步,1 平方里 =375 亩.

周制 1 亩 =100 平方步,秦商鞅变法后改为 1 亩 =240 平方步,上述步亩制反映了汉承秦制.

2. 度制

商功章第 7 题“今有穿渠上广一丈八尺,下广三尺六寸,深一丈八尺,袤五万一千八百二十四尺. 问积几何.”这里长度单位为丈、尺、寸且有 1 丈 =10 尺 =100 寸. 查《九章算术》全书,基本长度单位只有丈、尺、寸,没有用到引、分. 在涉及布匹的长度时,往往借用“匹”(1 匹 =4 丈);在涉及其他物体的长度时常用“步”(1 步 =6 尺)或用多少丈、多少尺、多少寸来表示. 五度“引、丈、尺、寸、分”是王莽改量后的单位,《九章算术》反映了王莽改量之前的基本长度单位是丈、尺、寸.

方田章第 32 题刘注“…… 以减半径,余一寸三分三厘九毫七秒四忽五分忽之三,……”长度单位自分以下已用到厘、毫、秒、忽等. 从寸到忽之间的关系是每次退 10. 度制单位的缩小表明魏、晋时期的度量趋于精确化.

3. 量制

粟米章第 34 题“今有出钱五千七百八十五,买漆一斛六斗七升太半升. 欲斗率之,问斗几何. 答曰:一斗,三百四十五钱五百三分钱之一十五.”从计算结果,可以推得 1 斛 =10 斗 =100 升. 查《九章算术》全书,量制单位也只用到这三个,王莽改革后行用的龠、合没有提及,这反映了秦、汉初期的量制单位为斛、斗、升.

商功章第 25 题刘注云“当今大司农斛圆径一尺三寸五分五厘. 正深一尺. 于徽术,为积一千四百四十一寸,排成余分,又有十分寸之三. 王莽铜斛于今尺为深九寸五分五厘,径一尺三寸六分八厘七毫,以徽术计之,于今斛为容九斗七升四合有奇.”这里记载了莽尺与魏尺的换算关系 1 莽尺 =0.955 魏尺. 从注文中还可推出魏斛与莽斛的大小关系. 这与《隋书・律历志》中称“魏斛大而尺长,王莽斛小而尺短也”相吻合,同时为吴承洛先生在“中国历代尺之长度标准”中给出新莽尺为 0.691 2 尺(现在单位),魏晋尺为 0.723 6 尺提供了佐证.

4. 衡制

衡制单位名称铢、两、斤、钧、石早在周代就有.《说苑》中记载了衡制之间的关系“十粟重一圭，十圭重一铢，二十四铢重一两，十六两重一斤，三十斤重一钧，四钧重一石.”莽新后把铢、两、斤、钧、石称为五权.五权之制在《九章算术》中也有反映.粟米章第40题“今有出钱一万三千九百七十，买丝一石二钧二十八斤三两五铢.欲其贵贱石率之，问各几何.”这里五权之间的关系与《说苑》中记载的一致.

第二节　力学知识

《九章算术》与刘注中不仅有丰富的度量衡内容，还有关于物体的比重，匀、加速运动以及速率的内容.

1. 物体的比重

盈不足章第16题“今有玉方一寸，重七两；石方一寸，重六两.今有石立方三寸，中有玉，并重十一斤.问玉、石各重几何.”这里就明确给出了玉的比重为7两/1立方寸，石的比重为6两/1立方寸.从术文“假令皆玉，多十三两.令之皆石，不足十四两，……”以及刘注“……假令皆玉，合有一百八十九两.课于十一斤，有余一十三两.……”来看，他们已经认识到$G=V\cdot d$这一公式的意义.“假如皆玉，多十三两”，也就是如果27立方寸全是玉的话，那么

$$27\text{立方寸}\times 7\text{两}/\text{立方寸}=189\text{两}$$

而$189-176=13$，即比并重11斤多13两.这一点还可以从下面得到印证.少广章第12题刘注“黄金方寸，重十六两.金丸径寸，重九两.”“黄金方寸，重九两”始于西周吕尚之制，以它为标准可推出其他物体的重量或比重.我们知道汉代球体积等于直径立方的9/16，以径寸金丸的体积乘以黄金的比重正好合九两($9/16\times 16=9$).

盈不足章第18题，还间接提到白银的比重.“今有黄金九枚，白银一十一枚，称之重适等.交易其一，金轻十三两.问金、银一枚各重几何.答曰：金重二斤三两一十八铢，银重一斤十三两六铢.”由黄金、白银的重量以及黄金方寸重一斤，可知白银的比重为13.101 2两/立方寸.《九章算术》与刘注是古文献中记录物质比重较早较多的一书.有人认为《汉书·食货志》中记述了以汉方寸的物质重量作为量度单位测定了五种金属和两种石料的比重是不确切的.

2. 匀速运动规律、速率

《九章算术》有许多涉及匀速运动的问题.如商功章第9，12，13，14，16，20，21题.通过对这些题的分析.我们看到《九章算术》与刘注中不仅有匀速运动的思想，而且还懂得$S=V\cdot t$；速度与时间成反比；距离与速度成正比.下面举一例分析：

均输章第 16 题"今有客马日行三百里.客去忘持衣,日已三分之一,主人乃觉.持衣追及与之而还,至家视日四分之三.问主人马不休,日行几何.术曰:置四分日之三,除三分日之一,半其余以为法.副置法,增三分日之一,以三百里乘之,为实.实如法,得主人马一日行."这题也就是已知客马速度($V_1=300$ 里/日),客去时间($T_1=1/3$ 日),主人追返时间($T_2=3/4$ 日),求主人马速度(V_2)的问题.根据术有

$$[((3/4)-(1/3))/2+(1/3)]\times 300/[((3/4)-(1/3))/2]$$

把上面符号代入,即

$$[(t_2-t_1)/2+t_1]\times V_1/[(t_2-t_1)/2]$$

t_2-t_1 为主人马追客人马来去所用的时间,除以 2 即为主人追到客人时所化去的时间,再加以 t_1,即为客马以 V_1 行驶的时间.在主人追到客人时,客马已行 $[(t_2-t_1)/2+t_1]\times V_1$ 里,用它除以主人马行时间 $(t_2-t_1)/2$ 就得到 V_2.

刘徽在对该题的注文中还给出了速度与时间成反比的关系."然则主人用日率者,客马行率也.客用日率者,主人马行率也."这也就是:主用日率(t_2)/客马行率(V_1)=客用日率(t_1)/主马行率(V_2).

《九章算术》作者对速率也有所认识,并能从速率比推求距离.如勾股章第 14 题"今有二人同所立.早行率七,乙行率三.乙东行.甲南行十步而邪东北与乙会.问甲乙行各几何."甲行率七,乙行率三,即甲速率/乙速率=7/3(图 1),因甲从 C 折向 B 行,故需要求出 AC,BC,AB 的行率.(术曰中给出了一种求勾股数的方法来计算 AC,BC,AB)因 $AC=10$ 步,故可根据 BC/BC 速率 $=AB/AB$ 速率 $=AC/AC$ 速率,求出 AB,BC 的距离.勾股章第 21 题也是同样的问题.

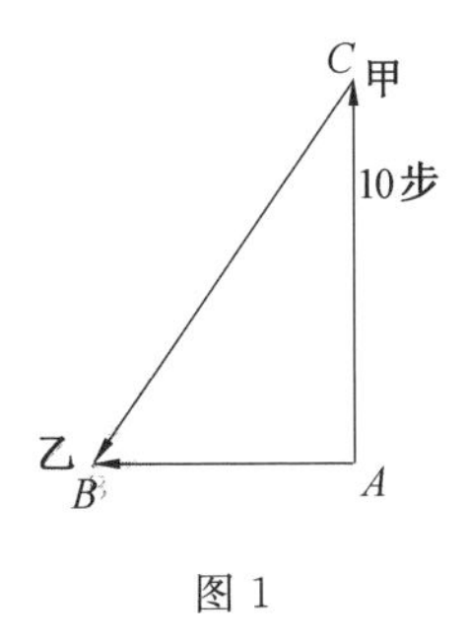

图 1

3. 加速运动

关于《九章算术》中的加速运动思想,戴念祖先生已有论述.盈不足章第 19 题"今有良马与驽马发长安至齐.齐去长安三千里,良马初日行一百九十三里,日增十三里.驽马初日行九十七里,日减半里.良马先至齐,复还迎驽马.问几何日相逢及各行几何."这就是一个已知初速度为 193 里/日,平均加速度为

13里/日;初速度为93里/日,平均减速度为0.5里/日,求相逢时间及相逢时各行的里程的问题.具体分析参见文献[3].顺便指出文献[3]中第104页的印刷错误,图4－1与文字说明不符,应删去"与驽马的两种"六个字或在图中画出驽马的减速图.

总之,《九章算术》与刘注中有较丰富的物理学知识.它对我们研究秦、汉、魏、晋时的度量衡以及了解当时人们对物体运动规律的认识水平,都是一宝贵资料.

参考资料

[1] 宋杰:《九章算术》记载的汉代的"程耕",北京师范大学学报,1983,2,第53—57页.

[2] 宋杰:《九章算术》在社会经济方面的史料价值,自然辩证法通讯,1984,5,第43－45页.

[3] 戴念祖:《中国力学史》,河北教育出版社,1988,9,第102—105页.

[4] 王燮山:中国古代所测定的物质比重,自然科学史研究,1985,4,第305—306页.

[5] 李继闵:《东方数学典籍〈九章算术〉及其刘徽注研究》,陕西人民教育出版社,1990,3,第16—19页.

[6] 吴承洛:《中国度量衡史》,上海书店出版社,1984,5,第64—66页.

[7]《中国大百科全书·力学卷》,中国大百科全书出版社,1985,8,第588页.

《九章算术》及其刘徽注有关方程论述的世界意义[①]

第二十九章

我国历史悠久,是世界文明发达最早国家之一.在包括数学在内的各个文化领域内我国都做出过杰出贡献.我国数学是在独立环境中成长壮大的,自成系统、有其特色.我们可以开列一张很长的表来表彰先哲们的各种成就.本文分析比较《九章算术》及其刘注在有关方程论述的重要意义,对照外国历史文献,这些见解不但在时间上领先,而且也在质量上取胜,我国古代计算工具原极简单——算筹和算板,但借此合理运算,与现代解方程竟若合符节,令人钦敬不已.

1.复原与约简

M. Kline 在《古今数学思想》第九章评述说:“在代数方面阿拉伯人的第一个贡献是提供了这门学科的名称.西文 algebra 这个字来源于 830 年天文学者 M. Al-Khowarizmi 所著书 *Al-jabr W'al Muqabala*. Al-jabr 的原意是‘复原’.…… 在方程的一边去掉一项,就必须的另一边加上这一项,使之恢复平衡 …….Al Muqabala 原即‘化简’:…… 从方程两边消去相同的项.”众所周知,“复原”与“化简”是解方程的重要变换手续.

《九章算术》方程有“直除”运算.刘注云:“为术之意,令少行减多行,反复相减,则头位必先尽.”显然这是“化简”:合并同类项.此章第 18 题在解五元一次方程组刘注中有大量同类项合并运算.同章第 2 题:“今有上禾七秉,损实一斗,益之下禾二秉,而实一十斗.下禾八秉,益实一斗与上禾二秉,而实一十斗.问:上下

① 本文作者为沈康身.

禾实一秉各几何？”术云：“如方程，损之曰益，益之曰损.”这相当于明确地表明：题设原意是

$$\begin{cases}7x-1+2y=10\\2x+1+8y=10\end{cases}$$

这里 x,y 分别表示上、下禾一秉所含实的斗数.

为在算板上用算筹列出方程(矩阵)，以便于解题，应合并常数项，应变换为

$$\begin{cases}7x+2y=10+1\\2x+8y=10-1\end{cases}$$

刘注更精辟地解释说：“损之曰益，言损一斗，余当一十斗，今欲全(合并) 其实(常数项)，当加所损也.益之曰损.言益实一斗乃满一十斗.今欲知本实，当减所加即得也.”足见《九章算术》及其刘注在对方程“复原”和“化简”的深入理解和熟练操作上远远早于阿拉伯人.

2. 消元法

《九章算术》方程章全面讨论解线性方程组问题，列题十八.算题由浅入深，由简而繁.从非负系数到出现负数，由含二三个未知数渐及四五个未知数的方程组.材料安排可谓恰到好处.术文先据题设数据，在算板上用算筹列出“方程，令每行为率，二物者再程，三物者三程，皆如物数程之，并列为行.”(今称增广矩阵) 然后遍乘直除(今称矩阵初等变换).方程章第1题术文有全过程描述.经过九次变换，从原矩阵到获得今称三角系数矩阵为止.这就是方程术，在欧洲称为高斯消元法，以纪念德国数学家高斯首创之功.其实其业绩上距《九章算术》成书几达二千年.

3. 行列式法

18世纪时英国人C. Machaurin(1698—1746) 著《代数论》(1748出版) 曾用行列式法解特殊线性方程组.后来瑞士 C. Cramer(1704—1752) 总结为法则，以解一般线性方程组.

在东方中国《九章算术》方程术用算筹在算板上列出方程，已具行列式最初雏形.盈不足术云：“置所出率，盈不足各居其下，令维乘所出率，并以为实；并盈不足为法.实如法而一.…… 置所出率以少减多，余，以约法、实，实为物价，法为人数.”这相当于说，如设所求人数为 x，物价为 y，先后两次所出率为 a_1，a_2，而

$$\begin{cases}a_1x-y=b_1\\a_2x-y=-b_2\end{cases}$$

其中 $a_1>a_2>0,b_1>0,b_2>0$，则

$$x=\frac{b_1+b_2}{a_1-a_2}=\frac{\begin{vmatrix} b_1 & -1 \\ -b_2 & -1 \end{vmatrix}}{\begin{vmatrix} a_1 & -1 \\ a_2 & -1 \end{vmatrix}}$$

$$y=\frac{a_1b_2+a_2b_1}{a_1-a_2}=\frac{\begin{vmatrix} a_1 & b_1 \\ a_2 & -b_2 \end{vmatrix}}{\begin{vmatrix} a_1 & -1 \\ a_2 & -1 \end{vmatrix}}=\frac{\begin{vmatrix} a_1 & a_2 \\ b_1 & -b_2 \end{vmatrix}}{\begin{vmatrix} a_1 & -1 \\ a_2 & -1 \end{vmatrix}}$$

盈不足术所说:“置所出率(a_1,a_2),盈(b_1)不足(b_2)各居其下”适是右式右端分子(绝对)值,其余各数也有类似情况.可见盈不足术就是二元方程组的行列式解法.

4.代入法

《九章算术》方程章第9题(五雀六燕)刘注开代入法之先河.《九章算术》术文相当于列出方程

$$4x+y=x+5y=8 \qquad (*)$$

求解,其中x,y分别是雀、燕一只重量.刘注指出对式(*)作“直除”变换,得到

$$3x-4y=0,\ 3x=4y$$

(“是三雀四燕重相当”)于是用代入式(*)法得解.在此基础上他在同章第18题注中创方程新术.相当于说对一般线性方程组

$$\sum_{i=1}^{n}a_{ij}x_i=bi \quad (j=1,2,\cdots,n) \qquad (**)$$

经方程术求出

$$x_1:x_2:\cdots:x_n=c_1:c_2:\cdots:c_n$$

在这n个未知数$x_i(i=1,2,\cdots,n)$中确定某一个,例如x_s,使其他未知数都用它来表示,即

$$x_i=\frac{c_i}{c_s}x_s \qquad (***)$$

以此代入式(**)中某一方程,就可求出x_s.又借助于式(***)以求出其他各个未知数.

类似于刘徽方程新术,中亚细亚阿拉伯学者 Al-Kashi 在其《算术论》(1427)第5卷第4节设例云:“甲每日工资5个钱币,乙每日4个钱币,丙每日3个钱币.三人共工作30日,所得工资相等.问:每人各劳动几日?”原书解法说:“如果甲、乙、丙各劳动x_1,x_2,x_3日,则$x_1:x_2=4:5$,$x_2:x_3=3:5$,而$x_1+x_2+x_3=(1+\frac{5}{4}+\frac{5}{3})x_1=30$.求出$x_1$,就易于求$x_2$,$x_3$.”这种做法与刘注有异曲同工之妙,但刘注却具有一般意义.

5. 单假设法

19世纪中叶以来人们发现古埃及Rhind纸草(公元前1650年时文物)有用单假设法解一次方程题. 例如其中第40题:"5人按等差数列分100份面包,前三人总和的七分之一等于后二人所得总和." 纸草作者解法是:"假设公差是$5\frac{1}{2}$,又假设第一人得1个,于是五人分别得$1,6\frac{1}{2},12,17\frac{1}{2},23$个. 这里五人所得总和是60,是已给分配总数的$\frac{3}{5}$,于是所求五数应是假设数的$\frac{5}{3}$倍,即答案是$1\frac{2}{3},10\frac{5}{6},20,29\frac{1}{6},38\frac{1}{3}$. 这是用单假设法解形如一次方程$ax=b$的最早文献. 但是本题没有说明有关键意义的假设公差$d=5\frac{1}{2}$的理由."

《九章算术》均输章第18题有类似题和类似解法,题云:"今有五人分五钱. 令上二人所得与下三人等. 问各得几何."《九章算术》术文云:"置钱锥行衰,并上二人为九,并下三人为六. 六少于九,三. 以三均加焉. 副并为法. 以所分钱乘未并者,各自为实,实如法而一." 本题刘注具体点明:"谓如立锥初一、次二、次三、次四、次五. 各均为一列衰也." 也就是说,刘徽迳取数列第一项、公差、均为1. 然后他解释术文说:"此问者,令上二人与下三人等,上下部差一人,其差三. 均加上部则得二三;均加下部,则得三三. 下部犹差一人,得三. 以通于本率,即上下部等也. 于今有术副并为所有率,未并者各为所求率. 五钱为所有数,而今有之,即得等耳." 这里刘徽说5钱先按等着数列

$$\{a_x\}: a_1=5, a_2=4, a_3=3, a_4=2, a_5=1$$

分配,那么前二项和后三项和之差是3,另作数列

$$\{a'_n\}: a'_i=a_i+3, i=1,2,3,4,5$$

则

$$a'_1+a'_2=a'_3+a'_4+a'_5$$

所分5钱就按$\{a'_i\}$,即8,7,6,5,4,比例分配.

同题刘注还另拟一题,大意是说7钱按等差数列分配给7人,使前二人和等于后五人和. 题后附有详解.

从上面两种解法中可见刘徽在单假设法解题水平较埃及纸草深入一步. 对这一类型的题刘徽已具有一般解的认识. 先假设答案是等差数列$1,2,3,\cdots,m$;$m+1,m+2,\cdots,m+n(d=1)$如果前面m项的和不等于后面n项的和,就可以使各项减去"均差"得

$$\frac{(1+2+3+\cdots+m)-(m+1+m+2+\cdots+m+n)}{m-n}$$
$$=\frac{m^2-2mn-n^2+m-n}{2(m-n)}$$

那么前面 m 项的和与后面 n 项的和相等，都等于 $\frac{mn(m+n)}{2(m+n)}$，然后按新数列比例分配所分钱数.

6. 双假设法

李约瑟在《中国科学技术史》第三卷中说："世界竟曾经为一个型如

$$ax+b=0 \tag{*}$$

的方程所困惑. 古代数学家为解这种方程却确实曾求助于一种比较烦琐的方法. 这个方法的主要形式是所谓双假设."李约瑟认为这种方法"无疑是由阿拉伯数学家传到欧洲的，它出现于 AL-Khowarizmi 以及几个后来的作者著作中. 阿拉伯人称这个方法为 hisab al khataaym，这个方法可能起源于中国."业师钱宝琮教授认为"hisab al khataaym 当指契丹算法而言. 西辽始祖大石林牙，自中国西征，建国于中央亚细亚，提倡东亚文化，声教被于西域者八十余年. 中国《九章算术》之盈不足术得以流传西域，为当时算学家所细用，因称其术曰……契丹术，亦意中事也."查《九章算术》盈不足章第 9 至 20 题都为形如式(*)算题. 术文都取两次假设，以所得盈、不足按本文第 3 节方法，即盈不足术(双假设法)求解.

7. 逆推法

盈不足章第 20 题云："今有人持钱之蜀，贾利十三. 初返归一万四千，次返归一万三千，次返归一万二千，次返归一万一千，后返一万. 凡五返归钱本利俱尽. 问：本持钱及利各几何？"本题刘注先作双假设按术文验答案无误. 继而另立新法：循题文逆序，易乘为除，易除为乘；易加为减，易减为加. 所求本钱是

$$((((10\,000\div(1+\frac{3}{10})+11\,000)\div(1+\frac{3}{10})+12\,000)\div$$
$$(1+\frac{3}{10})+13\,000)\div(1+\frac{3}{10})+14\,000)\div$$
$$(1+\frac{3}{10})$$

印度第一代知名数学家 Aryabhata(476—550) 所著《阿耶波多文集》数学卷第 28 节有梵文诗逆推法："在逆推法中使题设乘数变为除数，除数变为乘数，加数变为减数，减数变为加数."这里刘徽所立新法同理，但已后于刘徽 3 个世纪.

8. 不定方程

《九章算术》方程章第 13 题(五家共井)相当于解六元一次方程组

$$\begin{cases}2x+y=t\\3y+z=t\\4z+u=t\\5u+v=t\\6v+s=t\end{cases}\qquad (*)$$

《九章算术》术文"如方程,以正负术入之."其结果应是含有一个自由度的无穷多组解,而《九章算术》术文仅给其中的一组解:井深 $t=721$(寸),相应得甲、乙、丙、丁、戊五绠长分别是 $x=265$,$y=191$,$z=148$,$u=129$,$s=76$(寸).刘徽在本题注中提出方程组(*)一般解的精辟见地:"举率以言之."

刘徽的同代人希腊丢番图素以解不定方程见长,但是他没有论述一次不定方程传世.刘徽之后约三百年希腊学者 Metrodorus(查士丁尼一世时人)在《数学菁华》(Anthology)中录有一次不定方程二则,其一是解

$$\begin{cases}x+y=z+u\\x=2u\\z=3y\end{cases}\qquad (**)$$

他指出方程(* *)的一般解是 $x=4k$,$y=k$,$z=3k$,$u=2k$.

从这些历史文献可以说明《九章算术》及其刘注在解一次方程中的重要意义.

9. 二次方程

《九章算术》勾股章第 20 题(今有邑方)的术文相当于列出二次方程

$$x^2+34x=71\ 000\qquad (*)$$

求解(正根)、本题刘注前半段用相似勾股对应边成比例原理解释列出方程式(*)的根据.后半段用几何代数方法说明(*)的解法:视为实是 71 000,定法是 34 的开带从平方.所谓开带从平方,就是从面积为 71 000 的曲尺形逐步减去曲尺形 $ABCDEFA$(含正方形 200^2)以及曲尺形 $AFELHGA$(含正方形 50^2),得解 $x=250$(图 1).

代数学命名人 Al-Khowarizmi 所著书 *Al-jabr W'al Muqabala* 共 6 章,其第 4 章论二次方程解法

$$x^2+10x=39\qquad (**)$$

他用的也是几何代数方法.考虑图 2 中正方形 AB 每边长是所求方程(* *)的根 x.又取 $10\times\frac{1}{4}$ 即 $2\frac{1}{2}$ 作为连于正方形的四个矩形的宽,又四个角 C,G,T,K 上各有一个边长为 $2\frac{1}{2}$ 的正方形,那么大正方形 DH 的面积是 64,于是所求根是

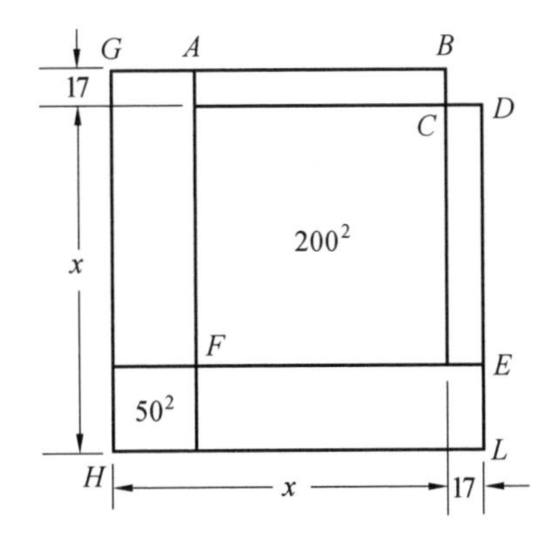

图 1

$$x=\sqrt{64}-2\times 2\frac{1}{2}=8-5=3$$

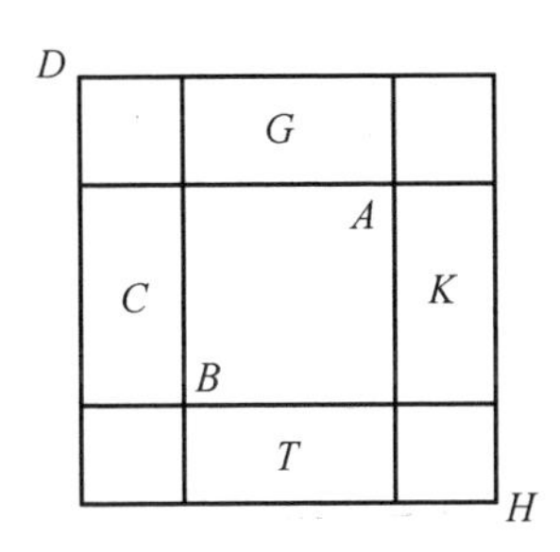

图 2

Al-Khowarizmi 在刘徽之后五百年虽别立蹊径解形如 $x^2+Ax=B$ 二次方程，用的还是几何代数法，只是刘徽用“减”法，Al-Khowarizmi 用“加”法，另一方面刘注可以解根值到所需精确度，而后者只有在大正方形 DH 是完全平方才有圆满结果.

10. 三次方程

三次方程求根公式发明人 J. Cardan(1501—1576) 在所著 *Ars Magna* 第 11 章中说:“已知

$$GH^3+6GH=20 \qquad (*)$$

问:GH 是多少？”他从几何代数方法得解，他作二线段 AC，CK 使(图 3)

$$\begin{cases}AC^3-CK^3=20\\AC\cdot CK=\dfrac{b}{3}\end{cases} \qquad (**)$$

又作正方形 FC，在 AC 边上取点 B 取

$$BC=CK \qquad (***)$$

又考虑以 AC 为边的立方体，并记

$$AC = DE + DF + DA + DC$$

这就是

$$AC^3 = 3AB^2 \cdot BD + AB^3 + 3AB \cdot BD^2 + BC^3 \qquad (****)$$

于是从式（**）（***）得

$$\begin{aligned} 20 = AC^3 - CK^3 &= AB^3 + 3AB^2 \cdot BD + 3AB \cdot BD^2 \\ &= AB^3 + 3AB \cdot BD(AB + BD) \\ &= AB^3 + 3AB \cdot BC(AB + BC) \\ &= AB^3 + 3AB \cdot CK \cdot AC \\ &= AB^3 + 6AB \qquad (*****) \end{aligned}$$

Cardan 鉴于式（*****）的解就是式（*）的解，而

$$AB = AC - BC = AC - CK$$

AC，CK 易于从式（**）得解. 这种思考对一般三次方程

$$x^3 + px = q$$

也适用，得求根公式

$$x = \sqrt[3]{\frac{q}{2} + \sqrt{(\frac{q}{2})^2 + (\frac{b}{3})^3}} - \sqrt[3]{\frac{q}{2} + \sqrt{(\frac{q}{2})^2 + (\frac{p}{3})^3}}$$

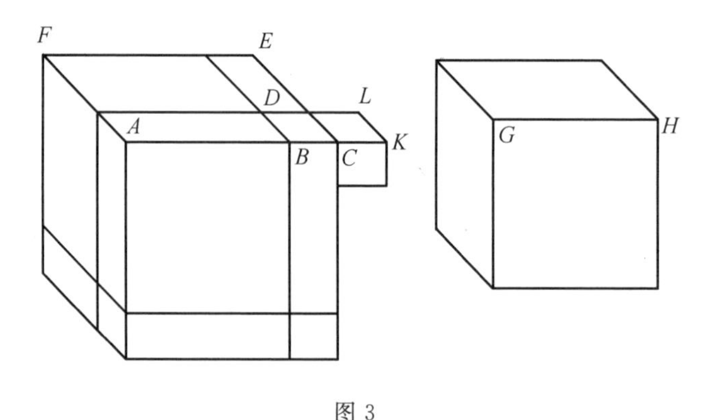

图 3

值得注意的是在 Cardan 工作中有关键意义的一步是把立方体 FC 剖成以 AB，BC 为边的六面体. 我们对照《九章算术》少广章刘徽注，他以中肯的语言解释筹算开立方术. 刘注也把被开立方数看成立方体体积，例如设为 $(10p+q)^3$，而把立体体按 $10p$，q 为边剖成八块，然后把 $3 \cdot 10p \cdot q^2$，$3(10p)^2q$，q^3 分别作为三廉、三方，隅，从立方体中逐步除去（图 4）. 这种相同的解释早于 Cardan 一千三百多年.

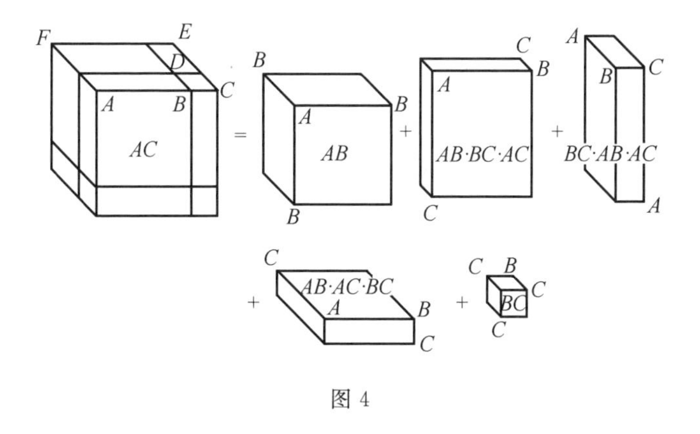

图 4

参考资料

[1] M. 克莱因,古今数学思想,上海科学技术出版社,1979.

[2] J. Naas, H. L. Schmid, *Mathematisches Worterbuch*, 1962.

[3] 熊全淹,行列式,中国大百科全书数学卷,1988.

[4] Ъ. А. Роуенфеядд, А. П. юшкевич, *кяюч АрифмЕтики*, 1956.

[5] A. B. Chace, *the Rhind Mathematical Papyrus*, 1979.

[6] J. Needham, *Science and Civilization in China*, 1959.

[7] 钱宝琮,《九章算术》盈不足术流传欧洲考,钱宝琮科学史论文选集,1984.

[8] Aryabhata, *Aryabhatiya*, 1976.

[9] T. L. Heath, *A History of Greek Matthematics*, 1921.

[10] L. C. Karpinski, *Algebra of Al-Khowarizmi*, 1915.

[11] D. J. Struik, *A Source Book in Mathematics*, 1200—1800, 1969.

中国和希腊数学发展中的平行性[①]

第三十章

《九章算术》是中国古代最重要的数学著作，它成书于公元纪元之前.公元前1,2世纪时张苍、耿寿昌重编.全书分九章，共246个算题，3世纪时刘徽，5世纪时祖冲之父子对其中各种数学命题又给详细推导和解释，使数学理论益臻完善.在古世界，希腊数学独树一帜，材料丰硕，论证严密，世人奉为圭臬，每以为希腊之长适为中算之短，如果作一深入比较，不难发现世人所见，并非的论，中国与希腊在地域上相隔数万里，历史背景又截然不同.然而自然规律如天体运转、潮汐消长，社会法则如买卖交易、赋税利息应是一致，因此虽然在当时关山重重、交通维艰，文化不可能沟通的严峻条件下，某些数学内容的发生和成长，却又十分合拍.本文从《九章算术》及其注释者的工作对照希腊文献，探索两大文明古国在数学发展中的平行性.

第一节　算　　术

1. 更相减损算法

欧几里得《几何原本》卷七命题2[②]"已知两个不互质的数(如为a, b)，求它们的最大公度数."命题中所述的方法今称欧几里

① 本文作者为沈康身.

② 《几何原本》引自陕西师范大学数学系兰纪正，朱恩宽译本，1990年.

得算法.《几何原本》运算是辗转相减. 除法是简便的减法，其中商数是每次累减的次数. 命题说当 $r_{n+1}=0, r_n=\{a,b\}$，[①]但只证明前面二步，即：

如 $a>b, b \mid a, r_1=0$，则 $b=\{a,b\}$.

如 $b \mid a$，记余数为 r_1，如 $r_1 \mid b, r_2=0$，则 $r_1=\{a,b\}$.

《九章算术》方田章第 6 题为了约简分数 $\frac{a}{b}$，提出"以少减多，更相减损，求其等也. 以等数约之."刘徽在注释中论证为什么等数就是最大公约数时说："其所以相减者，皆等数之重叠，故以等数约之."我们设对 a,b 两数进行更相减损时，各次商及其余数分别是

$$q_1, q_2, \cdots, q_n, q_{n+1}$$

$$r_1, r_2, \cdots, r_n, r_{n+1}=0$$

《九章算术》取

$$r'_{n+1}=r_{n-1}-(q_{n+1}-1)r_n=r_n$$

称最后两个相等的余数为等数，作为 a,b 的最大公约数，刘徽认为：这里

$$r_n \mid r_{n-1}, r_n=\{r_{n-1}, r_n\}$$

而

$$r_{n-2}=q_{n-1}r_n+r_{n-1}, r_n \mid r_{n-2}$$

同理 $r_n \mid r_{n-3}, \cdots, r_n \mid r_1, r_n \mid b, r_n \mid a$. 因此 $r_{n-1}, r_{n-2}, \cdots, r_1, b, a$ 都是 r_n 的重叠(倍数)，令人惊奇的是《几何原本》素以论证严谨著称，而在这一命题的证明工作中，刘徽的敏锐见地当超越欧几里得.

2. 分数基本定理

《几何原本》卷七有等价两命题：命题 17，命题 18. 命题 18 说："如果两数 (a,b) 乘以任何数 (m) 得两数 (am, bm)，则所得两数之比与两数之比相同."

刘徽在注释《九章算术》方田章第 6 题时说："设有四分之二者，繁而言之，亦可为八分之四；约而言之，则二分之一也. 虽则异辞，至于为数，亦同归尔."在注释同章第 9 题合分法则时，对于运算

$$\frac{b}{a}+\frac{d}{c}=\frac{bc}{ac}+\frac{da}{ac}$$

解释说："约而言之者，其分粗；繁而言之者，其分细，虽则粗细有殊，然其实一也."这种认识与《几何原本》相同：对于不等于 0 的任何数 m，有

$$\frac{am}{bm}=\frac{a}{b}$$

我们知道这就是分数基本定理.

① 我们记 q_n 是第 n 次商，r_n 是第 n 次余数，$\{a,b\}$ 是 a,b 的最大公约数.

3. 比例基本定理

比 《几何原本》卷五定义 3:"两个同类量之间的一种大小关系叫作比."刘徽在《九章算术》方田章第 18 题对"率"下定义说:"凡数相与者谓之率. 等除法实,相与率也."这里刘徽以两数相除 $a\div b$ 定义比 $a:b$,而且他还进一步明确说如果 $d=\{a,b\}$,那么这个比就是既约分数 $\frac{a_1}{b_1}$,其中 $a=da_1$,$b=db_1$. 显然刘徽对于比的定义较《几何原本》清楚.

比例 《几何原本》卷五定义 6:"有相同比的四个量叫作成比例的量."卷七命题 19:"如果四个数成比例,则第一个数和第四个数相乘所得的数等于第二个数与第三个数相乘所得的数."

《九章算术》粟米章前面三十一题都是成比例的量. 例如已知 50 升粟可以换取 45 升菽,而第 11 题说:"今有粟三斗少半升,欲为菽. 问:得几何?"答:$27\frac{3}{10}$ 升. 这种解比例式的方法,《九章算术》称为今有术. 相当于说,如果四数成比例,$a:b=c:d$,那么 $d=\frac{bc}{a}$,或 $ad=bc$,这就是比例基本定理,《九章算术》的认识与《几何原本》又是一致的.

《几何原本》所讨论过的比例种类多样,其中重要的几种在中国数学中都有独立研究结果.

反比 《几何原本》卷五定义 13:"逆比是后项作前项,前项作后项."我们从卷六命题 14"在[面积]相等且等角的平行四边形中夹等角的边成逆比例."可以看到:比 $a:b$ 的反比是 $b:a$.

《九章算术》衰分章、均输章都有按反比规律解题的算例. 粟米章一开始就列出二十种粮食互换率,即在等值条件下能够购买粮食的分量(重量或容量),任取其中两种,如为 $a:b$,那么二者单价(相等份量所值)应是其反比 $b:a$,刘徽在注释方程章第 18 题,为探索解五元一次线性方程组时,他进一步引申:如已知五种粮食互换率为 $a:b:c:d:e$,则这五种粮食单价之比是

$$\frac{1}{a}:\frac{1}{b}:\frac{1}{c}:\frac{1}{d}:\frac{1}{e}=bcde:acde:abde:abce:abcd$$

中国数学家对反比的理解已从《几何原本》仅涉及两个量推广到五个量.

连比 《几何原本》卷八命题 4:"已知由最小数给出的几个比,求成连比例的几个数,它们是有已知比中的最小数组."这是说,已知几个比,$a:b$,$c:d$,$e:f$,…,求连比 $p:q:r:\cdots$. 使 $p:q=a:b$,$q:r=c:d$,…. 运算方法是先使 b,c 都扩大成为它们的最小公倍数,然后使 a,b 各自扩大 b,c 所扩大的倍数,如所得结果是 $p_1:q_1:r_1$,同样方法再施行于 $q_1:r_1=e:f$,最终可达到命题的要求.

《九章算术》均输章第 10 题:"今有络丝一斤为练丝一十二两,练丝一斤为

青丝一斤十二铢. 今有青丝一斤，问：本络丝几何？”答数：1斤4两$16\frac{16}{33}$铢. 刘徽在注中说：“络丝一斤两数与练丝十二两，约之，络得四，练得三，又置练丝一斤铢数与青丝一斤十二铢约之，练得三十二，青得三十三，齐其青丝，络丝，同其二练，络得一百二十八，青得九十九，练得九十六. 即三率悉通矣.”这就是说如甲∶乙＝4∶3，乙∶丙＝32∶33. 把前面一个比的前、后项都扩大32倍，后面一个比的前、后项都扩大3倍，那么甲∶乙∶丙＝128∶96∶99. 刘徽还作进一步推广：“凡率错互不通者，皆积齐同用之，放此，虽四五转不异也.”这是说如果已知

$$A:B=a:b$$
$$B:C=c:d$$
$$C:D=e:f$$
$$D:E=g:h$$

那么

$$A:B:C=ac:bc:bd$$
$$A:B:C:D=ace:bce:bde:bdf$$
$$A:B:C:D:E=aceg:bceg:bdeg:bdfg:bdfh$$

这一理论，事实上，在《九章算术》均输章第28题已正确应用.

《九章算术》及刘徽注对连比的计算，当$\{b,c\}=\{d,e\}=\{f,g\}=\cdots=1$时，连比各项将是最小数，如果彼此并不互素，应按《几何原本》所说法则运算，才能满足是最小数的要求.

复比　《几何原本》没有给复比下定义. 但是在卷六命题23说：“等角平行四边形面积之比等于其边的复比”这是说，等角平行四边形对应边之比如为$a:c$，$b:d$，则二者面积之比是

$$\left(\frac{a}{c}\right)\left(\frac{b}{d}\right)=ab:cd$$

可见《几何原本》所说比的复比就是比的连乘积.《九章算术》均输章第7，8题都是复比例题，第7题：“今有取佣负盐二斛，行一百里，与钱四十. 今负盐一斛七斗三升少半升，行八十里. 问：与钱几何？”答：$27\frac{11}{15}$钱.《九章算术》解法记所求数是

$$40\times173\frac{1}{3}\times80\div(200\times100)$$

刘徽认为此题解法已把第一次运费折算成：负盐一升行20000里，第二次运费是为支付负盐一升行$173\frac{1}{3}\times80$里. 实质上是把比$100:80$，$200:173\frac{1}{3}$化为

复比，即

$$100\times200:80\times173\frac{1}{3}$$

然后按照今有术求解.

4. 勾股数

自然数 a,b,c 如果

$$a^2+b^2=c^2 \tag{1}$$

则 a,b,c 称为勾股数.如果三者两两互素，则称为基本勾股数，古希腊毕达哥拉斯已能写出勾股数公式，当 m 是奇数时

$$m,\frac{m^2+1}{2},\frac{m^2-1}{2} \tag{2}$$

是勾股数，这一公式没有包括所有的勾股数，例如 8，15，17 就不是公式(2) 所能产生的勾股数.

《几何原本》卷二命题 6："如果平分一线段，并且在同一直线上给它加上一线段，则合成的线段与加上的线段所围成的长方形，以及原线段一半上的正方形之和等于原线段一半与加上线段之和上的正方形."《几何原本》卷十命题 28 引理又论述："一平方数是另外两个平方数之和的做法."引理说：当 u,v 都是平方数时，且同时为偶数、或同时为奇数，则

$$\sqrt{uv},\frac{u-v}{2},\frac{u+v}{2} \tag{3}$$

构成勾股数，为此他做出几何证明：以 $AB=u,CB=BE=v$ 为两边作长方形(图 1 左)，等分 AC 于点 D，那么从卷二命题 6 得

$$长方形\ AE+正方形\ DC=正方形\ BD$$

即

$$uv+\left(\frac{u-v}{2}\right)^2=\left(\frac{u+v}{2}\right)^2$$

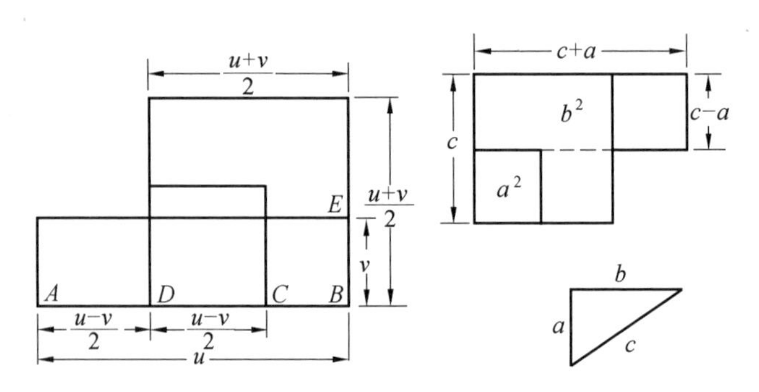

图 1

《九章算术》勾股章第14题术文第一部分相当于说已知直角三角形的勾弦和为m，股是n，求用m，n表达的a，b，c三自然数，成勾股数，《九章算术》的答案是

$$\frac{1}{2}(m^2-n^2), mn, \frac{1}{2}(m^2+n^2) \tag{4}$$

刘注第一种证法是在直角三角形中设$a+c=m$，$b=n$，于是

$$b^2=n^2=(a+c)(c-a)$$

(图1右)因此

$$c-a=\frac{b^2}{a+c}=\frac{n^2}{m}$$

而$a=\frac{1}{2m}(m^2-n^2)$，$c=\frac{1}{2m}(m^2-n^2)$为使有最小整数边，所求数就是式(4)，在式(3)中如设$u=m^2$，$v=n^2$，也得到式(4)，《几何原本》明确u，v同时是偶数，或同时是奇数.否则将出现非整数解.但是如果同时是偶数，式(3)可能产生非基本勾股数.《九章算术》勾股章第14，21两题m，n都同时选奇数.刘徽对公式(4)的推导也从几何图形入手，而且确定m，n本身的几何意义：以答案a，b，c为勾、股、弦的直角三角形，它的勾弦和∶股$=m:n$.

5.开平方

《几何原本》卷二命题4："任意分一线段，在整数段上的正方形等于所分线段上的正方形与由所分两线段所围长方形的二倍."

《九章算术》少广章有开方法则.这就是数学历史上首次记载的十进制数的开平方法则.刘徽作了几何解释，反复用相当于《几何原本》卷二命题4同一理论.原有图解，后失传.这种方法沿用到后代.在《永乐大典》(1403—1408)卷16344有开方图(图2下)尚可窥见刘注原意：把方根$\sqrt{71\ 824}$看成一线段，分为整百数(200)及其余数两段，原线段上的正方形减去面积是200^2的正方形，其初余$71\ 824-40\ 000=31\ 824$是小线段(整十数60)上正方形以及二倍两线段所围成的长方形($2\times6\times200$)之和，把二余

$$31\ 824-(60^2+2\times200\times60)=4\ 224$$

又看成小线段(整数8)上正方形，以及二倍两线段所围成的长方形($2\times260\times8$)之和，于是

$$4\ 224-(8^2+2\times260\times8)=0$$

得

$$\sqrt{71\ 824}=268$$

希腊亚历山大学者西昂(Theon，4世纪)也运用《几何原本》卷二命题4，解释托勒玫(Ptolemy，85—165)对六十进制数$4\ 500^\circ$的开方问题，并附图解(图2上)，先求平方根的整数部分$[\sqrt{4\ 500}]=67$

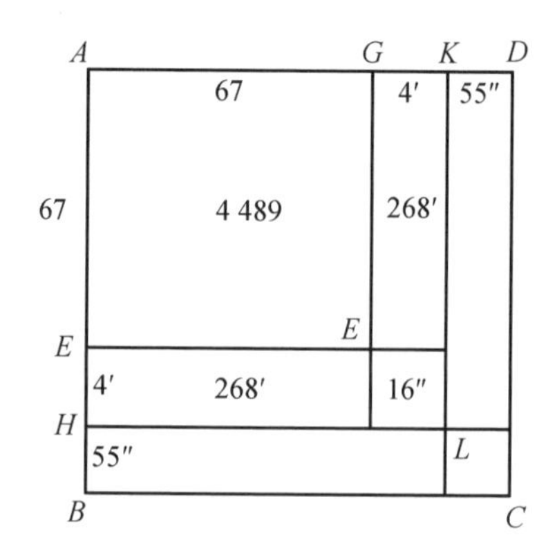

图 2

$$\text{初余} = 4\ 500 - 67^2 = 11$$

把用六十进制表达的方根记为

$$4\ 500 = 67 + \frac{x}{60} + \frac{y}{60^2}$$

使

$$\frac{2 \times 67x}{60} = 11$$

取$[x] = 4$

$$\text{次余} = 11 - \frac{2 \cdot 67 \cdot 4}{60} - \frac{4^2}{60^2} = \frac{7\ 424}{60^2}$$

又使

$$2(67+\frac{4}{60})y=7\ 424$$

取$[y]=55$,得

$$\sqrt{4\ 500^{\circ}}\approx 67^{\circ}4'55''$$

从图 2 可见中国和希腊在开平方的理论和操作都很合拍.

6. 无限对分

我们知道《几何原本》卷十命题 1 是穷竭法的基础,命题说:"对于两个不相等的量,若从较大量减去一个比它的一半还要大的量,再从所余量减去大于其半的量,并继续重复执行这一步骤,就能使所余的一个量小于原来那个较小的量."欧几里得在命题证明最后说:"如果从大量中累减所余之半,命题仍成立."这就是说:两个不相等量 A,ε,不论 ε 是怎样小,存在自然数 $N,\frac{A}{2^n}<\varepsilon$. 这一判断与中国《庄子·天下篇》,"一尺之棰,日取其半,万世不竭"有类似意义. 刘徽在讨论割圆,求弓形面积,求棱锥的体积都运用过同一命题.

第二节　代　　数

众所周知,希腊数学以图表研究取胜. 中国在代数领域内的工作发展很早,居领先地位,在希腊文献中可以相应比照的篇章很少,我们将在另一文中叙述.[①]

第三节　平面图形

1. 勾股定理

《几何原本》卷一命题 47:"在直角三角形中直角所对边上的正方形等于夹直角两边上正方形的和."《几何原本》证法是分割弦上正方形为两长方形,再通过三角形合同关系,从而证明勾上、股上正方形分别等于弦上所分长方形,最后得到命题结论,中国在很古远的年代已有勾股定理的一般叙述. 至于这一命题的证明三国时代的赵爽在《周髀算经》勾股圆方圆注和刘徽《九章算术》勾股章注各有一种证法,他们都运用出入相补原理. 这原理有二方面约定:(1) 移动图形,面积不变. (2) 分割图形,面积不变. 两种证明,简单明了,见图自明. 赵爽

---

① 沈康身,《九章算术》及其刘徽注有关方程论的世界意义,见本书.

证明见图 3 左，刘徽证明见图 3 右.[①]

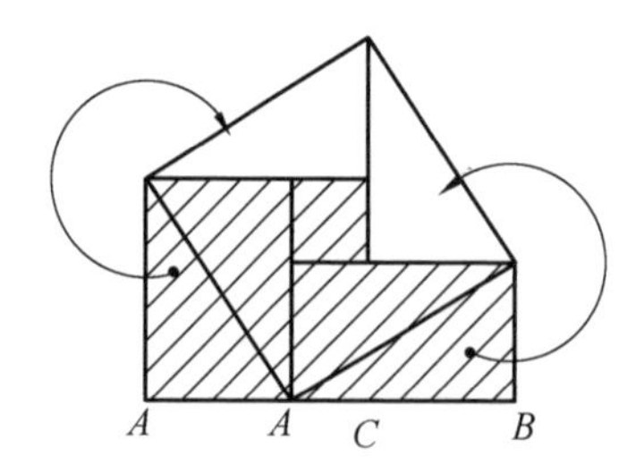

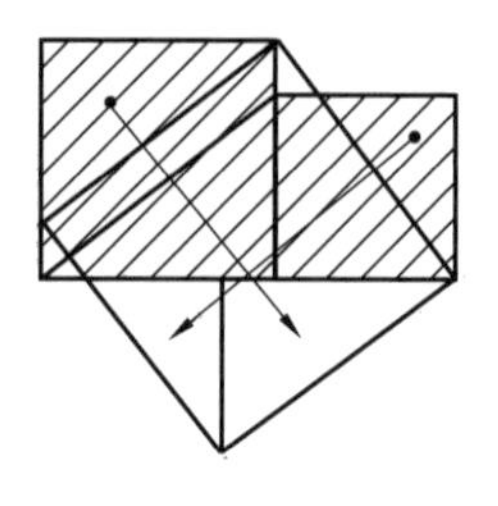

图 3

《几何原本》卷二命题 7:“如果任意分一线段为两段，则原线段上的正方形与所分成的小线段之一上的正方形之和等于原线段与该小线段构成的长方形的二倍与另一小线段上正方形之和.”在图 3 左我们取 C 为线段 AB 的某一分点，并记 $AB=b$，$CB=a$，则 $AC=b-a$，那么命题 7 就是说

$$a^2+b^2=2ab+(b-a)^2$$

如果把 a，b 看成直角三角形的勾、股，那么命题 7 与赵爽勾股圆方图注命题:“勾股相乘，倍之，以勾股之差自相乘 ……，加差实一，亦成弦实”同义.赵爽有证无图，图 3 左为清初梅文鼎(1633—1721) 补作.

《几何原本》卷二命题 5:“如果把一条线段既分成相等的线段，再分成不相等的线段，则由二不相等的线段构成的长方形与两个分点之间一段上的正方形等于原来线段一半上的正方形.”命题 6:“如果平分一线段，并且在同一直线上给它加上一线段，则合成的线段与加上的线段构成的长方形及原线段一半上的正方形之和等于原线段一半与加上的线段之和上的正方形.”

图 4 上取 AB 中点 C，任意分点 D;图 4 下也取 AB 中点 C，BD 为其延长部分，并以 a，c 标记其有关长度，那么这两命题都是说

$$(c+a)(c-a)+a^2=c^2$$

如果把 a，c 分别看成是直角三角形的勾和弦，那么这两命题就是《九章算术》勾股章第 5 题刘徽注:“二幂(a^2，b^2) 之数谓倒在于弦幂(c^2) 之中而可更相表里，……，股幂之矩青卷居表，是其幂以勾弦差($c-a$) 为广，勾弦并($c+a$) 为袤，而勾幂(a^2) 方其里.”(图 5)

《几何原本》卷二命题 8:“如果任意分一个线段，用原线段和一个小线段构成的矩形的四倍，与另一小线段上的正方形的和等于原线段与前一小段的和上的正方形.”图 6 中取 C 为 AB 任意分点，并以 a，b 标记其有关长度，那么这命题就是

① 清代学者李潢(？—1811) 补图.

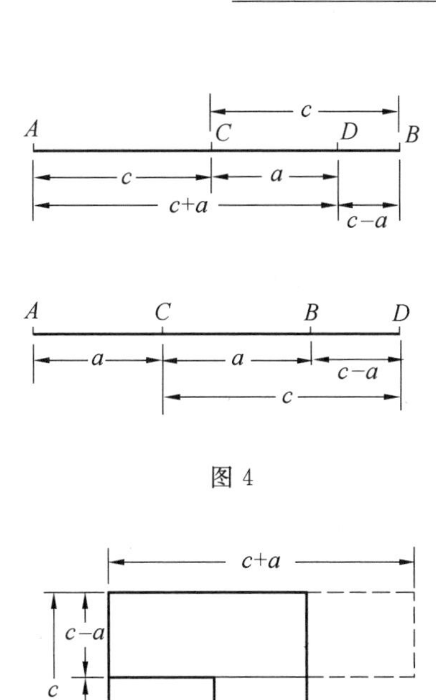

图 4

图 5

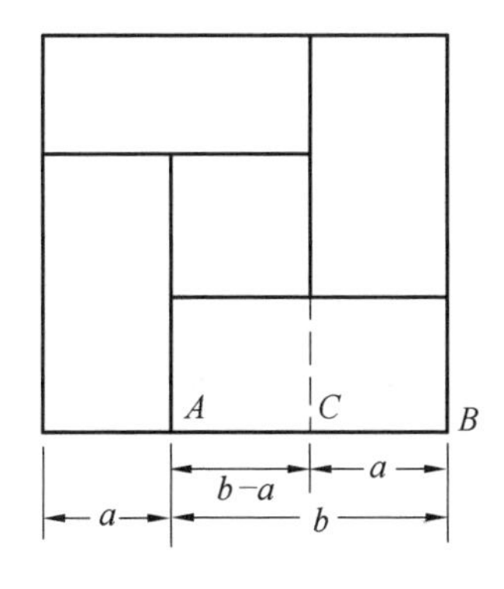

图 6

$$4ab+(b-a)^2=(a+b)^2$$

如果把 a,b 看成直角三角形的勾、股，则命题就是《九章算术》勾股章第 11 题刘徽注："朱幂($\frac{1}{2}ab$)二，黄幂($(b-a)^2$)四分之一，其于大方($(a+b)^2$)得四分之一."

《几何原本》卷二命题 9："如果一条线段既被分成相等的两段，又被分成不等的两段，则在不相等各线段上正方形的和是原线段一半上的正方形与两个分点之间线段上正方形和的二倍.”命题10:“如果平分一条线段，并且在同一直线上给它加上一线段，则合成线段上的正方形与添加线段上的正方形之和等于原线段之半上的正方形与半线段及添加线段上正方形之和”图7左C为线段AB中点，D为任意分点；右C也是AB中点，而BD为添加的线段，a，b为有关线段长度，这两条命题都是说

$$(a+b)^2+(b-a)^2=2(a^2+b^2)$$

如果把a，b看成是直角三角形的勾股，则这两命题就是《九章算术》勾股章第11题刘徽注:“半相多$(b-a)$自乘倍之，又半勾股并$(a+b)$自乘，亦倍之，合为弦幂$(a^2+b^2=c^2)$.”

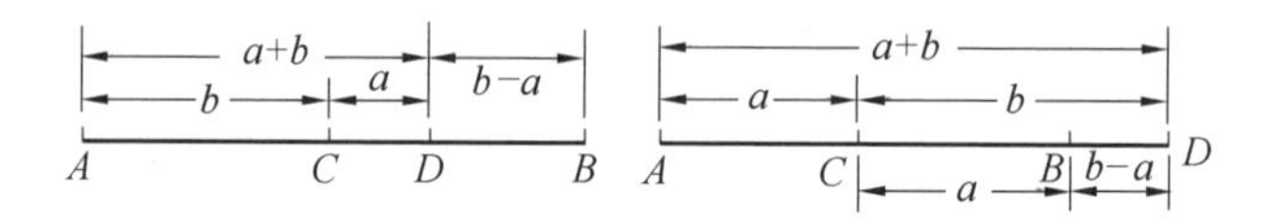

图7

2.相似三角形性质定理

《几何原本》卷六命题4:“在两个三角形中如果各角对应相等，则夹等角的边成比例.”欧几里得把满足条件的$\triangle ABC$，$\triangle CDE$排列如图8左，F是BA，DE延长线的交点，从平行线性质得到$BA:AF=BC:CE=FD:DE$，而$AF=CD$，$FD=AC$，于是得到结论:$BA:CD=BC:CE=AC:DE$.

赵爽在《周髀算经》日高图注对成比例的对应边也有深邃的认识:赵爽在《周髀算经》日高图注中认为长方形对角线AB上一点C(图8右)所分割的两长方形Ⅰ，Ⅱ相等，于是$ab=cd$，从而相似三角形对应边成比例$a:c=d:b$，这就是$DB:DC=EC:EA$，中国数学家巧妙运用相当于《几何原本》卷一命题43:“在任何平行四边形中对角线两侧的平行四边形(余形)相等.”借此别立蹊径，证明《几何原本》卷六命题4，当时中国只考虑直角三角形.

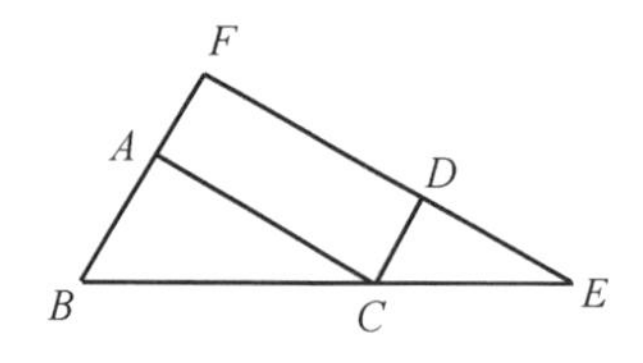

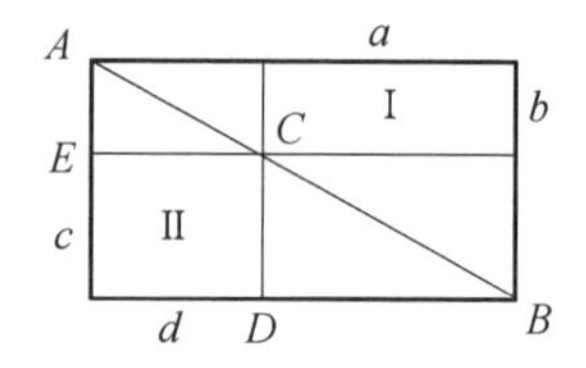

图8

中国数学家运用相当于《几何原本》卷一命题43解决复杂的测量问题,[①]又运用相当于《几何原本》卷六命题4解决与比和比例有关的实际问题,《九章算术》勾股章第17—24题就是这类著例.不仅如此,有时还运用相当于《几何原本》卷五命题12:"如果有任意个量成比例,则其中一个前项比后项等于所有前项的和比所有后项的和."(《几何原本》卷七命题12又有相同叙述).例如《九章算术》勾股章第16题是说,已知直角三角形三边a,b,c,其中c是弦,则其内切圆直径$d=\dfrac{2ab}{a+b+c}$.刘徽对此提出三种证明.其中第二种证法就是综合运用了相当于《几何原本》卷六命题4和卷五命题12.刘徽过圆心O作$DF \parallel AB$,(图9)交AC,BC于点D,F从

$$\triangle DGO \backsim \triangle OFE \backsim \triangle ACB$$
$$DG : AC = GO : CB = OD : BA$$

得到

$$(DG + GO + OD) : (AC + CB + BA) = GO : CB$$

刘徽认为

$$DG + GO + OD = AC$$

于是

$$\frac{d}{2} = OG = \frac{AC \cdot BC}{AC + CB + BA}$$

命题得证.

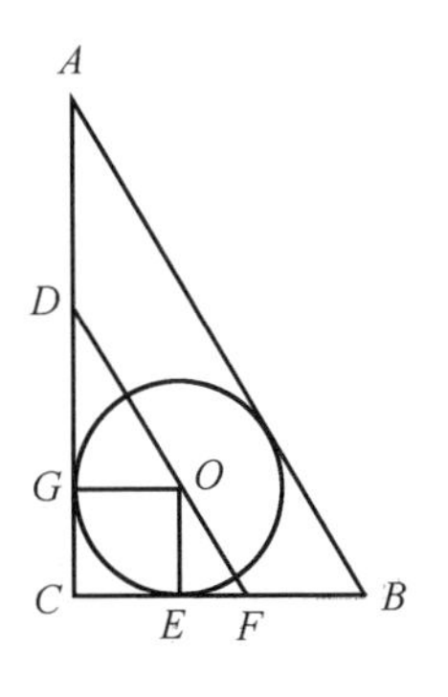

图9

3. 圆的度量

阿基米德《量圆》[②]载命题三则.

① 沈康身,《中算导论》,上海教育出版社,1986.

② T. L. Heath, *The Works of Archimedes*, Oxford Universiy Press, 1895.

命题 1

$$A=\frac{1}{2}RC \tag{5}$$

其中 A 为圆面积，R 为圆半径 ，C 为圆周长，阿基米德用穷竭法、穷举证法证明这一命题，理论严密，无懈可击(图 10 上).《九章算术》方田章第 32 题圆面积公式与(5) 相同，惜无证明. 刘徽鉴于《九章算术》所取圆周率 3 过于粗糙，他取直径 $D=2$ 尺的圆，从内接正六边形开始，倍增边数，计算多边形面积，借此逼近 A. 他的主要论点是(图 10 下)

$$a_{2n}=\sqrt{(R-\sqrt{R^2-(\frac{a_n}{2})^2})^2+(\frac{a_n}{2})^2} \tag{6}$$

其中 a_n 为正 n 边形边长

$$A_{2n}=\frac{n}{2}a_nR \tag{7}$$

其中 A_n = 正 n 边形面积

$$0<A-A_{2n}<A-A_n \tag{8}$$

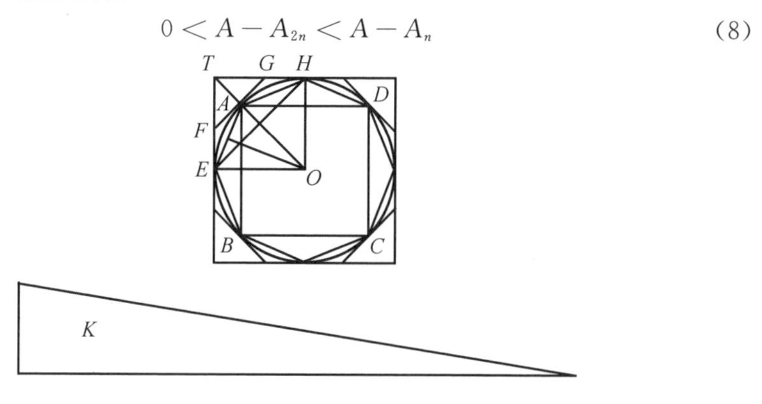

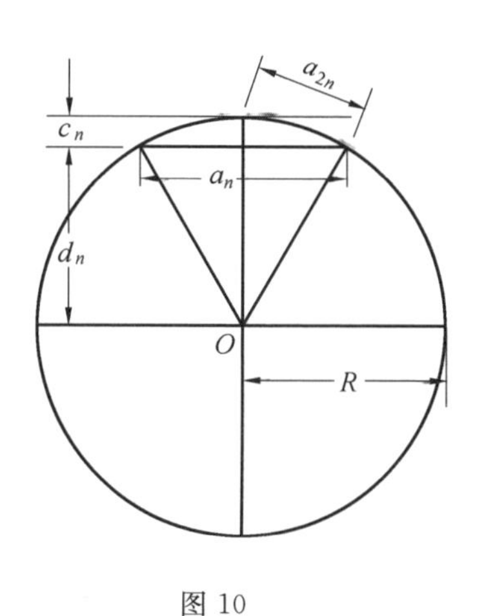

图 10

$$\begin{aligned} A_{2n} &< A < a_n + nc_n a_n \\ &= A_n + 2(A_{2n} - A_n) \\ &= A_{2n} + (A_{2n} - A_n) \quad (\text{刘徽不等式}) \end{aligned} \tag{9}$$

其中 $c_n = R - d_n$，d_n 为 a_n 的边心距.

刘徽从式(8)知 $A_n < A_{2n}$，A_n 单调上升，从式(9)得

$$A_n < A_{2n} < A < A_n + nc_n a_n$$

A_n 有界(例如 $A_6 + 6C_6 a_6$). 这说明 $\{A_n\}$ 的极限是存在的(数列极限单调有界判别准则).

另一方面，他从式(9)

$$0 < A - A_{2n} < A_{2n} - A_n$$

当 $n \to \infty$，$A_{2n} - A_n \to 0$，$A_{2n} \to A = \frac{1}{2}RC$(数列极限介值判别准则). 刘徽的论证也是严密的.

刘徽从正六边形起算，计算工作很是认真，他的结果可整理如表1所示.

表1

n	a_n/尺	d_n/忽	c_n/忽	a_n^2/方忽	A_{2n}/方寸
6	1,000 000	$866\,025\frac{2}{5}$	$133\,974\frac{3}{5}$	267 949 193 445	300
12		$965\,925\frac{4}{5}$	$34\,074\frac{1}{2}$	68 148 349 466	310.582 8
24		$991\,444\frac{4}{5}$	$8\,555\frac{1}{5}$	17 110 278 813	313.262 4
48	0.130 806	$997\,858\frac{9}{10}$	$2\,141\frac{1}{10}$	4 282 154 012	$313.934\,4 = 313\frac{584}{625}$
96	0.065 438				$314.102\,4 = 314\frac{64}{625}$

命题2

$$A = \frac{11}{14}D^2 \tag{10}$$

对此阿基米德不作任何说明，刘徽对圆面积反复推敲，不厌其详，他先计算差幂 $A_{192} - A_{96} = \frac{105}{625}$，从刘徽不等式(9)

$$\begin{aligned} A_{192} = 314\frac{64}{625} &< A < A_{192} + (A_{192} + A_{96}) \\ &= 314\frac{64}{625} + \frac{105}{625} \end{aligned}$$

抹去尾数，取 $A = 314$，由于 $D = 200$，一般说

$$A \approx \frac{157}{200}D^2 \tag{11}$$

刘徽又进一步从计算 A_{12} 时所得信息

$$A_{24} - A_{12} = 0.105\ 828$$
$$A_{48} - A_{24} = 0.026\ 796$$
$$A_{96} - A_{48} = 0.006\ 720$$
$$A_{192} - A_{96} = 0.001\ 680$$
$$\vdots$$

后一差幂与前一差幂之比，近似等于$\frac{1}{4}$，于是他设想

$$\begin{aligned} & A_{96} + (A_{192} - A_{96})(1 + \frac{1}{4} + \frac{1}{4^2} + \cdots) \\ = & A_{192} + \frac{1}{3}(A_{192} - A_{96}) \\ = & 314\frac{64}{625} + \frac{1}{3} \cdot \frac{105}{625} \\ \approx & 314\frac{4}{25} \end{aligned}$$

一般说

$$A \approx \frac{3\ 927}{5\ 000}D^2 \tag{12}$$

命题 3

$$3\frac{10}{11} < \pi < 3\frac{1}{7} \tag{13}$$

阿基米德获取这一结果很费周章：先用渐近分数逼近$\sqrt{3}$，然后叠用合比定理、相似三角形性质定理、三角形角平分线分对边为两夹边之比以及勾股定理．在计算工作中同时计算圆内接和外切多边形周长，算到 $n=96$ 才得式(13)．刘徽只用勾股定理，从公式(5)，出发，综合式(11)(12) 就得到

$$\frac{157}{50} < \pi < \frac{3\ 927}{1\ 250} \tag{14}$$

4. 弓形面积

海伦(Heron，3 世纪，刘徽的同代人) 系希腊亚历山大学者．他的著作《度量》卷一命题 30[①] 记有弓形面积近似公式

$$B \approx \frac{1}{2}(h^2 + bh) \tag{15}$$

---

① 有关海伦、丢番图的工作引自 T. L. Heath, *A History of Greek Mathematics*, Cambridge University Press, 1921.

其中 B 是弓形面积，h 为矢高，b 为底长，《九章算术》方田章第 33 题也记有与式(15) 相同的弓形面积近似公式. 在刘徽注中提出按式计算面积偏少，他指出当 $b=2R, h=R$，所得面积将是圆内接正六边形面积的一半，于是他探索正确公式. 他等分弓形弧长作内接于弓形的多边形来逼近弓形. 我们记：b_1 为第一次等分弧所对弦长，h_1 为矢高，B_1 为内接多边形面积；b_2 为第二次等分弧所对弦长，h_2 为矢高，B_2 为内接多边形面积；b_n 为第 n 次等分弧所对弦长，h_n 为矢高，B_n 为内接多边形面积.（图 11 左）

刘徽算得

$$R=\left(\frac{\left(\frac{b}{2}\right)^2}{h}+h\right)\div 2$$

于是

$$b_1=\sqrt{\left(\frac{b}{2}\right)^2+(R-h)^2}$$

$$h=R-\sqrt{R^2-\left(\frac{b_1}{2}\right)^2}$$

$$b_2=\sqrt{\left(\frac{b_1}{2}\right)^2+(R-h_1)^2}$$

$$h_2=R-\sqrt{R^2-\left(\frac{b_2}{2}\right)^2}$$

$$\vdots$$

$$b_n=\sqrt{\left(\frac{b_{n-1}}{2}\right)^2+(R-h_{n-1})^2}$$

$$h_n=R-\sqrt{R^2-\left(\frac{b_n}{2}\right)^2}$$

于是

$$B_n=\frac{1}{2}bh+b_1h_1+2b_2h_2+\cdots+2^{n-1}b_{n-1}h_{n-1} \tag{16}$$

刘徽还相当于说 $B_n \to B(n\to\infty)$.

海伦指出当 $b>3h$ 时，公式(16) 误差过大，应取 $\frac{2}{3}bh$ 为好，他的论证(《度量》卷一命题 27—29,32) 也是借助于等分弧长(图 11 右)，然后作内接多边形以逼近弓形，他认为如取弧 AB 中点 M，BC 中点 N，则

$$\triangle ABC<4(\triangle ABM+\triangle BNC)$$

继续取弧 AM，MB，… 中点，认为 E，F，…，则

$$\triangle AMB<4(\triangle AEM+\triangle MFB+\cdots) \tag{17}$$

照此不断分割，得弓形面积

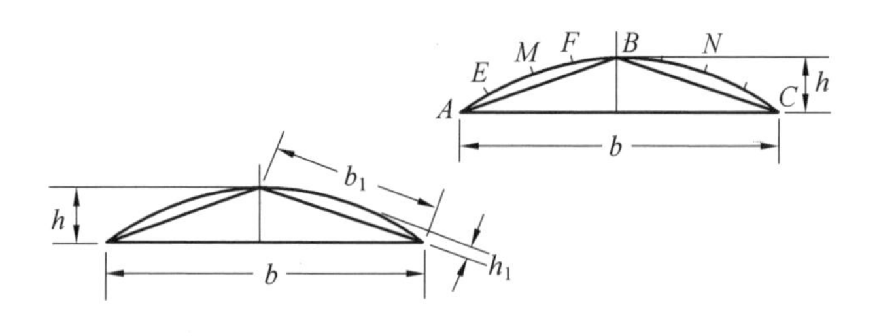

图 11

$$B > \triangle ABC\left(1 + \frac{1}{4} + \frac{1}{4^n} + \cdots\right) > \frac{4}{3}\triangle ABC \tag{18}$$

至此，他下结论说："如果计算 $\triangle ABC$ 的面积，并增加三分之一，我们将得到与弓形极为接近的面积."在他的论证中不等式(17)(18)正确性仅凭直观估计，与刘徽严谨推导相比，其逻辑论证显然是有逊色的.

5. 作正多边形内接(外切)于圆

《几何原本》卷四命题6，7作已知圆的内接(外切)正方形，而命题8，9是作正方形的内切(外接)圆.《九章算术》方田章第32题刘徽注说："方幂二百，其中圆幂一百五十七，……，按弧田图令方中容圆，圆中容方.内方合外方之半，然则圆幂一百五十七，其中容方幂一百也."这里，刘徽指出圆及其外切、内接正方形面积之比的同时，还明确提到曾经作图，此图已佚.戴震(1723—1777)补图(图12).

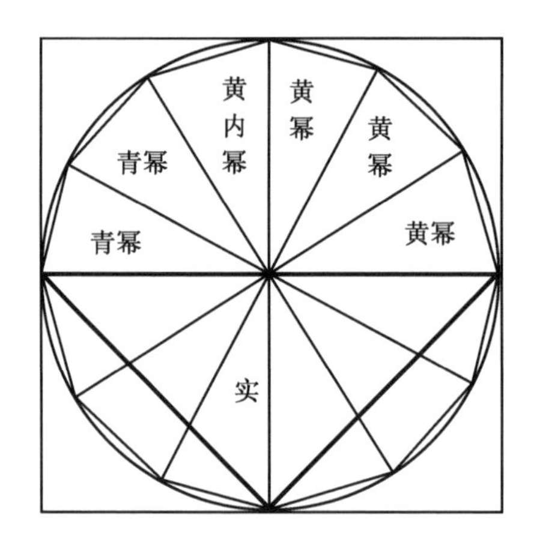

图 12

《几何原本》卷四命题15作已知圆的内接正六边形.《九章算术》方田章第32题刘徽注说："圆中容六觚之一面与圆径之半，其数均等.……，又按为图，以六觚之一面乘半径，因而三之，得十二觚之幂"这里含命题二则：其一，$a_6 = R$，其二 $A_{12} = 3a_6R$ 前者适与《几何原本》卷四命题15作法一致.从刘徽注可知当时确有附图，此图也已失去，戴震据注原意补图（图 13）.

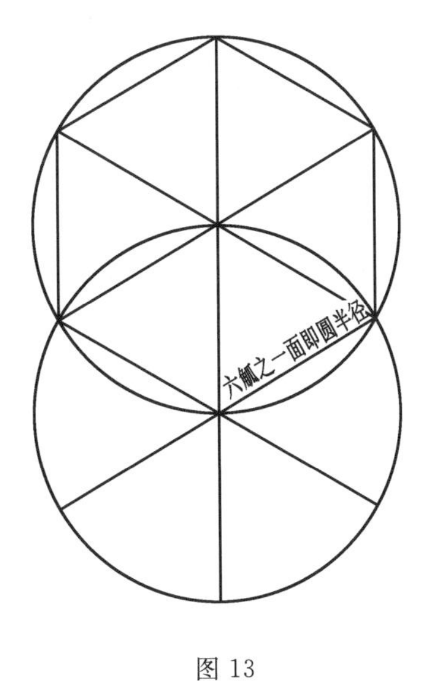

图 13

第四节　立　　体

1. 立方体

《几何原本》卷十一命题 28："如果一个平行六面体通过相对面上两对角线的平面所截，那么立体将被此平面平分."《九章算术》商功章第 14 题堑堵体积是："广袤相乘，以高乘之，二而一." 堑堵，据刘徽注是："邪解立方，得两堑堵，虽复椭方，亦为堑堵，故二而一." 中国数学家对《几何原本》卷十一命题28所揭露的数学事实有同样论述，但只限于其特殊情况 —— 长方体.

《几何原本》卷十三命题 15："求作球内接立方体，并证球直径上的正方形是立方体边上正方形的三倍."《九章算术》少广章第 24 题刘徽注："令丸径自乘，三而一，开方除之，即丸中之立方也." 显然刘徽这一判断与《几何原本》上述命题等价. 对此刘徽还作出证明："假令丸中立方五尺. 五尺（EH）为勾（图 14），勾自乘幂 …… 倍之，…… 以为弦幂（EG^2），谓平面方五尺之弦也. 以此弦为股，亦以 ……（EK）为勾，并勾股幂得 …… 大弦（KG）幂，开方除之，则大弦可知也. 大弦则中立方之长邪，邪即丸径也. 故中立方自乘之幂于丸径自乘之幂三分之一也." 对照《几何原本》上述命题作法及其证明与刘注如出一辙.

2. 三棱锥

我国古代数学典籍称三棱锥为鳖臑、臑音闹，义：前肢骨，以鳖的前肢骨来象形

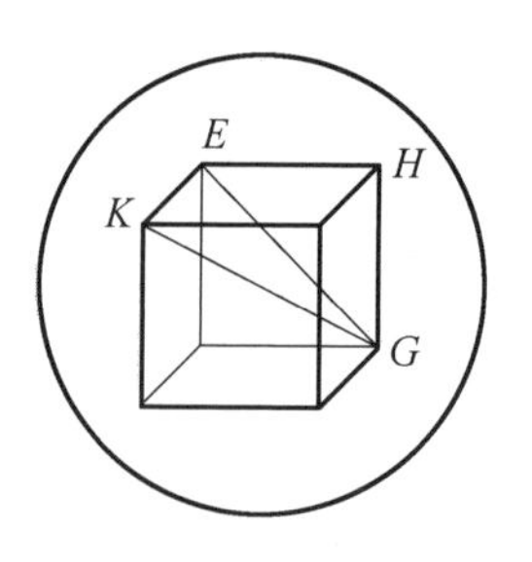

图 14

这一几何体.我们知道在平面上面积相等的两直线形总是组成相等的.这一性质是否可以推广到三维空间:体积相等的两多面体总是组成相等的? 1834 年高斯就提问道:“锥体体积的证明是否非用无穷小不可?”在 1900 年巴黎国际数学家代表大会上,希尔伯特(D. Hilbert,1862—1943)发表题为“数学问题”的著名演讲,他提出 23 个问题作为 20 世纪数学科学要探索的奥秘和发展的前景.其中第三个问题即对两等高等底的三棱锥重复了高斯的提问.不久他的学生德恩证明了“锥体体积的任一个证明都必须使用无穷小这一工具”《几何原本》卷十二命题 7 推论:“三棱锥体积等于同底同高三棱柱体积的三分之一.”在其前,作了好多准备工作,同卷命题 4:“如果有以三角形为底且有等高的两个三棱锥,且各分为相似于原棱锥的两个相等的棱锥以及两个相等的棱柱,照此分下去,那么这两个棱锥底面积之比等于这两个棱锥内同样个数的棱柱体积和之比,”原作附图(图 15 上等号左端).这个命题是说用经过各棱中点的平面截割三棱锥,将它分成两个小三棱锥(各与原立体相似)以及两个三棱柱($PMN-LOC$ 和 $MOB-PLK$),对上、下两个三棱锥如再进行类似截割,又各形成两个相似三棱锥以及两个三棱柱,它们的体积都缩小为前一次相应立体的八分之一.照此手续截割,意味着一系列棱柱体积之总和将是原三棱锥的体积,至此同卷命题 5 用穷举证法证明:“以三角形为底且有等高的两个棱锥体积之比等于两底面积之比.”于是有命题 7:“一个三棱锥可分为三个彼此相等的以三角形为底的棱锥.”而“任何棱锥等于和它同底等高棱柱的三分之一”作为命题 7 的推论.在中国《九章算术》商功章第 16 题把边长 a 的立方体如图 15 分割为一个鳖臑 V_1 和一个阳马 V_2

$$V_1 + V_2 = \frac{1}{2}a^3 \tag{19}$$

同章第 15 题刘徽注为证明

$$V_1 : V_2 = 1 : 2$$

无限分割两种锥体,分割方式竟与《几何原本》上述命题不约而同!我们把刘注改用图示,见图自明(图 16),刘徽还在注中指出对于一般长方体作相同分割,长、宽、高不相等的鳖臑体积也占长方体体积六分之一,另一方面任一三棱锥都可以分割为六个鳖臑,因此《九章算术》及刘徽注的工作与《几何原本》卷十二命题 4,5,7 等价.

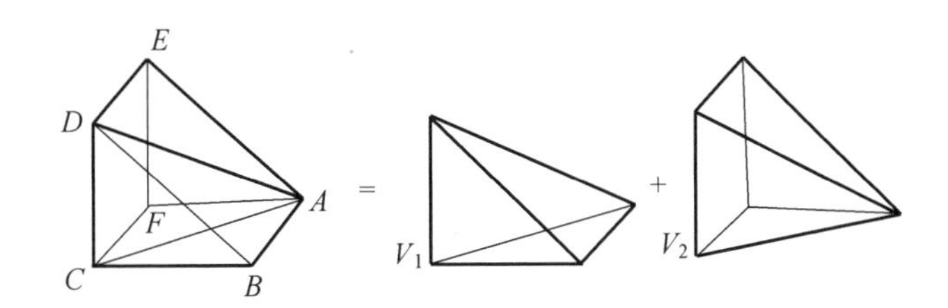

图 15

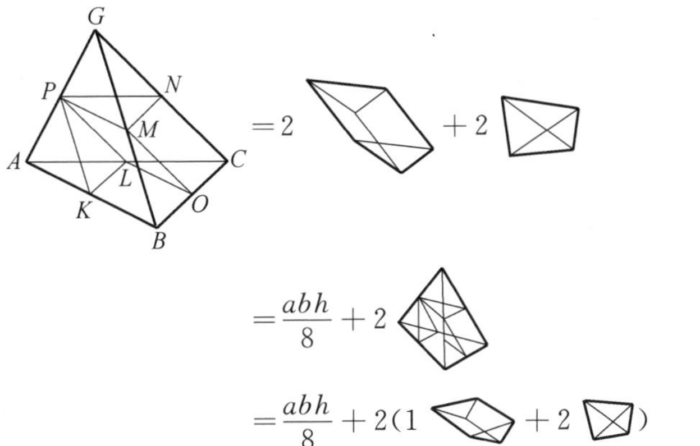

$$=\frac{abh}{8}+2$$

$$=\frac{abh}{8}+2(1 \quad +2 \quad)$$

$$=\frac{abh}{8}+2\cdot\frac{abh}{8}\cdot\frac{1}{23}+2^2\cdot\frac{abh}{8}\cdot\frac{1}{2^2}+\cdots$$

$$=\frac{abh}{8}\left(1+\frac{1}{4}+\left(\frac{1}{4}\right)^2+\cdots\right)$$

$$= \quad +2 \quad +2$$

$$=2\cdot\frac{abh}{8}+2$$

$$=\frac{abh}{8}+2(\quad +2 \quad +2 \quad)$$

$$=\frac{abh}{8}+2\cdot 2\,\frac{abh}{8}\cdot\frac{1}{2^3}+2\cdot 2^2\,\frac{abh}{8}\cdot\frac{1}{2^6}+\cdots$$

$$=2\cdot\frac{abh}{8}\left(1+\frac{1}{4}+\left(\frac{1}{4}\right)^2+\cdots\right)$$

图 16

3. 多面体

《九章算术》给出十五种立体的体积公式，其中多面体公式都是正确的，刘徽又运用出入相补原理给了证明. 例如商功章第 18 题刍童体积公式就是这样证明的，我们也作图示，见图自明(图 17 右). 他用垂直面分割立体成九部分：堑堵、阳马、中央长方体，于是

$$
\begin{aligned}
V &= 4\text{阳马} + 2\text{前后堑堵} + 2\text{左右堑堵} + \text{中央长方体} \\
&= \frac{1}{3}(a'-a)(b'-b)h + \\
&\quad \frac{1}{2}a(b'-b)h + \\
&\quad \frac{1}{2}b(a'-a)h + abh \\
&= \frac{h}{6}((2a+a')b + (2a'+a)b') \qquad (20)
\end{aligned}
$$

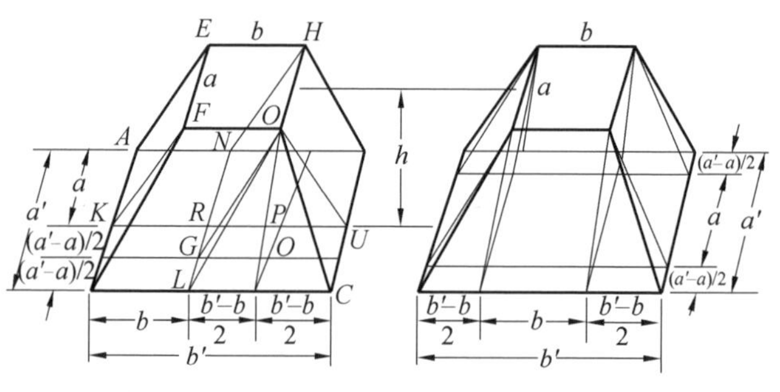

图 17

刘徽的同代人海伦在《度量》卷二命题 18 对同一立体也用分割法，异途同归. 他用斜截面分割立体成四部分：平行六面体，三棱柱，四棱锥(图 17 左)

$$
\begin{aligned}
V = &\text{平行六面体 } AR - EQ + \text{三棱柱 } KL - FQ + \\
&\text{三棱柱 } NU - QH + \text{四棱锥 } Q - RC
\end{aligned}
$$

$$
\begin{aligned}
V &= a^2h + \frac{1}{2}b(a'-a)h + \frac{1}{2}a(b'-b)h + \\
&\quad \frac{1}{3}(b'-b)(a'-a)h \\
&= (\square AR + \square KG + \square NP + \frac{4}{3}\square RO)h \\
&= (\square AO + \frac{1}{3}\square RO)h \\
&= (\frac{1}{4}(a+a')(b+b') + \frac{1}{12}(a'-a)(b'-b)h \qquad (21)
\end{aligned}
$$

显然(20)(21)两式等价.

4. 圆柱、圆锥和圆台

《九章算术》商功章对圆柱、圆锥、圆台给出正确体积公式(π 取 3). 刘徽借助于后世所谓卡瓦列利原理给出证明. 例如他说:“从方亭求圆亭之积,亦犹方幂中求圆幂.”他的同代人希腊学者海伦在《度量》卷二有相同叙述.

5. 球和立方体

《几何原本》卷十二命题 13:“两球之比等于它们直径立方之比.”在《九章算术》少广章第 24 题刘徽注指出直径 5 尺球外切(C_2),内接(C_1)立方体体积比是$\sqrt{675}:5\approx 26:5$(图 18). 而汉大儒张衡则认为立方体的外接、内切球体积之比是 26∶5,刘注说:“张衡算又谓立方为质,立圆为浑. 衡言中外之浑……,外浑积(V_2)二十六,内浑……积(V_1)五尺也.”为此刘注还给出命题:“二质相与之率犹衡二浑相与之率也.”这是说

$$C_2:C_1=D_2^3:D_1^3=V_2:V_1$$

与《几何原本》上述二球之比命题一致.

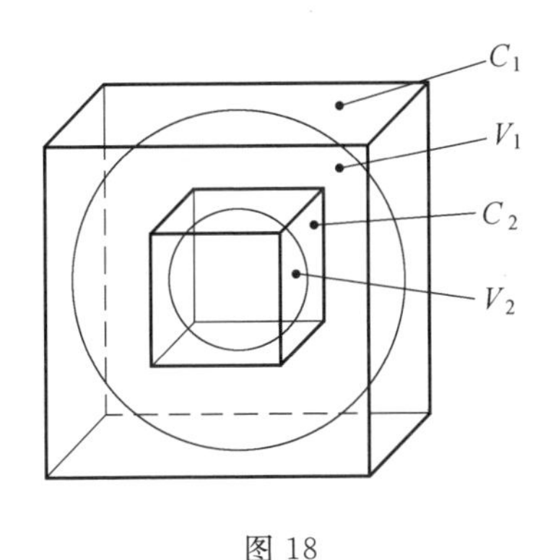

图 18

6. 球

《几何原本》没有球体积公式,阿基米德在《球与圆柱》中以大量篇幅,以 33 个命题作准备,最终用穷举证法在命题 34 得到结论

$$V_{球}=4V_{圆锥} \tag{22}$$

其中圆锥以球半径为高,球的大圆为底,阿基米德又在《方法》一书命题 2 再一次用另一种方法探索球的体积公式. 他认为立体是平面元素的积累,并运用杠杆平衡方程,只用一个命题就得到式(22).

《方法》前言说此书是为呈献亚历山大城学者爱拉托斯芬(Eratosthenes)之作,介绍他新发现的两个立体体积公式,其一是:“一圆柱内切于立方体,其上下底在立方体两相对面内,侧面则切于另外四面. 在同一立方体内又内切有另一圆柱,上下底在另外两相对面内,侧面切于其他四面. 这两个圆柱的公共部分

体积是立方体体积的三分之二.”《方法》列命题十六则,其中命题15是对这一公共部分体积公式的推导.可惜此书仅存孤本——君士坦丁羊皮纸抄本于1906年被发现时适失去这一部分.德人哈贝(J. L. Heiherg)和佐胜(H. G. Lewthen)模拟命题2及其附图有复原设想,是可信的.我们据此加绘直观图(图19).图中立方体 $XYWN$ 内作正交两圆柱,分别以 BOD 以及以过点 O 而垂直于 BO,AO 的直线 TU 为中心轴.在立方之外又以两倍于立方体边长如 LG 为边长、以立方体边长的高作方柱体.又以方柱体底为底、A 为顶作方锥体.

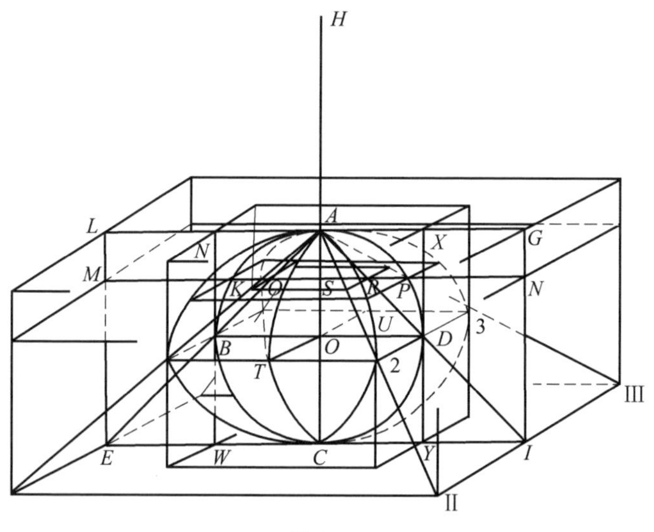

图 19

任一水平截面如 MN 截方锥体、两圆柱公共部分、方柱体都有正方形截面,分别是 QR^2,KP^2,MN^2,延长 CA 至点 H,使 $CA=AH$,以 CH 为杠杆,A 为支点,阿基米德推导出

$$QR^2 \cdot AH + KP^2 \cdot AH = MN^2 \cdot AS$$

把所有水平截面关于支点 A 的矩求和,得

$$(\text{方锥体}+\text{二圆柱公共部分}) \cdot AH = \text{方柱体} \cdot \frac{1}{2}AC$$

从此得

$$\text{二圆柱公共部分} = \frac{2}{3}\text{立方体} = \frac{2}{3}D^3 \tag{23}$$

在中国,对于球体积公式的精确考虑是从刘徽开始的.他在注释《九章算术》少广章第24题时对于原术

$$V_{\text{球}} = \frac{9}{16}D^3 \tag{24}$$

认为是粗疏的.为验证偏差,他制作模型:“取立方棊八枚,皆令立方一寸.积之

为立方二寸.规之为圆囷,径二寸,高二寸.又复横规之,则其形有似牟合方盖矣.按合盖者,方率也.丸居其中,即圆率也.”显然这里刘徽所命名的牟合方盖就是阿基米德没有命名过的二圆柱公共部分.于此刘徽比阿基米德有深一层考虑:对于任一水平截面,边长为 KP 的正方形面积:直径为 KP 的圆面积 $=4$(方率):π(圆率).从这一事实他再一次引用后世所谓卡瓦列利原理导出

$$V_{\text{牟合方盖}} : V_{\text{球}} = 4 : \pi \tag{25}$$

如果阿基米德也有如此考虑,那么《方法》命题 2、命题 15 其中一个是多余的.

为求牟合方盖体积,也考虑“立方之内,合盖之外”这块曲面体体积,他没有得出满意结果,客观地说“敢不阙疑,以俟能言者.”

刘徽之后二百年,祖暅又作进一步探讨,他取经过刘徽两次截割的一枚立方棊.正交的两圆柱面把它分割成四块曲面立体:其一为内棊 U,即牟合方盖的八分之一,其余三块为外棊 U_2,U_3,U_4,这三块立体的总和就是刘徽感到困惑所在.祖暅总结刘徽关于积面成体的经验,总结出法则:“缘幂势既同,则积不容处”这与后世所谓卡瓦列利原理等价,他证明

$$U_2 + U_3 + U_4 = \text{方锥体积(图 20)}$$

其中方锥是以 $\dfrac{D}{2}$ 为长、宽、高的阳马.至此祖暅作为能言者回答了刘徽提问.他获取当年阿基米德用杠杆平衡方程所得同样结果(23),从式(25)得

$$V_{\text{球}} = \frac{1}{6}\pi D^3 \tag{26}$$

显然式(26)与式(22)等价.

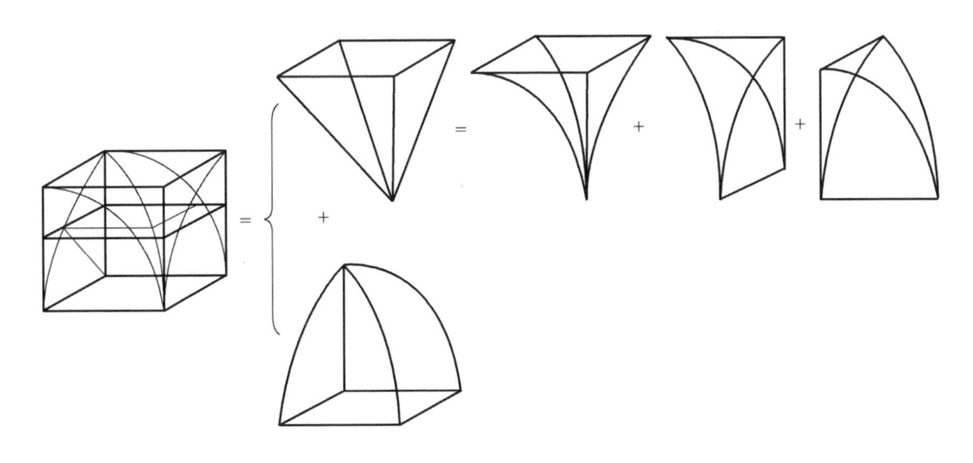

图 20

第五节　结　论

从上文比较，可见在同一课题面前中国人和希腊人所作独立答卷，在时间上互有先后，在方法上各抒己见，在质量上也各有千秋，同为世界数学文化做出贡献. 中国古代数学有其特色，世人每以重实用、重计算赞许. 世人又以缺少逻辑推导为其弱点. 发这种议论的原因，是过去人们理解中国实际情况太少，因此造成误解. 例如 D. J. 斯特洛伊克《数学简史》在第二章中说："在一切古代东方数学中没有任何地方足以使我们发现我们所谓证明的任何企图，从未用过推理，而仅仅是列出某些规则来：如此做，做这个." 近十年来经过中外学者努力，和多次国际会议广泛交流，上述议论和误解已有改观. 事实上以刘徽为代表的中国古代数学在"不有明据、辩之斯难" 的思想指导下，在言必有据上，特别是在一些根本问题上是下过很大工夫的. 例如更相减损法则、分数基本定理、比例基本定理、出入相补原理、圆的度量、三棱锥体积等方面的工作足以与欧洲数学大师如欧几里得、阿基米德有关工作相媲美，而无逊色.

东西方积分概念的发展及其比较[①]

第三十一章

本文所论述的积分概念就是相对于不定积分而说的定积分. 众所周知,不定积分与定积分是不同的概念. 自古以来由于生产、生活需要,人们要计算几何图形面积、体积,常用各种不同方法来处理无穷多个元素总和的问题. 粗浅地说:定积分是无穷多个无穷小(微分)元素总和的极限,而不定积分却是微分的逆运算.

先前计算几何图形面积(体积)要用不同方法处理,归纳起来有两种类型.

其一,数列的极限;其二,微分和的极限. 从第二种类型去考虑,才使问题从求定积分走上使用不定积分的捷径. 在人们数学研究的早期,两种类型却是并存的. 本文从两种类型中的典型问题来比较 17 世纪以前东西方处理工作中在方法上和理论上的不同. 我们认为数学文化是在数千年历史发展长河中人们互助补充、不断改进的总汇. 所以不能说东方的数学对于数学思想的主流没有巨大的影响. 由于语言隔阂等原因,东方的卓越数学思想常为西方数学史著作所忽略,在微积分发展史领域内查漏补缺,正是撰述本文的主要目的.

① 本文作者为沈康身.

第一节　数列极限

1. 平面图形面积

古希腊阿基米德在所著《抛物线求积》推导抛物线弓形面积(图 1)是一个典型例子. 他先截去面积为已知的 $\triangle ABC$,图中 B 为抛物线顶点、BD 为对称轴,GH 为点 B 处切线. 又抛物线弓形高及底为已知,过 AD,DC 中点 E,F,各引 $EM \parallel FN \parallel BD$. 交抛物线于 M,N 两点. 从抛物线性质得

$$\triangle AMB = \triangle BNC = \frac{1}{8}\triangle ABC$$

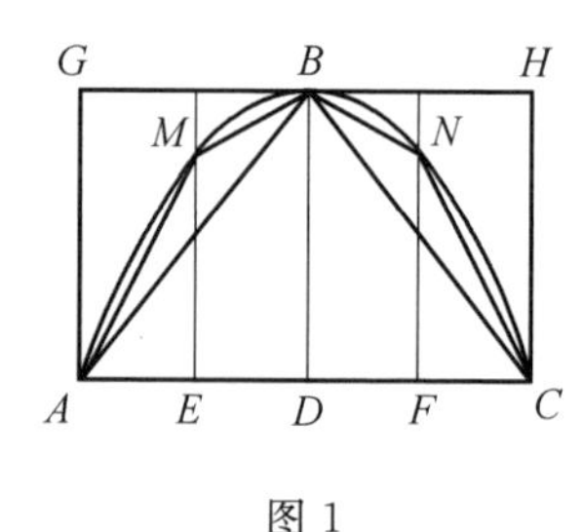

图 1

类似地再取线段 AE,ED,DF,FC 的中点,引 BD 的平行线,得到在 AM,MB,BN,DC 之外,抛物线之内,面积为 $\frac{1}{8}\triangle AMB$ 的四个三角形. 用穷竭法分割到第 n 次,可以得到内接于弓形内的多边形面积是

$$\left(1+\frac{1}{4}+\frac{1}{4^2}+\cdots+\frac{1}{4^n}\right)\triangle ABC$$

阿基米德做出猜想,记入此书命题 24:"命题 24,抛物线弓形面积 $= \frac{4}{3}\triangle ABC$",然后用穷举证法证明上述命题是正确的. 对此他的论证是严密的,但是他没有运用极限手段.

我国刘徽在注释(公元 263)《九章算术》方田章第 32 题时以倍增内接正多边形边数,以其面积组成数列,以其部分和极限作为圆面积;① 又在注释同章第 36 题圆弓形面积公式时,不断对分弧段,以多边形面积组成数列,以其部分和极限作为弓形面积,② 刘徽在求圆面积时论证严密,同时运用两种数列极限存在准则,在此基础上所计算的圆面积近似值达五位有效数字. 从求圆及弓形面

---

① 沈康身,本书第三十章第三节.

② 同本书第三十章第三节.

积二例足以说明刘徽借助于数列极限求图形面积的理解能力可与阿基米德并驾齐驱.

2. 立体体积

(1) 三棱锥

三棱锥体积是求多面体体积的关键,东西方数学家历来都十分关注,各作出贡献,异途同归,我们已在另一论文详述.[①]为便于读者理解,我们对于本书第三十章刘注原意图解(图 16) 再作说明. 商功章第 15 题刘注中与无穷小有关的论述有以下三段:

其一,按余数具而可知者有一、二之别,即一、二之为率定矣.

其二,其余理也岂虚矣. 若为数而穷之,置余广、袤、高之数各半之,则四分之三又可知也.

其三,半之弥少,其余弥细. 至细曰微,微则无形. 由是言之,安取余哉.

第一段话是说,两种立体 V_1,V_2(本书第三十章 432 页图 15) 在每次分割后,截出的立体体积[②]和总是 1 与 2 之比. 第二段话是说,每次分割后余下的立体[③]与截出的立体体积总和之比总是$\frac{1}{4}$ 与$\frac{3}{4}$ 之比. 第三段话是说,当分割的次数 n 趋向无穷大时,余下的立体体积和的极限是零,而截出的三棱柱、立方体体积和的极限就是原锥体的体积.

对照图中立体分割手段,可见东、西方对棱锥体积研究的相同处,而刘徽在无穷级数部分和(数列) 极限的认识显然胜于《几何原本》:其一,刘徽不仅能定性地了解立体体积是它的部分和极限,而且能定量地在注中提出有关极限的比值. 其二,上引第三段刘注对数列极限过程的描述详于《几何原本》所说的"照此分下去",另一方面刘徽虽善于用出入相补原理探索图形面积或体积,唯独在鳖臑公式推导时却明智地动用无穷小工具,在离高斯十分遥远的三国年代,东方数学家就如此论证严密,先声夺人,在数学史上大放异彩.

由于插图久佚,刘徽关于鳖臑公式推导的注文很难理解. 日本学者三上义夫(1875—7950) 的论文"关孝和业绩与京坂算家以及中国算法间关系及其比较"在日本《东洋学报》第 20 卷至 22 卷分 6 期连载(1932—1935),共 32 节,多达 168 页,其中第 29 节"魏刘徽方锥证法" 对上述刘注补图,并用类似于《几何原本》卷十二命题 4 的插图把刘注原意讲清,由于各种原因,三上这一解释没有引起我们注意. 直至 1963 年业师钱宝琮先生校点《算经十书》时,在《九章算术》版

① 同本书第三十章第四节.

② 如鳖撰中两个三棱柱,阳马中一个立方体及两个三棱柱.

③ 如鳖撰中所余两小鳖撰,阳马中所余两小阳马.

本与校勘中指出:“商功章阳马术(第15题)的刘徽注中有意义难于理解而不能句读的文字,无法校订,只能付之缺疑.”在三上论文发表近半个世纪之后,丹麦汉学家华道安在《国际数学史杂志》著文“公元3世纪刘徽关于锥体体积的推导”,对上述刘注作与三上相同解释的推导. 20世纪80年代以来,我国数学界都认为对刘注作如此解释是合宜的.

(2) 圆台

中国《九章算术》商功章第11题有汉语记的圆台体积公式

$$V=\frac{\pi h}{12}(D^2+dD+d^2)$$

取 $\pi=3$.

古希腊对圆台的研究直到刘徽的同代人海伦(Heron)在所著《度量》(Metrica)卷二第9,10命题记下与《九章算术》同一公式,但取 $\pi=\frac{22}{7}$.

古代印度对立体体积的理解是模糊的,例如直到5世纪时阿耶波多《文集》卷二命题6(图2)认为锥体体积是底高乘积的一半.但是在8世纪后对立体体积公式研究有突出进步处.翥那教徒维罗圣奴(Virasena,710—790)在其数学著作中给出圆台体积正确公式.他的推导过程第一步很是别致(见本文第二节),第二步又与刘徽证明鳖臑体积公式相仿佛、设圆台上下底直径为 a,b,高为 h.先考虑截去以 a 为直径,h 为高的圆柱,然后把空心圆台掰开展成有相同体积的五面体(《九章算术》称为羡除).又用类似于《几何原本》卷十二命题4的分割方法把这个立体归结为一系列体积组成的无穷级数.把空心圆台体积视为其部分和的极限.维罗圣奴的运算全过程我们也用图解释(图3).

VOLUME OF RIGHT PYRAMIDS

6. (c-d) Half the product of that area (of the friangular base) and the height is the volume of a six-edged solid.

ऊर्ध्वभुजातत्संवर्गार्धं स घनः षडश्रिरिति ॥ ६ ॥

图2

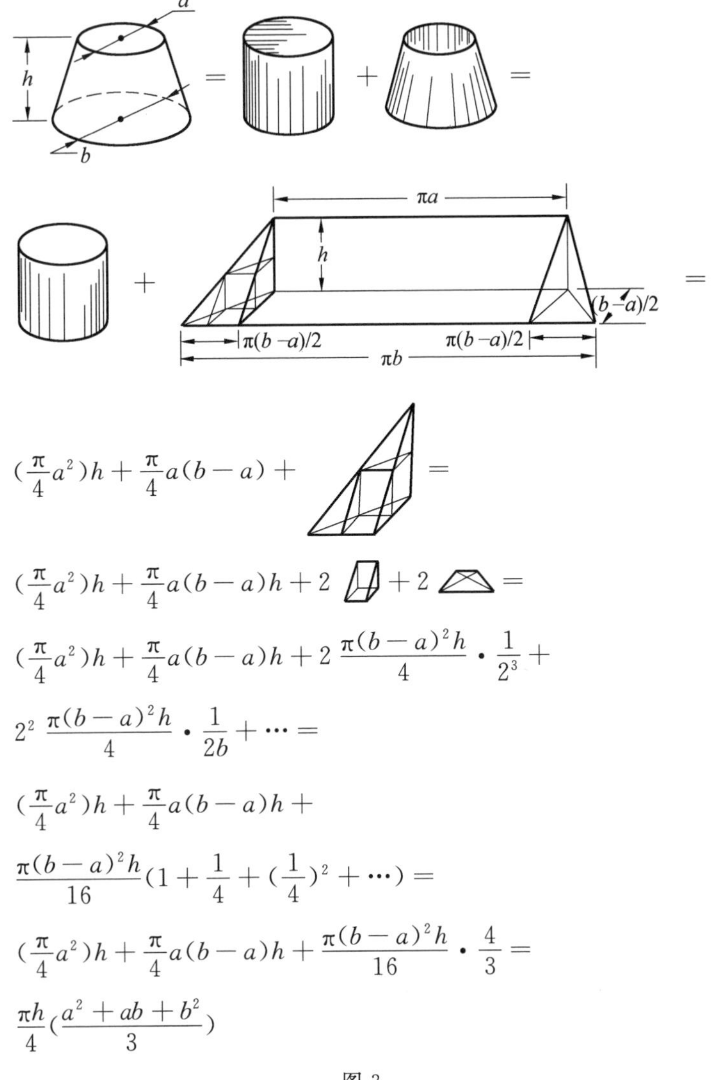

a
h
b
πa
h
(b−a)/2
π(b−a)/2
π(b−a)/2
πb
$(\frac{\pi}{4}a^2)h+\frac{\pi}{4}a(b-a)+$ =
$(\frac{\pi}{4}a^2)h+\frac{\pi}{4}a(b-a)h+2$ + 2 =
$(\frac{\pi}{4}a^2)h+\frac{\pi}{4}a(b-a)h+2\frac{\pi(b-a)^2h}{4}\cdot\frac{1}{2^3}+$
$2^2\frac{\pi(b-a)^2h}{4}\cdot\frac{1}{2b}+\cdots=$
$(\frac{\pi}{4}a^2)h+\frac{\pi}{4}a(b-a)h+$
$\frac{\pi(b-a)^2h}{16}(1+\frac{1}{4}+(\frac{1}{4})^2+\cdots)=$
$(\frac{\pi}{4}a^2)h+\frac{\pi}{4}a(b-a)h+\frac{\pi(b-a)^2h}{16}\cdot\frac{4}{3}=$
$\frac{\pi h}{4}(\frac{a^2+ab+b^2}{3})$

图 3

从上述文献比较：中国《九章算术》与希腊海伦《度量》所设公式同是正确的，而且都利用外切方锥推导公式. [①]印度维罗圣奴对圆台体积公式的推导独树一帜：兼用微分和极限、数列极限两种方法导出结果. 在历史上世界各民族文化交流是不可避免的. 由于古代交通维艰，文字语言互不相通等原因，不能想象刘徽鳖臑公式的推导方法会受到欧几里得的影响；同样也很难设想印度维罗圣奴圆台公式的细致证明会源出刘徽注. 我们认为客观存在决定意识，在探索某

① 本书第三十章第四节.

一问题时为得到正确答案，不同时代，不同地域、使用同一种针对性有效工具和方法是可能的．不能认为某种工具或方法的发明权成为主流，仅仅属于某一方民族所专有．

第二节　微分和极限

1. 平面图形面积

把平面图形按照一定规则分割为微分元素①(线段)，然后利用静力学第一类杠杆平衡公式求出它的面积，这是阿基米德求面积的另一种方法，其代表作是《方法》．②这里我们举一个例．

(1) 抛物线弓形

作为引理，阿氏在《方法》中先提出线段、三角形、平行四边形 、圆、圆柱和圆锥等几何图形的重心位置．在《方法》命题1记：抛物线弓形 ABC 面积 $=\frac{4}{3}\triangle ABC$．阿氏的推导方法如下：图4中 B 是抛物线的顶点，BD 为对称轴，CE 为抛物线在点 C 处的切线．作 $AF \parallel DB$，联结 CB，又延长交 AF 于点 K．取 $KH=CK$．由于 $EB=BD$．任作一直线 $OM \parallel BD$，交抛物线于点 P，交 CB 于 N

$$FK=KA, MN=NO$$

又从抛物线性质

$$MO : OP = CA : AO$$

又

$$CA : AO = CK : KN = HK : KN$$

于是

$$MO \cdot KN = OP \cdot HK$$

阿氏认为抛物线弓形 ABC 是由像 OP 那样平行对称轴 BD 的无穷多根线段积累而成的．又考虑 $\triangle AFC$ 是像 OM 那样由平行于对称轴 BD 的无穷多根线段积累而成的．又设 $\triangle AFC$ 的重心是 X，则 $KX=\frac{1}{3}KC$，从平衡公式

$$\triangle AFC \cdot \frac{1}{3}CK = \text{抛物线弓形} \cdot HK$$

这就是

---

① 在古代，东方或西方，都把面积微分元素视为没有厚度的线段，把体积微分元素视为没有厚度的面．

② 本书第三十章第四节．

$$\text{抛物线弓形 } ABC \text{ 面积} = \frac{1}{3}\triangle AFC = \frac{4}{3}\triangle ABC$$

证毕.

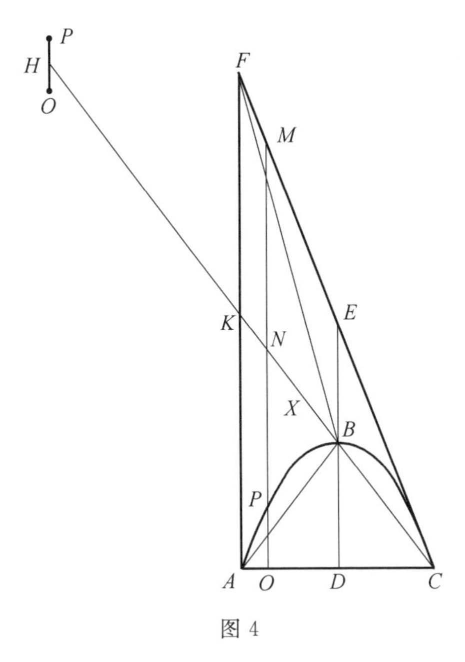

图 4

(2) 三角形面积

《九章算术》刘徽注中也有相当于阿基米德积线成面的数学思想，例如方田章第 26 题《九章算术》三角形面积公式是："半广以乘正从(高)" 刘注证明说"按半广乘从，以取中平之数." 可能刘徽认为长方形面积是长度等于底长的线段的积累，而三角形中一切与顶与底等距的两线段和等于底长，因此就取"半广(中平之数) 乘从."(图 5)

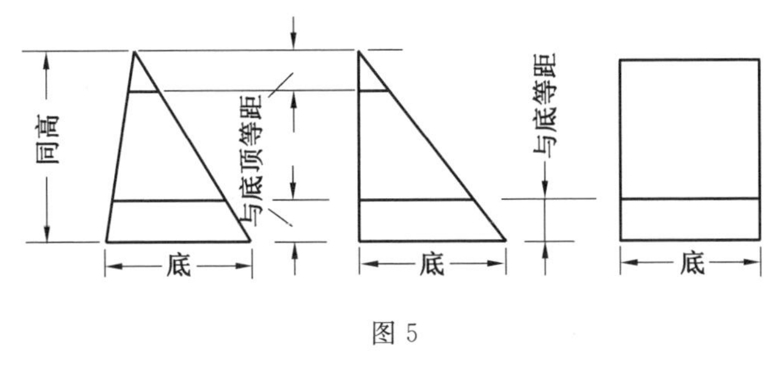

图 5

阿氏名著虽藏珠名刹，与世隔绝，但 17 世纪时在欧洲数学界这种"积线成面"思想已露端倪，例如罗贝伐尔(G. P. de Roberval，1602—1675) 求摆线拱面积这一成果，尤其有典型意义.

(3) 摆线拱

我们参照罗氏原意(图 6) 作解释如下,图中坐标系 XOY 摆线参数方程是

$$\begin{cases}x=R(\theta-\sin\theta)\\ y=R(1-\cos\theta)\end{cases}$$

其副摆线 OQB 方程是

$$\begin{cases}x=R\theta\\ y=R(1-\cos\theta)\end{cases}$$

这就是 $y=R(1-\cos\frac{x}{R})$,把坐标系原点 O 平移到 $O'(\frac{\pi}{2},R)$,副摆线在新坐标系 $X'O'Y'$ 中方程是

$$y'=R\sin\frac{x}{R}$$

这是关于 O 的对称图形:由线 OQB 平分长方形 $OABC$. 另一方面,从摆线轨迹形成条件

$$DF=PQ=R\sin\theta$$

这就是说半圆 OFC 与眼形曲线 $OPBQO$ 所围面积中,同高的平行线段、处处长度相等,于是二者所围面积相等. 因此

$$\begin{aligned}\text{摆线拱面积}&=2(\text{副摆线曲边形 }OQBAO+\text{半圆 }OFC)\text{ 面积}\\&=2(\pi R^2+\frac{1}{2}\pi R^2)=3\pi R^2\end{aligned}$$

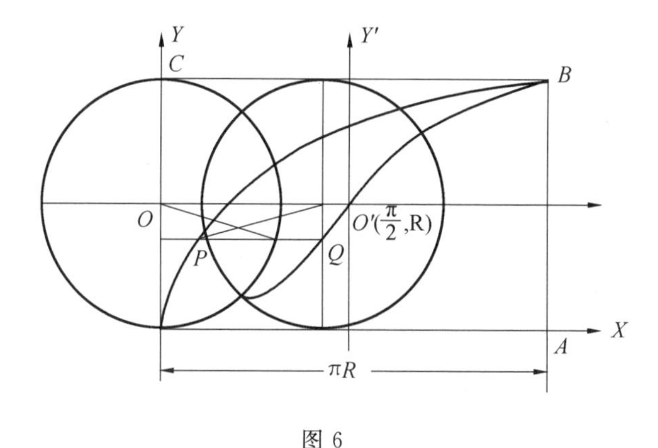

图 6

2. 立体体积

(1) 圆台体积

《九章算术》称正方台体为方亭、圆台体为圆亭.《九章算术》商功章第 10 题有方台体积公式

$$V_{\text{方台}}=\frac{h}{3}(D^2+dD+d^2)$$

其中 D,d 分别为方台体上、下底边长，h 为体高．同章第 11 题圆台公式刘注说："从方亭求圆亭之积，亦犹方幂中求圆幂，乃令圆率三乘之，方率四而一，得圆亭之积．"这就说明刘徽理解与底平行且同高的截面截方台及其内切圆台面各之比处处是 4 与 π 之比，因此

$$V_{圆台}=\frac{\pi}{4}\cdot\frac{h}{3}(D^2+dD+d^2)$$
$$=\frac{\pi h}{12}(D^2+dD+d^2)$$

(2) 球

阿基米德在《方法》命题 2 再一次讨论球的体积公式，他认为立体是由面积元素积累而成的，运用平衡方程，只用一个命题得到《论球与圆柱》中以大量篇幅论证所得同样结果．[①]在东方，公元 3 世纪和 6 世纪时中国数学家把球体也看成是由面积元素构成的，对球体积公式有完整、正确的探索．17 世纪时日本有会玉术研究同一问题，特别是关孝和(1642—1708) 以增约术得出球体积公式，其推导过程别具一格，值得称道．[②]在中国关孝和的同龄人梅文鼎(1633—1721) 在《方圆幂积》中考虑半径为 R 的球、其表面积为 $4\pi R^2$，在《堑堵测量》(1710) 中说："浑圆(球) 形以浑圆面幂为底、半径为高，作大圆锥而成．浑积…… 皆无数立三角所成．"(图 7) 立三角、即今称以球面三角形为底的三棱锥．这相当于说

$$V_{球}=\lim_{n\to\infty}\sum_{i=1}^{n}\frac{1}{3}R\Delta S_i=\frac{1}{3}RS_{球}$$
$$=\frac{4}{3}\pi R^3$$

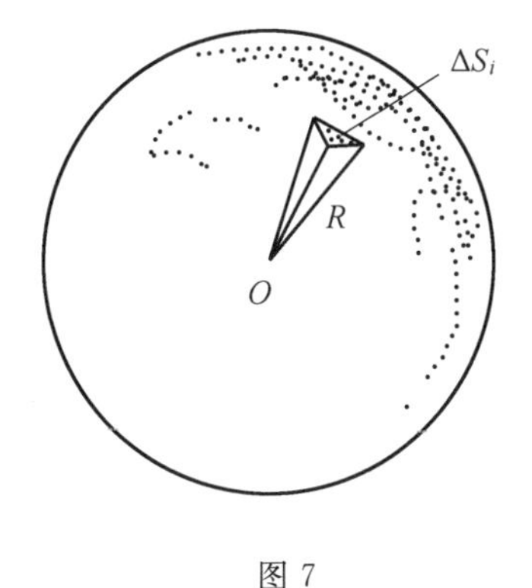

图 7

① 本书第三十章第四节．

② 本书第三十二章第四节．

梅氏的设想与开普勒(J. Keples,1571—1630) 在《测量酒桶体积的新科学》对球体积的认识是一致的.开普勒说:“球的体积是小圆锥体积之和,这些圆锥的顶点在球心,底在球面上.”

(3) 牟合方盖

阿基米德在《方法》中以及中国数学家关于牟合方盖求积工作在第三十章第四节中已有介绍,希腊和中国数学家都考虑牟合方盖是一连串从小到大、又从大到小正方形微分面积的积累.阿基米德名著《方法》虽长期湮没无闻,正如上文已举例17世纪欧洲数学界在求积问题上,基本精神与《方法》不谋而合.这种工作当时称为不可分量法,以意大利卡瓦列利(B. Cavalisi,1598—1647) 为代表在“六道几何练习题”论文中曾形象地指出:“线是由点构成的,就像项链是由珠子穿成的一样,面是由直线构成的,就像布是由线织成的一样.立体是由平面构成的,就像书是页组成的一样,不过,它们是对无穷多个组成部分来说的.”在《连续不可分几何学》中他把这一数学思想总结为定理,现在已编进中学数学教科书.定理原文如下:“定理:如果在两平行直线之间有两平面图形,如果引任意与两平行线等距离的直线,它在两平面图形中所夹线段[长度] 相等,那么这两平面图形相等.如果在两平行平面之间的两立体 ,如果引任意与两平行平面等距离的平面,它在两立体中所夹平面图形[面积] 相等,那么这两立体相等.这种图形(平面或立体) 我们称为等积.”[①] 在中国当西方微积分知识还未东来之前,清末李善兰(1811—1882) 著《方圆阐幽》,也以类似于《方法》所说手段研究求积问题,李氏说:“书是由叠纸而成,盈丈之绢由积丝而成也.”与卡氏所见正同.当时西方的卡瓦列利也同样不知道以他的姓命名的定理在十个世纪以前中国祖暅早已指出,并借以言简意赅地别立蹊径,证明当年阿基米德奔走相告的新发现.

(4) 其他立体

揭露大气压力秘奥的物理学家托里拆利(E. Torricelli,1608—1647) 是卡瓦列利的学生.他在用微分和的极限求立体体积的“灵活性和透彻性比他的老师还强得多.1641年有一个新结果,使他非常高兴,就是决定了由等边双曲线的一部分环绕一条渐近线旋转而产生的无限长立体,具有有限的体积.托里拆利相信他自己是第一个发现了尺寸是无限大量的图形,可以有有限的大小…… 托里拆利的证明使用了圆柱面微分元素的思想,是很有兴趣的.因为卡瓦列利的微分元素恒是平面的.”

---

① 卡瓦列利定理只描述:如对应的微分元素处处相等,则所考虑的两图形面积(体积) 相等.中国刘徽、祖暅有更一般的考虑,如对应的微分元素处处有恒比,则所考虑的两图形面积(体积) 之比等于这个比.

我们重新绘图(图 8)阐述他的工作. 设等边双曲线 $xy=a^2$ 在第一象限的一枝绕 OY 轴旋转 360°,成为一无限旋转曲面. 用垂直于 OY 轴,通过 AB 的任一水平面截割,托氏认为在 AC 水平面以上无限旋转体体积等于圆柱体积. 此圆柱以 $BC=\frac{1}{2}AB$ 为高,以 O 到双曲线距离($\sqrt{2}a$) 为半径的圆为底. 托氏认为旋转体是由无限多个不同直径的圆柱面(例如图 8 中圆柱面 $C-GH$) 的积累,而圆柱是由无限多个对应的等面积圆截面(如图斜平行线圆截面) 的积累. 从计算得知所有圆柱面面积和所对应的圆截面面积处处相等

$$\text{圆柱面 } C-GH \text{ 面积}=2\pi\cdot CG\cdot HG=2\pi xy$$
$$=2\pi a^2$$

而

$$\text{圆截面面积}=\pi(\sqrt{2}a)^2=2\pi a^2$$

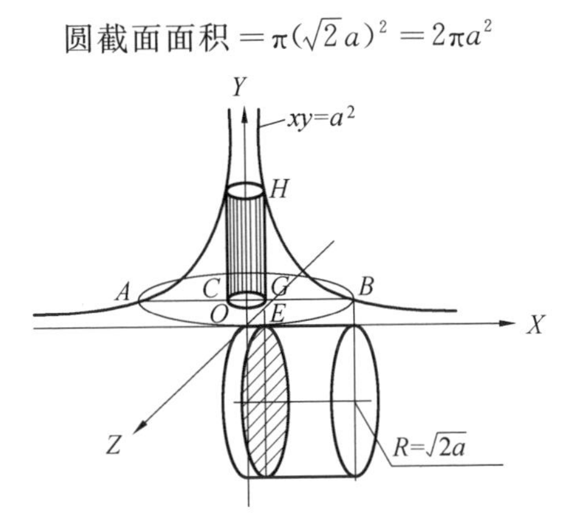

图 8

由于曲面微分元素与另一个立体对应的平面微分元素面积处处相等,从而证明两立体体积相等,在东方数学文献中也有著例:

其一,上文介绍印度耆那教徒维罗圣奴在证明圆台体积公式过程中说曲面体(挖去圆柱面的空心圆台) 与五面体(羡除) 体积相等. 事实上具有托里拆利相同设想(图 9):取任意高 $y(0\leqslant y\leqslant h)$,截空心圆台,所得

$$\text{圆柱面 } ABCD \text{ 面积}=\pi(b-\frac{b-a}{h}y)y$$

另一方面把空心圆台掰开成为羡除,对应的高同是 y 的长方形截面面积也是 $\pi(b-\frac{b-a}{h}y)y$.

其二,梅文鼎《方圆幂积》是在 1703—1710 年期间与学友毛心易、谢野臣在讨论各种几何图形面积、体积的成果记录. 梅氏从明末以来所编《崇祯历书》获得球体积是以半径为高、以大圆为底的圆锥体积的四倍. 他提出新的见解:"立

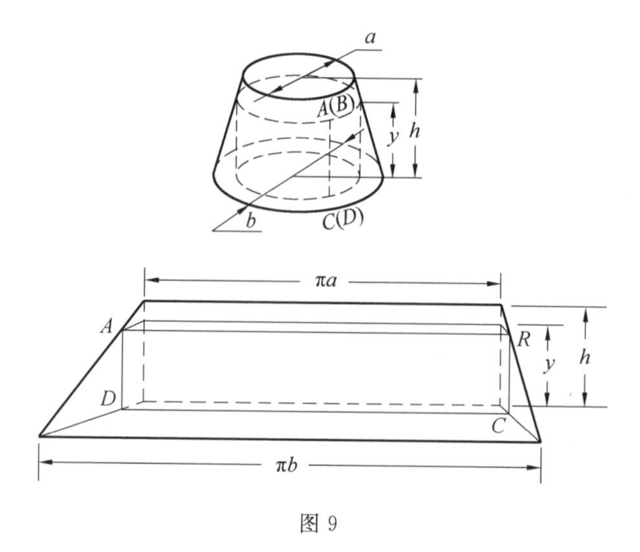

图 9

圆(球)得圆柱(外切于球)三之二.”他的证明别具一格:“试于圆柱心作圆角体(锥)二,皆以半径为高,平圆为底,其余则外如截竹,而内则上下并成虚圆角.”(图 10)“于是纵剖其一边,而令圆筒伸直,以其幂为底,以半径为高,成长方锥.此体即同四圆角.”梅氏自注说:“底、宽如全径($2R$),直如圆周($2\pi R$),高如半径(R),锥只一点(O).”这就是说梅氏在挖去上下二圆锥的空心圆柱体体积是四倍圆锥体积,也是以圆柱底周长为长,底直径为宽的长方形作为底,圆柱半径为高的长方锥的体积.其中已蕴含改曲面为平面的设想(图 11):在挖去二圆锥的圆柱体中取任一半径为 x 的圆柱面面积 $=2\pi x\cdot 2x=4\pi x^2$.而把空心圆柱掰开成为长方锥,它的对应截面,即距顶点 O 为 x 的水平截面面积同样是 $4\pi x^2$.梅氏按照中国传统:“幂势既同,则积不容异”证明了命题.

图 10

3. 曲面面积

在处理曲面表面积问题,“积线成面”的探索中东方数学家也功勋卓著,我们来做一比较.

(1) 圆锥侧面积

阿基米德在《论球与圆柱》卷一论述圆锥侧面积.命题 7,命题 8 分别指出圆锥内接(外切)锥体侧面积等于以圆锥母线(l)为高、以锥体底周长($2\pi R$)为底的三角形面积.他用穷举证法得到结论:命题 14,圆锥侧面积

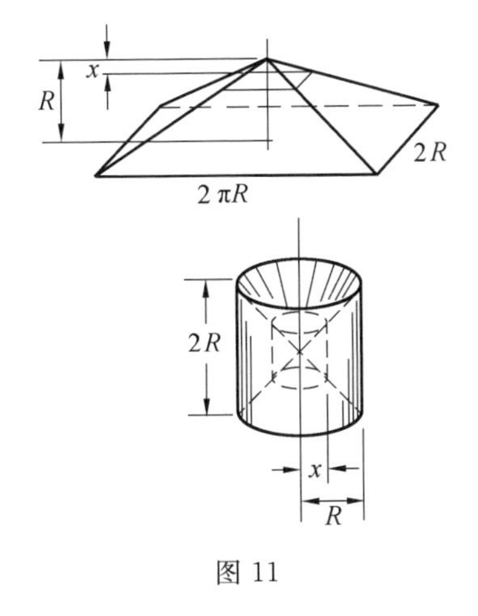

图 11

$$S=\pi Rl$$

中国刘徽在《九章算术》方田章第 34 题指出宛田术错误时曾显示其积线成面，以微分和极限计算圆锥面积的数学思想，他在注中说："假令方锥下方六尺、高四尺. 四尺为股，下方之半三尺为勾. 正面邪(侧高) 为弦，弦五尺也. 令勾弦相乘，四因之，得六十尺，即方锥四面见者之幂. 若令其中容圆锥，圆锥见幂与方锥见幂，其率犹圆周之与方周也[①]. 按方锥下六尺，则方周二十四尺，以五尺乘而半之，则亦方锥之见幂. 故求圆锥之数，折径以乘下周之半，即圆锥之幂也."这是说以边长 6 尺($2R$) 为底，高 4 尺(h) 的方锥，其侧面积(图 12) 是

$$\frac{4\times 6\times 5}{2}=60(\text{方尺})$$

刘徽考虑圆锥及其外切方锥侧面积分别是由从小到大的与底面平行的圆周以及对应的外切的正方形周积累而成的，处处是 $\pi:4$(圆周与方周之率)，因此圆锥侧面积与方锥侧面积($4Rl$) 之比也是 $\pi:4$. 即圆锥侧面积

$$S=\frac{\pi}{4}4Rl=\pi Rl$$

得到阿氏同样结果.

(2) 球表面积

印度于 12 世纪时始有球表面积的精确计算. 婆什迦罗(1114—1183) 在所著《丽罗娃祇》Lilavati 命题 202 设题："直径为 7，问球表面积是多少？"答案是 $153\frac{1\ 173}{1\ 250}$. 又命题 199 说 $\pi=\frac{3\ 927}{1\ 250}$，可见他深知球表面积 $S=4\pi R^2$. 同书没有这一公式的推导过程.

---

① 刘注："犹圆幂与方幂也"，这里据意改.

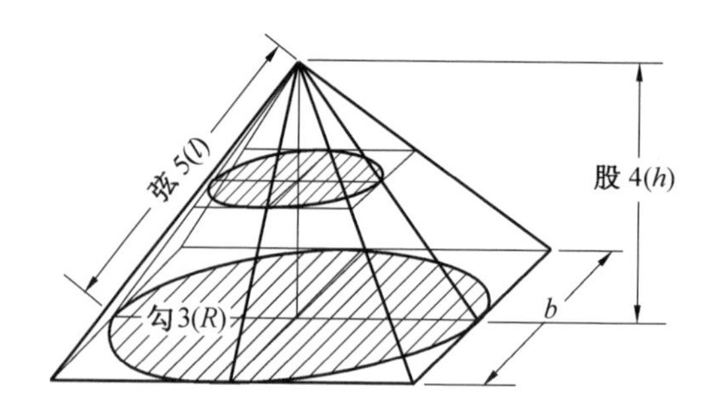

图 12

远在 5 世纪时，阿耶波多《文集》卷二“数学”命题 12 记载正弦线一阶差公式. 经 14 至 17 世纪优克祇波萨(Yiuktibhasa)及尼罗堪萨(Nilakantha)等人研究，又得到正弦线二阶差公式. 如用现代记号表示，就是(图 13)

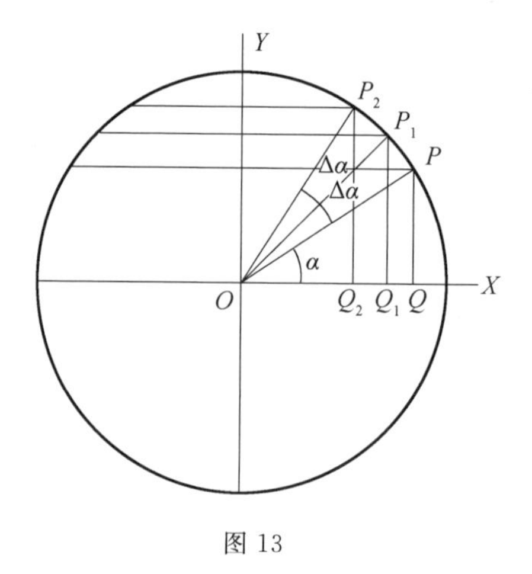

图 13

正弦线一阶差

$$\begin{aligned}\Delta R\sin x\alpha &= P_1Q_1 - PQ = R(\sin(\alpha+\Delta\alpha) - \sin\alpha) \\ &= R\cos\alpha\Delta\alpha\end{aligned}$$

正弦线二阶差

$$\begin{aligned}\Delta^2 R\sin\alpha &= (P_1Q_1 - PQ) - (P_2Q_2 - P_1Q_1) \\ &= R\sin\alpha(\Delta\alpha)^2\end{aligned}$$

优克祇婆萨在此基础上推导出球面积公式. 他设想把第一象限的圆(图 14) 分为 n 等份. 设 $\frac{\pi}{2n}=\Delta\alpha$，$\alpha_i=i\Delta\alpha$，把图形绕 OY 轴旋转 360°，象限圆弧形成半球面. 考虑半球表面是由 n 条球带的积累(图 15)，其中每一条球带的面积视为长方形面积. 例如第二条面积视为以 $\Delta\alpha$ 所对弦为宽，以 $\frac{C}{R}$ 正弦线 $=\frac{C}{R}R\sin i\Delta\alpha$ 为长的长方形面积，其中 C 是大圆周长，那么半球表面积似等于$\frac{C}{R}$($\sum$ 正弦线长)($\Delta\alpha$ 所对弦长)$=\frac{C}{R}\sum_{i=1}^{n}R\sin i\Delta\alpha \cdot \Delta\alpha$ 对弦长. 从正弦线二阶差的意义

$$\sum_{i=1}^{n}\Delta^2 R_{\sin i\Delta\alpha}=R(\sin 2\Delta\alpha-\sin\Delta\alpha-(\sin n\Delta\alpha-\sin(n-1)\Delta\alpha))$$
$$=R\Delta\alpha①$$

另一方面，从正弦线二阶差公式

$$\sum_{i=1}^{n}\Delta^2 R\sin i\Delta\alpha=(\Delta\alpha)^2\sum_{i=1}^{n}R\sin i\Delta\alpha$$

得

$$\sum_{i=1}^{n}R\sin i\Delta\alpha=\frac{R}{\Delta\alpha}$$，因此半球表面积$=CR=2\pi R^2$②，于是 $S=4\pi R^2$，得证.

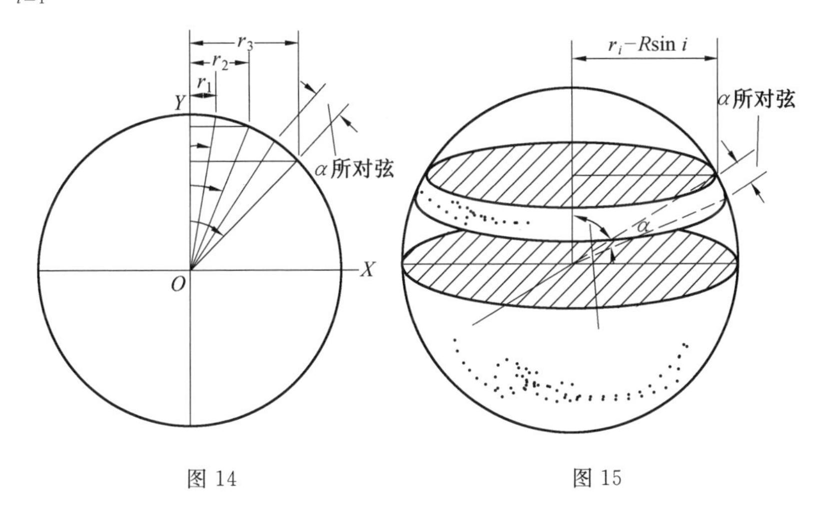

图 14　　　　图 15

参考资料

[1] 克莱因，《古今数学思想》，上海科技出版社，1979.

[2] 波耶，《微积分概念史》，上海人民出版社，1977.

[3] 爱德华，《微积分发展史》，北京出版社，1987.

[4] T. L. Heath, *The Works of Archimedes*, Cambridge, 1897.

① 当 n 很大时，$\sin 2\Delta\alpha-\sin\Delta\alpha\to\Delta\alpha$，而 $\sin n\Delta\alpha-\sin(n-1)\Delta\alpha\to 0$.

② 当 n 很大时，$\Delta\alpha$ 所对弦长 $\to R\Delta\alpha$.

[5] 吴文俊，出入相补原理，《中国古代科技成就》，中国青年出版社，1978.
[6] 钱宝琮，《中国数学史》，科学出版社，1964.
[7] G. B. Wagner, *Historia Mathematica*, 6(1979).
[8] 吴文俊，近年来中国数学史的研究，《中国数学史论文集(三)》，山东教育出版社，1987.
[9] T. L. Heath, *A History of Greek Mathematics*, Oxford, 1921.
[10] Aryabhata, *Aryabhatiya*, Delhi, 1976.
[11] T. A. S. Amma, *Geometry in Ancient and Mediveal India*, Delhi, 1979.
[12] Vander Waerden, *Geometry and Algebra in Ancient Civilization*, Berlin, 1983.
[13] D. J. Struik, *A source Book in Mathematics*, Harvard University Press, 1969.
[14] H. T. Colebroohe, *Algebra, with Arithmetic and Mensuration, form the Sanscrit of Brahmegupta and Bhaskara*, London, 1817.

关孝和求积术——《九章算术·刘注》对和算发展的潜移默化一例[①]

沈康身

第三十二章

6世纪时中国嶲算之学开始传入日本,《算经十书》大部分内容先后流入东瀛.875年冷泉院大火,日本国家图书馆藏书尽为灰烬,为亡羊补牢计,当时编纂《日本国见在书目》,下列图书赫然在目:

刘徽注、祖中注、徐氏撰《九章算术》各九卷.

祖中注《九章算义》《九章图》.

徐氏注、祖仲注《海岛》《海岛图》《缀术》.

祖中、祖仲当是祖冲之之误,这些书:《九章图》《海岛图》《缀术》以及祖注、徐撰《九章算术》都是中算稀书珍籍.《日本国见在书目》所记正可以证明9世纪时秘籍尚存人间! 9世纪以后日本数学无突出建树、原藏中国算书因战乱丢失[②]直到江户时代(1603—1867)我国元明数学书输入日本.在摄取中国数学文化基础上日本数学有所发展.吉田光由摹拟《算法统宗》,撰写《尘劫记》(1627),其他数学书如今村知商撰写《竖亥录》(1639),柴树盛之《格致算书》(1657),獭村吉德《算法缺疑抄》(1611),村松茂清《算俎》(1663),村濑义益《算法勿惮改》(又名《算学渊底记》,1673)相继出版.特别是以关孝和为代表的数学家建立日本传统数学——和算.[③]

① 本文作者为沈康身.

② 《明治前日本数学史》卷一第8页.

③ 《明治前日本数学史》卷二第1页.

关孝和一名新助，字子豹，号自由亭，曾任甲府宰相会计检查官，关孝和著作等身，在数学领域内颇多发明，日本人民尊为和算之祖.其学术师承关系，一说是无师自通，一说是传《算法统宗》到日本的功臣毛利重能的再传弟子，其学术据典，一说自中国秘籍，一说自荷兰秘籍，各执其词，言之凿凿.①

我们认为关氏成就与中算关系密切，不可分割，即使他未见包括刘、李注《九章算术》在内的元明以前中算典籍，但是渗透刘注《九章算术》精神的中算对他的影响仍然是十分深刻的.关孝和时已传日本元明算书有朱世杰《算学启蒙》，柯尚迁《数学通轨》，程大位《算法统宗》，特别是关氏于1661年誊抄《杨辉算法》，关氏书②从算具(算筹)，计数法，立题结构(题文、答文、术文、草文)用语(实、法、等数、开方、演段、垛积、招差等)基本算法(更相减损、增乘开方、天元、翦管)全盘来自中算，本文专就《九章算术刘注》对关孝和求积工作的潜移默化做出评价.

第一节　勾　股　术

1.勾股定理

关孝和在《解见题之法》(1684)所作勾股定理图证(图1)，用出入相补原理，与我国李潢(?—1811)《九章算术细草图说》勾股章所作图相同.关氏同代人村濑义益先于关氏在《算学勿惮改》，据同一原理作出另一图证(图2).

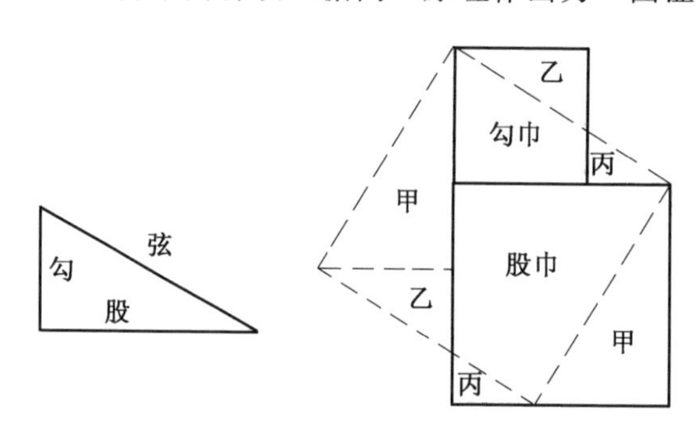

图1

2.三斜求积

斜三角形求面积公式，我国始见于秦九韶《数书九章》、日本今村知商《竖亥

① 《明治前日本数学史》卷二第5页.

② 平山谛等《关孝和全集》，大阪教育图书株式会社，1974.

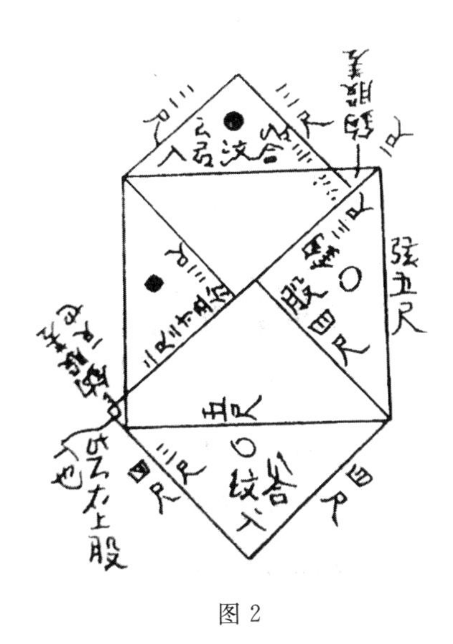

图 2

录》载双弦股题(图 3)，相当于说，斜三角形一边 b(称长弦) 在底 a(称全股)，上的射影(称长股)

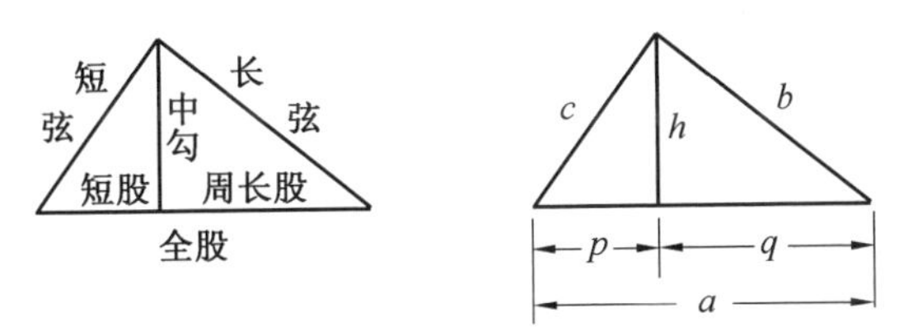

图 3

$$q=(a^2+b^2-c^2)/2a \tag{1}$$

《算法勿惮改》为《竖亥录》所说的 b 边在底 a 上的射影长公式(1) 做出图证，富中算出入相补原理色彩(图 4)：把以 a 为边的正方形以线段 p，q 分成四块，打上 △ 的正方形(q^2) 二块，打上 ○ 的长方形(pq) 二块，还有一块是正方表 p^2. 这就是说，从勾股定理得

$$\begin{aligned}(b^2-c^2)+a^2&=q^2-p^2+a^2=2(\triangle+\bigcirc)\\&=2aq\end{aligned}$$

于是

$$q=\frac{b^2-c^2+a^2}{2a}$$

那么原三角形的高

$$h=\sqrt{b^2-q^2}=\frac{1}{2a}\sqrt{4a^2b^2-(b^2-c^2+a^2)^2} \tag{2}$$

关孝和著《求积》一书，卷首阐述著书本旨云：“积者，谓相乘之总数也. 形

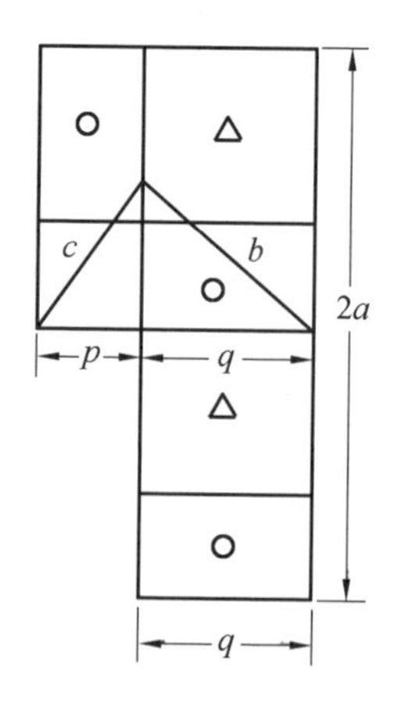

图 4

者本计纵横高相通之总，故依形变. 其理自有隐见者，是以其技皆辨形势之所原，以截盈补虚为要.”可见关氏把出入相补原理作为推导的主线. 在《求积》中他借以证明直角三角形及菱形面积公式. 他又设题“有三斜，大斜二尺一寸、中斜一尺七寸、小斜一尺，问积.”答曰：积八十四寸. 而草文说：“置大斜，以中股相乘，折半之，得积.”关氏证明说：“是二勾股相接之形（按即所谓双勾股形）乃中股于大斜相乘为虚实，共直积，折去一半，即得实积也.”这里所说中股即斜三角形底 a 上的高，长股(q) 即为已知，从勾股定理易知所求斜三角形面积为

$$\frac{1}{2}ah=\frac{1}{2}\sqrt{a^2b^2-(\frac{b^2-c^2+a^2}{2})^2} \tag{3}$$

其结果与秦九韶三斜求积公式相同. 秦氏有术无证，关孝和的同代人我国数学家梅文鼎(1633—1721) 在《平三角举要》卷三用弦勾和公式补证，较关氏推导益加明确.

关氏早期著作《规矩要明算法》也有双弦股术. 今传本存图（图 5）缺题文，存术文. 术文云：“列长弦一尺自之(b^2)，得一百步，内减短弦幂(c^2)，余得五十七步七分五厘，加入全股幂(a^2)，得一百六十步，折半得八十四步. 以全股一尺〇五分除之，得长股(q).”显然这是他用文字正确叙述了公式(1)，借此不难把所缺题文补出. 此外他还另作图证（图 5 中图解）. 我们认为这是他对公式(1) 有区别于《算法勿惮改》的推导：把长股(q) 短股(p) 视为某一直角三角形弦及勾，因此二者平方差($q^2-p^2=b^2-c^2$) 为二者和($p+q$) 差($q-p$) 乘积，与全股 a 为边的正方形拼成以 $q-p+a=q-p+q+p=2q$ 及 a 为边的长方形，这就是 $(p+q)(q-p)+a^2=q^2-p^2+a^2=b^2-c^2+a^2=2aq$. 显然证明全过程流注着九章刘注韵味.

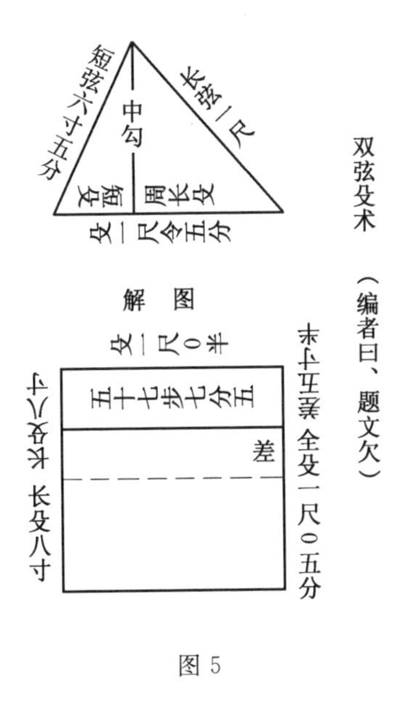

图 5

第二节　割　圆　术

1. 圆面积

关氏在《规矩要明算法》中设题："今有圆径一尺，周三尺一寸四分一厘六毫，则问积."答曰："积七十八步五分四厘."术云："列周……以半径相乘，……折半."题中附图（图 6），从此可以看到关氏把所求圆面积看成近似等于等分圆周，弧所对扇形面积之和，即以半径为宽，半圆周长为高的长方形. 这与《九章算术》方田章刘徽注圆田所说："以一面乘半径，觚而裁之，每辄自倍. 故以半周乘半径而为圆幂"是一致的.

2. 定周

和算取圆周率值历代有殊，最早《尘劫记》用 3.16，《竖亥录》用 3.162 等，关孝和在其早期著作《规矩要明算法》中有"环矩术"设题云："今有圆，径一尺，则问周."答曰："径一尺，周三尺一寸四分一厘六毫，径一百一十三则周三百五十五."在术文中详记圆内接正方形起算，倍增边数到 $2^{15}=32\ 768$ 边形边长、矢（即刘注圆田注余径）及半周长. 后来又整理其结果并扩充到 2^{17} 边形，收入其代表作《括要算法》卷四中，附图（图 7）称环矩图，关氏在此所说"各以勾股求弦"事实上一如刘徽在《九章算术》方田章圆田注所说

$$a_{2n}=\sqrt{R-\sqrt{R^2-(\frac{a_n}{2})^2}+(\frac{a_n}{2})^2} \tag{4}$$

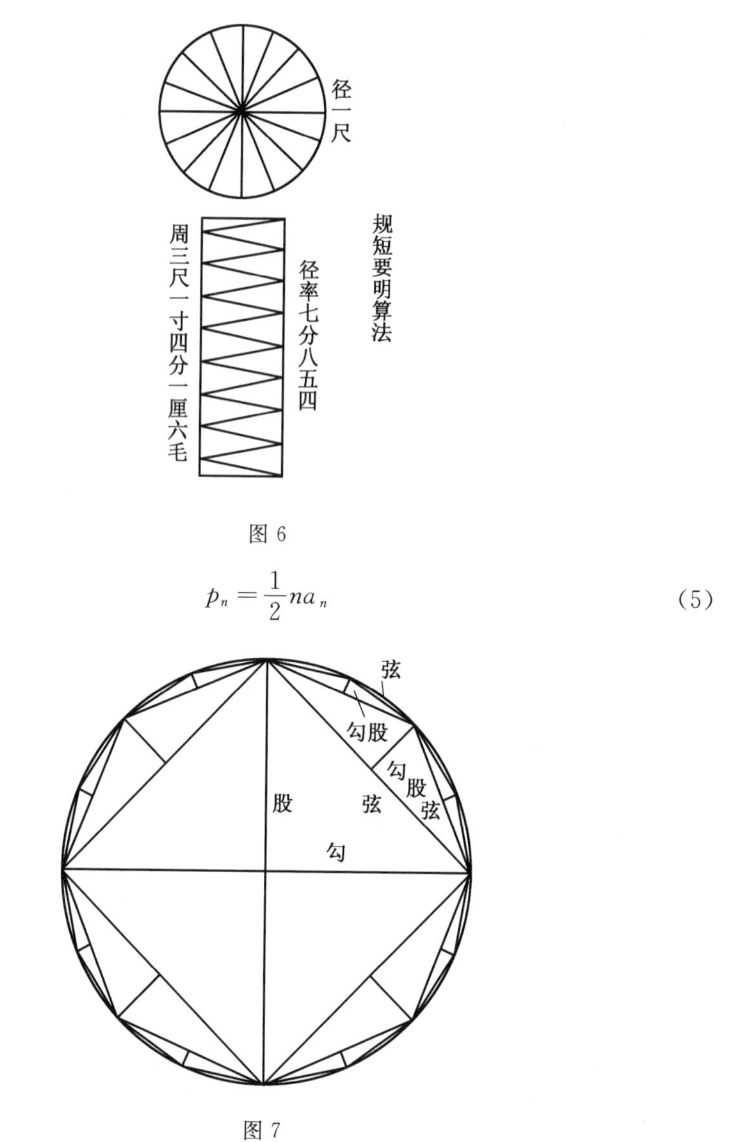

图 6

$$p_n = \frac{1}{2} n a_n \tag{5}$$

图 7

《括要算法》列表记其计算结果,我们摘抄(表 1) 并加记相邻二值之差及其比值.

关氏获得这十六个数据后进行两方面处理. 一为用增约术求定周,一为用零约术求圆周率(用分数表达的 π 近似值)① 我们讨论前者. 关氏在《括要算法》卷二诸约之术中有增约术. 设二题,其一为:"今有原一十五个,逐增五分之二,

① 沈康身,中算导论,上海教育出版社,1986.

问极数几何？”答:“极数二十五个”术文说:“置分母五,内减分子二,余三为法.以分母五,乘原一十五个,得七十五为实.实如法而一,得极数,合问.”显然,增约术就是等比数列和的极限:当

$$s_n = a(1 + r + r^2 + \cdots + r^{n-1}), s_n \to \frac{a}{1-r}(n \to \infty) \tag{6}$$

我们认为关氏获得如表1数据,还可能做类似考察,当发现相邻差数之比渐近于$\frac{1}{4}$时,就运用增约术公式(6)计算半圆周长

$$\begin{aligned} p &\approx p_{2n} + (p_{4n} - p_{2n}) + (p_{8n} - p_{4n}) + \cdots \\ &\approx p_{2n} + (p_{4n} - p_{2n})(1 + r + r^2 + \cdots) \end{aligned}$$

他取

$$r = \frac{(p_{4n} - p_{2n})(p_{2n} - p_n)}{(p_{2n} - p_n) - (p_{4n} - p_{2n})}$$

又选取

$$p_{4n} = p_{2^{17}}, p_{2n} = p_{2^{16}}, p_n = p_{2^{15}}$$

于是

$$p \approx p_{2^{16}} + \frac{(p_{2^{17}} - p_{2^{16}})(p_{2^{16}} - p_{2^{15}})}{(p_{2^{16}} - p_{2^{15}}) - (p_{2^{17}} - p_{2^{16}})} \tag{7}$$

含 π 有效数字二十位,较 $p_{2^{17}}$ 本身仅含十位数字仅十位精度大有提高.[①]

关氏称公式(7)中的 p 为定周,联系《九章算术》方田章圆田注中当把 $2(A_{192} - A_{96})$ 增入 A_{96} 后“出于弧表”,于是从

$$\begin{aligned} 314\frac{64}{625} = A_{192} < \pi < A_{96} + (A_{192} - A_{96}) \\ = 314\frac{169}{625} \end{aligned}$$

取 $\pi \approx 3.14$,刘徽说:“还就一百九十二觚之全幂三百一十四寸,以为圆幂之定率.”可见关氏选用定周一词是有渊源的.关氏求定周的计算措施与刘徽求圆面积从“十二觚之幂为率消息”应该是一脉相承的.

第三节　立　体　算

1. 方锥

关孝和在《解见题之法》(1684)有方锥体积公式证明:“方二分之一为横,

① 本书第二十章.

方一个为纵．高二分之一为高．三位相乘则方幂、高相乘四分之一，是直堡紬积……全积八分之一为甲积，全积三十二分之一为乙积．全积之内减甲积一段与乙积四段，余得直堡紬积，则全积四分之三也，原题有图（图 8），这里关氏用出入相补原理把方锥沿半高水平截面截去顶上的小方锥（甲积），体积为原方锥的$\frac{1}{8}$，又沿此小方锥底四边作铅垂截面得四隅方锥（乙积）四者体积和为原方锥$\frac{1}{32}\times 4=\frac{1}{8}$．中间立方体加上四侧鳪堵所成方柱（直堡绸）其体积为原方锥的$1-\frac{1}{8}-\frac{1}{8}=\frac{3}{4}$．而这一方柱体积是$\frac{1}{4}a^2h$，因此可推算出原方锥体积是$\frac{1}{3}a^2h$．”

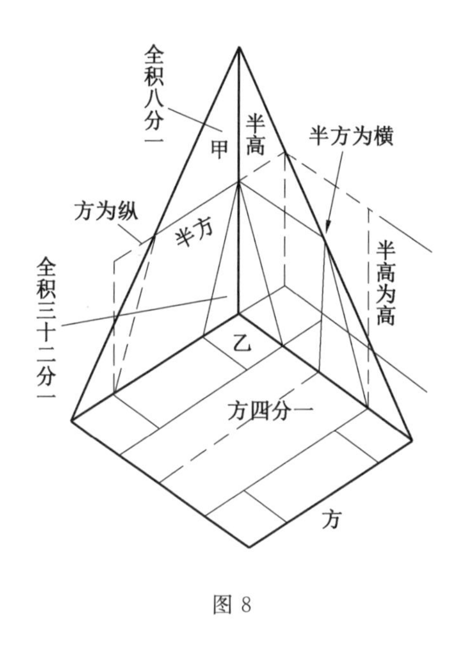

图 8

2．方亭

日本镰仓时代（1192—1333）计算一升容积误以为$\frac{1}{2}(a^2+b^2)h$，其中 a，b 分别是方亭（台）上底下底正方形边长．

《尘劫记》仍用此式．《竖亥录》改正为$\frac{1}{3}(a^2+ab+b^2)h$．《算法勿惮改》有綦验法图证（图 9），合并图中有相同记号的綦算得

$$V=b^2h-a(b-a)h-\frac{2}{3}(b-a)^2h$$

$$=\frac{1}{3}\{3b^2-3a(b-a)-2(b-a)^2\}h$$

获得正确结果．

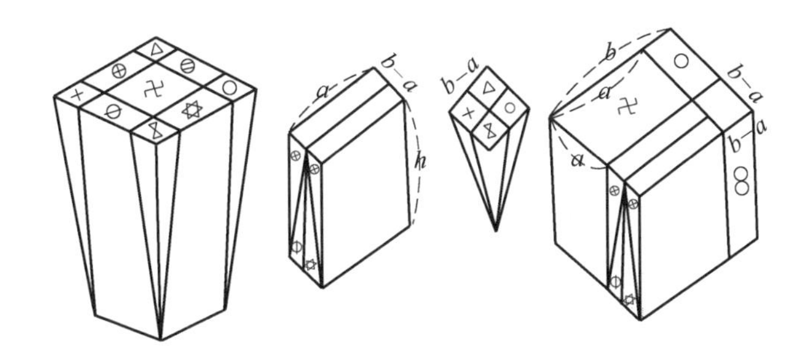

图 9

3. 榨形

(上、中广相等的羡除)《算法缺疑抄》用棊验法推导出其体积公式是 $\frac{1}{6}(2a+c)bh$(图 10).

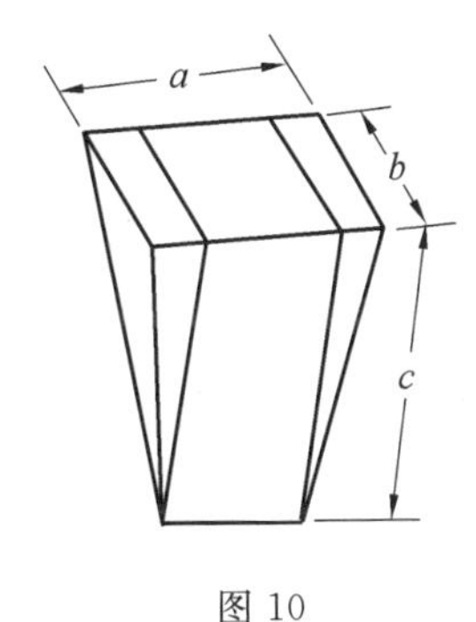

图 10

4. 厚幅台(刍童)

《尘劫记》误用公式 $\frac{1}{2}(a+a')\cdot\frac{1}{2}(b+b')h$,《竖亥录》改用正确公式 $\frac{1}{6}\{(a+2a')b'+(2a'+a)b\}h$.《算法缺疑抄》又用棊验法把刍童体剖分成上下两个榨形(图 11).方法简练,为当年刘徽所未逮就导致刍童体积公式

$$\frac{1}{6}\{(a+2a')b'h+(2a+a')bh\}$$

5. 圆柱、圆锥、圆台

关孝和在《求积》中对圆柱体积提出正确公式,并作解释说:"是方壔积,乘圆积法,得全积也.每形全同者,皆如此:先求方积,而后求圆法,则变为圆积,故锥、台悉仿之."可见关氏对这三种立体都先求外切方柱(锥、台)体积,然后相当于刘注商功章所说:"从方锥(亭)求圆锥(亭)之积,亦犹方幂求圆幂."

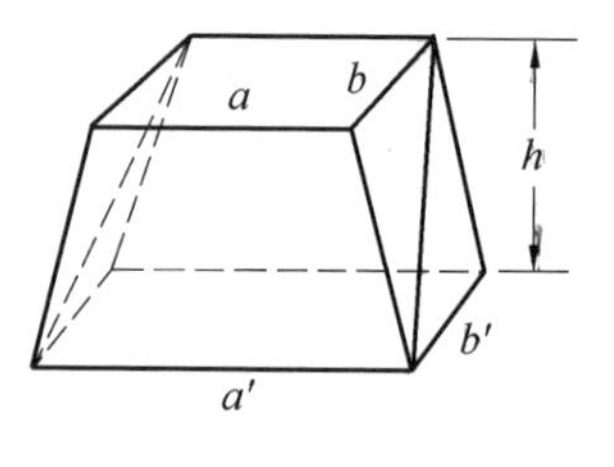

图 11

第四节　立圆术(会玉术)

和算惯于用等间隔平面截割球体：圆台近似体积公式估计球的体积，这种方法称为会玉术，直径 1 尺的球体积含立方尺数称为玉率($\frac{\pi}{6}$). 各书所记玉率互异. 如《尘劫记》0.562 5,《竖亥录》0.510,《格致算书》0.525,《算俎》0.524,《算法勿惮改》0.523 6,《算俎》述计算方法云:"球率事繁，难以委细记出. 可如平圆，将串一尺之球劈成若干枚，达至球心，成各圆台，叠其坪数，[1]则可作成寸坪五百二十四之定值也."十年后(1673 年)《算法勿惮改》云:"将一尺之球劈成一万枚，枚薄如纸……，以径矢弦之术而知其积，…… 合一万枚成五百二十三坪六分，故为定法也."

关孝和在前人工作基础上对会玉术有完整记述并有创见，收入《括要算法》卷四，袭用《九章算术》术语，改会玉术为立圆术，对于直径 1 尺的球积求法先分别求出初积、中积、后积. 关氏云:"求初积，径一尺立圆，厚各二分，截五十片，以径矢弦术，各得弦幂，相并上下弦幂，以厚乘之，得数折半之，各得截积，通计为初积."这是说，如图 12，大圆半径 $OE=R$ 取 m 等份，从直角三角形：径 $2OB_i=2OB_{i+1}=2R=d$，矢：$D_iE=\frac{i}{m}R$，$D_{i+1}E=\frac{i+1}{m}R$，弦：A_iB_i，$A_{i+1}B_{i+1}$，($i=0,1,2,\cdots,m-1$). 三者关系是

$$\left(\frac{A_iB_i}{2}\right)^2=R^2-\left(\frac{m-i}{m}\right)^2R^2$$

把球台近似看成以上下底平均为底，以均匀间隔为高的圆柱，而所求球体积近似看成是这些圆柱和

$$j_n=j_{2m}\approx 2\sum_{i=0}^{24}\frac{\pi}{4}\cdot\frac{A_iB_i^2+A_{i+1}B_{i+1}^2}{2}\cdot\frac{R}{m}$$

---

① 坪，日文. 义：六尺见方面积. 这里转义为一立方寸方块.

关孝和称 $A_iB_1^2$ 为弦幂，$\frac{A_iB_i^2+A_{i+1}B_{i+1}^2}{2}\cdot\frac{R}{m}$ 为截积. 他详记 $i=0$ 至 $i=24$ 之间截积，并求和. 我们摘抄其部分结果(表 2).

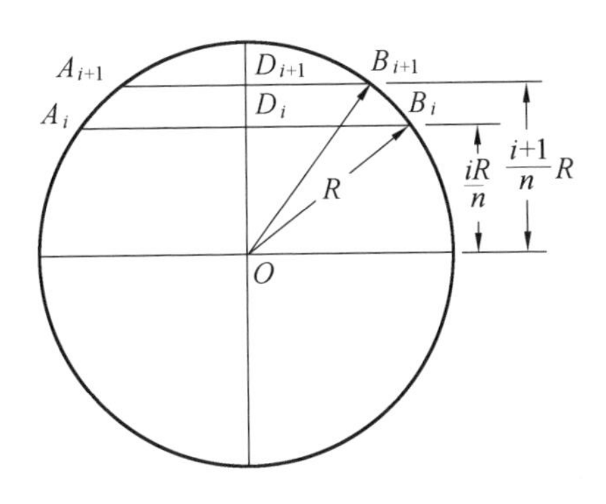

图 12

这样就求出初积 $j_{50}=666.4$(立方寸)，用同样方法求得中积 $j_{100}=666.6$(立方寸)，后积 $j_{200}=666.65$(立方寸).

求得初积、中积、后积后，关孝和又借此三项数据提出求积的主张，他说："列初积与中积差与后积差相乘之，得数寄位. 列初积与中积差，内减中积与后积差. 余为法，以中积相乘之，得数加入寄位. 其得数为实，如法而一 …… 为约积."这就是

$$\text{约积}=j_{100}+\frac{(j_{200}-j_{100})(j_{100}-j_{50})}{(j_{100}-j_{50})-(j_{200}-j_{100})}\tag{8}$$

最后，关氏说："列约积 ……，以圆周率相乘之，得数为实，列圆径率四之 …… 为法，实如法而一，…… 为定积也."这就是球体积

$$V_{\text{球}}=\frac{\pi}{4}\text{约积}\tag{9}$$

以关氏计算结果代入式(8)，得约积 $\frac{2}{3}$(立方尺) 再代入式(9)，适得正确值

$$V_{\text{球}}=\frac{\pi}{6}(\text{立方尺})$$

显然，如直径为 d，从公式(8)(9) 也将导出

$$V_{\text{球}}=\frac{\pi}{6}d^3\tag{10}$$

关于公式(8) 的来源我们认为关氏可能依照定周术用增约术所获得的成果. 如果继续关氏工作倍增分割片数，计算各自截积之和 j_n，表 3 中我们列出 $n=50,100,\cdots,1\ 600$ 时 j_n 的值. 当关氏发现这一连串截积和相邻差的比是常数，于是用增约术以提高精度，他设计

$$
\begin{aligned}
\text{约积} &= j_{100} + (j_{200} - j_{100}) + (j_{400} - j_{200}) + \cdots \\
&= j_{100} + (j_{200} - j_{100})(1 + r + r^2 + \cdots) \\
&= j_{100} + (j_{200} - j_{100}) \frac{1}{1-r}
\end{aligned}
$$

用 $r = \dfrac{j_{200} - j_{100}}{j_{100} - j_{50}}$ 代入，就得式(8).

这里有两个问题：其一，关氏没有指出对于任意整数 m，r 是否是常数. 如果答案是肯定的，那么公式(10) 将是正确值. 我们将在另一论文中讨论.[①]其二，关氏初积、中积、后积都逐一计算截积，手续非常繁复. 难怪村濑义益的学生三宅贤隆(1662—1745) 著《具应算法》(1692) 按照同一径矢径术计算，花了三年时间得玉率为 523.598 82，较其师仅提高精度有效数字二位！其实关孝和在《括要算法》(1683) 卷二中早于西方伯努利提出自然数幂和公式 $\sum\limits_{r=1}^{n} r^p (p=1, 2, \cdots, 11)$ 的 $p+1$ 次的含 n 的多项式. 因此关氏及其同代人应有能力解决以下关系

$$
\begin{aligned}
j_n = j_{2m} &= 2 \sum_{i=0}^{m-1} \frac{A_i B_i^2 + A_{i+1} B_{i+1}^2}{2} \\
&= \frac{1}{2m} \sum_{i=0}^{m-1} \left\{ \left[1 - \left(\frac{m-i}{m}\right)^2 \right] + \left[1 - \left(\frac{m-i+1}{m}\right)^2 \right] \right\} \\
&= \frac{2}{3}\left(1 - \frac{1}{4m^2}\right) = \frac{2}{3}\left(1 - \frac{1}{n^2}\right)
\end{aligned}
$$

但是和算家们舍近就远，弃简就繁. 使须臾弹指间事，累人穷日尽明，虚度三年年华. 千虑有失，令人费解.

表 1

n	2^n	p_{2^n} / 尺	$p_{2^{n+1}} - p_{2^n}$ / 尺	$\dfrac{p_{2^{n+2}} - p_{2^{n+1}}}{p_{2^{n+1}} - p_{2^n}}$
2	4	2.828 427 124 746 190 097 6＋	$2.330\ 403\ 342 \times 10^{-1}$	$\dfrac{1}{3.885\ 450\ 09}$
3	8	3.061 467 458 920 718 173 8＋	$5.997\ 769\ 333 \times 10^{-2}$	$\dfrac{1}{3.971\ 142\ 99}$
4	16	3.121 445 152 258 052 285 6－	$1.510\ 338\ 293 \times 10^{-2}$	$\dfrac{1}{3.992\ 787\ 43}$
5	32	3.136 548 490 545 939 263 8＋	$3.782\ 666\ 415 \times 10^{-3}$	$\dfrac{1}{3.998\ 193\ 09}$

① 本书第二十章.

续表1

n	2^n	p_{2^n} / 尺	$p_{2^{n+1}}-p_{2^n}$ / 尺	$\frac{p_{2^{n+2}}-p_{2^{n+1}}}{p_{2^{n+1}}-p_{2^n}}$
6	64	3.140 331 156 954 752 912 3＋	$9.460\ 939\ 801\times10^{-4}$	$\frac{1}{3.999\ 548\ 37}$
7	128	3.141 277 250 932 772 865 1－	$2.365\ 502\ 033\times10^{-4}$	$\frac{1}{3.999\ 886\ 82}$
8	256	3.141 513 801 143 010 763 3－	$5.913\ 922\ 408\times10^{-5}$	$\frac{1}{3.999\ 971\ 85}$
9	512	3.141 572 940 367 091 384 3－	$1.478\ 491\ 006\times10^{-5}$	$\frac{1}{3.999\ 993\ 62}$
10	1 024	3.141 587 725 277 159 700 8－	$3.696\ 234\ 050\times10^{-6}$	$\frac{1}{3.999\ 997\ 54}$
11	2 048	3.141 591 421 511 199 974 1＋	$9.240\ 589\ 593\times10^{-7}$	$\frac{1}{3.999\ 999\ 56}$
12	4 096	3.141 592 345 576 117 742 5－	$2.310\ 147\ 549\times10^{-7}$	$\frac{1}{3.999\ 999\ 89}$
13	8 192	3.141 592 576 584 872 666 8－	$5.775\ 369\ 032\times10^{-8}$	$\frac{1}{3.999\ 999\ 97}$
14	16 384	3.141 592 634 338 562 990 8＋	$1.443\ 842\ 268\times10^{-8}$	$\frac{1}{3.999\ 999\ 98}$
15	32 768	3.141 592 648 770 985 670 8－	$3.609\ 605\ 682\times10^{-9}$	$\frac{1}{3.999\ 999\ 98}$
16	65 536	3.141 592 652 386 591 357 1＋	$9.024\ 014\ 188\times10^{-10}$	
17	131 072	3.141 592 653 288 992 775 9－		

表 2　($m=25$)

i	弦幂 $A_iB_i^2$ / 方寸	截积 $\frac{1}{m}\cdot\frac{A_iB_i^2+A_{i+1}B_{i+1}^2}{2}$ / 立方寸
0	0	0.784
1	7.84	2.32
2	15.36	3.792
…	…	…
23	99.36	19.92
24	99.84	19.984
25	100.00	
初积	$=2\sum_{i=0}^{m-1}\frac{A_iB_i^2+A_{i+1}B_{i+1}^2}{2}$	666.4

表 3

m	$2m=n$	j_n	$j_{2n}-j_n$	$\frac{j_{4n}-j_{2n}}{j_{2n}-j_n}$
25	50	0.666 4	0.000 2	$\frac{1}{4}$
50	100	0.666 6	0.000 5	$\frac{1}{4}$
100	200	0.666 65	0.000 012 5	$\frac{1}{4}$
200	400	0.666 662 5	0.000 003 125	$\frac{1}{4}$
400	800	0.666 665 625	0.000 000 781 25	$\frac{1}{4}$
800	1 600	0.666 666 406 25	0.000 000 195 312 5	
1 600	3 200	0.666 666 601 562 5		

勾股、重差和积矩法①

第三十三章

第一节　引　言

现代数学史学家对中国古代勾股术和重差术中定理和公式的推导认识，主要建立在赵爽和刘徽的注解工作上，因为赵爽给《周髀算经》的注解和刘徽给《九章算术》的注解均出现在3世纪. 所以，多数学者主张数学在理论方面的发展在古代中国开始得比较迟，大约在3世纪左右. 在注《九章算术》的序中，刘徽说“徽寻九数有重差之名，原其指趣乃所以施于此也.”又说“辄造重差，并为注解，以究古人之意，缀于勾股之下.”因此，无疑的，“重差术”和“勾股术”一样也出现在刘徽和赵爽的时代之前.

根据现存资料，我们知道刘徽所辄造的“重差”即现在所谓的《海岛算经》. 大约在唐朝初期“重差”才由《九章算术》的勾股章后取出，分刻为一部独立的书. 刘徽在辄造重差时，曾加以注解. 依据刘徽对自己注解的叙述“析理以辞，解体用图”，《海岛算经》应有析辞和图解两者. 可惜刘徽的原注已失传. 吴文俊近来注意到有些后来学者对《海岛算经》中重差术的分析，常常与刘徽的原意无共同之处，对重差术的评论也与历史演变不符合.

① 本文是由1990年在北京科学院自然科学史研究所和天津师范大学数学系所做的报告编写的，并于1991年在北京《九章算术》暨刘徽学术思想国际研讨会上宣读，作者为程贞一.

为纠正这种学术上的错误，他使用了刘徽常用的“出入相补”法来分析《海岛算经》的重差术.加上近来以相似勾股比例法对重差术的研究给3世纪刘徽和赵爽时代的重差术研究也立下了重要的基础.

本文的目的是分析在赵爽和刘徽时代之前有关勾股和重差推导方面的工作.主要观点为“出入相补”法的原理导源于商高的“积矩”法.勾股术中的“勾股定理”和“相似勾股比例”均由积矩法推导出来.重差术的“重差公式”出现在陈子的工作中，也可由积矩法推导出来.因此，在中华文化中，数学在理论方面的发展，最迟也应开始在商高时代.不应在3世纪.

第二节　勾股术和商高的积矩法

甲.矩，勾股和积矩

矩在古代数学发展的过程中，起过重要的作用，根据《周髀算经》所载商高与周公的对话，商高对“数之法”有下列一段的解释：

> 数之法出于圆方.圆出于方，方出于矩，矩出于九九八十一.

那就是说，商高认为“数之法”出源于圆和方的数理上，圆的数理可由方求得，方的数理可由矩求得，而矩的数理来自九九为八十一的运算知识.这段商高对数之法来源的看法，有其独到之处.在这叙述中，商高把数字运算与几何观念融合在一起.这与希腊把几何与数字分隔的看法是有基本上的不同.

在上引的叙述中，商高并认为沟通数算和几何的桥梁是矩.矩有多种意义.矩的具体是直角尺.一种工具.周公问用矩之道，商高曰：

> 平矩以正绳，偃矩以望高，
> 覆矩以测深，卧矩以知远，
> 环矩以为圆，合矩以为方.

商高对用矩的这段叙述证实，在当时矩的应用已是多方面的了.可用来与正绳水平，求高测深量远，并可作圆方.

矩同时也代表两者相互垂直的抽象观念，这观念也许是由垂绳与水平现象抽象化所产生的.在这抽象化的过程中，“勾”和“股”形成这观念的技术名称.代表相互垂直的抽象观念.因此，矩直角的两边线段，一为勾另一为股.其应用随实际情况而定.譬如，在髀日影的测量中，髀高为股，影长为勾.任何相互垂直的两线段均可用“勾”和“股”来表达.知道勾和股,利用数字的运算知识可求得矩的面积和矩的径(即弦)长.因此矩逐渐地取代了抽象的几何形状,相当于现在所谓的平面长方形.矩的径即平面长方形中的对角线.由这勾股的直角关系,逐渐推导出两个在古代最重要的数学定理.这就是近代数学史学家所称的“勾股定理”和“勾股比例”.

为了推导这些定理,古代数学家利用了矩的数理特质而创造了“积矩”法.正如其名所示,“积矩”法利用矩的面积来建立关系.由分析矩的总面积与其部分面积的关系,可求得不同数理关系,因而推导出数理公式和定理.这种推导证明法的内在逻辑是建立在“全体为其部分的总和”的公理上.与刘徽和赵爽所用的“出入相补”法的原理基本上是一样的.积矩法是古代中国在几何学上的成就.这方法也就是西方后来所谓的解剖证明法(the dissection proof).

乙.勾股定理与积矩法

勾股定理在中华文化中最早的现存记载出现在商高与周公的对话中:

> 故折矩,以为勾广三,股修四,径隅五.
> 既方其外,半之一矩环而共盘.
> 得成三四五,两矩共长二十有五,是谓“积矩”.

有许多数学史学家认为这段记载证实商高时代已知勾三,股四,弦五的一个勾股定理的特例.事实上,这记载所证实的不仅是一个特例而是一般性的勾股定理.证明中所采用的是直角三角形的勾、股、径术名,代表任何直角三角形.商高称这证明法为“积矩”.在图1中,我把商高所述地证明步骤以图表达.左图示意“折矩”,即把矩斜角对折而得直角三角形.中图示意“既方其外”,即在折矩所得的一个直角三角形的径上向外设一个正方.右图示意,“半之一矩,环而共盘”,那就是用折后所得的半矩(即直角三角形)环绕径外之方而共合成一盘.由此得成三四五关系(即勾股定理),因为盘的面积减两距(即环方的四个直角三角形)的面积共长为径方的面积(即二十有五).由构造,盘的面积为(勾+股)^2,两矩的面积为2(勾×股).因此得

$$(\text{勾}+\text{股})^2-2(\text{勾}\times\text{股})=\text{径}^2$$

故得成勾股定理

$$\text{勾}^2+\text{股}^2=\text{径}^2$$

由此可见,商高所述的证明是一个普遍性的证明,并不依靠数字.这非不是一个公理体系化的演绎证明,但也是一个合乎逻辑的证明.也许有些学者还是疑问,既然这证明不依靠数字,那么为什么商高要提出三四五数字呢?我的看法有二.一是这数字提出的目的是作为例子.这可用“以为”两字所体会;商高说“以

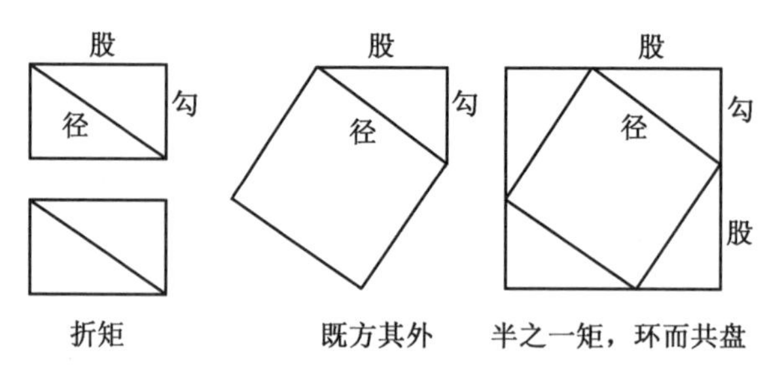

图 1　商高积矩法证实勾股定理的步骤

为勾广三，股修四，径隅五.”这里的“以为”用词有“假设”之意，并没有“必须”之意.很明显商高没有认为勾只能为三，股只能为四的意思.因此，勾广三，股修四，径隅五只是一个例子.另一看法认为“三四五”是古代称勾股定理的方法、“勾股定理”是现代数学史学家所提出的名字，古代并没有这个名字.“勾”和“股”在古代是直角两边的术名.其用途甚广，并不限于数学，应用在直角三角形上产生在后.在商高时代，直角三角形的斜边称为“径”.“弦”这术名的用法尚未问世.“三四五”勾股定理的关系也许是发现勾股定理的一个很早的实例.因此，用“三四五”来代表勾股定理是一个合适的方法，而且这特例全为整数，方便叙述.我们有许多例子可知古代命名常以特例代表.譬如，在商高叙述“数之法”中，以“九九八十一”来表达数字乘法(见二甲段引言).后来“乘法表”称之为“九九表”，也就是以特例命名的一个实例.而且在证明勾股定理中，商高说“得成三四五.”在此“三四五”的用法，似乎建议“三四五”实有一名称，代表一个普遍勾、股、径之间的关系.

赵爽在注《周髀算经》时，作弦图并给勾股定理提出下列证明：

> 案弦图，又可以勾股相乘为朱实二，倍之为朱实四.
> 以勾股之差自相乘为中黄实，加差实一，亦成弦实.

在此朱实为勾股相乘的一半，$\frac{1}{2}(\text{勾}\times\text{股})$，即弦图中直角三角形(图 2).正如全体为其部分的总和，赵爽认为弦实为黄实和四个朱实的总和

$$\text{弦}^2=(\text{股}-\text{勾})^2+4[\frac{1}{2}(\text{股}\times\text{勾})]$$

故

$$\text{弦}^2=\text{勾}^2+\text{股}^2$$

由图可见赵爽的证明是建立在商高的“积矩”原理上.赵爽表明弦方(即陈子的径方)的面积可由勾股差方和两勾股矩的面积合并而得.

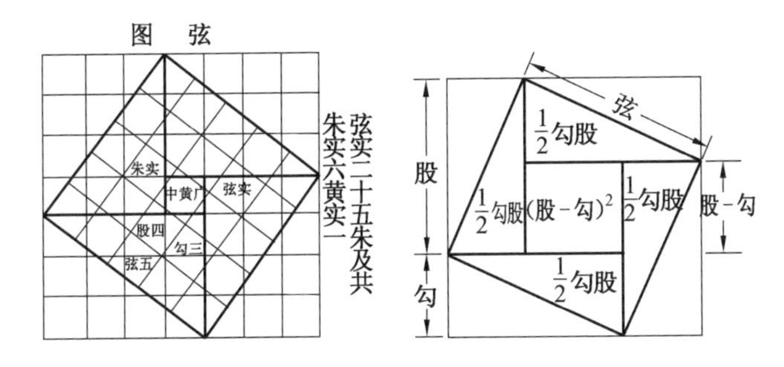

图 2 左图为赵爽注商高积矩证法的弦图，右图为赵爽以弦图证勾股定理的图解

刘徽在注《九章算术》时，也给勾股定理提出一个证明：

> 勾自乘为朱方，股自乘为青方.
> 令出入相补，各从其类.
> 因就其余不移动也，合成弦方之幂.

这证明，如图 3 所示，也采用了弦实为其部分的总和. 在此总和是由“出入相补”所构成.“出入相补”法的原理和积矩法的原理并没有重要的区别. 尤其在刘徽这个例子里，“出入相补”所补的也正是一个方矩.

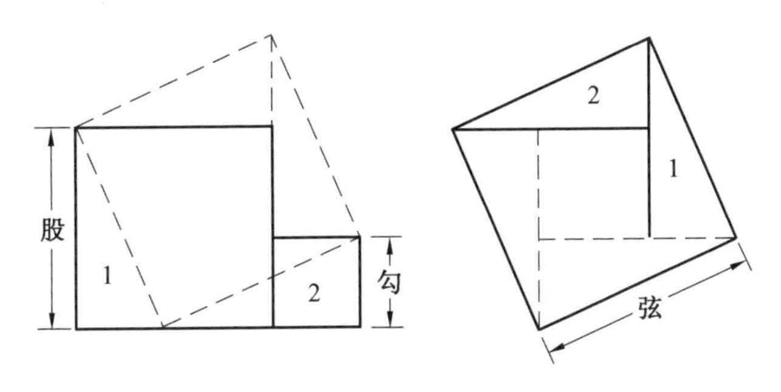

图 3 刘徽所叙“出入相补”法证实勾股定理的示意图

许多近代学者认为赵爽和刘徽给“勾股定理”的证明是勾股定理在中华文化中最早的证明. 这是不正确的. 不但早在赵爽和刘徽证明之前，商高已给勾股定理一个普遍性的证明，而且赵、刘两人所用的证明方法也导源于商高的“积矩”法.“出入相补”法虽有新的发展并采用颜色来辨识不同面积，但其基本原理与“积矩”法是一样的. 其内在逻辑建立在“全体为其部分的总和”的公理上.

赵爽注《周髀算经》，对商高的证明当然是研究过的. 分析赵爽的证明，可见他并不认为自己的证明是一创新. 由他的用词譬如，“又可以”“亦成弦实”等，我们可会意到赵爽了解商高证明的普遍性，因此把自己的证明作为另一证明而已. 现存资料可间接确定虽然刘徽和赵爽同为 3 世纪的数学家，他们两人并不互相知道各人的工作. 这并不说明刘徽与商高工作之间的关系. 生长在同一时代，刘徽所受当时数学界的影响应与赵爽所受影响是类似的. 因此，刘徽可能也接触到商高流传下来的工作. 由原理来分析，“出入相补”法的确和“积矩”法是一脉相传的.

丙. 勾股比例与积矩法

上引商高对用矩之道的叙述中有“偃矩以望高，覆矩以测深，卧矩以知远.”很明显商高在此所说的是矩可用来求高，求深和求远. 拿求高为例，矩的勾股和物的高远应有如图 4 中左图的关系. 以现代普通的数学知识，很自然就联想到相似直角三角形的比例公式. 但商高并没有说明如何由矩的测量求得物高. 因此，我们不应假设有 —— 比例公式. 但照商高的积矩法，左图中的直角三角形可积合成矩如图 4 的右图所示. 由构造，矩中对角线两边的直角三角形的面积对对相等

$$\triangle ACD = \triangle ACB, \triangle AOH = \triangle AOE, \triangle OCG = \triangle OCF \tag{1}$$

因此，矩 $DCFH$ 的面积，高 × 勾，和矩 $GCBE$ 的面积，股 ×（距 + 勾），相等

$$\text{高} \times \text{勾} = (\text{距} + \text{勾}) \times \text{股}$$

因此得相似勾股比例公式

$$\frac{\text{股}}{\text{勾}} = \frac{\text{高}}{\text{距} + \text{勾}} \tag{2}$$

由此可见，用积矩法推导勾股比例公式要比推导勾股定理简单多了. 虽然现存商高工作中，没有勾股比例公式的直接记载，由商高对积矩法的精通和在用矩之道上的叙述，我认为商高对勾股比例是熟悉的. 由勾股比例公式当然可得求高公式

$$\text{高} = \frac{\text{股} \times \text{距}}{\text{勾}} + \text{股} \tag{3}$$

在陈子的工作中，有多次应用“勾股比例”和“勾股定理”，似乎到陈子时代，这

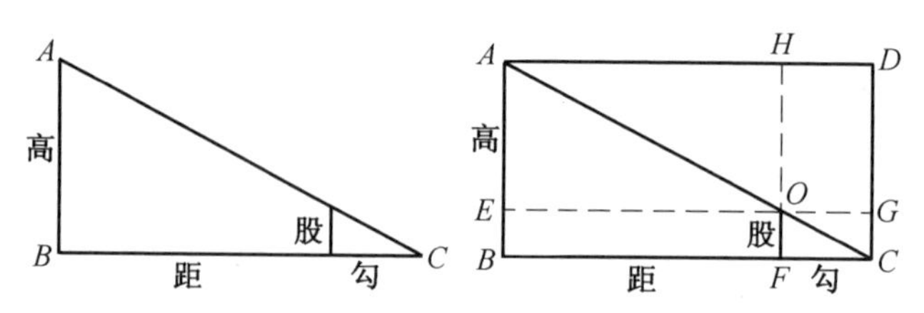

图 4　积矩法求直角三角形的勾股比例公式

两定理已是数学天文界的普通知识.

第三节 陈子的重差公式与其推导

甲.陈子的重差公式

陈子重差公式是陈子分析日影测量以求太阳视运动所推导出来的数学公式.《周髀算经》所载陈子对荣方叙述日影测量的对话中,有下列一段记载:

> 夏至南万六千里[χ_0],冬至南十三万五千里.
> 日中立竿测影,此一者,天道之数.
> 周髀长八尺[h],夏至之日,晷一尺六寸[λ_0].
> 髀得,股也;正晷者,勾也.
> 正南千里[x_1]勾一尺五寸[λ_1],
> 正北千里[x_2]勾一尺七寸[λ_2].

这段记载叙述了三个不同髀距的夏至日影的测量这三个测量用现代通用的符号表达,可写为(x_1,λ_1),(x_0,λ_0)和(x_2,λ_2),其相互关系如图 5 所示.

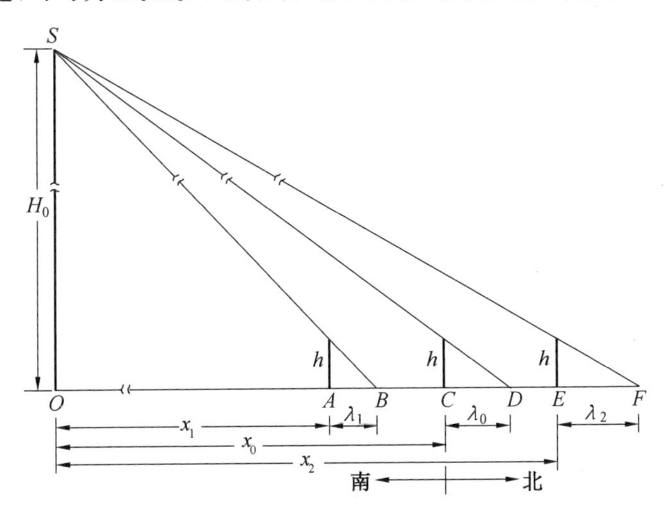

图 5 根据上录陈子夏至日影测量所建立的三个直角三角形

由图 5 中直角三角形的相似关系,陈子推导出下列重差公式[见三乙段]

$$(x_2 - x_1) = \frac{\chi_0}{\lambda_0}(\lambda_2 - \lambda_1) \tag{4}$$

这是髀距差(x_2-x_1)与其日影差($\lambda_2-\lambda_1$)的一个普遍关系.其中比率系数是由原地测量数据(x_0,λ_0)所定.由上引陈子的叙述得 $x_0=16\ 000$ 里,$\lambda_0=16$ 寸.把此两数代入陈子重差公式(4)即得

$$x_2-x_1=1\ 000(\lambda_2-\lambda_1)(\text{里}/\text{寸}) \tag{5}$$

这就是"于地千里而日影差一寸."这也正是陈子以日影测量来分析太阳视运动的实际计算公式.陈子对这公式的叙述如下:

法曰:"周髀长八尺,勾之损益寸千里."

这公式在盖天学派流传多年.

学者们对公式(5)的来源有不同的看法.大体上可分为两派.一派的看法认为这公式是直接测量所得的结果,另一派认为这是一个纯粹的假设.在此值得强调的是这公式且不是一个直接测量的结果,也不是一个假设,而是以理论和测量相结合所推导出来的结论.在陈子模型中,公式(4)是正确的结论,但公式(5)的正确性与 $x_0=1\ 600$ 里和 $\lambda_0=16$ 寸两数据有关键性的关系.上引陈子的叙述很清楚地指出,这两数均为测量所得的数据.无疑问的 $\lambda_0=16$ 寸是以八尺周髀在夏至时所测得的日影长.然而,陈子对数据 $x_0=16\ 000$ 里的测量叙述就很含糊.

在此 x_0 是在夏至中午日影长为零的地点与观测地点之间的距离.陈子认为 x_0 是以"日中立竿测影"而得.但没有说明由这测量如何求得 x_0.夏至中午在适当的地区立竿测影是可能找到影长为零的地点.由这地点测量到陈子观察地点的距离是很不容易的.陈子说"此一者,天道之数."这话的一个可能解说是陈子接收这数为天道的数据.因此,$x_0=16\ 000$ 里是陈子所采用的数据.并不是他自己以测量所求得的数据.也许这数据是古代流传下来比较有权威的数据,陈子在采用此数时,并没有更进一步地再考察这数据的准确性.在古代要测量地面两点相隔很远的距离是非常困难的;因为山丘水泽实际行程距离与平面距离总是相差很多.这数字的不正确影响了近代学者对陈子工作的客观评价.

事实上,x_0 在陈子模型中可作为一个定标系数(scaling panameter),只影响模型的整个度数,对建立陈子模型的理论与测量并无关系.这可以下列陈子公式的另一写法而显示

$$x_2-x_1=\left(\frac{\lambda_2-\lambda_1}{\lambda_o}\right)x_0 \tag{6}$$

公式(6)所显示的是任何髀距差 x_2-x_1,都可以用 x_0 来表达,而其比数$(\lambda_2-\lambda_1)/\lambda_0$ 可由日影测量求得.因此,陈子法,"周髀长八尺,勾之损益寸千里"可改写为"周髀长八尺,勾之损益寸 $0.062\ 5x$ 里(或(x_0/λ_o) 里)".而不影响任何陈

子的理论.

乙.陈子公式的推导

陈子的工作主要是分析和讨论太阳视运动和太阳直径与距离的测量计算，其性质与商高工作的性质不同.在陈子的工作中，勾股定理和勾股比例的应用就好像是普通知识，没有加以解释和推导.重差公式的应用也是如此.在此，我探讨，在商高所留下的数学知识的范围之内，陈子的重差公式是如何推导出来.

(1) 比例推导法

在陈子和荣方和对话中，有两次谈到利用相似勾股比例关系的实际计算.一是求日垂高 H_0，另一是用竹空测量日径与日距比率以求日径的计算.因此，我们可推导陈子对相似勾股比例公式(2) 是很熟悉的.由图 5 相似直角三角形的比例关系得

$$\frac{H_0}{h}=\frac{x_1+\lambda_1}{\lambda_1}=\frac{x_0+\lambda_0}{\lambda_0}=\frac{x_2+\lambda_2}{\lambda_2} \tag{7}$$

因此，正南的测量(x_1,λ_1) 和正比的测量(x_2,λ_2) 均与原地的测量(x_0,λ_0) 有比例关系

$$\frac{x_1+\lambda_1}{\lambda_1}=\frac{x_0+\lambda_0}{\lambda_0}$$

$$\frac{x_2+\lambda_2}{\lambda_2}=\frac{x_0+\lambda_0}{\lambda_0}$$

这两个比例关系可直接转换为下列两个比例关系

$$x_1\lambda_0=x_0\lambda_1 \tag{8}$$

$$x_2\lambda_0=x_0\lambda_2 \tag{9}$$

由比例(9) 减比例(8) 而得陈子重差公式

$$(x_2-x_1)=\frac{x_0}{\lambda_0}(\lambda_2-\lambda_1)$$

这个推导方法建立在相似勾股比例的关系上.

(2) 积矩推导法

陈子重差公式也可直接由“积矩法”求得.在二乙段已讨论过商高证明“勾股定理”的“积矩法”.由此法逐渐推演到“出入相补”法.这一类的证明法也就是西方后来所称的“解剖证明法”(the clissection proof).陈子迟于商高，对“积矩法”也应该熟悉的.

以积矩法把图 5 中的直角三角形积合成矩可得图 6.其中直角三角形 $\triangle SFO$ 积矩为 $\square SYFO$，直角三角形 $\triangle SDO$ 积矩为 $\square SVDO$，直角三角形 $\triangle SBO$ 积矩为 $\square STBO$.由构造，线 SF 平分 $\square SYFO$，因此

$$\triangle SPX=\triangle SPW$$

$$\triangle PFE = \triangle PFQ$$

故在平分两边所剩下的两个矩的面积应相等

$$\square YQPW = \square PEOX \tag{10}$$

同样的由 $\square STBO$ 得下列两矩的面积相等

$$\square TLGR = \square GAOX \tag{11}$$

由 $\square SVDO$ 得下列两矩的面积相等

$$\square VNMU = \square MCOX \tag{12}$$

再构造，$\square YQPW = (H_0 - h)\lambda_2$，$\square PEOX = hx_2$；$\square TLGR = (H_0 - h)\lambda_1$，$\square GAOX = hx_1$；$\square VNMU = (H_0 - h)\lambda_0$，$\square MCOX = hx_0$，故由式(10) 减(11) 得

$$(H_0 - h)(\lambda_2 - \lambda_1) = (x_2 - x_1)h \tag{13}$$

由式(12) 得

$$(hH_0 - h)\lambda_0 = x_0 h \tag{14}$$

合并式(13) 和(14) 得陈子公式

$$(x_2 - x_1) = \frac{x_0}{\lambda_0}(\lambda_2 - \lambda_1)$$

这推导方法建立在商高的积矩法上.

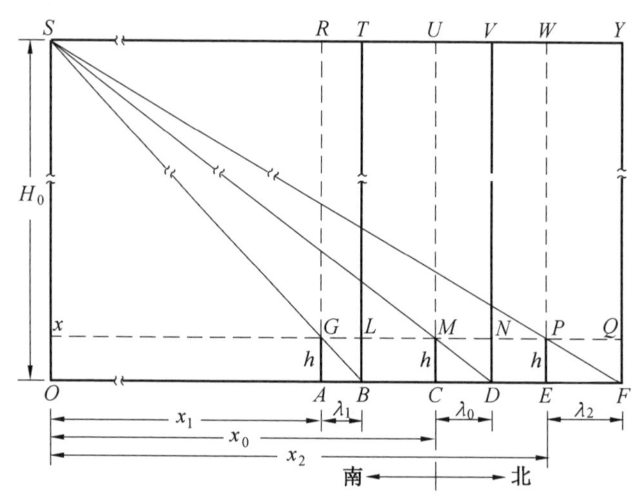

图 6　积矩法推导陈子重差公式. 图中之距是由图 5 中直角三角形所积成

丙. 陈子公式在分析太阳视运动上的应用

在我们探讨陈子重差公式和重差术的关系之前，也许值得分析一下陈子如何利用重差公式来测量和分析太阳视运动. 在当时天文学上这是一个有创造性的应用. 陈子假设太阳每昼夜环绕北极一次，其轨道直径与季节同步变迁. 轨道的平面与地面平行，而地平不动. 太阳每年在同一时间，譬如夏至，在同一天空

位置出现，而其光以直线放射. 在这模型假设下，陈子认为重差公式中南北方向的髀距差 $x_2 - x_1$，相当于太阳在南北位置之间的距离，只要在这些位置太阳的南北髀影差也正是 $\lambda_2 - \lambda_1$. 因此，利用重差公式，陈子认为仅仅在同一观察地，用同一八尺髀，测量髀的南北日影差，就可求得太阳在南北方向不同时间的位置. 这样避免了在不同的地方作同时测量，在此可体会到理论的力量和陈子推理的能力.

陈子如何推论出天地相应的原理？在这方面没有资料保存下来. 在太阳轨道面与地面平行的假设下，陈子天地相应的看法是正确的. 这可由图 7 的解说而证实. 图 7 的上部与图 5 相同示意在三个髀位同时实行日影的测量. 然而事实上，尤其是在古代，这是不易做到的. 陈子的方法是以三个相应太阳位置的个别日影测量来代替同时三处的日影测量. 图 7 的下部示意叠加在一起的三个不同太阳位置的日影测量. 在此所得直角三角形的相似关系与式(7) 完全相同

$$\frac{H_0}{h} = \frac{x_1 + \lambda_1}{\lambda_1} = \frac{x_0 + \lambda_0}{\lambda_0} = \frac{x_2 + \lambda_2}{\lambda_2}$$

因此，也得重差公式. 这证实在平行假设下，陈子重差公式的确遵守天地相应的原理. 利用这原理，陈子可以用他的公式和髀的日影测量而求得太阳轨道的半径及分析轨道随季节的迁移.

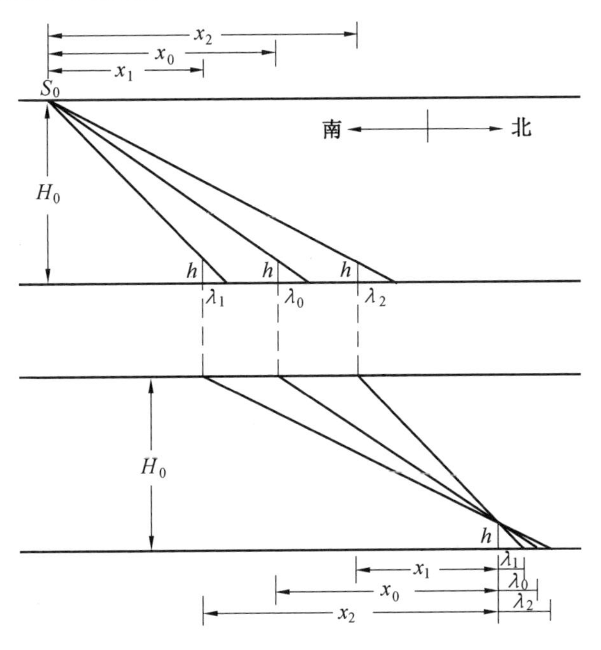

图 7 在平行假设下陈子公式的天地相应原理

投射太阳在冬夏至(W,S) 和春秋分(V) 离北极(N) 的距离在地面观察点 Y 的南北方向我们得图 8，由图 8 可见，在求夏至太阳轨道半径 NS 之前，必先求

得观察处离北极的平面距离 NY，陈子说：

今立表高八尺，以望极，其勾一丈三寸.

那就是说 $\lambda_N = 103$ 寸. 由陈子公式(6) 得

$$NY = X_N - X_Y = \left(\frac{103-0}{16}\right)x_0 = 6.437\ 5x_0$$

因 $YS = x_0$，故得夏至日道半径

$$NS = NY + YS = 6.437\ 5x_0 + x_0 = 7.437\ 5x_0$$

冬至测量得 $\lambda_W = 135$ 寸，故得冬至日道半径

$$YW = X_W - X_Y = \left(\frac{135-0}{16}\right)x_0 = 8.437\ 5x_0$$

$$NW = NY + YW = 6.437\ 5 + 8.437\ 5x_0$$
$$= 14.875x_0$$

由冬夏至半径而求得春秋分日道半径

$$NV = \frac{1}{2}(NW + NS) = 11.156\ 25x_0$$

如把 $x_0 = 16\ 000$ 里代入以上半径即得陈子的数字.

图 8　太阳在冬夏至(W,S) 和春秋分(V) 离北极(N) 的距离投射在地面观察点 Y 的南北方向

因模型中假设的局限性. 陈子的实际数字是不准确的. 但陈子运用数学的知识，把理论和测量结合起来分析自然现象，在当时是一个超时代的成就. 在另一处，我们分析陈子测量计算的价值，并且比较了陈子和希腊阿里斯塔克(Aristarchus，约前 320— 前 250) 对于太阳的测量工作.

第四节　重差术与陈子的重差公式

重差术在刘徽的辄造下，给古代测望技术建立了一个数理的基础. 现传《海岛算经》虽只剩九题，说明多方面的应用. 刘徽在注《九章算术》的序中说"度高者重表，测深者累矩，孤离者三望，离而又旁求者四望，触类而长之，则虽幽遐诡

伏，靡所不入.”显示当时对测望技术已有相当的成就了.这与商高所说的“偃矩以望高，覆矩以测深，卧矩以知远”已有显著的进展，这进展与“重差原理”的发现和利用有密切的关系根据现存资料，“重差原理”的应用最早出现在陈子的工作中.在上已讨论过“重差公式”在推求太阳视轨道直径计算上的应用.然而，重差原理在测望技术上的直接应用出现在陈子求日高的测量计算中，现存最早的重差测量公式可能是赵爽和刘徽所叙述的重差日高公式.在此讨论这公式的来源与推导.

甲.陈子日高的测量计算

陈子日高测量计算见于《周髀算经》，现录于下：

日益表南，晷日益长，候勾六尺.
即取竹空，径一寸，长八尺，捕影而视之.
空正掩日，而日应空之孔.
由此观之，率八十寸而得径一寸.
故以勾为首，以髀为股.
从髀至日下六万里，而髀无影，
从此以上至日则八万里，
若求邪至日者，以日下为勾，日高为股，
勾股各自乘，并而开方除之，
得邪至日，从髀所旁至日所十万里.
以率率之，八十里得径一里，
十万里得径千二百五十里.

由此叙述得知当日影测量得股为60寸时，取竹空测得日径与日距的比率为1/80，陈子由此测量推算到太阳的垂高H_0，斜高R_s（即日距，从人到日的距离）和直径d_s（图9）.

在这推算中，陈子同时用了勾股比例公式(2)和重差公式(4)在求太阳垂高H_0中，这两公式可写成

$$\frac{\text{髀高}}{\text{影长}}=\frac{\text{日垂高}}{\text{髀距}+\text{影长}} \tag{15}$$

$$\text{髀距差}=\left(\frac{\text{髀距}}{\text{影长}}\right)\times\text{日影差} \tag{16}$$

由重差公式(16)得

$$\text{髀距}=\left(\frac{\text{髀距差}}{\text{日影差}}\right)\text{影长} \tag{17}$$

$$\text{故髀距}=\left(\frac{\chi_w-\chi_s}{\lambda_w-\lambda_s}\right)\text{影长}=\left(\frac{8.437\,5x_0-x_0}{135-16}\right)60$$

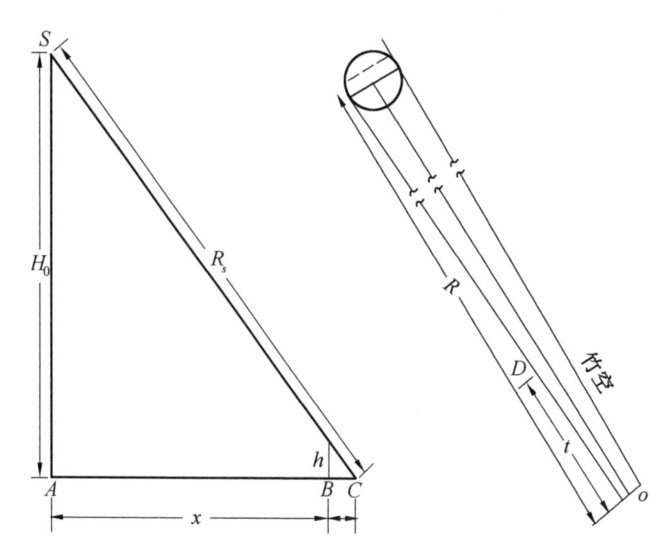

图 9　陈子用竹空测量太阳的垂高 H_0，斜高 R_s 和直径 d_s 的示意图

$$=60\ 000(\text{里})$$

由勾股比例公式(15) 得

$$\text{日垂高}=\frac{\text{髀高}\times\text{髀距}}{\text{影长}}+\text{髀高} \tag{18}$$

把髀距 60 000 里代入式(18) 得日垂高

$$\text{日垂高}=\frac{(80\ \text{寸})\times(60\ 000\ \text{里})}{60\ \text{寸}}+80\ \text{寸}\approx 80\ 000\ \text{里}$$

这正是"重差术". 利用"重差原理" 计算髀距然后求得日高. 很明显，如把髀距公式(17) 代入公式(18) 即得重差日高公式

$$\text{日垂高}=\frac{\text{髀高}\times\text{髀距差}}{\text{日影差}}+\text{髀高} \tag{19}$$

这正是赵爽和刘徽后来所讨论的公式，也是现存资料中，重差原理在测望上应用的最早记载.

求得日的垂高，陈子然后用勾股定理求得日的斜高 R_s，和用勾股比例，求得日的直径 d_s. 因为地平假设的有效范围是很有限的，而陈子太阳测量所考虑的尺寸度也实在太大. 故地平的假设完全崩溃. 陈子以计算所求得的数字都不准确. 但是陈子的实际测量数字仍然是有价值的. 当陈子用竹空测量太阳时，视差(parallax) 的问题尚未被发现. 就是如此，陈子所测得太阳直径与距离的 1/80 比率. 在当时是非常精确的. 陈子工作的重要成就在于他的理论逻辑和数学推理，在平面假设有效范围中，陈子的重差公式是正确的. 他的求高方法是适当的.

乙. 赵爽叙述的重差日高公式

赵爽注《周髀算经》时，作了日高图并提出日高公式的推导证明. 但现传本中的日高图已不是原图，与证明叙述不符合，现录赵爽证明如下：

> 黄甲与黄乙其实正等. 以表高乘两表相去为黄甲之实. 以影差为黄乙之广，而一所得，则变得黄乙之袤. 上与日齐，按图当加表高. 今言八万里者，从表以上复加之. 青丙与青已其实亦等. 黄甲于青丙相连，黄乙与青乙相连，其实亦等，皆以影差为广.

现在图 6 中的南北两侧所得的积矩(图 10) 来分析赵爽的证明叙述. 依照赵爽所述的次序每句以数学公式列于左边.

推演	叙述
黄甲实 = 黄乙实	黄甲与黄乙其实正等.
黄甲实 $= h(x_2 - x_1)$	以表高(h) 乘两表相去($x_2 - x_1$) 为黄甲之实.
黄乙实 $= (\lambda_2 - \lambda_1)$(黄乙之袤)	以影差($\lambda_2 - \lambda_1$) 为黄乙之广，
$h(x_2 - x_1) = (\lambda_2 - \lambda_1)$(黄乙之袤)	而一所得，
黄乙之袤 $= \dfrac{h(x_2 - x_1)}{\lambda_2 - \lambda_1}$	则变得黄乙之袤
日垂高 = (黄乙之袤) $+ h$ $= \dfrac{h(x_2 - x_1)}{\lambda_2 - \lambda_1} + h$	上与日齐按图当加表高. 今言八万里者，从表上复加之.

由上列分析可见赵爽日高公式推导的关键在证明黄甲和黄乙的面积相等. 吴文俊建议赵爽证明黄甲和黄乙面积相等的方法是在图 10 中加上 $R\alpha$ 和 $\alpha\beta$ 两条线，如图 11 所示. 分析 $\square\gamma\alpha AR$ 得 $\square\gamma\beta PW$ 和 $\square PEAG$ 的面积相等. $\square PEAG$ 的面积即黄甲实 $= h(x_2 - x_1)$，证明 $GL = BQ$，得 $\square\gamma\beta PW$ 面积为 $(\lambda_2 - \lambda_1)\cdot(H_0 - h)$，这正是黄乙实，所以黄甲实 = 黄乙实.

如果继续采用图 10，不加 $R\alpha$ 和 $\alpha\beta$ 两线，依照赵爽的叙述也可证明黄甲实和黄乙实相等：

推演	叙述

分析 $\square TBOS$ 得下列面积关系：

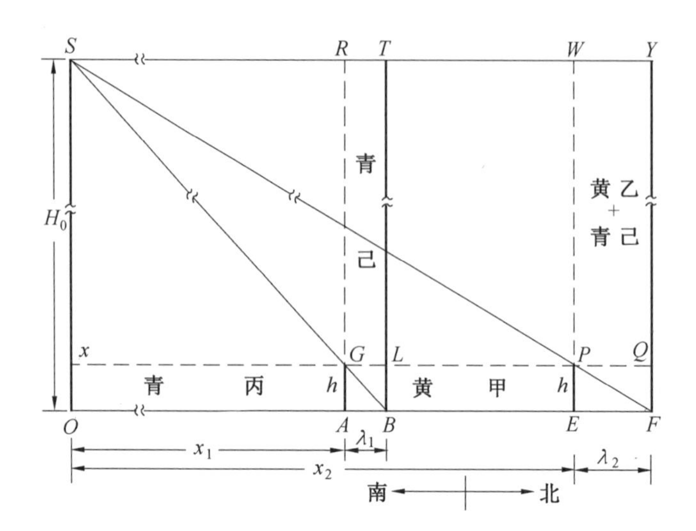

图 10　积矩法证赵爽所述重差日高公式的日高图

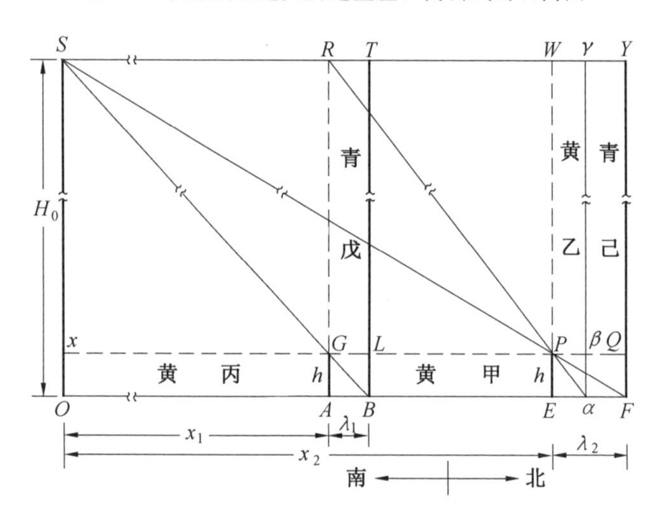

图 11　吴文俊以“出入相补”证赵爽所述的重差日高公式的日高图

$\square GAOX = \square TLGR$　　　　青丙与青己其实亦相等

青丙实　　青己实

分析 $\square YFOX$ 得以下面积关系：

$\square PEAG + \square GAOX = \square PEOX$　　　　黄甲与青丙相连

黄甲实　　青丙实

黄乙实 $=\square YQPW-\square TLGR$　　　　黄乙与青己相连

青己实

$\square YQPW=\square PEOX$　　　　其实亦等

$=\square PEAG+\square GAQX$

$=\square PEAG+\square TLOR$

故

$$\text{黄乙实}=\square PEAG(\text{黄甲实})$$

但

$$\square YQPW\ \text{面积为}(H_0-h)\lambda_2$$

$$\square TLGR\ \text{面积为}(H_0-h)\lambda_1$$

故黄乙实 $=(H_0-h)(\lambda_2-\lambda_1)$ 皆以影差为广.

由这分析可结论赵爽对日高公式的理解,正如吴文俊的推测,是建立在几何面积的关系上.但这公式不是赵爽的创作,实来源于陈子的工作.

丙.刘徽叙述的重差日高公式

在《海岛算经》中,没有日高公式的记载.但在刘徽"辄造重差"时为注《九章算术》所写的序中,有日高公式的叙述,现录于下:

> 立两表于洛阳之城,令高八尺.南北各尽平地,同日度其正中之景.以景差为法,表高乘表间为实,实如法而一,所得加表高,即日去地也.

以公式表示得

$$\text{日去地}=\frac{\text{表高}\times\text{表间}}{\text{景差}}+\text{表高}$$

这正是重差日高公式.在《海岛算经》中,虽没有日高公式,但有望海岛的岛高公式,实为同一公式.

在此对这公式的兴趣是在刘徽以什么数理关系理解日高公式的原理.白尚恕和李继闵都认为刘徽对这公式的理解建立在相似勾股的原理上.这可引刘徽自己的解说为证:

> 凡望极高,测绝深而兼知其远者,必用重差,勾股则必以重差为率,故曰重差也.

刘徽在此的解说不仅说明日高公式是由勾股比例法推导而得,并且更进一步的说明,当求极高与绝深而不知其远时必用"重差术".对重差术的方法,刘徽的解说是把勾股比例公式中的率以重差率代之.拿求高为例,由勾股比例法所得的日高公式为(见二丙段)

$$日去地=表高(\frac{表距}{影长})+表高$$

如果刘徽所说的"以重差为率"是指以"表距差"和"影长差"两差为率,然由陈子公式(4)得

$$\frac{表距}{影长}=\frac{表距差}{影长差} \tag{20}$$

把勾股比例所得日高公式的(表距/影长)率照公式(20)以(表距差/影长差)重差率代之得

$$日去地=表高(\frac{表距差}{影长差})+表高$$

这正是重差日高公式.由刘徽在序中对太阳测量的叙述,我认为刘徽接触过陈子所流传下来的工作.在他序中所说的重差为率就是以(表距差/影长差)为率,来自陈子的重差公式.

注与参考资料

[1] 吴文俊,《〈海岛算经〉古证探源》,《〈九章算术〉与刘徽》,北京师范大学出版社,1982,第162—180页.

[2] 李俨和杜石然,《中国古代数学简史》,商务印书馆,港版1976年,第89—94页.

[3] 白尚恕,《刘徽〈海岛算经〉造术的探讨》,《科技史文集》数学史专辑,第8辑,1982年,第79—87页.

[4] 李继闵,《从勾股比率论到重差术》,《科学史集刊》第11期,1984年,第96—104页.

[5] 李国伟,《从单表到双表——重差术的方法论研究》,第五届国际中国科技史会议(1988年8月5—10日于美国圣地亚哥加州大学)论文,《中国科技史研究》(联经出版事业公司,台北,待刊).

[6] 程贞一,*History of Mathematics in Chinese Civilization*,《中华数学史》(圣地亚哥加州大学中国研究课目170讲义)1980年.

[7] 在普通情形下,矩的勾和股是不相等的,因此,在用矩之道中商高说"合矩以为方",似乎是一特例.如果在此的"合"也包括"叠合"的意思,则"合矩以

为方”也是一个普遍性的应用. 当然在几何上的应用,方也就是勾股相等的矩.

[8] 程贞一,《商高的解剖证明法》(英文) 载《中华科技史文集》(*Science and Technology in Chinese Civilization*) 世界科学出版公司,1987 年附录 Ⅱ,第 35—44 页.

[9] 近收到陈良佐预印论文《周髀算经勾股定理的证明与‘出入相补’原理的关系—— 兼论中国古代几何学的缺失和局限》. 在论文中,他给商高的证明作了仔细的分析并结论“《周髀算经》本文,严格地说,不能称为勾股定理的证明,只是求弦的方法而已.”不过陈良佐认为赵爽与刘徽“他们证明的方法是从《周髀算经》‘半其一距,环而共盘’这个理念引发出来,并且建立了极为重要的‘出入相补’原理. 所谓‘出入相补’原理的基本法则是将图形移动分解,重新组合以达到证明的目的. 而《周髀算经》‘半其一矩,环而共盘’就是如此.”

[10] 近收到李国伟预印论文《论〈周髀经算〉“商高日数之法出于圆方”章》,他建议“两矩共长二十有五”中的两矩是指勾方和股方两矩,并根据商高的叙述提出一个不同的证法.

[11] 这也正是吴文俊依据“勾中容横,股中容直”所推断“出入相补法”的一个基本证明. 本文认为这种利用矩的基本证明法就是“积矩法”. 出现在赵爽和刘徽之前. 赵爽利用矩证明“勾实之矩”和“股实之矩”公式. 刘徽利用矩证明“勾中容方”和“勾中容圆”公式. 据现存资料,我们知道赵爽和刘徽虽同为 3 世纪的数学家但两人互相不知各人的工作. 然而,他两人不约而同地都应用了这基本证明法. 赵、刘两人分别各自创造这基本证明法的可能性是很小的,一个合理的看法是这种利用矩的基本证明法在他两人之前已存在. 与商高所说的“积矩”有关.

[12] 程贞一,《陈子及其对太阳的观测工作》(英文),第五届国际中国科技史会议(1988 年 8 月 5—10 日于美国圣地亚哥加州大学) 论文,《中国科学和技术史》(*History of Science and Technology in China*)(世界科学出版公司,新加坡,待刊).

[13] 对这数据的准确性在古代已提出疑问. 譬如,在唐朝李淳风时代曾多次实地测验,确定这数据的不确实.

[14] 三上义夫,《周髀算经之天文说》,《东京物理学杂志》1911 年,235 期,第 241 页.

[15] 钱宝琮,《盖天说源流考》《科学史集刊》1958 年,第一期.

[16] H. Chatley, *The Heavenly Cover, a study in Ancient Chinese Astronomy*, Obserratory 61,10(1938).

[17] 中山茂,《日本天文学史》(*A History of Japanese Astronomy*)(Hauvand University Press, Cambridge, Mass, 1969)

[18] 譬如,在《中国大百科全书·天文学》中,陈子的名字和他的工作完全没有提.在"盖天说"的叙述中,虽提到《周髀算经》但也没有提到陈子和他的工作.

[19] 程贞一和席泽宗,《陈子模型和早期对于太阳的测量》,《中国古代科学史论续篇》(京都大学,日本)1991年,第363—379页.

[20] 如果把上引陈子太阳测量叙述中的标点符号改为"即取竹,空径一寸,长八尺,捕影而视之""空"变成径的形容词.但这与下一句"空正掩日,而日应空之孔"中"空"字的用法不符合,尤其是"空之孔".因此,"即取竹空,径一寸,长八尺,捕影而视之"的标点符号是正确的."竹空"可能是望筒现存最早的一个古代名称.

[21] 选择在髀的日影为60寸(即 $x=60\ 000$ 里)时求太阳的斜高 R_s,把日高图中的直角三角形(图9)形成一个6,8,10(即3,4,5的整倍数)勾股定理的特例.因此,有些科技史学家认为陈子的计算是虚构的,建立在数字迷信上与实际测量无关.也有科技史学家认为当时陈子对普遍性的勾股定理还没有正确的了解,只知道一些特例、后者的看法,可以马上排斥,因为在陈子对荣方所述的计算中,除去此用勾股定理之外,还有三处应用勾股定理,都不是特例.此外,在陈子工作中还有"勾股各自乘并而开方除之"一般法则的普通表达.因此,陈子对普遍性的勾股定理是有正确的了解.关于虚构的看法,也是不正确的.日高图中直角三角形的6,8,10关系,的确是陈子有意构造的.但在陈子的模型和测量计算中,他有这自由作这选择而不影响他的理论和计算.在陈子模型中,太阳视运动轨道的平面与地面假设为平行的.因此,太阳的垂高 H_0 正是这两平面之间的距离,不论太阳在天空什么地方,H_0 是不变的.当然,太阳与观察人之间的距离(即斜高 R_s)跟着太阳位置的迁移而不同,如果没有视差的问题,不论当太阳在什么位置,以观测所求得的太阳直径应该是一样的.陈子当时是不知道视差的问题,因此他认为他可任意选一个太阳的位置作日径的观测计算.求得 $H_0=80\ 000$ 里,他选择太阳在 $x=60\ 000$ 里的平面距离时,以竹空作日径与日距比率的测量来求日径.因此,陈子的计算与实际测量有密切的关系,所求得日径 d_s 和垂高 H_0 数据上的错误来自陈子模型的局限性.尤其是地平的假设,$x_0=16\ 000$ 里的采用和当时对视差问题的普遍不清楚.这与虚构和数字迷信毫无关系.

[22] 这可由1/80比率所得的角直径 θ 来估定.由图10可得

$$r=f_{\mathrm{am}}^{-1}\left(\frac{ds/2}{t}\right)=f_{\mathrm{am}}^{-1}\left(\frac{1/2}{80}\right)=2'31''$$

因为角直径 $\theta=2r$，故陈子 1/80 比率相当角直径 $\theta=43'02''$. 这比太阳平均角直径的实际值 $31'51''$ 仅大 34%，在当时是很精确的. 到阿基米德时才用类似的方法测得太阳角直径在 $27'$ 到 $33'$ 之间.

[23] 李继闵对吴文俊的证明有仔细的讨论，见他的《〈九章算术〉及其刘徽注研究》(陕西人民教育出版社，西安)1990 年，第 413—416 页.

编辑手记

本书是在作者吴文俊先生去世之前两个月，笔者带着数学工作室主任张永芹及主任助理杜莹雪一起去吴先生家组的稿，后幸运地得到了国家出版基金的资助.现在终于要成书了，笔者即感到高兴又倍感惋惜.高兴的是这部倾注了吴先生心血的集子终于出版了，惋惜的是中国数学的泰斗、数学史研究的旗手(杜瑞芝教授语)没有能看到.

数学史研究不同于其他学科史，它有某种特殊性.一个特殊性是它需要研究者自身学术地位的加持，即人贵言重，人微言轻.说通俗点就是分圈层：你自己得行，有人说你行，说你的人得行，你说谁行谁就行.所以小人物稿数学史也就是为混个学位，评个职称，找个业余爱好，很少有人能玩出什么名堂.真正的、有影响的工作都是大家所为，是其硬核专业名声的外溢，几乎没有例外.所以有人总结说，数学史是职业数学家达到专业的顶点，功成名就后的选择.这与有人吐槽中国古代史都是胜利者写的一样，胜者王侯败者贼，而西方则不然.比如有一位经常被数学爱好者搞混的德国数学家、数学史家康托(Cantor，1829—1920).他生于曼海姆，卒于海德堡，曾在格丁根和柏林向高斯、狄利克雷等名家学习.他最重要的著作是四卷本的《数学史讲义》(1880—1908)，这部专著全面、科学地阐述了数学发展的历史，已成为这门学科的经典著作.此外，他在《德国人物传》等杂志上发表了一系列数学家传记和科学史以及纯粹数学方面的论文，他的著作还有《数学对人类文化生活的贡献》(1863)等.他就是没搞过数学其他分支而专攻数学史.因为西方科学的传统是专业史也是学术共同体中的一员，而不是花瓶或附庸，而且康托的洋洋四大卷也是此领域的经典之作.

在康托之前此领域的唯一重要著作是《数学史》(*Histoire des mathématiques*,法国数学家、数学史家蒙蒂克拉(J. E. Montucla,1725—1799)著. 两卷本初版于1758年. 后蒙蒂克拉进行了修订充实,1799—1802年扩充为四卷出版. 但前两卷出版之后,蒙蒂克拉就去世了,后两卷由他的朋友拉朗德(J. de Lalande) 主持完成). 这是近代西方数学史研究的第一部重要经典著作.

人们研究数学史的历史很早. 在西方,古希腊的欧德莫斯(Eudemus,公元前4世纪,亚里士多德学派成员) 就写过一本算术史,一本几何学史,一本天文学史,但除了后世作者引述过的片断材料之外,这些著作都失传了. 5世纪时,另一位希腊数学家普洛克洛斯(Proclus) 对欧几里得《几何原本》第一卷的评注是重要的希腊数学史文献,流传至今. 中世纪阿拉伯国家的一些传记作品和数学著作中曾讲述一些数学家的生平及有关数学史的材料. 在蒙蒂克拉之前,曾有两本著作致力于数学史:一本是沃西斯的(G. I. Vossius,1650),一本是海布伦纳的(J. C. Heilbronner,1742),但这些早期的工作仅仅是个开始,含有许多错误和传说,不成其为正史. 后两种著作,只是人名、日期、著作名的堆砌. 蒙蒂克拉熟悉所有这些材料,他认为需要有一部关于数学思想发展的综合的历史,正如培根等人曾呼吁过的那样. 受他们的激发,蒙蒂克拉担当起这一极为困难、工作量浩繁的任务. 他丰富的专业知识和对原始著作的把握能力使他取得了成功.

蒙蒂克拉曾于1754年发表《圆面积研究的历史》,这是最早系统地研究圆周率历史的著作,为他赢得了声誉.《数学史》一书对各个世纪的数学发展做了精确的描述. 此外,也包括可以应用数学的领域,如天文、力学、光学、音乐等. 他认为前者是由"纯粹的抽象的东西组成",后者则是"混合物","更通常地叫作物理－数学的那些东西". 纯粹数学的内容只占三分之一篇幅. 1758年两卷本中的第一卷概括了数学的起源、希腊数学(包括拜占庭时期),以及直到17世纪初的西方数学;第二卷全部致力于17世纪. 蒙蒂克拉原想在第三卷中直写至18世纪中叶,但未果,主要因为材料太浩繁. 在第二版中,内容括至整个18世纪. 第三卷包括纯粹数学、光学和力学;第四卷为天文学、数学地理学、航海学.

在康托的《数学史讲义》出版之前,蒙蒂克拉的《数学史》是西方唯一一部权威的数学史著作,后者对前者产生了很大影响.《数学史》直至今日仍有参考价值,特别是它对17世纪数学的阐述.

本书其实是一部中国数学史家对某一位中国古代数学家进行研究的成果大集. 这位代表中国古代数学成就高度的人物就是刘徽(Liu Hui,263年左右).

刘徽是我国古代数学家,魏晋年间人,其籍贯与生卒年不详. 据《隋书·律历志》(7世纪) 记载,他于263年注释《九章算术》. 刘徽在该书序中自叙说"徽幼习《九章》,长再详览",可知他早年就学习过《九章算术》,成年后又继续深入研究.他除了注释《九章算术》外,还撰写了《重差》作为该书第10卷.唐初以后,《重差》以《海岛算经》为名独立成书.《九章算术》是中国古代流传下来最早也是最重要的数学著作,几乎集中了当时的全部数学知识.刘徽全面论述了《九章算术》所载的方法和公式,指出并纠正了其中的错误,在数学方法和数学理论上做出了杰出的贡献,成为中国古代数学理论的奠基者.他的贡献有:创立割圆术,运用朴素的极限思想计算圆面积及圆周率,得到$\pi=157/50$,3 927/1 250两个近似值;发展了天文观测中的重差术,提出重表、连索法、累距法三种基本方法;重视逻辑推理,同时又注重几何直观的作用,采取"析理以辞,解体用图"的注释方法;在求体积问题上指出《九章算术》中球体积公式的错误,设计了牟合方盖(直径相同的两个正交圆柱的公共部分),为日后祖暅原理的建立指明方向.刘徽还创造了解线性方程组的互乘相消法;在中国第一次提出不定方程问题;建立了等差级数前几项和的公式;改进了许多问题的解法.经过刘徽注释的《九章算术》影响深远,成为东方数学的代表作.

正在笔者苦思如何来对其进行介绍和成果评价之时,恰巧读到高梁教授的一篇题为《重新认识中国古代数学的世界意义——一个当代美国学者眼中的中国数学家》的文章,摘录如下:

> 众所周知,中华文明以其深厚的文化底蕴享誉世界,尤其是像诗词、戏曲等古典文学或书法、音乐等古典艺术更是历来为海外所称道.但是对于中国古代的科学成就,西方学界一直持有一种固定的看法:中国古代重视生产经验,缺乏理论研究.英国近代学者李约瑟(1900—1995)关于中国古代科技发达而近代科技停滞的思考,引发了中外学界持续的关注和讨论.
>
> 究竟中国古代有没有科学的理论研究?笔者留学美国,通过数字图书馆JSTOR读到美国学者菲利普·D.斯特拉芬(Philip D. Straffin,1943—)教授关于中国古代数学家刘徽的一篇专论——《刘徽与中国数学的第一个黄金时代》(*Liu Hui and the First Golden Age of Chinese Mathematics*),这篇19页的长文发表于1998年6月美国数学协会主办的《数学杂志》.作者斯特拉芬教授先后毕业于哈佛大学、剑桥大学、加州大学伯克利分校数学系,并于1971年获得博士学位,此后长期执教于伯洛伊特学院(Beloit College)数学系,著有《博弈论与策略》(*Game Theory and Strategy*).斯特拉芬教授在文中高度评价了中国"三国"时期数学家刘徽的《九章算术注》和《海岛算经》的学术价值,他指出刘徽在几何学领域的三个显著成就主要体现在圆周率的计算、角锥体体积公式的推导和球体体积公式的探索

上.

可以说,这篇文章的观点打破了西方学界对中国数学的传统认识.斯特拉芬教授在论文开篇就坚持其尊重文化多样性的学术观:

> 我认为(刘徽的《九章算术注》和《海岛算经》)应该更加广为人知.首先,我们和我们的学生应该多了解其他文化中的数学.相比与现代数学发展的关系更加紧密的希腊、印度和伊斯兰(数学)传统,我们可能对中国数学并不熟悉……我认为无论在什么地方,数学天才都应该得到尊重.我希望你们也能认同这一点,那就是刘徽值得我们尊重.

当然,他也列举了一些西方学者对于中国数学常见的观点:“即使是对中国(数学)传统有所了解的西方数学家,也常常认为中国数学重视计算和实用而缺乏理论.据(这些西方数学家)说,中国的数学家虽然开发出了巧妙的方法,但却不在乎这些方法的证明……”对此,斯特拉芬教授并不完全认同,而是提出了自己的看法:“尽管这种概括确有合理之处,但刘徽和他的后继者祖冲之、祖暅则是显著的例外.他们的方法虽然不同于希腊的(方法),但是他们所给出的论证逻辑清晰而又不失简洁,即使是今天我们也可以表示尊敬……”作为西方学者,斯特拉芬教授能够超越西方中心论去客观评价东方文化中的科学成就,体现出其开阔的学术胸襟和平等的研究理念.此外,他还将刘徽计算圆周率的方法与阿基米德的计算方法做了比较研究,发现二者的思路与计算过程大体相同,而且刘徽的方法要更加巧妙,计算结果也更加精确;他认为,刘徽在《九章算术注》中的“分割(出入相补)”的思想新颖独特,由此给出的勾股定理和直角三角形内切圆半径公式的证明非常精妙;他甚至通过对刘徽一个线性方程组两种解法的比较分析后,得出了以下的结论:“想必是有史以来首次(有人)比较两种算法的效率”……充分肯定了刘徽的首创性.

当然,我们并不能因为斯特拉芬教授这篇研究成果就沾沾自喜于过去的成就,但它至少说明西方学界对中国古代数学研究的刻板认识已经发生转变,对中国古代数学的研究也更加深入.其实,中国学界也有专家持此观点,《中华读书报》2011年9月7日第12版曾刊登过一篇名为《中国古代数学:不仅重“实用”,而且有“理论”》的文章,《中国科学技术史·数学卷》的作者之一、中国科学院郭书春教授在接受采访时表示,在过去的一个世纪里,中国数学史研究对原始文献的误读与曲解不在少数.“说中国古代数学重视实际应用是不错的,但简单地以此来概括中国古代数学的特点,由此认为中国古代数学没有理论,就失之于片面了.”中国学界持“中国古代数学没有理论、不讲逻辑”的观点仍然屡见不鲜,郭书春教授如是说.他指出刘徽的《九章算术注》和祖冲之的“密率”不仅是完美的反例,还能够证明中国古代不仅独立发展出了数学,其严谨性与精确度并不逊色于西方.他还特别强调“祖冲之后一千多年间,在工艺技术和历法的计算中,人们还大多使用‘周三径一’…… 王恂、郭守敬制定明以前最精确的历法《授时历》,仍然使用圆周率3.”由此可见,除了当时服务于实际应用的生产活动以外,刘徽和祖冲之的工作确实属于纯理论研究.

随着中外学者研究的不断深入,中国古代数学家的理论研究贡献逐渐被学界所认识.纵观中国古代科技史,李约瑟曾做出了精彩的概括和追问,他在1954年出现的《中国科学技术史》第一卷序言中这样发问:“中国的科学为什么持续停留在经验阶段,并且只有原始型的或中古型的理论?如果事情确实是这样,那么在科学技术发明的许多重要方面,中国人又怎样成功地走在那些创造出著名‘希腊奇迹’的传奇式人物的前面,和拥有古代西方世界全部文化财富的阿拉伯人并驾齐驱,并在3到13世纪之间保持一个西方所望尘莫及的科学知识水平?中国在理论和几何学方法体系方面所存在的弱点为什么并没有妨碍各种科学发现和技术发明?中国的这些发明和发现往往远远超过同时代的欧洲,特别是在15世纪之前更是如此.欧洲在16世纪以后就诞生了近代科学,这种科学已经被证明是形成近代世界秩序的基本因素之一,而中国文明却未能在亚洲产生与此相似的近代科学,其阻碍因素是什么?”李约瑟之问可谓振聋发聩,发人深思!作为后辈学子,我以为中国既要充满自信地看待自己曾经并且尚未认识充分的古代数学成就,也要充分认识到西方自“文艺复兴”和“科学革命”以来在数学乃至科学方面的迅猛发展;相信自己的能力不是妄自尊大,正视与西方的差距不是妄自菲薄.这种辩证的思维是中国追赶世界先进科学水平的首要前提.见贤思齐,不断融入世界;客观公正,而不囿于成见.惟其如此,方能促进世界多种文明的共同发展.刘徽的卓越贡献和当代美国学者的客观研究,成就了中国古代数学的世界意义,也说明了美国数学研究的包容性.

近年由于受到国际局势的影响,对中国传统文化又有进一步的重视.中国古代数学史又重新回到中学教材中,以至于在中高考数学试题中都有所体现.

但我们提倡要有机溶入而不要两张皮.如果命题者都没能掌握精髓,易引文过大,像篇小短文.袁亚湘院士呼吁数学不能语文化,不要把数学当作语文教.单墫教授也指出,数学课应当讲数学,不讲数学的课,能叫数学课吗?同样地,数学题应该考数学,如果一道数学题扯上一堆与数学不相干的文字,那还叫数学题吗?

数学史进课堂可以,但怎么进是个技术活,应由专家来操刀.

读高梁教授的文章还有一个感受就是科技界的内卷化现象对中国科学技术发展的影响.李侠教授在《如何破解科技界的内卷化现象》的文章中指出:

> 要强化国家战略科技力量,提升企业技术创新能力,激发人才创新活力,完善科技创新体制机制.为了实现这个宏伟目标,我们需要对当下科技界存在的问题有精准的了解,在此基础上才能真正做到有的放矢.为此我们不妨借用内卷化这个概念工具来审视一下中国科技界的现状,相信会有很多不同的发现.
>
> 众所周知,2020年内卷化成为一个年度热词,它本是美国文化人类学家吉尔茨(Clifford Geertz,1926—2006)提出的一个概念.按照吉尔茨的说法,所谓内卷化是指:一种社会或文化模式在某一发展阶段达到一种确定的形式后,便停滞不前或无法转化为另一种高级模式的现象.通俗地说,就是看起来很热闹,其实没有实质性的进步,也就是没有发展的繁荣.
>
> 为了系统地说明这个问题,我们不妨从科技界的上游到下游简单梳理一下:教学(人才培养)、科研与成果产出,看看这些过程中都有哪些内卷化现象.先从教学说起,教学过程原本就是一个知识传递的过程.它的结构是从传授者经由中介再到受众的过程,为了实现知识传授效果的提高,改革的路径大体有三个:首先,从知识传授的源头开始,即提高师资的水平;其次,在末端增加受众(学生)的求知热情;第三,改善知识传播的条件(硬件设施建设).这三条在过去的20年间几乎都被各个高校轮转了一遍,时至今日,这种模式已成教育的标准范式.然而,近年来兴起的五花八门的各种所谓教学改革模式,看似热闹,实则效果不明……
>
> 内卷化一旦形成,就会塑造自身的合法性,被人们无反思地接受下来,并嵌入到行动系统中而且很难改变.因此,内卷化对于一个系统造成的损失是持续的,而且不易被觉察到,这才是其最可怕的地方.上述只是简单罗列了一些科技界内卷化的现象,实际生活中还有很多内卷化现象,当下人们常说一句话就是:节奏越来越快,感觉自己也越来

越累，整天瞎忙却没有成效．这种普遍性群体感受是社会进入内卷化的显性化表征．笔者曾提出一个假设：当一个系统规模足够大的时候，它的启动速度较慢，但是一旦它启动了就会逐渐加速，而且越来越快，所有的人都将被迫加快速度，否则会被系统抛出去．为了避免被抛出去，每个人都得加速，这又进一步加剧了系统的运转速度．就这样经过无数次的正反馈，这个系统就会以疯狂的速度加速运转起来，而且根本无法停下来，到那时人会越来越累．从这个意义上说，大系统由于人员众多，本身就存在激烈的竞争关系，应该让系统的激励机制适度降低，否则会导致系统和人都出现问题；反之，小系统由于竞争性不足则需要加大激励强度．对于我国的科技界来说，由于体量庞大，资源增加的速度远远赶不上人员增加的速度，群体内的竞争愈发激烈．此时应该适度降低系统的激励强度，让整个科技生态系统恢复到正常生长状态．否则，在越来越快的转速下，一些人只好选择撤出，或者就剩下了没有意义的疲于奔命，毕竟任何科研成果的产出都是需要时间来培育的．

如何破解科技界的内卷化呢？首先，要了解内卷化的形成机制．笔者认为，内卷化是一种规则范式在穷尽其生产力功能之后所呈现出的一种无差别吞噬或者沉没效应．在原有的范式下，规则已经率先内卷化，变得无比细致与烦琐．但是即便如此，也无法解决其自身遭遇到的问题，只有更换规则才会重新释放生长空间．即便做不到这点，也要改变重要的游戏规则，这种分流作用同样会削弱原有规则内卷化的程度．比如最近两年国家多部委推出的“去五唯（去四唯）”，只要该项规则能够真正落地，那么在科研成果产出上的内卷化就会大为缓解．其次，内卷化的实质在于导致系统内所有区域都变成高成本区域．这种环境会挤压（剥夺）所有系统内个体的收益空间，使该系统成为一个产出（收益）的贫乏之地．如果能开辟出一个新的低成本发展空间，那么原有规则的内卷化程度也会随之被减弱．客观地说，任何规则系统都有自己的生命周期．我们现有的科技规则系统，已经运行了 30 多年，早已到了规则的生命周期的晚期，现在是到了更换规则轨道的时候了．对于一个庞大系统来说，即便做了如此努力，由于系统的惯性，双规则同时存在的局面也将维持很长一段时期（如计划经济（市场经济））．不过这种努力总体上降低了系统内的运行成本和内卷化的程度，仍然会比单一规则系统释放出更多的生产力．假以时日，随着新规则系统的逐渐成熟，老规则系统就会慢慢退到边缘，然后又有更新的规则系统涌现出来，使系统的内卷化程度时刻处于不至于失控的状态，由此可知，保持系统处于开放状态是避免系统陷入内卷化的必要外部条件. 另外，在系统内保持文化多样性也是避免系统过度内卷化的必不可少的内部条件.

对本国数学史从重视程度看有三个国家为最：中国、日本、俄罗斯.

中国人对历史重视异常，单从文学艺术这块看，诗到唐就到顶峰，词以宋为最，曲在元后就停止了，包括书法、绘画都要师古，越像古，越仿古，越高端. 一改进便无足观. 数学亦如此，所以就近代数学而言，中国几乎没什么贡献. 这点倒是日本人想得清楚. 早期从中国学去的和算也是一派，但后来在全盘西化的进程中被抛弃了，只留下了历史文献价值. 极少有日本数学家会鼓吹和算对现代数学的影响与贡献. 与中日相比俄国是摇摆的，其专门有学者研究过个课题.

俄国作为一个在地理上横跨欧洲和亚洲大陆的国家，它处于一个极其特殊的文化地缘、政治地缘、军事地缘的环境中. 如果对俄国历史略知一二的话，就会发现一个明显的现象，即钟摆现象，它形象地描绘了俄国从第一个统一的俄罗斯国家 —— 基辅罗斯开始，俄国的历史发展犹如巨大的钟摆，摆动于“西方式”与“东方式”两条截然不同的发展道路之间，并且一直摆动到今天. 从 10 世纪开始，就是 998 年，基辅罗斯大公弗拉基米尔废除了原来的多神教，率领臣民皈依基督教的东正教，拉开了俄国“西方化”的序幕，这一过程持续到 1240 年. 此后蒙古人占领了俄国，建立了金帐汗国，结束了俄国的西方化进程，开始了东方的统治. 从 1240 年到 1480 年，俄国打败金帐汗国并获得解放，这两个多世纪来俄国一直深受东方文化和发展道路的影响. 在此之后“东方化”进程以其惯性仍然延续了近两个世纪，直至 17 世纪末. 18 世纪初，雄才大略的彼得一世在俄国推行了大规模的改革，这是一场急行军式的“西化改革”，后来又有了女沙皇伊丽莎白和叶卡捷琳娜二世的“开明君主专制”，这都是带有自由化色彩的改革. 然而，从 19 世纪开始，俄国历史发展的“钟摆”似乎失去以往的规律性，连续摆动于“东方”与“西方”之间. 沙皇亚历山大一世推行自由主义统治，亚历山大二世则宣布解放俄国的数千万农奴. 这似乎是西方式道路，但同时，他们又死命维护专制制度，宣布专制制度是俄国的国基，绝对不能动摇. 而沙皇亚历山大三世统治时期，采用的是东方式的警察专制统治方式，被称为俄国历史上的黑暗时代.

为什么俄国历史发展会摆来摆去，俄国向何处去？到 19 世纪 30—40 年代，正在觉醒的俄国知识分子决定要做出自己的思考和决断. 论战中，知识分子主要分斯拉夫派和西欧派. 斯拉夫派是具有强烈的民族主义情绪的知识分子. 他们认为俄国自古即拥有优秀的文化和传统，认为俄国的村社、东正教和专制制度是俄国独有的特性，俄国完全可以根据自身特点，走迥异于西欧的发展道路.

在他们的眼里,走西方式的道路对于俄国来说无疑是一场灾难,而且这场灾难实际上已经发生了,那就是彼得一世的西化改革给俄罗斯民族造成一场灾难,他们甚至认为这场改革破坏了俄罗斯田园般的发展前景.西欧派认为俄国无法孤立于欧洲,固步于自己的传统,俄国必将走与西欧一样的发展道路.他们认为事实上彼得一世和叶卡捷琳娜二世已经把俄国拉上西方式的道路,就应该沿这条路一直走下去.他们的对立还表现在:斯拉夫派认为俄国的专制制度和农奴制度是好的,可以进行改革;西方派认为专制制度和农奴制度是阻碍历史发展的,应该废除,应该实行共和制,应该解放农民.

从一定程度上讲,19 世纪 30—40 年代的思想大论战是由西欧派的重要人物、著名哲学家和作家恰达耶夫发表的《哲学书信》引发的.恰达耶夫把俄国文化和传统否定得最彻底,甚至可以说把俄国说得一团漆黑,一无是处.因为在他眼里看来,"对于俄国来说,首先是野蛮的不开化,然后是愚蠢的蒙昧,接下来是残暴、凌辱的异族统治,这一统治方式后来又为我们本民族的当权者所继承了 —— 这便是我们的青春可悲的历史."他认为:"我们是世界上最孤独的人们,我们没有给世界以任何东西,没有教给它任何东西;我们没有给人类思想的整体带去任何一个思想,对人类理性的进步没有起到过任何作用,而我们由于这种进步所获得的所有东西,都被我们歪曲了.自我们社会生活最初的时刻起,我们就没有为人们的普遍利益做过任何事情;在我们祖国不会结果的土壤上,没有诞生过一个有益的思想;我们的环境中,没有出现过一个伟大的真理,我们不愿花费力气去亲自想出什么东西,而在别人想出的东西中,我们又只接受那欺骗的外表和无益的奢华."他的结论就是俄罗斯应该全盘西方化.

我们不是专家学者没法旁征博引,鸿篇巨论,但我们确实可以从早期引进的俄罗斯数学著作中感受到他们那份浓浓的民族自豪感.

本书在当今这个出版大环境中能够出版实属不易,多亏了国家出版基金的资助.它帮助了许多具有社会价值而少经济价值的优秀著作问世.不久前笔者还见到了也是由它资助的优秀社科著作《埃及古珠考》(全二册,夏鼐著,颜海英、田天、刘子信译,社会科学文献出版社,2020 年 10 月第一版,498.00 元).

20世纪30年代,夏鼐留学英国伦敦大学学院,1938年选定古埃及串珠为自己的学位论文题目.伦敦大学学院收藏有埃及学之父皮特里在埃及发掘所获的大批古埃及串珠,夏鼐有效利用可以充分掌握丰富第一手资料的便利条件,以及长时间去埃及实地考察的良好机遇,完成了研究.后在第二次世界大战爆发、伦敦大学学院停办的情况下,夏鼐返回祖国,于 1943 年秋季最后完成论文并寄往英国.第二次世界大战后伦敦大学学院复课,特许夏鼐免予论文答辩,缺席通过,于 1946 年 7 月颁发埃及考古学专业的哲学博士学位证书.

夏鼐的研究涉及古埃及串珠的材质、制作工艺、分类、分期、珠子的编排方式和图像表达等诸方面,被认为是一项基础性、系统性、原创性的研究,获得广泛赞誉.但由于历史的原因,夏鼐论文在过去七十余年间一直未能出版,深藏在图书馆中,只有很少一部分读者有机会前往阅读.此次出版,系其首次译为中文与国内读者见面.

对于《埃及古珠考》的出版,学界给予高度评价.伦敦大学学院埃及考古学教授斯蒂芬·夸克认为:"…… 夏鼐的博士论文太成功,让伦敦其他学者望而却步,他们不想花一生精力重复这项工作.没有人再进行这项研究,在东北非考古理论与实践的核心区留下一片空白,直接影响了学术界对西亚、东南欧这些最密切关联区域的研究.要让珠饰研究这个至关重要的领域得以重生,这部论文及支持其研究的图谱资料的出版,正是缺席已久的必要条件."中国社会科学院学部委员、历史学部主任、中国考古学会理事长王巍认为:"这是一部 …… 开中国埃及学鸿蒙的扛鼎之作,是中国考古学家矗立于世界考古学术高地的'方尖碑'."

人过中年之后会变得越来越现实.正如年轻时读过的一句话:

"人必须活着,爱才有所附丽."

这是鲁迅先生在唯一的爱情小说《伤逝》中的名言,用在出版上也格外合适:

一本书你必须出版出来,才会有社会价值!

刘培杰

2020 年 12 月 21 日

于哈工大